特别适合基础薄弱考生使用

线性代数
通关习题册
(试题册)

主编 ◎ 李畅通
副主编 ◎ 李娜 王唯良 车彩丽

U0435930

西安交通大學出版社
XI'AN JIAOTONG UNIVERSITY PRESS

图书在版编目(CIP)数据

线性代数通关习题册/李畅通主编. --西安:西安交通大学出版社,2024.10

ISBN 978-7-5693-3669-6

Ⅰ.①线… Ⅱ.①李… Ⅲ.①线性代数-高等学校-习题集 Ⅳ.①O151.2-44

中国国家版本馆CIP数据核字(2024)第045476号

书　　名 线性代数通关习题册
XIANXING DAISHU TONGGUAN XITI CE
主　　编 李畅通
策划编辑 祝翠华
责任编辑 刘莉萍
责任校对 韦鸽鸽
封面设计 吕嘉良

出版发行 西安交通大学出版社
(西安市兴庆南路1号　邮政编码710048)
网　　址 http://www.xjtupress.com
电　　话 (029)82668357　82667874(市场营销中心)
(029)82668315(总编办)
传　　真 (029)82668280
印　　刷 陕西思维印务有限公司

开　　本 787 mm×1092 mm　1/16　**印张** 17.25　**字数** 376千字
版次印次 2024年10月第1版　2024年10月第1次印刷
书　　号 ISBN 978-7-5693-3669-6
定　　价 69.80元

如发现印装质量问题,请与本社市场营销中心联系。
订购热线:(029)82665248　(029)85667874
投稿热线:(029)82665249
读者信箱:2773567125@qq.com

版权所有　侵权必究

前言

Foreword

全国硕士研究生招生考试数学考试是为高等院校和科研院所招收工学、经济学、管理学硕士研究生而设置的考试科目，要求考生比较系统地理解数学的基本概念和基本理论，掌握数学的基本方法，具备抽象思维能力、逻辑推理能力、空间想象能力、运算能力和综合运用所学知识分析问题和解决问题的能力。根据工学、经济学、管理学各学科和专业对硕士研究生入学所应具备的数学知识和能力的不同要求，硕士研究生招生考试数学试卷分为数学(一)、数学(二)和数学(三)3 种，各卷种满分均为 150 分，其中数学(一)和数学(三)的考试内容包括高等数学、线性代数和概率论与数理统计，数学(二)的考试内容仅为高等数学和线性代数。线性代数具有内容抽象，概念、定理较多，知识点环环相扣、相互渗透等特点，是数学考试的重点和难点。

《线性代数通关习题册》一书由编写团队依据数十年的考研辅导及阅卷经验，结合历年考研数学真题和必考知识点，汲取多本国内考研数学优秀图书之精华编写而成，本书具有以下特色。

第一，习题紧扣大纲。习题的编选对应最新考研数学大纲指定考点进行，本书以夯实基础为主，加入与考研真题难度相当的精编习题辅助，并配合少量难度较高的题目来打开考生的思路和眼界。习题的设置难易结合、重点突出，能够满足不同层次考生的需求。

第二，习题覆盖面广。编写团队精心挑选和编写了 400 多道高质量习题，从基础题到综合题难度分阶、层层递进，能够帮助考生快速掌握考研数学的知识点和命题思路，从而实现复习、巩固、提高三位一体。

第三，习题综合性强。本书着重阐述知识点的相互联系，重视基本理论的交叉应用和复杂运算能力的提高，循序渐进地帮助考生掌握解题技巧，从而提高考生解题的综合分析能力。

第四，习题解析详实。本书习题的解答均十分详细，对重要知识点进行了深入细致的剖析，一题多解，归纳总结拓宽思维，力求考生能够最大程度地掌握考研数学的重点和难点，并熟练运用解答客观题的方法与技巧。

一本好的考研辅导书能够帮助考生在复习的道路上披荆斩棘，达到事半功倍的效果。考生在做题时要勤思考、多对比，夯实基础，从而使自己对考研数学的命题特点和规律有独到的见解，希望本书能为考生的复习备考带来帮助。

本书编写过程中，参考了大量国内同类优秀图书，谨向有关作者表示衷心的感谢。由于作者水平有限，书中疏漏、错误之处在所难免，恳请读者批评指正。

编者

2024 年 10 月

目录
Contents

第一章　行列式

一、基础篇

1 已知行列式 $\begin{vmatrix} x & y & z \\ 4 & 0 & 3 \\ 1 & 1 & 1 \end{vmatrix}=1$，则 $\begin{vmatrix} 2x & 2y & 2z \\ \frac{4}{3} & 0 & 1 \\ 1 & 1 & 1 \end{vmatrix}$ 的值是(　　).

A. $\frac{2}{3}$　　B. 1　　C. 2　　D. $\frac{8}{3}$

答题区

纠错笔记

2 已知 2 阶行列式 $\begin{vmatrix} a_1 & a_2 \\ b_1 & b_2 \end{vmatrix}=2$，$\begin{vmatrix} b_1 & b_2 \\ c_1 & c_2 \end{vmatrix}=3$，则 $\begin{vmatrix} b_1 & b_2 \\ a_1+c_1 & a_2+c_2 \end{vmatrix}$ 的值是(　　).

A. -1　　B. 1　　C. 5　　D. -5

答题区

纠错笔记

3 若 $D=\begin{vmatrix} a_{11} & a_{12} & a_{13} \\ a_{21} & a_{22} & a_{23} \\ a_{31} & a_{32} & a_{33} \end{vmatrix}=3$，则 $D_1=\begin{vmatrix} 2a_{11} & a_{13} & a_{11}-2a_{12} \\ 2a_{21} & a_{23} & a_{21}-2a_{22} \\ 2a_{31} & a_{33} & a_{31}-2a_{32} \end{vmatrix}=$(　　).

A. 12　　B. -12　　C. 6　　D. -6

答题区

纠错笔记

4 四阶行列式$\begin{vmatrix} a_1 & 0 & 0 & b_1 \\ 0 & a_2 & b_2 & 0 \\ 0 & b_3 & a_3 & 0 \\ b_4 & 0 & 0 & a_4 \end{vmatrix}$的值等于(　　).

A. $a_1a_2a_3a_4-b_1b_2b_3b_4$　　B. $a_1a_2a_3a_4+b_1b_2b_3b_4$

C. $(a_1a_2-b_1b_2)(a_3a_4-b_3b_4)$　　D. $(a_2a_3-b_2b_3)(a_1a_4-b_1b_4)$

答题区

纠错笔记

5 三元一次方程组$\begin{cases} x_1+x_2+x_3=1 \\ 2x_1-x_2+3x_3=4 \\ 4x_1+x_2+9x_3=16 \end{cases}$的解中,未知数 x_2 的值必为(　　).

A. 1　　B. $\frac{5}{2}$　　C. $\frac{7}{3}$　　D. $\frac{1}{6}$

答题区

纠错笔记

6 排列 524179386 的逆序数______,它是______(选填“奇”或“偶”)排列.

答题区

纠错笔记

7 若 1～9 九个数的排列 $1274i56k9$ 为偶排列，则 $i=$__________，$k=$__________.

答题区

纠错笔记

8 已知 $a_{3j}a_{12}a_{41}a_{2k}$ 在四阶行列式中带负号，那么 $j=$__________，$k=$__________.

答题区

纠错笔记

9 一个 n 阶行列式 D 的值为 d，若将 D 的所有元素改变符号得到行列式 $\tilde{D}$，则 $\tilde{D}=$__________.

答题区

纠错笔记

10 n 阶行列式 $D_n=\begin{vmatrix} 0 & \cdots & 0 & 1 & 0 \\ 0 & \cdots & 2 & 0 & 0 \\ \vdots & & \vdots & \vdots & \vdots \\ n-1 & \cdots & 0 & 0 & 0 \\ 0 & \cdots & 0 & 0 & n \end{vmatrix}=$__________.

答题区

纠错笔记

11 一个 n 阶行列式 D 中的各行元素之和为零，则 $D=$__________.

答题区

纠错笔记

12 已知 $f(x)=\begin{vmatrix} 1 & 0 & x \\ 1 & 2 & x^2 \\ 1 & 3 & x^3 \end{vmatrix}$，则 $f(x+1)-f(x)=$__________.

答题区

纠错笔记

13 行列式 $D=\begin{vmatrix} 1823 & 823 & 23 & 3 \\ 1549 & 549 & 49 & 9 \\ 1667 & 667 & 67 & 7 \\ 1986 & 986 & 86 & 6 \end{vmatrix}=$__________.

答题区

纠错笔记

14 行列式 $D=\begin{vmatrix} a_1+x & a_2 & a_3 & a_4 \\ -x & x & 0 & 0 \\ 0 & -x & x & 0 \\ 0 & 0 & -x & x \end{vmatrix}=$__________.

答题区

纠错笔记

15 行列式 $D=\begin{vmatrix}1&1&1&1\\1&2&0&0\\1&0&3&0\\1&0&0&4\end{vmatrix}=$ ________.

答题区

纠错笔记

16 若 $\begin{vmatrix}\lambda-3&1&-1\\1&\lambda-5&1\\-1&1&\lambda-3\end{vmatrix}=0$,则 $\lambda=$ ________.

答题区

纠错笔记

17 若 $\begin{vmatrix}\lambda-3&-2&2\\k&\lambda+1&-k\\-4&-2&\lambda+3\end{vmatrix}=0$,则 $\lambda=$ ________.

答题区

纠错笔记

18 按自然数从小到大为标准次序,求下列各排列的逆序数:

(1) $13\cdots(2n-1)24\cdots(2n)$;

答题区

纠错笔记

(2) $13\cdots(2n-1)(2n)(2n-2)\cdots2$.

答题区

纠错笔记

19 计算下列各行列式；

(1) $\begin{vmatrix} 2 & 1 & 4 & 1 \\ 3 & -1 & 2 & 1 \\ 1 & 2 & 3 & 2 \\ 5 & 0 & 6 & 2 \end{vmatrix}$；

答题区

纠错笔记

(2) $\begin{vmatrix} 1 & 2 & 0 & 1 \\ 1 & 3 & 5 & 0 \\ 0 & 1 & 5 & 6 \\ 1 & 2 & 3 & 4 \end{vmatrix}$；

答题区

纠错笔记

(3) $\begin{vmatrix} \cos\theta & -\sin\theta & 0 & 0 \\ \sin\theta & \cos\theta & 0 & 0 \\ 0 & 0 & 8 & 3 \\ 0 & 0 & 5 & 2 \end{vmatrix}$；

答题区

纠错笔记

(4) $\begin{vmatrix} 1 & 2 & 3 & 4 & 5 \\ 2 & 3 & 4 & 5 & 1 \\ 3 & 4 & 5 & 1 & 2 \\ 4 & 5 & 1 & 2 & 3 \\ 5 & 1 & 2 & 3 & 4 \end{vmatrix}$;

答题区

纠错笔记

(5) $\begin{vmatrix} 1 & -1 & 1 & x-1 \\ 1 & -1 & x+1 & -1 \\ 1 & x-1 & 1 & -1 \\ x+1 & -1 & 1 & -1 \end{vmatrix}$.

答题区

纠错笔记

20 证明：

(1) $\begin{vmatrix} a-b-c & 2a & 2a \\ 2b & b-c-a & 2b \\ 2c & 2c & c-a-b \end{vmatrix}=(a+b+c)^3$;

答题区

纠错笔记

(2) $\begin{vmatrix} a^2 & (a+1)^2 & (a+2)^2 & (a+3)^2 \\ b^2 & (b+1)^2 & (b+2)^2 & (b+3)^2 \\ c^2 & (c+1)^2 & (c+2)^2 & (c+3)^2 \\ d^2 & (d+1)^2 & (d+2)^2 & (d+3)^2 \end{vmatrix}=0.$

答题区

纠错笔记

21 设行列式 $D=\begin{vmatrix} 3 & 0 & 4 & 0 \\ 2 & 2 & 2 & 2 \\ 0 & -7 & 0 & 0 \\ 5 & 3 & -2 & 2 \end{vmatrix}$，试求 $M_{41}+M_{42}+M_{43}+M_{44}$.

答题区

纠错笔记

22 计算下列行列式：

(1) $D_n=\begin{vmatrix} a & 0 & \cdots & 0 & 1 \\ 0 & a & \cdots & 0 & 0 \\ \vdots & \vdots & & \vdots & \vdots \\ 0 & 0 & \cdots & a & 0 \\ 1 & 0 & \cdots & 0 & a \end{vmatrix}$；

答题区

纠错笔记

(2) $D_n=\begin{vmatrix} 1 & 1 & 1 & \cdots & 1 \\ 1 & 2 & 0 & \cdots & 0 \\ 1 & 0 & 3 & \cdots & 0 \\ \vdots & \vdots & \vdots & & \vdots \\ 1 & 0 & 0 & \cdots & n \end{vmatrix}$；

答题区

纠错笔记

(3) $D_n=\begin{vmatrix} x_1-m & x_2 & \cdots & x_n \\ x_1 & x_2-m & \cdots & x_n \\ \vdots & \vdots & & \vdots \\ x_1 & x_2 & \cdots & x_n-m \end{vmatrix}$；

答题区

纠错笔记

(4) $D_n=\begin{vmatrix} 1+x_1 & 1+x_2 & \cdots & 1+x_n \\ 2+x_1 & 2+x_2 & \cdots & 2+x_n \\ \vdots & \vdots & & \vdots \\ n+x_1 & n+x_2 & \cdots & n+x_n \end{vmatrix}$；

答题区

纠错笔记

(5) $D_n=\begin{vmatrix} 1+a_1 & 1 & \cdots & 1 \\ 1 & 1+a_2 & \cdots & 1 \\ \vdots & \vdots & & \vdots \\ 1 & 1 & \cdots & 1+a_n \end{vmatrix}$，其中 $a_1a_2\cdots a_n\neq 0$.

答题区

纠错笔记

23 已知 $f(x)=\begin{vmatrix} 1 & x & x^2 & \cdots & x^n \\ 1 & a_1 & a_1^2 & \cdots & a_1^n \\ \vdots & \vdots & \vdots & & \vdots \\ 1 & a_n & a_n^2 & \cdots & a_n^n \end{vmatrix}$，其中 $a_1,a_2,\cdots,a_n$ 是互不相同的数.

(1)证明 $f(x)$是 x 的 n 次多项式；

答题区

纠错笔记

(2)试求 $f(x)$的全部零点.

答题区

纠错笔记

24 用克拉默法则解方程组$\begin{cases}-2x_1+x_2+x_3+x_4=1\\x_1-2x_2+x_3+x_4=-1\\x_1+x_2-2x_3+x_4=1\\x_1+x_2+x_3-2x_4=-1\end{cases}$.

答题区

纠错笔记

25 求一个二次多项式 $f(x)$，使 $f(1)=0,f(2)=3,f(-3)=28$.

答题区

纠错笔记

26 求 λ 的值，使齐次线性方程组

$$\begin{cases}(1-\lambda)x_1-2x_2+4x_3=0\\2x_1+(3-\lambda)x_2+x_3=0\\x_1+x_2+(1-\lambda)x_3=0\end{cases}$$

有非零解.

答题区

纠错笔记

二、提高篇

1 若 $f(x)=\begin{vmatrix} 2x & x & 1 & 2 \\ 1 & x & 1 & -1 \\ 3 & 2 & x & 1 \\ x & 1 & 0 & x \end{vmatrix}$，则 $f(x)$ 中 x^4 与 x^3 的系数分别为(　　).

A. $-2,-4$　　B. $-2,4$　　C. $2,-4$　　D. $2,4$

答题区

纠错笔记

2 若 a,b,c 是方程 $x^3-2x+4=0$ 的三个根，则行列式 $\begin{vmatrix} a & b & c \\ b & c & a \\ c & a & b \end{vmatrix}=$(　　).

A. 1　　B. 0　　C. -1　　D. -2

答题区

纠错笔记

3 设 $f(x)=\begin{vmatrix} x-2 & x-1 & x-2 & x-3 \\ 2x-2 & 2x-1 & 2x-2 & 2x-3 \\ 3x-3 & 3x-2 & 4x-5 & 3x-5 \\ 4x & 4x-3 & 5x-7 & 4x-3 \end{vmatrix}$，则方程 $f(x)=0$ 的根的个数为(　　).

A. 1　　B. 2　　C. 3　　D. 4

答题区

纠错笔记

4 设四阶行列式 $D=\begin{vmatrix} 0 & -1-a & 1 & -1-2b \\ 2 & a & 1 & 1 \\ -3 & 2 & -4 & b \\ 2 & -1 & 2 & b \end{vmatrix} \neq 0$,则(　　).

A. $b\neq 0$　　　　B. $a\neq -\frac{1}{2}$

C. $b=0$ 或 $a=-\frac{1}{2}$　　　　D. $b\neq 0$ 且 $a\neq -\frac{1}{2}$

答题区

纠错笔记

5 若一个 n 阶行列式 D 中零元素比 n^2-n 还多,则 $D=$__________.

答题区

纠错笔记

6 若 $\begin{vmatrix} a & 3 & 1 \\ b & 0 & 1 \\ c & 2 & 1 \end{vmatrix}=1$,则 $\begin{vmatrix} a-3 & b-3 & c-3 \\ 5 & 2 & 4 \\ 1 & 1 & 1 \end{vmatrix}=$__________.

答题区

纠错笔记

7 计算行列式 $D=\begin{vmatrix} a & b & c & d \\ a^2 & b^2 & c^2 & d^2 \\ a^3 & b^3 & c^3 & d^3 \\ b+c+d & a+c+d & a+b+d & a+b+c \end{vmatrix}$.

答题区

纠错笔记

8 证明：

(1) $\begin{vmatrix} x & -1 & 0 & 0 & \cdots & 0 \\ 0 & x & -1 & 0 & \cdots & 0 \\ 0 & 0 & \ddots & \ddots & \ddots & \vdots \\ \vdots & \vdots & \ddots & \ddots & -1 & 0 \\ 0 & 0 & \cdots & 0 & x & -1 \\ a_n & a_{n-1} & \cdots & a_3 & a_2 & x+a_1 \end{vmatrix}=x^n+a_1x^{n-1}+\cdots+a_{n-1}x+a_n$；

答题区

纠错笔记

(2)n 阶行列式

$$D_n=\begin{vmatrix} x+y & xy & 0 & \cdots & 0 & 0 \\ 1 & x+y & xy & & \vdots & \vdots \\ 0 & 1 & \ddots & \ddots & 0 & 0 \\ \vdots & & \ddots & \ddots & xy & 0 \\ 0 & \cdots & 0 & 1 & x+y & xy \\ 0 & \cdots & 0 & 0 & 1 & x+y \end{vmatrix}=x^n+x^{n-1}y+x^{n-2}y^2+\cdots+y^n.$$

答题区

纠错笔记

9 计算下列行列式：

$$D_n=\begin{vmatrix} a_1+b_1 & a_2 & \cdots & a_n \\ a_1 & a_2+b_2 & \cdots & a_n \\ \vdots & \vdots & & \vdots \\ a_1 & a_2 & \cdots & a_n+b_n \end{vmatrix},\quad b_1b_2\cdots b_n\neq 0.$$

答题区

纠错笔记

10 计算行列式 $D_{n+1}=\begin{vmatrix} a_1^n & a_1^{n-1}b_1 & a_1^{n-2}b_1^2 & \cdots & a_1b_1^{n-1} & b_1^n \\ a_2^n & a_2^{n-1}b_2 & a_2^{n-2}b_2^2 & \cdots & a_2b_2^{n-1} & b_2^n \\ \vdots & \vdots & \vdots & & \vdots & \vdots \\ a_{n+1}^n & a_{n+1}^{n-1}b_{n+1} & a_{n+1}^{n-2}b_{n+1}^2 & \cdots & a_{n+1}b_{n+1}^{n-1} & b_{n+1}^n \end{vmatrix}$.

答题区

纠错笔记

11 计算行列式 $D_n=\begin{vmatrix} x_1^2+1 & x_1x_2 & \cdots & x_1x_n \\ x_2x_1 & x_2^2+1 & \cdots & x_2x_n \\ \vdots & \vdots & & \vdots \\ x_nx_1 & x_nx_2 & \cdots & x_n^2+1 \end{vmatrix}$.

答题区

纠错笔记

12 计算行列式 $D_n=\begin{vmatrix} 1 & 2 & 3 & 4 & \cdots & n-1 & n \\ x & 1 & 2 & 3 & \cdots & n-2 & n-1 \\ x & x & 1 & 2 & \cdots & n-3 & n-4 \\ x & x & x & 1 & \cdots & n-4 & n-5 \\ \vdots & \vdots & \vdots & \vdots & & \vdots & \vdots \\ x & x & x & x & \cdots & 1 & 2 \\ x & x & x & x & \cdots & x & 1 \end{vmatrix}$.

答题区

纠错笔记

13 计算 n 阶行列式 $D_n=\begin{vmatrix} \alpha+\beta & \alpha & 0 & \cdots & 0 & 0 \\ \beta & \alpha+\beta & \alpha & \cdots & 0 & 0 \\ 0 & \beta & \alpha+\beta & \cdots & 0 & 0 \\ \vdots & \vdots & \vdots & & \vdots & \vdots \\ 0 & 0 & 0 & \cdots & \alpha+\beta & \alpha \\ 0 & 0 & 0 & \cdots & \beta & \alpha+\beta \end{vmatrix}$.

答题区

纠错笔记

14 求平面上的三条直线 $a_ix+b_iy+c_i=0(i=1,2,3)$ 相交于一个点的条件.

答题区

纠错笔记

第二章　矩阵

一、基础篇

1 设 $\boldsymbol{A}$、$\boldsymbol{B}$ 均为 n 阶矩阵，若 $(\boldsymbol{A}+\boldsymbol{B})(\boldsymbol{A}-\boldsymbol{B})=\boldsymbol{A}^2-\boldsymbol{B}^2$ 成立，则 $\boldsymbol{A}$、$\boldsymbol{B}$ 必须满足（　　）.

A. $\boldsymbol{A}=\boldsymbol{E}$ 或 $\boldsymbol{B}=\boldsymbol{E}$　　B. $\boldsymbol{A}=\boldsymbol{O}$ 或 $\boldsymbol{B}=\boldsymbol{O}$

C. $\boldsymbol{A}=\boldsymbol{B}$　　D. $\boldsymbol{AB}=\boldsymbol{BA}$

答题区

纠错笔记

2 设 $\boldsymbol{A}$、$\boldsymbol{B}$、$\boldsymbol{C}$ 均为 n 阶方阵，且 $\boldsymbol{AB}=\boldsymbol{BA}$，$\boldsymbol{AC}=\boldsymbol{CA}$，则 $\boldsymbol{ABC}=$（　　）.

A. $\boldsymbol{ACB}$　　B. $\boldsymbol{CBA}$　　C. $\boldsymbol{BCA}$　　D. $\boldsymbol{CAB}$

答题区

纠错笔记

3 设 $\boldsymbol{A}$ 和 $\boldsymbol{B}$ 都是 n 阶方阵，满足 $\boldsymbol{AB}=\boldsymbol{O}$，则必有（　　）.

A. $\boldsymbol{A}=\boldsymbol{O}$ 或 $\boldsymbol{B}=\boldsymbol{O}$　　B. $\boldsymbol{A}+\boldsymbol{B}=\boldsymbol{O}$

C. $|\boldsymbol{A}|=0$ 或 $|\boldsymbol{B}|=0$　　D. $|\boldsymbol{A}|+|\boldsymbol{B}|=0$

答题区

纠错笔记

4 已知 $\boldsymbol{A}$、$\boldsymbol{B}$ 均为 n 阶方阵，则必有（　　）.

A. $(\boldsymbol{A}+\boldsymbol{B})^2=\boldsymbol{A}^2+2\boldsymbol{AB}+\boldsymbol{B}^2$

B. $(\boldsymbol{A}+\boldsymbol{B})^{\mathrm{T}}=\boldsymbol{A}^{\mathrm{T}}+\boldsymbol{B}^{\mathrm{T}}$

C. 当 $\boldsymbol{AB}=\boldsymbol{O}$ 时，$\boldsymbol{A}=\boldsymbol{O}$ 或 $\boldsymbol{B}=\boldsymbol{O}$

D. $(\boldsymbol{AB})^*=\boldsymbol{A}^*\boldsymbol{B}^*$

答题区

纠错笔记

5 设 $\boldsymbol{A}$ 和 $\boldsymbol{B}$ 都是 n 阶矩阵，则必有（　　）.

A. $|\boldsymbol{A}+\boldsymbol{B}|=|\boldsymbol{A}|+|\boldsymbol{B}|$

B. $\boldsymbol{AB}=\boldsymbol{BA}$

C. $|\boldsymbol{AB}|=|\boldsymbol{BA}|$

D. $(\boldsymbol{A}+\boldsymbol{B})^{-1}=\boldsymbol{A}^{-1}+\boldsymbol{B}^{-1}$

答题区

纠错笔记

6 设 $\boldsymbol{A}$ 是任一 $n(n\geqslant 3)$ 阶方阵，$\boldsymbol{A}^*$ 是其伴随矩阵，又 k 为常数，且 $k\neq 0,\pm 1$，则必有 $(k\boldsymbol{A})^*=$（　　）.

A. $k\boldsymbol{A}^*$

B. $k^{n-1}\boldsymbol{A}^*$

C. $k^n\boldsymbol{A}^*$

D. $k^{-1}\boldsymbol{A}^*$

答题区

纠错笔记

7 设 $\boldsymbol{A}$ 为 n 阶非零矩阵，$\boldsymbol{E}$ 为 n 阶单位矩阵，若 $\boldsymbol{A}^3=\boldsymbol{O}$，则（　　）.

A. $\boldsymbol{E}-\boldsymbol{A}$ 不可逆，$\boldsymbol{E}+\boldsymbol{A}$ 不可逆

B. $\boldsymbol{E}-\boldsymbol{A}$ 不可逆，$\boldsymbol{E}+\boldsymbol{A}$ 可逆

C. $\boldsymbol{E}-\boldsymbol{A}$ 可逆，$\boldsymbol{E}+\boldsymbol{A}$ 可逆

D. $\boldsymbol{E}-\boldsymbol{A}$ 可逆，$\boldsymbol{E}+\boldsymbol{A}$ 不可逆

答题区

纠错笔记

8 设 $\boldsymbol{A}$、$\boldsymbol{B}$、$\boldsymbol{C}$ 均为可逆的 n 阶方阵，且 $\boldsymbol{ABC}=\boldsymbol{E}$，则下列各式一定成立的是(　　).

A. $\boldsymbol{ACB}=\boldsymbol{E}$　　B. $\boldsymbol{CBA}=\boldsymbol{E}$　　C. $\boldsymbol{BAC}=\boldsymbol{E}$　　D. $\boldsymbol{BCA}=\boldsymbol{E}$

答题区

纠错笔记

9 设 $\boldsymbol{A}=\begin{pmatrix} a_1 & a_2 & a_3 \\ b_1 & b_2 & b_3 \\ c_1 & c_2 & c_3 \end{pmatrix}$，$\boldsymbol{B}=\begin{pmatrix} a_1-a_2+2a_3 & a_1-a_3 & 2a_1-a_2 \\ b_1-b_2+2b_3 & b_1-b_3 & 2b_1-b_2 \\ c_1-c_2+2c_3 & c_1-c_3 & 2c_1-c_2 \end{pmatrix}$，且 $|\boldsymbol{A}|=4$，那么 $|\boldsymbol{B}|=$ (　　).

A. 8　　B. 4　　C. -4　　D. -8

答题区

纠错笔记

10 设 $\boldsymbol{A}=\boldsymbol{E}-2\boldsymbol{\alpha}^{\mathrm{T}}\boldsymbol{\alpha}$，$\boldsymbol{\alpha}=(a_1,a_2,\cdots,a_n)$，且 $\boldsymbol{\alpha}\boldsymbol{\alpha}^{\mathrm{T}}=1$，则 $\boldsymbol{A}$ 不满足的结论是(　　).

A. $\boldsymbol{A}^{\mathrm{T}}=\boldsymbol{A}$　　B. $\boldsymbol{A}^{\mathrm{T}}=\boldsymbol{A}^{-1}$　　C. $\boldsymbol{AA}^{\mathrm{T}}=\boldsymbol{E}$　　D. $\boldsymbol{A}^2=\boldsymbol{A}$

答题区

纠错笔记

11 设 $\boldsymbol{A}^*$ 是 $\boldsymbol{A}=\begin{pmatrix} 1 & 1 & 0 \\ 0 & 1 & 1 \\ 1 & 0 & 1 \end{pmatrix}$ 的伴随矩阵，若三阶矩阵 $\boldsymbol{X}$ 满足 $\boldsymbol{A}^*\boldsymbol{X}=\boldsymbol{A}$，则 $\boldsymbol{X}$ 的第 3 行的行向量是(　　).

A. $(2,1,1)$　　B. $(1,2,1)$　　C. $\left(1,\dfrac{1}{2},\dfrac{1}{2}\right)$　　D. $\left(\dfrac{1}{2},1,\dfrac{1}{2}\right)$

答题区

纠错笔记

12 设 n 阶方阵 $\boldsymbol{A},\boldsymbol{B},\boldsymbol{C}$ 都可逆，则 $\begin{pmatrix}\boldsymbol{A} & \boldsymbol{B}\\ \boldsymbol{C} & \boldsymbol{O}\end{pmatrix}^{-1}=$（　　）.

A. $\begin{pmatrix}\boldsymbol{A}^{-1} & \boldsymbol{B}^{-1}\\ \boldsymbol{C}^{-1} & \boldsymbol{O}\end{pmatrix}$　　B. $\begin{pmatrix}\boldsymbol{O} & \boldsymbol{C}^{-1}\\ \boldsymbol{B}^{-1} & \boldsymbol{A}^{-1}\end{pmatrix}$

C. $\begin{pmatrix}\boldsymbol{O} & \boldsymbol{C}^{-1}\\ \boldsymbol{B}^{-1} & -\boldsymbol{B}^{-1}\boldsymbol{A}\boldsymbol{C}^{-1}\end{pmatrix}$　　D. $\begin{pmatrix}-\boldsymbol{B}^{-1}\boldsymbol{A}\boldsymbol{C}^{-1} & \boldsymbol{C}^{-1}\\ \boldsymbol{B}^{-1} & \boldsymbol{O}\end{pmatrix}$

答题区

纠错笔记

13 设 $\boldsymbol{A}=\begin{pmatrix}a_{11} & a_{12} & a_{13}\\ a_{21} & a_{22} & a_{23}\\ a_{31} & a_{32} & a_{33}\end{pmatrix}$，$\boldsymbol{B}=\begin{pmatrix}a_{11} & a_{13} & a_{12}\\ a_{21} & a_{23} & a_{22}\\ a_{31}+2a_{11} & a_{33}+2a_{13} & a_{32}+2a_{12}\end{pmatrix}$，$\boldsymbol{P}_1=\begin{pmatrix}1 & 0 & 0\\ 0 & 0 & 1\\ 0 & 1 & 0\end{pmatrix}$，$\boldsymbol{P}_2=\begin{pmatrix}1 & 0 & 2\\ 0 & 1 & 0\\ 0 & 0 & 1\end{pmatrix}$，$\boldsymbol{P}_3=\begin{pmatrix}1 & 0 & 0\\ 0 & 1 & 0\\ 2 & 0 & 1\end{pmatrix}$，则 $\boldsymbol{B}=$（　　）.

A. $\boldsymbol{P}_3\boldsymbol{A}\boldsymbol{P}_2$　　B. $\boldsymbol{P}_2\boldsymbol{A}\boldsymbol{P}_3$　　C. $\boldsymbol{P}_3\boldsymbol{A}\boldsymbol{P}_1$　　D. $\boldsymbol{P}_2\boldsymbol{A}\boldsymbol{P}_1$

答题区

纠错笔记

14 设 $\boldsymbol{A}$ 是 3 阶方阵，将 $\boldsymbol{A}$ 的第 1 列与第 2 列交换得到 $\boldsymbol{B}$，再把 $\boldsymbol{B}$ 的第 2 列加到第 3 列得到 $\boldsymbol{C}$，则满足 $\boldsymbol{AQ}=\boldsymbol{C}$ 的可逆矩阵 $\boldsymbol{Q}$ 为（　　）.

A. $\begin{pmatrix}0 & 1 & 0\\ 1 & 0 & 0\\ 1 & 0 & 1\end{pmatrix}$　　B. $\begin{pmatrix}0 & 1 & 0\\ 1 & 0 & 1\\ 0 & 0 & 1\end{pmatrix}$　　C. $\begin{pmatrix}0 & 1 & 0\\ 1 & 0 & 0\\ 0 & 1 & 1\end{pmatrix}$　　D. $\begin{pmatrix}0 & 1 & 1\\ 1 & 0 & 0\\ 0 & 0 & 1\end{pmatrix}$

答题区

纠错笔记

15 设 $\boldsymbol{A}$ 是 3 阶方阵，将 $\boldsymbol{A}$ 的第 2 行加到第 1 行得 $\boldsymbol{B}$，再把 $\boldsymbol{B}$ 的第 1 列的 -1 倍加到第 2 列得 $\boldsymbol{C}$，记 $\boldsymbol{P}=\begin{pmatrix}1&1&0\\0&1&0\\0&0&1\end{pmatrix}$，则（　　）.

A. $\boldsymbol{C}=\boldsymbol{P}^{-1}\boldsymbol{A}\boldsymbol{P}$　　B. $\boldsymbol{C}=\boldsymbol{P}\boldsymbol{A}\boldsymbol{P}^{-1}$　　C. $\boldsymbol{C}=\boldsymbol{P}^{\mathrm{T}}\boldsymbol{A}\boldsymbol{P}$　　D. $\boldsymbol{C}=\boldsymbol{P}\boldsymbol{A}\boldsymbol{P}^{\mathrm{T}}$

答题区

纠错笔记

16 设 $\boldsymbol{A}$ 为 3 阶矩阵，将 $\boldsymbol{A}$ 的第 2 列加到第 1 列得矩阵 $\boldsymbol{B}$，再交换 $\boldsymbol{B}$ 的第二行与第三行得单位矩阵. 记 $\boldsymbol{P}_1=\begin{pmatrix}1&0&0\\1&1&0\\0&0&1\end{pmatrix}$，$\boldsymbol{P}_2=\begin{pmatrix}1&0&0\\0&0&1\\0&1&0\end{pmatrix}$，则 $\boldsymbol{A}=$（　　）

A. $\boldsymbol{P}_1\boldsymbol{P}_2$　　B. $\boldsymbol{P}_1^{-1}\boldsymbol{P}_2$　　C. $\boldsymbol{P}_2\boldsymbol{P}_1$　　D. $\boldsymbol{P}_2\boldsymbol{P}_1^{-1}$

答题区

纠错笔记

17 设 $\boldsymbol{P}=\begin{pmatrix}0&0&1\\0&1&0\\1&0&0\end{pmatrix}$，$\boldsymbol{A}=\begin{pmatrix}a_{11}&a_{12}&a_{13}\\a_{21}&a_{22}&a_{23}\\a_{31}&a_{32}&a_{33}\end{pmatrix}$，且 $\boldsymbol{P}^m\boldsymbol{A}\boldsymbol{P}^n=\boldsymbol{A}$，则 m,n 的取值可以是（　　）.

A. $m=5,n=6$　　B. $m=6,n=5$　　C. $m=5,n=5$　　D. $m=6,n=6$

答题区

纠错笔记

18 下列矩阵中与矩阵 $\boldsymbol{A}=\begin{pmatrix}1&2&0\\2&4&0\\0&0&9\end{pmatrix}$ 等价的是（　　）.

A. $\begin{pmatrix}1&0&0\\0&0&0\\0&0&0\end{pmatrix}$　　B. $\begin{pmatrix}1&0&0\\0&2&0\\0&0&0\end{pmatrix}$　　C. $\begin{pmatrix}1&0&0\\0&2&0\\0&0&3\end{pmatrix}$　　D. 以上都不正确

答题区

纠错笔记

19 设 n 阶矩阵 $\boldsymbol{A}$ 与 $\boldsymbol{B}$ 等价，则必有（　　）

A. 当 $|\boldsymbol{A}|=\alpha(\alpha\neq0)$ 时，$|\boldsymbol{B}|=\alpha$　　B. 当 $|\boldsymbol{A}|=\alpha(\alpha\neq0)$ 时，$|\boldsymbol{B}|=-\alpha$

C. 当 $|\boldsymbol{A}|\neq0$ 时，$|\boldsymbol{B}|=0$　　D. 当 $|\boldsymbol{A}|=0$ 时，$|\boldsymbol{B}|=0$

答题区

纠错笔记

20 设 $n(n\geqslant3)$ 阶矩阵 $\boldsymbol{A}=\begin{pmatrix}1&a&a&\cdots&a\\a&1&a&\cdots&a\\a&a&1&\cdots&a\\\vdots&\vdots&\vdots&&\vdots\\a&a&a&\cdots&1\end{pmatrix}$，若矩阵 $\boldsymbol{A}$ 的秩为 $n-1$，则 $a=$（　　）.

A. 1　　B. $\dfrac{1}{1-n}$　　C. -1　　D. $\dfrac{1}{n-1}$

答题区

纠错笔记

21 设矩阵 $\boldsymbol{A}=\begin{pmatrix}1 & 2 & 3\\ 0 & 1 & -5\\ 0 & -2 & 10\end{pmatrix}$，$\boldsymbol{B}=\begin{pmatrix}2 & 1 & 2\\ 1 & 1 & -1\\ 0 & 3 & 2\end{pmatrix}$，则 $R(\boldsymbol{BA}-\boldsymbol{A})=$（　　）.

A. 1　　B. 2　　C. 3　　D. 0

答题区

纠错笔记

22 设 $\boldsymbol{A}$ 是 $m\times n$ 矩阵，$\boldsymbol{C}$ 是 n 阶可逆矩阵，矩阵 $\boldsymbol{A}$ 的秩为 r，矩阵 $\boldsymbol{B}=\boldsymbol{AC}$ 的秩为 r_1，则（　　）.

A. $r>r_1$　　B. $r<r_1$　　C. $r=r_1$　　D. r 与 r_1 的关系依 $\boldsymbol{C}$ 而定

答题区

纠错笔记

23 已知 $\boldsymbol{B}=(1,2,3)$，$\boldsymbol{C}=\left(1,\frac{1}{2},\frac{1}{3}\right)$. 若 $\boldsymbol{A}=\boldsymbol{B}^{\mathrm{T}}\boldsymbol{C}$，则 $\boldsymbol{A}^n=$__________.

答题区

纠错笔记

24 设 $\boldsymbol{A}$ 为 n 阶方阵，且 $|\boldsymbol{A}|=2$，则 $\left|\left(-\frac{1}{2}\boldsymbol{A}\right)^{-1}\right|=$__________.

答题区

纠错笔记

25 设 4 阶方阵 $\boldsymbol{A}$ 的行列式 $|\boldsymbol{A}|=2$，则行列式 $|-2\boldsymbol{A}|=$__________.

答题区

纠错笔记

26 设 4 阶方阵 $\boldsymbol{A}$ 的伴随矩阵 $\boldsymbol{A}^*$ 的行列式 $|\boldsymbol{A}^*|=8$，则行列式 $|2\boldsymbol{A}|=$__________.

答题区

纠错笔记

27 设 $\boldsymbol{A}$ 为 n 阶方阵，且 $\boldsymbol{A}$ 的行列式 $|\boldsymbol{A}|=a\neq 0$，而 $\boldsymbol{A}^*$ 是 $\boldsymbol{A}$ 的伴随矩阵，则 $|\boldsymbol{A}^*|=$__________.

答题区

纠错笔记

28 设 $\boldsymbol{A}$ 为 4 阶方阵，且行列式 $|\boldsymbol{A}|=-2$，$|\boldsymbol{B}|=2$，则行列式 $|(\boldsymbol{A}^*\boldsymbol{B}^{-1})^2\boldsymbol{A}^{\mathrm{T}}|=$__________

答题区

纠错笔记

29 设方阵 $\boldsymbol{A}$ 满足 $\boldsymbol{A}^2+\boldsymbol{A}-7\boldsymbol{E}=\boldsymbol{O}$，则 $\boldsymbol{A}^{-1}=$__________，$(\boldsymbol{A}+3\boldsymbol{E})^{-1}=$__________.

答题区

纠错笔记

30 设 $\boldsymbol{A},\boldsymbol{B}$ 均为 n 阶矩阵，且 $|\boldsymbol{A}|=3$，$|\boldsymbol{B}|=-2$，$\boldsymbol{A}^*$ 和 $\boldsymbol{B}^*$ 分别是 $\boldsymbol{A},\boldsymbol{B}$ 的伴随矩阵，则 $|2\boldsymbol{A}^{-1}\boldsymbol{B}^*+\boldsymbol{A}^*\boldsymbol{B}^{-1}|=$__________.

答题区

纠错笔记

31 设 $\boldsymbol{A}$ 为 3 阶方阵，$|\boldsymbol{A}|=\frac{1}{2}$，则 $|(2\boldsymbol{A})^{-1}-3\boldsymbol{A}^*|=$__________.

答题区

纠错笔记

32 已知 $\boldsymbol{A}=\begin{pmatrix}2&4&-6\\1&2&-3\\4&8&-12\end{pmatrix}$，则 $\boldsymbol{A}^n=$__________.

答题区

纠错笔记

33 若 $\boldsymbol{A}=\begin{pmatrix}1&2&3\\0&1&4\\0&0&1\end{pmatrix}$，则 $\boldsymbol{A}^n=$__________.

答题区

纠错笔记

34 设 $\boldsymbol{A}=\begin{pmatrix}3&1&0&0\\0&3&0&0\\0&0&3&9\\0&0&1&3\end{pmatrix}$，则 $\boldsymbol{A}^n=$________.

答题区

纠错笔记

35 已知 $\boldsymbol{A}=\begin{pmatrix}2&0&1\\0&3&0\\2&0&2\end{pmatrix}$，$\boldsymbol{B}=\begin{pmatrix}1&0&0\\0&-1&0\\0&0&0\end{pmatrix}$，若 $\boldsymbol{X}$ 满足 $\boldsymbol{AX}+2\boldsymbol{B}=\boldsymbol{BA}+2\boldsymbol{X}$，则 $\boldsymbol{X}^4=$________.

答题区

纠错笔记

36 设 n 阶矩阵 $\boldsymbol{A}=\begin{pmatrix}0&1&1&\cdots&1&1\\1&0&1&\cdots&1&1\\1&1&0&\cdots&1&1\\\vdots&\vdots&\vdots&&\vdots&\vdots\\1&1&1&\cdots&0&1\\1&1&1&\cdots&1&0\end{pmatrix}$，则 $\left|\frac{1}{2}\boldsymbol{A}^{\mathrm{T}}\right|=$________.

答题区

纠错笔记

37 设 $\boldsymbol{A}$ 为 m 阶方阵，$\boldsymbol{B}$ 为 n 阶方阵，且 $|\boldsymbol{A}|=a$，$|\boldsymbol{B}|=b$，$\boldsymbol{C}=\begin{pmatrix}\boldsymbol{O} & \boldsymbol{A}\\ \boldsymbol{B} & \boldsymbol{O}\end{pmatrix}$，则 $|\boldsymbol{C}|=$ ________.

答题区

纠错笔记

38 设 $\boldsymbol{A}=\begin{pmatrix}2 & 3 & 4\\ 6 & t & 2\\ 4 & 6 & 3\end{pmatrix}$，$\boldsymbol{B}=\begin{pmatrix}1\\ 3\\ 0\end{pmatrix}(2,3,4)$，若秩 $R(\boldsymbol{A}+\boldsymbol{AB})=2$，则 $t=$ ________.

答题区

纠错笔记

39 设 $\boldsymbol{A}$ 是 5 阶方阵，且 $\boldsymbol{A}^2=\boldsymbol{O}$，则 $R(\boldsymbol{A}^*)=$ ________.

答题区

纠错笔记

40 设 $\boldsymbol{A}=(a_{ij})_{m\times n}$，$\boldsymbol{B}=(a_{ij})_{n\times n}$，$\boldsymbol{C}=(c_{ij})_{n\times m}$，且 $\boldsymbol{AB}=\boldsymbol{A}$，$\boldsymbol{BC}=\boldsymbol{O}$，$R(\boldsymbol{A})=n$，则 $|\boldsymbol{CA}-\boldsymbol{B}|=$ ________.

答题区

纠错笔记

41 设 $A=\begin{pmatrix}1 & 2 & -2\\ 2 & -1 & \lambda\\ 3 & 1 & -1\end{pmatrix}$，$B$ 是 3 阶非零矩阵，且满足 $AB=O$，则 $\lambda=$________.

答题区

纠错笔记

42 设矩阵 $A=\begin{pmatrix}3 & 1 & 0\\ 1 & 1 & 0\\ 0 & 0 & 1\end{pmatrix}$，矩阵 B 满足 $A^{*}BA=3E-BA$，其中 E 为单位矩阵，A^{*} 是 A 的伴随矩阵，则 $|B^{*}|=$________.

答题区

纠错笔记

43 已知 $A=\frac{1}{2}\begin{pmatrix}1 & 3 & 0\\ 2 & 5 & 0\\ 1 & -1 & 2\end{pmatrix}$，则 $(A^{-1})^{*}=$________.

答题区

纠错笔记

44 若 n 阶矩阵 A，满足 $A^2+3A-2E=O$，则 $(A+E)^{-1}=$________.

答题区

纠错笔记

45 是非题.

设 $\boldsymbol{A},\boldsymbol{B}$ 为 n 阶方阵.

(1) $(\boldsymbol{A}+\boldsymbol{B})(\boldsymbol{A}-\boldsymbol{B})=\boldsymbol{A}^2-\boldsymbol{B}^2$.　(　　)

(2) 若 $\boldsymbol{AX}=\boldsymbol{AY}$，且 $|\boldsymbol{A}|\neq 0$，则 $\boldsymbol{X}=\boldsymbol{Y}$，其中 $\boldsymbol{X},\boldsymbol{Y}$ 都是 $n\times m$ 矩阵.　(　　)

(3) 若 $\boldsymbol{A}^2=\boldsymbol{O}$，则 $\boldsymbol{A}=\boldsymbol{O}$.　(　　)

(4) 若 $\boldsymbol{A}^2=\boldsymbol{B}^2$，则 $\boldsymbol{A}=\boldsymbol{B}$ 或 $\boldsymbol{A}=-\boldsymbol{B}$.　(　　)

(5) 若 $\boldsymbol{AB}=\boldsymbol{O}$，则 $\boldsymbol{A}=\boldsymbol{O}$ 或 $\boldsymbol{B}=\boldsymbol{O}$.　(　　)

(6) 若 $|\boldsymbol{A}|=0$，则 $\boldsymbol{AA}^*=\boldsymbol{O}$，其中 $\boldsymbol{A}^*$ 是 $\boldsymbol{A}$ 的伴随矩阵.　(　　)

(7) 若 $\boldsymbol{A},\boldsymbol{B}$ 都可逆，则 $\boldsymbol{A}+\boldsymbol{B}$ 可逆.　(　　)

(8) 若 $\boldsymbol{A}^3=\boldsymbol{O}$，则 $\boldsymbol{E}+\boldsymbol{A}$ 可逆且 $(\boldsymbol{E}+\boldsymbol{A})^{-1}=\boldsymbol{E}-\boldsymbol{A}+\boldsymbol{A}^2$.　(　　)

答题区

纠错笔记

46 计算下列乘积.

(1) $\begin{pmatrix}2&0&1\\-2&3&2\\4&1&1\end{pmatrix}\begin{pmatrix}-3&0\\2&1\\0&3\end{pmatrix}$;

答题区

纠错笔记

(2) $\begin{pmatrix}2&1&4&0\\1&-1&3&4\\1&0&1&4\end{pmatrix}\begin{pmatrix}1&3&1\\0&-1&2\\1&-3&1\\4&0&-2\end{pmatrix}$;

答题区

纠错笔记

(3) $(x_1, x_2, x_3)\begin{pmatrix} x_1 \\ x_2 \\ x_3 \end{pmatrix}$;

答题区

纠错笔记

(4) $\begin{pmatrix} a_1 \\ a_2 \\ a_3 \end{pmatrix}(b_1, b_2, b_3)$

答题区

纠错笔记

47 已知两个线性变换：

$$\begin{cases} x_1 = y_1 + y_2 + y_3 \\ x_2 = y_1 + y_2 - y_3 \\ x_3 = y_1 - y_2 + y_3 \end{cases}, \begin{cases} y_1 = z_1 + 2z_2 + 3z_3 \\ y_2 = -z_1 - 2z_2 + 4z_3 \\ y_3 = 5z_2 + z_3 \end{cases}.$$

(1)分别写出它们对应的矩阵；

答题区

纠错笔记

(2)求从 z_1, z_2, z_3 到 x_1, x_2, x_3 的线性变换.

答题区

纠错笔记

48 求下列方阵的逆矩阵：

(1) $\begin{pmatrix} a & b \\ -b & a \end{pmatrix}$，其中 $a^2+b^2=2$；

答题区

纠错笔记

(2) $\begin{pmatrix} 1 & 0 & 0 \\ 0 & 1 & 0 \\ a & b & 1 \end{pmatrix}$；

答题区

纠错笔记

(3) $\begin{pmatrix} 0 & 1 & 1 \\ 1 & 0 & -1 \\ 1 & -1 & 0 \end{pmatrix}$；

答题区

纠错笔记

(4) $\begin{pmatrix} 4 & 3 & 2 & 1 \\ 1 & 0 & 0 & 0 \\ 0 & 1 & 0 & 0 \\ 0 & 0 & 1 & 0 \end{pmatrix}$；

答题区

纠错笔记

(5) $\begin{pmatrix} \cos\theta & -\sin\theta & 0 & 0 & 0 \\ \sin\theta & \cos\theta & 0 & 0 & 0 \\ 0 & 0 & 2 & 0 & 0 \\ 0 & 0 & 0 & 5 & 2 \\ 0 & 0 & 0 & 2 & 1 \end{pmatrix}$;

答题区

纠错笔记

(6)已知$A^* = \begin{pmatrix} 1 & -6 & 3 & -9 \\ 0 & 3 & 6 & -3 \\ 0 & 0 & -3 & -6 \\ 0 & 0 & 0 & 3 \end{pmatrix}$，求$A^{-1}$.

答题区

纠错笔记

49 设方阵 A 满足 $A^3 - A^2 + 2A - E = O$，证明：A 及 $E - A$ 均可逆，并求 A^{-1} 和$(E - A)^{-1}$.

答题区

纠错笔记

50 设 A，B 均为 3 阶矩阵，E 为 3 阶单位矩阵，若 $AB = A - 2B - E$，$B = \begin{pmatrix} 1 & 0 & -6 \\ 0 & 4 & 0 \\ 6 & 0 & 1 \end{pmatrix}$，求$(A + 2E)^{-1}$.

答题区

纠错笔记

51 判断 $\boldsymbol{A}=\begin{pmatrix}1&3&0\\2&6&1\\0&1&1\end{pmatrix}$ 是否可逆，若可逆，求 $\boldsymbol{A}$ 的逆矩阵及 $(\boldsymbol{A}^{-1})^*$.

答题区

纠错笔记

52 解下列矩阵方程：

(1) $\begin{pmatrix}2&1\\3&2\end{pmatrix}\boldsymbol{X}=\begin{pmatrix}4&-6&0\\2&1&2\end{pmatrix}$；

答题区

纠错笔记

(2) $\boldsymbol{X}\begin{pmatrix}2&1&-1\\2&1&0\\1&-1&1\end{pmatrix}=(1,-1,3)$；

答题区

纠错笔记

(3) $\begin{pmatrix}0&1&0\\1&0&0\\0&0&1\end{pmatrix}\boldsymbol{X}\begin{pmatrix}-3&2\\5&-3\end{pmatrix}=\begin{pmatrix}1&3\\2&-1\\1&0\end{pmatrix}$.

答题区

纠错笔记

53 设 $\boldsymbol{A}=\begin{pmatrix}-1&0&0\\1&-1&0\\1&1&-1\end{pmatrix}$，求$(\boldsymbol{A}+2\boldsymbol{E})^{-1}(\boldsymbol{A}^2-3\boldsymbol{E})$.

答题区

纠错笔记

54 求解矩阵方程 $\boldsymbol{XA}=\boldsymbol{B}+2\boldsymbol{X}$，其中

$$\boldsymbol{A}=\begin{pmatrix}1&-1&0&0\\-1&0&0&0\\0&0&4&3\\0&0&1&4\end{pmatrix},\boldsymbol{B}=\begin{pmatrix}1&0&0&0\\1&2&0&0\\2&1&1&0\\1&2&2&4\end{pmatrix}.$$

答题区

纠错笔记

55 设矩阵 $\boldsymbol{A}=\begin{pmatrix}2&1&0\\1&2&0\\0&0&1\end{pmatrix}$，矩阵 $\boldsymbol{B}$ 满足 $\boldsymbol{ABA}^*=2\boldsymbol{BA}^*+\boldsymbol{E}$，其中 $\boldsymbol{A}^*$ 为 $\boldsymbol{A}$ 的伴随矩阵，$\boldsymbol{E}$ 为单位矩阵，求$|\boldsymbol{B}|$.

答题区

纠错笔记

56 设 n 阶矩阵 $\boldsymbol{A}$ 的伴随矩阵为 $\boldsymbol{A}^*$，证明：

(1) 若$|\boldsymbol{A}|=0$，则$|\boldsymbol{A}^*|=0$；

答题区

纠错笔记

(2) $|A^*|=|A|^{n-1}$.

答题区

纠错笔记

57 设 $A^k=O$(k 为某一正整数),证明:$(E-A)^{-1}=E+A+A^2+\cdots+A^{k-1}$.

答题区

纠错笔记

58 设 $A=\begin{pmatrix}a&0&1\\0&a&0\\0&0&a\end{pmatrix}$,求$A^k$(其中 k 是正整数).

答题区

纠错笔记

59 已知 $A=\begin{pmatrix}1&0&1\\0&2&0\\1&0&1\end{pmatrix}$,求 A^n.

答题区

纠错笔记

60 设$\boldsymbol{P}^{-1}\boldsymbol{A}\boldsymbol{P}=\boldsymbol{\Lambda}$，其中 $\boldsymbol{P}=\begin{pmatrix}0&0&1\\1&1&0\\1&0&1\end{pmatrix}$，$\boldsymbol{\Lambda}=\begin{pmatrix}1&0&0\\0&2&0\\0&0&2\end{pmatrix}$，求$\boldsymbol{A}^n$.

答题区

纠错笔记

61 设 $\boldsymbol{P}=\begin{pmatrix}-1&1&1\\1&0&2\\1&1&-1\end{pmatrix}$，$\boldsymbol{\Lambda}=\begin{pmatrix}1&0&0\\0&2&0\\0&0&-3\end{pmatrix}$，$\boldsymbol{A}\boldsymbol{P}=\boldsymbol{P}\boldsymbol{\Lambda}$，求 $\varphi(\boldsymbol{A})=\boldsymbol{A}^3+2\boldsymbol{A}^2-3\boldsymbol{A}$.

答题区

纠错笔记

62 求满足 $\boldsymbol{A}+a\boldsymbol{B}=\begin{pmatrix}3&3\\2&4\end{pmatrix}$，$\boldsymbol{A}+\boldsymbol{B}=\boldsymbol{E}$，$\boldsymbol{A}\boldsymbol{B}=\boldsymbol{O}$ 的实数 a 及二阶方阵 $\boldsymbol{A}$ 和 $\boldsymbol{B}$.

答题区

纠错笔记

63 在秩为 r 的矩阵中，有没有等于 0 的 $r-1$ 阶子式？有没有等于 0 的 r 阶子式？有没有不等于 0 的 $r+1$ 阶子式？试举例说明.

答题区

纠错笔记

64 利用定义求下列矩阵的秩：

(1)$\boldsymbol{A}=\begin{pmatrix}3 & 1 & 2 & -3\\ 1 & 1 & 2 & -1\\ -1 & 1 & 2 & 1\end{pmatrix}$；

答题区

纠错笔记

(2)$\boldsymbol{B}=\begin{pmatrix}1 & 2 & 1\\ 1 & 0 & 2\\ 1 & 1 & 1\end{pmatrix}$.

答题区

纠错笔记

65 利用初等变换求下列矩阵的秩：

(1)$\boldsymbol{A}=\begin{pmatrix}2 & 2 & 4 & 4 & 2\\ 0 & 2 & 1 & 5 & -1\\ 2 & 0 & 3 & -1 & 3\\ 1 & 1 & 0 & 4 & -1\end{pmatrix}$；

答题区

纠错笔记

(2)$\boldsymbol{B}=\begin{pmatrix}1 & 2 & 2 & -1\\ 1 & 5 & -5 & 3\\ 3 & 0 & 20 & -11\end{pmatrix}$.

答题区

纠错笔记

66 利用初等变换求下列矩阵的逆矩阵：

(1)$\boldsymbol{B}=\begin{pmatrix}1 & 2 & 1\\2 & 1 & 2\\1 & 1 & 2\end{pmatrix}$；

答题区

纠错笔记

(2)$\boldsymbol{C}=\begin{pmatrix}1 & -2 & -3 & -2\\1 & -1 & -1 & -1\\1 & 1 & 2 & 1\\3 & 0 & 2 & 1\end{pmatrix}$；

答题区

纠错笔记

(3)$\boldsymbol{D}=\begin{pmatrix} & & & d_1\\ & & d_2 & \\ & \iddots & & \\d_n & & & \end{pmatrix}$，$d_1d_2\cdots d_n\neq 0$.

答题区

纠错笔记

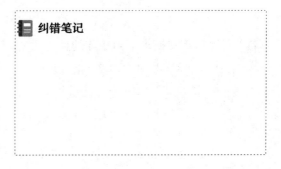

67 设 n 阶矩阵 $\boldsymbol{A}$ 及 m 阶矩阵 $\boldsymbol{B}$ 都可逆，$\boldsymbol{C}$ 为 $n\times m$ 矩阵，$\boldsymbol{O}$ 为 $m\times n$ 矩阵，求下列分块矩阵的逆矩阵.

(1) $\begin{pmatrix} \boldsymbol{A} & \boldsymbol{C} \\ \boldsymbol{O} & \boldsymbol{B} \end{pmatrix}$；

答题区

纠错笔记

(2) $\begin{pmatrix} \boldsymbol{C} & \boldsymbol{A} \\ \boldsymbol{B} & \boldsymbol{O} \end{pmatrix}$；

答题区

纠错笔记

(3) $\boldsymbol{A}=\begin{pmatrix} 0 & 0 & 5 & 2 \\ 0 & 0 & 2 & 1 \\ 1 & -2 & 0 & 0 \\ 1 & 1 & 0 & 0 \end{pmatrix}$.

答题区

纠错笔记

68 已知 $\boldsymbol{A}^*=\begin{pmatrix} 4 & 3 & 0 & 0 \\ -1 & 0 & 0 & 0 \\ 0 & 0 & 3 & -6 \\ 0 & 0 & -3 & 3 \end{pmatrix}$，试求 $\boldsymbol{A}^{-1}$ 和 $\boldsymbol{A}$.

答题区

纠错笔记

69 用初等变换解矩阵 $\boldsymbol{AX}=\boldsymbol{B}$,其中 $\boldsymbol{A}=\begin{pmatrix}5&1&-5\\3&-3&2\\1&-2&1\end{pmatrix}$,$\boldsymbol{B}=\begin{pmatrix}-8&-5\\3&9\\0&0\end{pmatrix}$.

答题区

纠错笔记

70 设 $\boldsymbol{A}=\begin{pmatrix}0&2&1\\2&-1&3\\-3&3&-4\end{pmatrix}$,$\boldsymbol{B}=\begin{pmatrix}1&2&3\\2&-3&1\end{pmatrix}$,求 $\boldsymbol{X}$ 使 $\boldsymbol{XA}=\boldsymbol{B}$.

答题区

纠错笔记

71 求矩阵 $\boldsymbol{A}=\begin{pmatrix}1&-2&-1&0&2\\-2&4&2&6&-6\\2&-1&0&2&3\\3&3&3&3&4\end{pmatrix}$ 的秩及 $\boldsymbol{A}$ 的一个最高阶非零子式.

答题区

纠错笔记

72 设 $\boldsymbol{A}=\begin{pmatrix}1&-2&3k\\-1&2k&-3\\k&-2&3\end{pmatrix}$,试求 $R(\boldsymbol{A})$.

答题区

纠错笔记

73 设矩阵 $\boldsymbol{A}=\begin{pmatrix}1 & 1 & 1 & 1\\0 & -1 & 1 & b\\2 & a & 3 & 4\\3 & 1 & 5 & 7\end{pmatrix}$，求矩阵 $\boldsymbol{A}$ 的秩.

答题区

纠错笔记

二、提高篇

1 设 $\boldsymbol{A}=(a_1,a_2,a_3)^{\mathrm{T}}$，且 $\boldsymbol{A}\boldsymbol{A}^{\mathrm{T}}=\begin{pmatrix}1 & -3 & -2\\-3 & 9 & 6\\-2 & 6 & 4\end{pmatrix}$，则 $\boldsymbol{A}^{\mathrm{T}}\boldsymbol{A}=($　　$)$.

A. 16　　B. 14　　C. 10　　D. -8

答题区

纠错笔记

2 设 3 阶矩阵 $\boldsymbol{A}$ 满足 $\boldsymbol{A}^*=\boldsymbol{A}^{\mathrm{T}}$，且第 1 行的元素为 3 个相等的正数，则第 1 行第 1 列的元素为(　　).

A. $\frac{\sqrt{3}}{3}$　　B. 3　　C. $\frac{1}{3}$　　D. $\sqrt{3}$

答题区

纠错笔记

3 设 $\boldsymbol{A},\boldsymbol{B}\boldsymbol{A}+\boldsymbol{B},\boldsymbol{A}^{-1}+\boldsymbol{B}^{-1}$ 均为 n 阶可逆矩阵，则 $(\boldsymbol{A}^{-1}+\boldsymbol{B}^{-1})^{-1}=($　　$)$.

A. $\boldsymbol{A}^{-1}+\boldsymbol{B}^{-1}$　　B. $\boldsymbol{A}+\boldsymbol{B}$　　C. $\boldsymbol{A}(\boldsymbol{A}+\boldsymbol{B})^{-1}\boldsymbol{B}$　　D. $(\boldsymbol{A}+\boldsymbol{B})^{-1}$

答题区

纠错笔记

4 设 n 阶矩阵 $\boldsymbol{A}$ 非奇异$(n\geqslant 2)$，$\boldsymbol{A}^*$ 是其伴随矩阵，则(　　)成立.

A. $(\boldsymbol{A}^*)^*=|\boldsymbol{A}|^{n-1}\boldsymbol{A}$　　B. $(\boldsymbol{A}^*)^*=|\boldsymbol{A}|^{n+1}\boldsymbol{A}$

C. $(\boldsymbol{A}^*)^*=|\boldsymbol{A}|^{n-2}\boldsymbol{A}$　　D. $(\boldsymbol{A}^*)^*=|\boldsymbol{A}|^{n+2}\boldsymbol{A}$

答题区

纠错笔记

5 已知 $\boldsymbol{A},\boldsymbol{B}$ 均为 3 阶矩阵，矩阵 $\boldsymbol{X}$ 满足 $\boldsymbol{AXA}-\boldsymbol{BXB}=\boldsymbol{BXA}-\boldsymbol{AXB}+\boldsymbol{E}$，其中 $\boldsymbol{E}$ 是 3 阶单位矩阵，则 $\boldsymbol{X}=($　　$)$.

A. $(\boldsymbol{A}^2-\boldsymbol{B}^2)^{-1}$　　B. $(\boldsymbol{A}-\boldsymbol{B})^{-1}(\boldsymbol{A}+\boldsymbol{B})^{-1}$

C. $(\boldsymbol{A}+\boldsymbol{B})^{-1}(\boldsymbol{A}-\boldsymbol{B})^{-1}$　　D. 条件不充足，不能确定

答题区

纠错笔记

6 设 $\boldsymbol{A},\boldsymbol{B}$ 均为 2 阶矩阵，$\boldsymbol{A}^*,\boldsymbol{B}^*$ 分别为 $\boldsymbol{A},\boldsymbol{B}$ 的伴随矩阵，若 $|\boldsymbol{A}|=2,|\boldsymbol{B}|=3$，则分块矩阵 $\begin{pmatrix}\boldsymbol{O} & \boldsymbol{A}\\ \boldsymbol{B} & \boldsymbol{O}\end{pmatrix}$ 的伴随矩阵为(　　).

A. $\begin{pmatrix}\boldsymbol{O} & 3\boldsymbol{B}^*\\ 2\boldsymbol{A}^* & \boldsymbol{O}\end{pmatrix}$　　B. $\begin{pmatrix}\boldsymbol{O} & 2\boldsymbol{B}^*\\ 3\boldsymbol{A}^* & \boldsymbol{O}\end{pmatrix}$　　C. $\begin{pmatrix}\boldsymbol{O} & 3\boldsymbol{A}^*\\ 2\boldsymbol{B}^* & \boldsymbol{O}\end{pmatrix}$　　D. $\begin{pmatrix}\boldsymbol{O} & 2\boldsymbol{A}^*\\ 3\boldsymbol{B}^* & \boldsymbol{O}\end{pmatrix}$

答题区

纠错笔记

7 已知 $\boldsymbol{A}=\begin{pmatrix}a_{11}&a_{12}&a_{13}\\a_{21}&a_{22}&a_{23}\\a_{31}&a_{32}&a_{33}\end{pmatrix}$，$\boldsymbol{B}=\begin{pmatrix}a_{13}&-a_{11}+a_{12}&a_{11}\\a_{23}&-a_{21}+a_{22}&a_{21}\\a_{33}&-a_{31}+a_{32}&a_{31}\end{pmatrix}$，$\boldsymbol{P}_1=\begin{pmatrix}0&0&1\\0&1&0\\1&0&0\end{pmatrix}$，$\boldsymbol{P}_2=\begin{pmatrix}1&1&0\\0&1&0\\0&0&1\end{pmatrix}$，

$\boldsymbol{P}_3=\begin{pmatrix}1&-1&0\\0&1&0\\0&0&1\end{pmatrix}$，其中 $\boldsymbol{A}$ 可逆，那么 $\boldsymbol{B}^{-1}=$（　　）.

A. $\boldsymbol{A}^{-1}\boldsymbol{P}_1\boldsymbol{P}_2$　　B. $\boldsymbol{P}_1\boldsymbol{P}_2\boldsymbol{A}^{-1}$　　C. $\boldsymbol{P}_1\boldsymbol{P}_3\boldsymbol{A}^{-1}$　　D. $\boldsymbol{P}_3\boldsymbol{P}_1\boldsymbol{A}^{-1}$

答题区

纠错笔记

8 设 $\boldsymbol{A},\boldsymbol{P}$ 均为 3 阶矩阵，$\boldsymbol{P}^{\mathrm{T}}$ 为 $\boldsymbol{P}$ 的转置矩阵，且 $\boldsymbol{P}^{\mathrm{T}}\boldsymbol{A}\boldsymbol{P}=\begin{pmatrix}1&0&0\\0&1&0\\0&0&2\end{pmatrix}$，若 $\boldsymbol{P}=(\boldsymbol{\alpha}_1,\boldsymbol{\alpha}_2,\boldsymbol{\alpha}_3)$，

$\boldsymbol{Q}=(\boldsymbol{\alpha}_1+\boldsymbol{\alpha}_2,\boldsymbol{\alpha}_2,\boldsymbol{\alpha}_3)$，则 $\boldsymbol{Q}^{\mathrm{T}}\boldsymbol{A}\boldsymbol{Q}=$（　　）.

A. $\begin{pmatrix}2&1&0\\1&1&0\\0&0&2\end{pmatrix}$　　B. $\begin{pmatrix}1&1&0\\1&2&0\\0&0&2\end{pmatrix}$　　C. $\begin{pmatrix}2&0&0\\0&1&0\\0&0&2\end{pmatrix}$　　D. $\begin{pmatrix}1&0&0\\0&2&0\\0&0&2\end{pmatrix}$

答题区

纠错笔记

9 设 $\boldsymbol{A}$ 为 $n(n\geqslant 2)$ 阶可逆矩阵，交换 $\boldsymbol{A}$ 的第一行与第二行得到矩阵 $\boldsymbol{B}$，$\boldsymbol{A}^*$ 与 $\boldsymbol{B}^*$ 分别是 $\boldsymbol{A}$ 和 $\boldsymbol{B}$ 的伴随矩阵，则（　　）.

A. 交换 $\boldsymbol{A}^*$ 的第一列与第二列，得 $\boldsymbol{B}^*$

B. 交换 $\boldsymbol{A}^*$ 的第一行与第二行，得 $\boldsymbol{B}^*$

C. 交换 $\boldsymbol{A}^*$ 的第一列与第二列，得 $-\boldsymbol{B}^*$

D. 交换 $\boldsymbol{A}^*$ 的第一行与第二行，得 $-\boldsymbol{B}^*$

答题区

纠错笔记

10 设 3 阶矩阵 $\boldsymbol{A}=\begin{pmatrix} a & b & b \\ b & a & b \\ b & b & a \end{pmatrix}$，若 $\boldsymbol{A}$ 的伴随矩阵的秩等于 1，则必有（　　）.

A. $a=b$ 或 $a+2b=0$　　B. $a=b$ 或 $a+2b\neq 0$

C. $a\neq b$ 或 $a+2b=0$　　D. $a\neq b$ 或 $a+2b\neq 0$

答题区

纠错笔记

11 设 $\boldsymbol{A}$ 是 $m\times n$ 矩阵，$\boldsymbol{B}$ 是 $n\times m$ 矩阵，则（　　）.

A. 当 $m>n$ 时，必有行列式 $|\boldsymbol{AB}|\neq 0$　　B. 当 $m>n$ 时，必有行列式 $|\boldsymbol{AB}|=0$

C. 当 $n>m$ 时，必有行列式 $|\boldsymbol{AB}|\neq 0$　　D. 当 $n>m$ 时，必有行列式 $|\boldsymbol{AB}|=0$

答题区

纠错笔记

12 设 $\boldsymbol{A},\boldsymbol{B}$ 为 3 阶矩阵，且 $|\boldsymbol{A}|=3$，$|\boldsymbol{B}|=2$，$|\boldsymbol{A}^{-1}+\boldsymbol{B}|=2$，则 $|\boldsymbol{A}+\boldsymbol{B}^{-1}|=$ ________.

答题区

纠错笔记

13 已知 $\boldsymbol{A}$ 是 n 阶矩阵，且满足 $\boldsymbol{A}^3=2\boldsymbol{E}$，$\boldsymbol{B}=\boldsymbol{A}^2+2\boldsymbol{A}+\boldsymbol{E}$，则 $\boldsymbol{B}^{-1}=$ ________.

答题区

纠错笔记

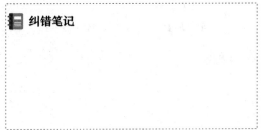

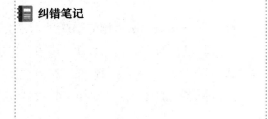

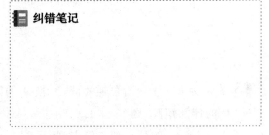

14 设 $\boldsymbol{A}=\begin{pmatrix}1&0&0&0\\-2&3&0&0\\0&-4&5&0\\0&0&-6&7\end{pmatrix}$，$\boldsymbol{E}$ 为 4 阶单位矩阵，且 $\boldsymbol{B}=(\boldsymbol{E}+\boldsymbol{A})^{-1}(\boldsymbol{E}-\boldsymbol{A})$，那么 $(\boldsymbol{E}+\boldsymbol{B})^{-1}=$____________.

答题区

纠错笔记

15 已知 $\boldsymbol{A}$、$\boldsymbol{B}$ 均为 3 阶矩阵，将 $\boldsymbol{A}$ 中第 3 行的 -2 倍加到第 2 行得到矩阵 $\boldsymbol{A}_1$，将 $\boldsymbol{B}$ 中第 1 列和第 2 列对换得到矩阵 $\boldsymbol{B}_1$，又 $\boldsymbol{A}_1\boldsymbol{B}_1=\begin{pmatrix}1&1&1\\1&0&2\\2&1&3\end{pmatrix}$，则 $\boldsymbol{AB}=$____________.

答题区

纠错笔记

16 若 $\boldsymbol{P}=\begin{pmatrix}1&0&0\\0&1&0\\0&2&1\end{pmatrix}$，$\boldsymbol{Q}=\begin{pmatrix}0&0&1\\0&1&0\\1&0&0\end{pmatrix}$，$\boldsymbol{A}=\begin{pmatrix}1&2&3\\2&3&4\\3&4&5\end{pmatrix}$，则 $(\boldsymbol{P}^{-1})^{2016}\boldsymbol{AQ}^{2017}=$____________.

答题区

纠错笔记

17 设 $\boldsymbol{A}$ 是实方阵，证明：若 $\boldsymbol{A}^{\mathrm{T}}\boldsymbol{A}=\boldsymbol{O}$，则 $\boldsymbol{A}=\boldsymbol{O}$.

答题区

纠错笔记

18 设 $\boldsymbol{A}$ 和 $\boldsymbol{B}$ 均为 n 阶方阵，且满足 $\boldsymbol{A}^2=\boldsymbol{A},\boldsymbol{B}^2=\boldsymbol{B},(\boldsymbol{A}+\boldsymbol{B})^2=\boldsymbol{A}+\boldsymbol{B}$，证明 $\boldsymbol{AB}=\boldsymbol{O}$.

答题区

纠错笔记

19 已知实矩阵 $\boldsymbol{A}=(a_{ij})_{3\times 3}$ 满足条件：(1) $a_{ij}=A_{ij}\ (i,j=1,2,3)$，其中 A_{ij} 是 a_{ij} 的代数余子式；(2) $a_{11}\neq 0$. 计算行列式 $\det\boldsymbol{A}$.

答题区

纠错笔记

20 设 $\boldsymbol{A}$ 为 n 阶可逆对称矩阵，$\boldsymbol{B}$ 为 n 阶对称矩阵. 当 $\boldsymbol{E}+\boldsymbol{AB}$ 可逆时，试证 $(\boldsymbol{E}+\boldsymbol{AB})^{-1}\boldsymbol{A}$ 为对称矩阵.

答题区

纠错笔记

21 设矩阵 $\boldsymbol{A}$ 的伴随矩阵 $\boldsymbol{A}^*=\begin{pmatrix}1&0&0&0\\0&1&0&0\\1&0&1&0\\0&-3&0&8\end{pmatrix}$，且 $\boldsymbol{ABA}^{-1}=\boldsymbol{BA}^{-1}+3\boldsymbol{E}$，其中 $\boldsymbol{E}$ 为 4 阶单位矩阵，求矩阵 $\boldsymbol{B}$.

答题区

纠错笔记

22 设矩阵 $\boldsymbol{A}=\begin{pmatrix}1&2&1&-1\\3&6&-1&-3\\5&10&1&-5\end{pmatrix}$ 的行最简形式为 $\boldsymbol{F}$，求 $\boldsymbol{F}$，并求矩阵 $\boldsymbol{P}$ 使得 $\boldsymbol{PA}=\boldsymbol{F}$.

答题区

纠错笔记

23 已知矩阵 $\boldsymbol{A}=\begin{pmatrix}\lambda&1&0\\0&\lambda&1\\0&0&\lambda\end{pmatrix}$，试求 $\boldsymbol{A}^k$.

答题区

纠错笔记

24 设 $\boldsymbol{\Lambda}=\begin{pmatrix}\lambda_1&0\\0&\lambda_2\end{pmatrix}$，且 $a_0\lambda_i^n+a_1\lambda_i^{n-1}+\cdots+a_{n-1}\lambda_i+a_n=0(i=1,2)$，试求 $a_0\boldsymbol{\Lambda}^n+a_1\boldsymbol{\Lambda}^{n-1}+\cdots+a_{n-1}\boldsymbol{\Lambda}+a_n\boldsymbol{E}$.

答题区

纠错笔记

25 设 $\boldsymbol{A}=\begin{pmatrix}0&-1&0\\1&0&0\\0&0&-1\end{pmatrix}$，$\boldsymbol{B}=\boldsymbol{P}^{-1}\boldsymbol{AP}$，其中 $\boldsymbol{P}$ 为 3 阶可逆矩阵，求 $\boldsymbol{B}^{2016}-2\boldsymbol{A}^2$.

答题区

纠错笔记

26 设矩阵 $\boldsymbol{X}$ 满足 $\boldsymbol{AXA}+\boldsymbol{BXB}=\boldsymbol{AXB}+\boldsymbol{BXA}+\boldsymbol{E}$,其中 $\boldsymbol{A}=\begin{pmatrix}1&0&0\\1&1&0\\1&1&1\end{pmatrix}$,$\boldsymbol{B}=\begin{pmatrix}0&1&1\\1&0&1\\1&1&0\end{pmatrix}$,试求 $\boldsymbol{X}$.

答题区

纠错笔记

27 设 $\boldsymbol{A}=\begin{pmatrix}1&1&-1\\-1&1&1\\1&-1&1\end{pmatrix}$,且 $\boldsymbol{A}^*\boldsymbol{X}\left(\frac{1}{2}\boldsymbol{A}^*\right)^*=8\boldsymbol{A}^{-1}\boldsymbol{X}+\boldsymbol{E}$,求矩阵 $\boldsymbol{X}$.

答题区

纠错笔记

28 设矩阵 $\boldsymbol{A}=\begin{pmatrix}a&1&0\\1&a&-1\\0&1&a\end{pmatrix}$,且 $\boldsymbol{A}^3=\boldsymbol{O}$.

(1)求 a 的值;

答题区

纠错笔记

(2)若矩阵 $\boldsymbol{X}$ 满足 $\boldsymbol{X}-\boldsymbol{XA}^2-\boldsymbol{AX}+\boldsymbol{AXA}^2=\boldsymbol{E}$,其中 $\boldsymbol{E}$ 为 3 阶单位矩阵,求 $\boldsymbol{X}$.

答题区

纠错笔记

第三章　向量与向量组

一、基础篇

1 下列向量组中,线性无关的是(　　).

A. $(1,2,3,4)^T,(2,3,4,5)^T,(0,0,0,0)^T$

B. $(a,1,2,3)^T,(b,1,2,3)^T,(c,3,4,5)^T,(d,0,0,0)^T$

C. $(1,2,-1)^T,(3,5,6)^T,(0,7,9)^T,(1,0,2)^T$

D. $(a,1,b,0,0)^T,(c,0,d,6,0)^T,(a,0,c,5,6)^T$

答题区

纠错笔记

2 向量组 $\boldsymbol{\alpha}_1,\boldsymbol{\alpha}_2,\cdots,\boldsymbol{\alpha}_m$ 线性无关的充要条件是(　　).

A. $\boldsymbol{\alpha}_i\neq 0,i=1,2,\cdots,m$

B. 零向量能由 $\boldsymbol{\alpha}_1,\boldsymbol{\alpha}_2,\cdots,\boldsymbol{\alpha}_m$ 线性表示

C. $\boldsymbol{\alpha}_1,\boldsymbol{\alpha}_2,\cdots,\boldsymbol{\alpha}_m$ 中任意一个向量都不能由其余 $m-1$ 个向量线性表示

D. 对于任意一组全不为零的数 $k_1,k_2,\cdots,k_m$ 有 $\sum_{i=1}^{m}k_i\boldsymbol{\alpha}_i\neq\mathbf{0}$

答题区

纠错笔记

3 设 $\boldsymbol{\alpha}_1,\boldsymbol{\alpha}_2,\cdots,\boldsymbol{\alpha}_m$ 均为 n 维向量,那么下列结论正确的是(　　).

A. 若 $k_1\boldsymbol{\alpha}_1+k_2\boldsymbol{\alpha}_2+\cdots+k_m\boldsymbol{\alpha}_m=\boldsymbol{0}$,则 $\boldsymbol{\alpha}_1,\boldsymbol{\alpha}_2,\cdots,\boldsymbol{\alpha}_m$ 线性相关

B. 若对任意一组不为零的数 $k_1,k_2,\cdots,k_m$,都有 $k_1\boldsymbol{\alpha}_1+k_2\boldsymbol{\alpha}_2+\cdots+k_m\boldsymbol{\alpha}_m\neq\boldsymbol{0}$,则 $\boldsymbol{\alpha}_1,\boldsymbol{\alpha}_2,\cdots,\boldsymbol{\alpha}_m$ 线性无关

C. 若 $\boldsymbol{\alpha}_1,\boldsymbol{\alpha}_2,\cdots,\boldsymbol{\alpha}_m$ 线性相关,则对任意一组不全为零的数 $k_1,k_2,\cdots,k_m$,都有 $k_1\boldsymbol{\alpha}_1+k_2\boldsymbol{\alpha}_2+\cdots+k_m\boldsymbol{\alpha}_m=\boldsymbol{0}$

D. 若 $0\boldsymbol{\alpha}_1+0\boldsymbol{\alpha}_2+\cdots+0\boldsymbol{\alpha}_m=\boldsymbol{0}$, 则 $\boldsymbol{\alpha}_1,\boldsymbol{\alpha}_2,\cdots,\boldsymbol{\alpha}_m$ 线性无关

答题区

纠错笔记

4 设 $\boldsymbol{\alpha}_1,\boldsymbol{\alpha}_2,\boldsymbol{\alpha}_3,\boldsymbol{\beta}_1,\boldsymbol{\beta}_2$ 都是 4 维列向量,且 4 阶行列式 $|(\boldsymbol{\alpha}_1,\boldsymbol{\alpha}_2,\boldsymbol{\alpha}_3,\boldsymbol{\beta}_1)|=m$, $|(\boldsymbol{\alpha}_1,\boldsymbol{\alpha}_2,\boldsymbol{\beta}_2,\boldsymbol{\alpha}_3)|=n$,则 4 阶行列式 $|(\boldsymbol{\alpha}_3,\boldsymbol{\alpha}_2,\boldsymbol{\alpha}_1,\boldsymbol{\beta}_1+\boldsymbol{\beta}_2)|=$(　　).

A. $m-n$　　B. $m+n$　　C. $n-m$　　D. mn

答题区

纠错笔记

5 若向量组 $\boldsymbol{\alpha},\boldsymbol{\beta},\boldsymbol{\gamma}$ 线性无关,$\boldsymbol{\alpha},\boldsymbol{\beta},\boldsymbol{\eta}$ 线性相关,则(　　).

A. $\boldsymbol{\alpha}$ 必可由 $\boldsymbol{\beta},\boldsymbol{\gamma},\boldsymbol{\eta}$ 线性表示

B. $\boldsymbol{\beta}$ 必不可由 $\boldsymbol{\alpha},\boldsymbol{\gamma},\boldsymbol{\eta}$ 线性表示

C. $\boldsymbol{\eta}$ 必可由 $\boldsymbol{\alpha},\boldsymbol{\beta},\boldsymbol{\gamma}$ 线性表示

D. $\boldsymbol{\eta}$ 必不可由 $\boldsymbol{\alpha},\boldsymbol{\beta},\boldsymbol{\gamma}$ 线性表示

答题区

纠错笔记

6 假设 $\boldsymbol{A}$ 是 n 阶方阵，其秩 $r<n$，那么在 $\boldsymbol{A}$ 的 n 个行向量中（　　）.

A. 必有 r 个行向量线性无关　B. 任意 r 个行向量都构成最大线性无关向量组

C. 任意 r 个行向量线性无关　D. 任何一个行向量都可以由其他 r 个行向量线性表示

答题区

纠错笔记

7 设向量组 A：$\boldsymbol{\alpha}_1, \boldsymbol{\alpha}_2, \cdots, \boldsymbol{\alpha}_r$ 可由向量组 B：$\boldsymbol{\beta}_1, \boldsymbol{\beta}_2, \cdots, \boldsymbol{\beta}_s$ 线性表示，则下面结论正确的是（　　）.

A. 当 $r<s$ 时，向量组 B 必线性相关　B. 当 $r>s$ 时，向量组 B 必线性相关

C. 当 $r<s$ 时，向量组 A 必线性相关　D. 当 $r>s$ 时，向量组 A 必线性相关

答题区

纠错笔记

8 设矩阵 $\boldsymbol{A}=(a_{ij})_{m\times n}$ 的秩为 $R(\boldsymbol{A})=m<n$，$\boldsymbol{E}_m$ 为 m 阶单位矩阵，下述结论正确的是（　　）.

A. $\boldsymbol{A}$ 的任意 m 个列向量必线性无关

B. $\boldsymbol{A}$ 的任意一个 m 阶子式不等于零

C. 若矩阵 $\boldsymbol{B}$ 满足 $\boldsymbol{BA}=\boldsymbol{O}$，则 $\boldsymbol{B}=\boldsymbol{O}$

D. $\boldsymbol{A}$ 通过初等行变换，必可以化为 $(\boldsymbol{E}_m, \boldsymbol{O})$ 的形式.

答题区

纠错笔记

9 判断下列向量组的线性相关性：

(1) $\boldsymbol{\alpha}_1=(1,2,-1,4)$，$\boldsymbol{\alpha}_2=(9,100,10,4)$，$\boldsymbol{\alpha}_3=(-2,-4,2,-8)$；

答题区

纠错笔记

(2) $\boldsymbol{\beta}_1=\begin{pmatrix}1\\1\\4\end{pmatrix}$，$\boldsymbol{\beta}_2=\begin{pmatrix}2\\1\\3\end{pmatrix}$，$\boldsymbol{\beta}_3=\begin{pmatrix}1\\-1\\-6\end{pmatrix}$；

答题区

纠错笔记

(3) $\boldsymbol{\gamma}_1=(3,1,0,2)$，$\boldsymbol{\gamma}_2=(1,-1,2,-1)$，$\boldsymbol{\gamma}_3=(1,3,-4,1)$.

答题区

纠错笔记

10 将向量 $\boldsymbol{\alpha}=(-1,-9,2,6)$ 表示成 $\boldsymbol{\alpha}_1=(1,-2,0,3)$，$\boldsymbol{\alpha}_2=(2,3,0,-1)$，$\boldsymbol{\alpha}_3=(2,-1,2,1)$ 的线性组合.

答题区

纠错笔记

11 设向量组 $\boldsymbol{\alpha}_1,\boldsymbol{\alpha}_2,\boldsymbol{\alpha}_3$ 线性无关，试判断下列向量组的线性相关性：

(1) $\boldsymbol{\alpha}_1+\boldsymbol{\alpha}_2,\boldsymbol{\alpha}_2+\boldsymbol{\alpha}_3,\boldsymbol{\alpha}_1+\boldsymbol{\alpha}_2+\boldsymbol{\alpha}_3$；

(2) $\boldsymbol{\alpha}_1-\boldsymbol{\alpha}_2+2\boldsymbol{\alpha}_3,\boldsymbol{\alpha}_2-\boldsymbol{\alpha}_3,2\boldsymbol{\alpha}_1-\boldsymbol{\alpha}_2+3\boldsymbol{\alpha}_3$.

答题区

纠错笔记

12 设 3 阶矩阵 $\boldsymbol{A}=\begin{pmatrix}1&2&-2\\2&1&2\\3&0&4\end{pmatrix}$，3 维列向量 $\boldsymbol{\alpha}=(a,1,1)^{\mathrm{T}}$，已知 $\boldsymbol{\alpha}$ 与 $\boldsymbol{A\alpha}$ 线性相关，求 a.

答题区

纠错笔记

13 k 取何值时，向量组 $\boldsymbol{\alpha}_1=(1,k,0)^{\mathrm{T}},\boldsymbol{\alpha}_2=(0,1,k)^{\mathrm{T}},\boldsymbol{\alpha}_3=(1,2,1)^{\mathrm{T}}$ 线性无关.

答题区

纠错笔记

14 已知向量组 $\boldsymbol{\alpha}_1,\boldsymbol{\alpha}_2,\boldsymbol{\alpha}_3$ 线性无关，则当 m,k 满足什么条件时，向量组 $\boldsymbol{\beta}_1=k\boldsymbol{\alpha}_1-\boldsymbol{\alpha}_2,\boldsymbol{\beta}_2=m\boldsymbol{\alpha}_3-\boldsymbol{\alpha}_2,\boldsymbol{\beta}_3=\boldsymbol{\alpha}_1-\boldsymbol{\alpha}_3$ 线性无关.

答题区

纠错笔记

15 设向量组 $\boldsymbol{\alpha}_1,\boldsymbol{\alpha}_2,\boldsymbol{\alpha}_3$ 线性相关，向量组 $\boldsymbol{\alpha}_2,\boldsymbol{\alpha}_3,\boldsymbol{\alpha}_4$ 线性无关，则

(1) $\boldsymbol{\alpha}_1$ 能否由 $\boldsymbol{\alpha}_2,\boldsymbol{\alpha}_3$ 线性表示？证明你的结论.

(2) $\boldsymbol{\alpha}_4$ 能否由 $\boldsymbol{\alpha}_1,\boldsymbol{\alpha}_2,\boldsymbol{\alpha}_3$ 线性表示？证明你的结论.

答题区

纠错笔记

16 求下列向量组的秩和一个极大无关组，并将其余向量组用极大无关组表示.

(1) $\boldsymbol{\alpha}_1=(1,1,1,0),\boldsymbol{\alpha}_2=(1,0,1,1),\boldsymbol{\alpha}_3=(0,1,1,1),\boldsymbol{\alpha}_4=(1,5,4,2)$.

答题区

纠错笔记

(2) $\boldsymbol{\beta}_1=\begin{pmatrix}1\\1\\2\end{pmatrix},\boldsymbol{\beta}_2=\begin{pmatrix}1\\0\\1\end{pmatrix},\boldsymbol{\beta}_3=\begin{pmatrix}-1\\1\\0\end{pmatrix},\boldsymbol{\beta}_4=\begin{pmatrix}0\\1\\1\end{pmatrix}$.

答题区

纠错笔记

17 设向量组 $\boldsymbol{\alpha}_1=\begin{pmatrix}a\\3\\1\end{pmatrix},\boldsymbol{\alpha}_2=\begin{pmatrix}2\\b\\3\end{pmatrix},\boldsymbol{\alpha}_3=\begin{pmatrix}1\\2\\1\end{pmatrix},\boldsymbol{\alpha}_4=\begin{pmatrix}2\\3\\1\end{pmatrix}$ 的秩为 2，求 a,b.

答题区

纠错笔记

18 已知向量组 $\boldsymbol{\alpha}_1=(1,1,1,3)^{\mathrm{T}}$，$\boldsymbol{\alpha}_2=(1,3,-5,-1)^{\mathrm{T}}$，$\boldsymbol{\alpha}_3=(-2,-6,10,a)^{\mathrm{T}}$，$\boldsymbol{\alpha}_4=(4,1,6,a+10)^{\mathrm{T}}$ 线性相关，求向量组 $\boldsymbol{\alpha}_1,\boldsymbol{\alpha}_2,\boldsymbol{\alpha}_3,\boldsymbol{\alpha}_4$ 的极大线性无关组.

答题区

纠错笔记

19 确定向量 $\boldsymbol{\beta}_3=(2,y,z)$，使向量组 $\boldsymbol{\beta}_1=(1,1,0)$，$\boldsymbol{\beta}_2=(1,1,1)$，$\boldsymbol{\beta}_3$ 与向量组 $\boldsymbol{\alpha}_1=(0,1,1)$，$\boldsymbol{\alpha}_2=(1,2,1)$，$\boldsymbol{\alpha}_3=(1,0,-1)$ 的秩相同，且 $\boldsymbol{\beta}_3$ 可由 $\boldsymbol{\alpha}_1,\boldsymbol{\alpha}_2,\boldsymbol{\alpha}_3$ 线性表示.

答题区

纠错笔记

20 设向量组 $\boldsymbol{\alpha}_1,\boldsymbol{\alpha}_2,\cdots,\boldsymbol{\alpha}_m$ 的秩为 r. 又设 $\boldsymbol{\beta}_i=\sum\limits_{\substack{j=1\\ j\neq i}}^{m}\boldsymbol{\alpha}_j$，$i=1,2,\cdots,m$，即 $\boldsymbol{\beta}_1=\boldsymbol{\alpha}_2+\cdots+\boldsymbol{\alpha}_{m-1}+\boldsymbol{\alpha}_m$，$\boldsymbol{\beta}_2=\boldsymbol{\alpha}_1+\cdots+\boldsymbol{\alpha}_{m-1}+\boldsymbol{\alpha}_m$，$\cdots$，$\boldsymbol{\beta}_{m-1}=\boldsymbol{\alpha}_1+\boldsymbol{\alpha}_2+\cdots+\boldsymbol{\alpha}_m$，$\boldsymbol{\beta}_m=\boldsymbol{\alpha}_1+\boldsymbol{\alpha}_2+\cdots+\boldsymbol{\alpha}_{m-1}$，求向量组 $\boldsymbol{\beta}_1,\boldsymbol{\beta}_2,\cdots,\boldsymbol{\beta}_m$ 的秩.

答题区

纠错笔记

21 已知向量组（Ⅰ）$\boldsymbol{\alpha}_1,\boldsymbol{\alpha}_2,\boldsymbol{\alpha}_3,\boldsymbol{\alpha}_4$ 及向量组（Ⅱ）$\boldsymbol{\alpha}_1,\boldsymbol{\alpha}_2,\boldsymbol{\alpha}_3,\boldsymbol{\alpha}_5$，向量组（Ⅰ）的秩为 3，向量组（Ⅱ）的秩为 4，证明：向量组 $\boldsymbol{\alpha}_1,\boldsymbol{\alpha}_2,\boldsymbol{\alpha}_3,\boldsymbol{\alpha}_5-\boldsymbol{\alpha}_4$ 的秩为 4.

答题区

纠错笔记

22 已知向量组 $A:\boldsymbol{\alpha}_1=\begin{pmatrix}0\\1\\2\\3\end{pmatrix},\boldsymbol{\alpha}_2=\begin{pmatrix}3\\0\\1\\2\end{pmatrix},\boldsymbol{\alpha}_3=\begin{pmatrix}2\\3\\0\\1\end{pmatrix}$，向量组 $B:\boldsymbol{\beta}_1=\begin{pmatrix}2\\1\\1\\2\end{pmatrix},\boldsymbol{\beta}_2=\begin{pmatrix}0\\-2\\1\\1\end{pmatrix},\boldsymbol{\beta}_3=\begin{pmatrix}4\\4\\1\\3\end{pmatrix}$.

证明：向量组 B 能由向量组 A 线性表示，但向量组 A 不能由向量组 B 线性表示.

答题区

纠错笔记

23 已知向量组 $A:\boldsymbol{\alpha}_1=\begin{pmatrix}0\\1\\1\end{pmatrix},\boldsymbol{\alpha}_2=\begin{pmatrix}1\\1\\0\end{pmatrix}$；向量组 $B:\boldsymbol{\beta}_1=\begin{pmatrix}-1\\0\\1\end{pmatrix},\boldsymbol{\beta}_2=\begin{pmatrix}1\\2\\1\end{pmatrix},\boldsymbol{\beta}_3=\begin{pmatrix}3\\2\\-1\end{pmatrix}$.

证明：向量组 A 与向量组 B 等价.

答题区

纠错笔记

24 已知向量组 A：$\boldsymbol{\alpha}_1=(1,0,2)^{\mathrm{T}},\boldsymbol{\alpha}_2=(1,1,3)^{\mathrm{T}},\boldsymbol{\alpha}_3=(1,-1,a+2)^{\mathrm{T}}$；向量组 B：$\boldsymbol{\beta}_1=(1,2,a+3)^{\mathrm{T}},\boldsymbol{\beta}_2=(2,1,a+6)^{\mathrm{T}},\boldsymbol{\beta}_3=(2,1,a+4)^{\mathrm{T}}$.

试问：当 a 为何值时，向量组 A 与向量组 B 等价？当 a 为何值时，向量组 A 与向量组 B 不等价？

答题区

纠错笔记

25 已知 n 维向量 $\boldsymbol{\alpha}_1,\boldsymbol{\alpha}_2,\boldsymbol{\alpha}_3$ 线性无关，若 $\boldsymbol{\beta}_1,\boldsymbol{\beta}_2,\boldsymbol{\beta}_3$ 可由 $\boldsymbol{\alpha}_1,\boldsymbol{\alpha}_2,\boldsymbol{\alpha}_3$ 线性表示，设 $(\boldsymbol{\beta}_1,\boldsymbol{\beta}_2,\boldsymbol{\beta}_3)=(\boldsymbol{\alpha}_1,\boldsymbol{\alpha}_2,\boldsymbol{\alpha}_3)\boldsymbol{C}$，证明：$\boldsymbol{\beta}_1,\boldsymbol{\beta}_2,\boldsymbol{\beta}_3$ 线性无关的充分必要条件是 $|\boldsymbol{C}|\neq 0$.

答题区

纠错笔记

26 设 $\boldsymbol{\alpha}_1,\boldsymbol{\alpha}_2,\cdots,\boldsymbol{\alpha}_s$ 是 m 维向量，$\boldsymbol{\beta}_1,\boldsymbol{\beta}_2,\cdots,\boldsymbol{\beta}_s$ 是 n 维向量，令 $\boldsymbol{\gamma}_1=\begin{pmatrix}\boldsymbol{\alpha}_1\\ \boldsymbol{\beta}_1\end{pmatrix},\boldsymbol{\gamma}_2=\begin{pmatrix}\boldsymbol{\alpha}_2\\ \boldsymbol{\beta}_2\end{pmatrix},\cdots,\boldsymbol{\gamma}_s=\begin{pmatrix}\boldsymbol{\alpha}_s\\ \boldsymbol{\beta}_s\end{pmatrix}$，如果 $\boldsymbol{\alpha}_1,\boldsymbol{\alpha}_2,\cdots,\boldsymbol{\alpha}_s$ 线性无关，证明：$\boldsymbol{\gamma}_1,\boldsymbol{\gamma}_2,\cdots,\boldsymbol{\gamma}_s$ 线性无关.

答题区

纠错笔记

27 已知向量组 $A:\boldsymbol{\alpha}_{i1},\boldsymbol{\alpha}_{i2},\cdots,\boldsymbol{\alpha}_{ir}$ 与向量组 $B:\boldsymbol{\alpha}_{j1},\boldsymbol{\alpha}_{j2},\cdots,\boldsymbol{\alpha}_{jt}$ 都是向量组 $\boldsymbol{\alpha}_1,\boldsymbol{\alpha}_2,\cdots,\boldsymbol{\alpha}_s$ 的极大线性无关组，证明：$r=t$.

答题区

纠错笔记

28 设向量组 $\boldsymbol{\alpha}_1,\boldsymbol{\alpha}_2,\cdots,\boldsymbol{\alpha}_m$ 线性相关，且 $\boldsymbol{\alpha}_1\neq 0$，证明：存在某个向量 $\boldsymbol{\alpha}_k(2\leqslant k\leqslant m)$，使 $\boldsymbol{\alpha}_k$ 能由 $\boldsymbol{\alpha}_1,\boldsymbol{\alpha}_2,\cdots,\boldsymbol{\alpha}_{k-1}$ 线性表示.

答题区

纠错笔记

29 已知向量组 $\boldsymbol{\beta}_1=\begin{pmatrix}0\\1\\-1\end{pmatrix},\boldsymbol{\beta}_2=\begin{pmatrix}a\\2\\1\end{pmatrix},\boldsymbol{\beta}_3=\begin{pmatrix}b\\1\\0\end{pmatrix}$ 与向量组 $\boldsymbol{\alpha}_1=\begin{pmatrix}1\\2\\-3\end{pmatrix},\boldsymbol{\alpha}_2=\begin{pmatrix}3\\0\\1\end{pmatrix},\boldsymbol{\alpha}_3=\begin{pmatrix}9\\6\\-7\end{pmatrix}$ 具有相同的秩，且 $\boldsymbol{\beta}_3$ 可由 $\boldsymbol{\alpha}_1,\boldsymbol{\alpha}_2,\boldsymbol{\alpha}_3$ 线性表示，求 a,b 的值.

答题区

纠错笔记

二、提高篇

1 已知 $\boldsymbol{\alpha}_1=(0,0,c_1)$，$\boldsymbol{\alpha}_2=(0,1,c_2)$，$\boldsymbol{\alpha}_3=(1,-1,c_3)$，$\boldsymbol{\alpha}_4=(-1,1,c_4)$，其中 c_1,c_2,c_3,c_4 为任意常数，则下列向量组线性相关的为(　　).

A. $\boldsymbol{\alpha}_1,\boldsymbol{\alpha}_2,\boldsymbol{\alpha}_3$　　B. $\boldsymbol{\alpha}_1,\boldsymbol{\alpha}_2,\boldsymbol{\alpha}_4$　　C. $\boldsymbol{\alpha}_1,\boldsymbol{\alpha}_3,\boldsymbol{\alpha}_4$　　D. $\boldsymbol{\alpha}_2,\boldsymbol{\alpha}_3,\boldsymbol{\alpha}_4$

答题区

纠错笔记

2 设向量组 $\boldsymbol{\alpha}_1,\boldsymbol{\alpha}_2,\boldsymbol{\alpha}_3$ 线性无关，向量组 $\boldsymbol{\beta}_1$ 可由 $\boldsymbol{\alpha}_1,\boldsymbol{\alpha}_2,\boldsymbol{\alpha}_3$ 线性表示，而向量 $\boldsymbol{\beta}_2$ 不能由 $\boldsymbol{\alpha}_1,\boldsymbol{\alpha}_2,\boldsymbol{\alpha}_3$ 线性表示，则对任意常数 k，必有(　　).

A. $\boldsymbol{\alpha}_1,\boldsymbol{\alpha}_2,\boldsymbol{\alpha}_3,k\boldsymbol{\beta}_1+\boldsymbol{\beta}_2$ 线性无关　　B. $\boldsymbol{\alpha}_1,\boldsymbol{\alpha}_2,\boldsymbol{\alpha}_3,k\boldsymbol{\beta}_1+\boldsymbol{\beta}_2$ 线性相关

C. $\boldsymbol{\alpha}_1,\boldsymbol{\alpha}_2,\boldsymbol{\alpha}_3,\boldsymbol{\beta}_1+k\boldsymbol{\beta}_2$ 线性无关　　D. $\boldsymbol{\alpha}_1,\boldsymbol{\alpha}_2,\boldsymbol{\alpha}_3,\boldsymbol{\beta}_1+k\boldsymbol{\beta}_2$ 线性相关

答题区

纠错笔记

3 设 n 维列向量组 $\boldsymbol{\alpha}_1,\boldsymbol{\alpha}_2,\cdots,\boldsymbol{\alpha}_m(m<n)$ 线性无关，则 n 维列向量组 $\boldsymbol{\beta}_1,\boldsymbol{\beta}_2,\cdots,\boldsymbol{\beta}_m$ 线性无关的充分必要条件为(　　).

A. 向量组 $\boldsymbol{\alpha}_1,\boldsymbol{\alpha}_2,\cdots,\boldsymbol{\alpha}_m$ 可由向量组 $\boldsymbol{\beta}_1,\boldsymbol{\beta}_2,\cdots,\boldsymbol{\beta}_m$ 线性表示

B. 向量组 $\boldsymbol{\beta}_1,\boldsymbol{\beta}_2,\cdots,\boldsymbol{\beta}_m$ 可由向量组 $\boldsymbol{\alpha}_1,\boldsymbol{\alpha}_2,\cdots,\boldsymbol{\alpha}_m$ 线性表示

C. 向量组 $\boldsymbol{\alpha}_1,\boldsymbol{\alpha}_2,\cdots,\boldsymbol{\alpha}_m$ 与向量组 $\boldsymbol{\beta}_1,\boldsymbol{\beta}_2,\cdots,\boldsymbol{\beta}_m$ 等价

D. 矩阵 $\boldsymbol{A}=(\boldsymbol{\alpha}_1,\boldsymbol{\alpha}_2,\cdots,\boldsymbol{\alpha}_m)$ 与矩阵 $\boldsymbol{B}=(\boldsymbol{\beta}_1,\boldsymbol{\beta}_2,\cdots,\boldsymbol{\beta}_m)$ 等价

答题区

纠错笔记

4 已知向量组 $\boldsymbol{\alpha}_1,\boldsymbol{\alpha}_2,\boldsymbol{\alpha}_3,\boldsymbol{\alpha}_4$ 线性无关，则下列向量组中，线性无关的是(　　).

A. $\boldsymbol{\alpha}_1+\boldsymbol{\alpha}_2,\boldsymbol{\alpha}_2+\boldsymbol{\alpha}_3,\boldsymbol{\alpha}_3+\boldsymbol{\alpha}_4,\boldsymbol{\alpha}_4+\boldsymbol{\alpha}_1$

B. $\boldsymbol{\alpha}_1-\boldsymbol{\alpha}_2,\boldsymbol{\alpha}_2-\boldsymbol{\alpha}_3,\boldsymbol{\alpha}_3-\boldsymbol{\alpha}_4,\boldsymbol{\alpha}_4-\boldsymbol{\alpha}_1$

C. $\boldsymbol{\alpha}_1+\boldsymbol{\alpha}_2,\boldsymbol{\alpha}_2+\boldsymbol{\alpha}_3,\boldsymbol{\alpha}_3+\boldsymbol{\alpha}_4,\boldsymbol{\alpha}_4-\boldsymbol{\alpha}_1$

D. $\boldsymbol{\alpha}_1+\boldsymbol{\alpha}_2,\boldsymbol{\alpha}_2+\boldsymbol{\alpha}_3,\boldsymbol{\alpha}_3-\boldsymbol{\alpha}_4,\boldsymbol{\alpha}_4-\boldsymbol{\alpha}_1$

答题区

纠错笔记

5 设 $\boldsymbol{\alpha}_1,\boldsymbol{\alpha}_2,\cdots,\boldsymbol{\alpha}_s$ 均为 n 维列向量，$\boldsymbol{A}$ 为 $m\times n$ 矩阵，下列选项正确的是(　　).

A. 若 $\boldsymbol{\alpha}_1,\boldsymbol{\alpha}_2,\cdots,\boldsymbol{\alpha}_s$ 线性相关，则 $\boldsymbol{A\alpha}_1,\boldsymbol{A\alpha}_2,\cdots,\boldsymbol{A\alpha}_s$ 线性相关

B. 若 $\boldsymbol{\alpha}_1,\boldsymbol{\alpha}_2,\cdots,\boldsymbol{\alpha}_s$ 线性相关，则 $\boldsymbol{A\alpha}_1,\boldsymbol{A\alpha}_2,\cdots,\boldsymbol{A\alpha}_s$ 线性无关

C. 若 $\boldsymbol{\alpha}_1,\boldsymbol{\alpha}_2,\cdots,\boldsymbol{\alpha}_s$ 线性无关，则 $\boldsymbol{A\alpha}_1,\boldsymbol{A\alpha}_2,\cdots,\boldsymbol{A\alpha}_s$ 线性相关

D. 若 $\boldsymbol{\alpha}_1,\boldsymbol{\alpha}_2,\cdots,\boldsymbol{\alpha}_s$ 线性无关，则 $\boldsymbol{A\alpha}_1,\boldsymbol{A\alpha}_2,\cdots,\boldsymbol{A\alpha}_s$ 线性无关

答题区

纠错笔记

6 设 $\boldsymbol{\alpha}_1,\boldsymbol{\alpha}_2,\boldsymbol{\alpha}_3$ 是三维向量，则对任意常数 k,l，向量 $\boldsymbol{\alpha}_1+k\boldsymbol{\alpha}_3,\boldsymbol{\alpha}_2+l\boldsymbol{\alpha}_3$ 线性无关是向量 $\boldsymbol{\alpha}_1,\boldsymbol{\alpha}_2,\boldsymbol{\alpha}_3$ 线性无关的(　　).

A. 必要而非充分条件

B. 充分而非必要条件

C. 充分必要条件

D. 非充分非必要条件

答题区

纠错笔记

7 对于任意两个 n 维向量组 $\boldsymbol{\alpha}_1,\boldsymbol{\alpha}_2,\cdots,\boldsymbol{\alpha}_m$ 和 $\boldsymbol{\beta}_1,\boldsymbol{\beta}_2,\cdots,\boldsymbol{\beta}_m$，若存在两组不全为零的数 $\lambda_1,\lambda_2,\cdots,\lambda_m$ 和 $k_1,k_2,\cdots,k_m$，使 $(\lambda_1+k_1)\boldsymbol{\alpha}_1+\cdots+(\lambda_m+k_m)\boldsymbol{\alpha}_m+(\lambda_1-k_1)\boldsymbol{\beta}_1+\cdots+(\lambda_m-k_m)\boldsymbol{\beta}_m=\mathbf{0}$，则（　　）.

A. $\boldsymbol{\alpha}_1,\boldsymbol{\alpha}_2,\cdots,\boldsymbol{\alpha}_m$ 和 $\boldsymbol{\beta}_1,\boldsymbol{\beta}_2,\cdots,\boldsymbol{\beta}_m$ 都线性相关

B. $\boldsymbol{\alpha}_1,\boldsymbol{\alpha}_2,\cdots,\boldsymbol{\alpha}_m$ 和 $\boldsymbol{\beta}_1,\boldsymbol{\beta}_2,\cdots,\boldsymbol{\beta}_m$ 都线性无关

C. $\boldsymbol{\alpha}_1+\boldsymbol{\beta}_1,\boldsymbol{\alpha}_2+\boldsymbol{\beta}_2,\cdots,\boldsymbol{\alpha}_m+\boldsymbol{\beta}_m,\boldsymbol{\alpha}_1-\boldsymbol{\beta}_1,\boldsymbol{\alpha}_2-\boldsymbol{\beta}_2,\cdots,\boldsymbol{\alpha}_m-\boldsymbol{\beta}_m$ 都线性无关

D. $\boldsymbol{\alpha}_1+\boldsymbol{\beta}_1,\boldsymbol{\alpha}_2+\boldsymbol{\beta}_2,\cdots,\boldsymbol{\alpha}_m+\boldsymbol{\beta}_m,\boldsymbol{\alpha}_1-\boldsymbol{\beta}_1,\boldsymbol{\alpha}_2-\boldsymbol{\beta}_2,\cdots,\boldsymbol{\alpha}_m-\boldsymbol{\beta}_m$ 都线性相关

答题区

纠错笔记

8 设矩阵 $\boldsymbol{A},\boldsymbol{B},\boldsymbol{C}$ 均为 n 阶矩阵，若 $\boldsymbol{AB}=\boldsymbol{C}$，且 $\boldsymbol{B}$ 可逆，则（　　）.

A. 矩阵 $\boldsymbol{C}$ 的行向量组与矩阵 $\boldsymbol{A}$ 的行向量组等价

B. 矩阵 $\boldsymbol{C}$ 的列向量组与矩阵 $\boldsymbol{A}$ 的列向量组等价

C. 矩阵 $\boldsymbol{C}$ 的行向量组与矩阵 $\boldsymbol{B}$ 的行向量组等价

D. 矩阵 $\boldsymbol{C}$ 的列向量组与矩阵 $\boldsymbol{B}$ 的列向量组等价

答题区

纠错笔记

9 已知向量组 $\boldsymbol{\alpha}_1,\boldsymbol{\alpha}_2,\boldsymbol{\alpha}_3$ 线性无关，向量组 $\boldsymbol{\alpha}_1+a\boldsymbol{\alpha}_2,\boldsymbol{\alpha}_1+2\boldsymbol{\alpha}_2+\boldsymbol{\alpha}_3,a\boldsymbol{\alpha}_1-\boldsymbol{\alpha}_3$ 线性相关，则 $a=$ ________.

答题区

纠错笔记

10 设 $\boldsymbol{A}$ 是 n 阶矩阵，$\boldsymbol{\alpha}$ 是 n 维列向量，若 $\boldsymbol{A}^{m-1}\boldsymbol{\alpha}\neq\mathbf{0}$，$\boldsymbol{A}^{m}\boldsymbol{\alpha}=\mathbf{0}$，证明：向量组 $\boldsymbol{\alpha},\boldsymbol{A}\boldsymbol{\alpha},\cdots,\boldsymbol{A}^{m-1}\boldsymbol{\alpha}$ 线性无关.

答题区

纠错笔记

11 设 $\boldsymbol{A}$ 是 n 阶矩阵，$\boldsymbol{\alpha}_1,\boldsymbol{\alpha}_2,\boldsymbol{\alpha}_3$ 是 n 维列向量，若 $\boldsymbol{A}\boldsymbol{\alpha}_1=\boldsymbol{\alpha}_1\neq\mathbf{0}$，$\boldsymbol{A}\boldsymbol{\alpha}_2=\boldsymbol{\alpha}_1+\boldsymbol{\alpha}_2$，$\boldsymbol{A}\boldsymbol{\alpha}_3=\boldsymbol{\alpha}_2+\boldsymbol{\alpha}_3$，证明：向量组 $\boldsymbol{\alpha}_1,\boldsymbol{\alpha}_2,\boldsymbol{\alpha}_3$ 线性无关.

答题区

纠错笔记

12 已知四维向量组 $\boldsymbol{\alpha}_1=(1+a,1,1,1)^{\mathrm{T}}$，$\boldsymbol{\alpha}_2=(2,2+a,2,2)^{\mathrm{T}}$，$\boldsymbol{\alpha}_3=(3,3,3+a,3)^{\mathrm{T}}$，$\boldsymbol{\alpha}_4=(4,4,4,4+a)^{\mathrm{T}}$，求 a 为何值时，$\boldsymbol{\alpha}_1,\boldsymbol{\alpha}_2,\boldsymbol{\alpha}_3,\boldsymbol{\alpha}_4$ 线性相关？当 $\boldsymbol{\alpha}_1,\boldsymbol{\alpha}_2,\boldsymbol{\alpha}_3,\boldsymbol{\alpha}_4$ 线性相关时，求它的一个最大线性无关组，并将其余向量用该最大无关组线性表示.

答题区

纠错笔记

13 设 $\boldsymbol{\alpha}_1,\boldsymbol{\alpha}_2,\cdots,\boldsymbol{\alpha}_m$ 为 n 维向量组，令 $\boldsymbol{\beta}_1=\boldsymbol{\alpha}_1+\boldsymbol{\alpha}_2$，$\boldsymbol{\beta}_2=\boldsymbol{\alpha}_2+\boldsymbol{\alpha}_3$，$\cdots$，$\boldsymbol{\beta}_m=\boldsymbol{\alpha}_m+\boldsymbol{\alpha}_1$.

证明：(1) 当 m 为偶数时，$\boldsymbol{\beta}_1,\boldsymbol{\beta}_2,\cdots,\boldsymbol{\beta}_m$ 线性相关.

答题区

纠错笔记

(2)当 m 为奇数时，若 $\boldsymbol{\alpha}_1,\boldsymbol{\alpha}_2,\cdots,\boldsymbol{\alpha}_m$ 线性无关，则 $\boldsymbol{\beta}_1,\boldsymbol{\beta}_2,\cdots,\boldsymbol{\beta}_m$ 线性无关.

答题区

纠错笔记

14 已知向量组 $\boldsymbol{\alpha}_1=(1,1,1,3)^{\mathrm{T}},\boldsymbol{\alpha}_2=(-1,-3,5,1)^{\mathrm{T}},\boldsymbol{\alpha}_3=(3,2,-1,p+2)^{\mathrm{T}},\boldsymbol{\alpha}_4=(-2,-6,10,p)^{\mathrm{T}}$.

(1) p 为何值时，该向量组线性无关. 并将向量 $\boldsymbol{\alpha}=(4,1,6,10)^{\mathrm{T}}$ 用 $\boldsymbol{\alpha}_1,\boldsymbol{\alpha}_2,\boldsymbol{\alpha}_3,\boldsymbol{\alpha}_4$ 线性表示；

(2) p 为何值时，该向量组线性相关. 求出它的秩和一个最大无关组.

答题区

纠错笔记

15 设向量 $\boldsymbol{\beta}$ 可以由向量组 $\boldsymbol{\alpha}_1,\boldsymbol{\alpha}_2,\cdots,\boldsymbol{\alpha}_m$ 线性表示，但 $\boldsymbol{\beta}$ 不能由向量组 $\boldsymbol{\alpha}_1,\boldsymbol{\alpha}_2,\cdots,\boldsymbol{\alpha}_{m-1}$ 线性表示.

(1)判断 $\boldsymbol{\alpha}_m$ 能否由 $\boldsymbol{\alpha}_1,\boldsymbol{\alpha}_2,\cdots,\boldsymbol{\alpha}_{m-1},\boldsymbol{\beta}$ 线性表示，并说明原因.

(2)判断 $\boldsymbol{\alpha}_m$ 能否由 $\boldsymbol{\alpha}_1,\boldsymbol{\alpha}_2,\cdots,\boldsymbol{\alpha}_{m-1}$ 线性表示，并说明原因.

答题区

纠错笔记

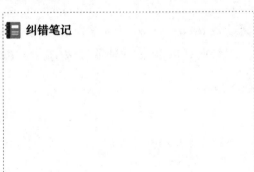

16 已知向量组 $B:\boldsymbol{\beta}_1,\boldsymbol{\beta}_2,\cdots,\boldsymbol{\beta}_r$ 能由向量组 $A:\boldsymbol{\alpha}_1,\boldsymbol{\alpha}_2,\cdots,\boldsymbol{\alpha}_s$ 线性表示为

$$(\boldsymbol{\beta}_1,\boldsymbol{\beta}_2,\cdots,\boldsymbol{\beta}_r)=(\boldsymbol{\alpha}_1,\boldsymbol{\alpha}_2,\cdots,\boldsymbol{\alpha}_s)\boldsymbol{K},$$

其中 $\boldsymbol{K}$ 为 $s\times r$ 矩阵，且向量组 A 线性无关.证明：向量组 B 线性无关的充分必要条件是 $R(\boldsymbol{K})=r$.

答题区

纠错笔记

17 设 $\begin{cases}\boldsymbol{\beta}_1=\boldsymbol{\alpha}_2+\boldsymbol{\alpha}_3+\cdots+\boldsymbol{\alpha}_n\\ \boldsymbol{\beta}_2=\boldsymbol{\alpha}_1+\boldsymbol{\alpha}_3+\cdots+\boldsymbol{\alpha}_n\\ \quad\cdots\\ \boldsymbol{\beta}_n=\boldsymbol{\alpha}_1+\boldsymbol{\alpha}_2+\cdots+\boldsymbol{\alpha}_{n-1}\end{cases}$，证明：向量组 $\boldsymbol{\alpha}_1,\boldsymbol{\alpha}_2,\cdots,\boldsymbol{\alpha}_n$ 与向量组 $\boldsymbol{\beta}_1,\boldsymbol{\beta}_2,\cdots,\boldsymbol{\beta}_n$ 等价.

答题区

纠错笔记

18 已知向量组 $A:\boldsymbol{\alpha}_1,\boldsymbol{\alpha}_2,\cdots,\boldsymbol{\alpha}_s$ 与 $B:\boldsymbol{\alpha}_1,\boldsymbol{\alpha}_2,\cdots,\boldsymbol{\alpha}_s,\boldsymbol{\beta}_1,\boldsymbol{\beta}_2,\cdots,\boldsymbol{\beta}_t$ 有相同的秩，证明：$\boldsymbol{\beta}_1,\boldsymbol{\beta}_2,\cdots,\boldsymbol{\beta}_t$ 可以由 $\boldsymbol{\alpha}_1,\boldsymbol{\alpha}_2,\cdots,\boldsymbol{\alpha}_s$ 线性表示.

答题区

纠错笔记

19 设向量组 A 可由向量组 B 线性表示，且秩 $R(\boldsymbol{A})=R(\boldsymbol{B})$，证明：向量组 A 与向量组 B 等价.

答题区

纠错笔记

20 设 $\boldsymbol{A}=\boldsymbol{\alpha}\boldsymbol{\alpha}^{\mathrm{T}}+\boldsymbol{\beta}\boldsymbol{\beta}^{\mathrm{T}}$，$\boldsymbol{\alpha},\boldsymbol{\beta}$ 是 3 维列向量，$\boldsymbol{\alpha}^{\mathrm{T}}$ 为 $\boldsymbol{\alpha}$ 的转置向量，$\boldsymbol{\beta}^{\mathrm{T}}$ 是 $\boldsymbol{\beta}$ 的转置向量．

（1）证明：$R(\boldsymbol{A})\leqslant 2$；

答题区

纠错笔记

（2）若 $\boldsymbol{\alpha},\boldsymbol{\beta}$ 线性相关，则 $R(\boldsymbol{A})<2$.

答题区

纠错笔记

21 已知 3 阶矩阵 $\boldsymbol{A}=(a_{ij})_{3\times 3}$ 与三维列向量 $\boldsymbol{x}=(x_1,x_2,x_3)^{\mathrm{T}}$ 满足 $\boldsymbol{A}^3\boldsymbol{x}=3\boldsymbol{A}\boldsymbol{x}-\boldsymbol{A}^2\boldsymbol{x}$ 且向量组 $\boldsymbol{x},\boldsymbol{A}\boldsymbol{x},\boldsymbol{A}^2\boldsymbol{x}$ 线性无关．

（1）记 $\boldsymbol{P}=(\boldsymbol{x},\boldsymbol{A}\boldsymbol{x},\boldsymbol{A}^2\boldsymbol{x})$，求 3 阶矩阵 $\boldsymbol{B}$，使 $\boldsymbol{AP}=\boldsymbol{PB}$；

答题区

纠错笔记

（2）求 $|\boldsymbol{A}|$.

答题区

纠错笔记

第四章 线性方程组

一、基础篇

1 设 $\boldsymbol{A}$ 为 $m\times n$ 矩阵，则齐次线性方程组 $\boldsymbol{Ax}=\boldsymbol{0}$ 仅有零解的充分条件是(　　).

A. $\boldsymbol{A}$ 的列向量线性无关　　B. $\boldsymbol{A}$ 的列向量线性相关

C. $\boldsymbol{A}$ 的行向量线性无关　　D. $\boldsymbol{A}$ 的行向量线性无关

答题区

纠错笔记

2 设 $\boldsymbol{A}$ 是 $m\times n$ 矩阵，则非齐次方程组 $\boldsymbol{Ax}=\boldsymbol{b}$ 有解的充分条件是(　　).

A. $R(\boldsymbol{A})=m$　　B. $\boldsymbol{A}$ 的行向量组线性相关

C. $R(\boldsymbol{A})=n$　　D. $\boldsymbol{A}$ 的列向量组线性相关

答题区

纠错笔记

3 设 $\boldsymbol{A}$ 是 $m\times n$ 矩阵，$\boldsymbol{Ax}=\boldsymbol{0}$ 是非齐次线性方程组 $\boldsymbol{Ax}=\boldsymbol{b}$ 所对应的齐次线性方程组，则下列结论正确的是(　　).

A. 若 $\boldsymbol{Ax}=\boldsymbol{0}$ 仅有零解，则 $\boldsymbol{Ax}=\boldsymbol{b}$ 有唯一解

B. 若 $\boldsymbol{Ax}=\boldsymbol{0}$ 有非零解，则 $\boldsymbol{Ax}=\boldsymbol{b}$ 有无穷多个解

C. 若 $\boldsymbol{Ax}=\boldsymbol{b}$ 有无穷多个解，则 $\boldsymbol{Ax}=\boldsymbol{0}$ 仅有零解

D. 若 $\boldsymbol{Ax}=\boldsymbol{b}$ 有无穷多个解，则 $\boldsymbol{Ax}=\boldsymbol{0}$ 有非零解

答题区

纠错笔记

4 设 $\boldsymbol{A}$ 是 $m\times n$ 矩阵，$\boldsymbol{Ax}=\boldsymbol{0}$ 是非齐次线性方程组 $\boldsymbol{Ax}=\boldsymbol{b}$ 所对应的齐次线性方程组，非齐次线性方程组 $\boldsymbol{Ax}=\boldsymbol{b}$ 中未知量的个数为 n，方程个数为 m，系数矩阵的秩为 r，则（　　）.

A. $r=m$ 时，方程组 $\boldsymbol{Ax}=\boldsymbol{b}$ 有解　　B. $r=n$ 时，方程组 $\boldsymbol{Ax}=\boldsymbol{b}$ 有唯一解

C. $m=n$ 时，方程组 $\boldsymbol{Ax}=\boldsymbol{b}$ 有唯一解　　D. $r<n$ 时，方程组有无穷多解

答题区

纠错笔记

5 设矩阵 $\boldsymbol{A}=(a_{ij})_{m\times n}$ 的秩为 $R(\boldsymbol{A})=m<n$，$\boldsymbol{E}_m$ 为 m 阶单位矩阵，则下述结论中正确的是（　　）

A. $\boldsymbol{A}$ 的任意 m 个列向量必线性无关

B. $\boldsymbol{A}$ 的任意一个 m 阶子式不等于零

C. $\boldsymbol{A}$ 通过初等行变换，必可以化为 $(\boldsymbol{E}_m,\boldsymbol{O})$ 的形式

D. 非齐次线性方程组 $\boldsymbol{Ax}=\boldsymbol{b}$ 一定有无穷多解

答题区

纠错笔记

6 将齐次线性方程组 $\begin{cases}\lambda x_1+x_2+\lambda^2x_3=0\\ x_1+\lambda x_2+x_3=0\\ x_1+x_2+\lambda x_3=0\end{cases}$ 的系数矩阵记为 $\boldsymbol{A}$. 若存在 3 阶矩阵 $\boldsymbol{B}\neq\boldsymbol{O}$，使得 $\boldsymbol{AB}=\boldsymbol{O}$，则（　　）.

A. $\lambda=-2$ 且 $|\boldsymbol{B}|=0$　　B. $\lambda=-2$ 且 $|\boldsymbol{B}|\neq0$

C. $\lambda=1$ 且 $|\boldsymbol{B}|=0$　　D. $\lambda=1$ 且 $|\boldsymbol{B}|\neq0$

答题区

纠错笔记

7 线性方程组 $\boldsymbol{Ax}=\boldsymbol{b}$ 经初等行变换,其增广矩阵可化为

$$\left(\begin{array}{cccc:c}1 & 0 & 3 & 2 & -1\\0 & a-3 & 2 & 6 & a-1\\0 & 0 & a-2 & a & -2\\0 & 0 & 0 & -3 & a+1\end{array}\right),$$

若方程组无解,则 $a=$(　　).

A. -1　　B. 1　　C. 2　　D. 3.

答题区

纠错笔记

8 设 $\boldsymbol{\alpha}_1,\boldsymbol{\alpha}_2,\boldsymbol{\alpha}_3$ 是 4 元非齐次线性方程组 $\boldsymbol{Ax}=\boldsymbol{b}$ 的 3 个解向量,且 $R(\boldsymbol{A})=3$,$\boldsymbol{\alpha}_1=(1,2,3,4)^{\mathrm{T}}$,$\boldsymbol{\alpha}_2+\boldsymbol{\alpha}_3=(0,1,2,3)^{\mathrm{T}}$,$c$ 表示任意常数,则线性方程组 $\boldsymbol{Ax}=\boldsymbol{b}$ 的通解 $\boldsymbol{x}=$(　　).

A. $\begin{pmatrix}1\\2\\3\\4\end{pmatrix}+c\begin{pmatrix}1\\1\\1\\1\end{pmatrix}$　　B. $\begin{pmatrix}1\\2\\3\\4\end{pmatrix}+c\begin{pmatrix}0\\1\\2\\3\end{pmatrix}$　　C. $\begin{pmatrix}1\\2\\3\\4\end{pmatrix}+c\begin{pmatrix}2\\3\\4\\5\end{pmatrix}$　　D. $\begin{pmatrix}1\\2\\3\\4\end{pmatrix}+c\begin{pmatrix}3\\4\\5\\6\end{pmatrix}$

答题区

纠错笔记

9 已知 $\boldsymbol{\beta}_1,\boldsymbol{\beta}_2$ 是非齐次线性方程组 $\boldsymbol{Ax}=\boldsymbol{b}$ 的两个不同的解,$\boldsymbol{\alpha}_1,\boldsymbol{\alpha}_2$ 是对应齐次线性方程组 $\boldsymbol{Ax}=\boldsymbol{0}$ 的基础解系,k_1,k_2 是任意常数,则方程组 $\boldsymbol{Ax}=\boldsymbol{b}$ 的通解为(　　).

A. $\dfrac{\boldsymbol{\beta}_1-\boldsymbol{\beta}_2}{2}+k_1\boldsymbol{\alpha}_1+k_2(\boldsymbol{\alpha}_1+\boldsymbol{\alpha}_2)$　　B. $\dfrac{\boldsymbol{\beta}_1+\boldsymbol{\beta}_2}{2}+k_1\boldsymbol{\alpha}_1+k_2(\boldsymbol{\alpha}_1-\boldsymbol{\alpha}_2)$

C. $\dfrac{\boldsymbol{\beta}_1-\boldsymbol{\beta}_2}{2}+k_1\boldsymbol{\alpha}_1+k_2(\boldsymbol{\beta}_1+\boldsymbol{\beta}_2)$　　D. $\dfrac{\boldsymbol{\beta}_1+\boldsymbol{\beta}_2}{2}+k_1\boldsymbol{\alpha}_1+k_2(\boldsymbol{\beta}_1-\boldsymbol{\beta}_2)$

答题区

纠错笔记

10 已知齐次线性方程组$\begin{cases}x_1+2x_2+x_3=0\\x_1+ax_2+2x_3=0\\ax_1+4x_2+3x_3=0\\2x_1+(a+2)x_2-5x_3=0\end{cases}$有非零解，则 $a=$__________.

答题区

纠错笔记

11 已知方程组$\begin{pmatrix}a&1&1\\1&a&1\\1&1&a\end{pmatrix}\begin{pmatrix}x_1\\x_2\\x_2\end{pmatrix}=\begin{pmatrix}1\\1\\-2\end{pmatrix}$有无穷多解，则 $a=$__________.

答题区

纠错笔记

12 已知线性方程组$\begin{cases}x_1+2x_2+x_3=1\\2x_1+3x_2+(a+2)x_3=3\\x_1+ax_2-2x_3=0\end{cases}$无解，则 $a=$__________.

答题区

纠错笔记

13 已知 $\boldsymbol{\alpha}_1=(6,-1,1)^{\mathrm{T}}$ 与 $\boldsymbol{\alpha}_2=(-7,4,2)^{\mathrm{T}}$ 是线性方程组$\begin{cases}a_1x_1+a_2x_2+a_3x_3=a\\x_1+3x_2-2x_3=1\\2x_1+5x_2+x_3=8\end{cases}$的两个解，则此方程组的通解是__________.

答题区

纠错笔记

14 求下列齐次线性方程组的通解(用向量形式表示).

(1) $\begin{cases} x_1+x_2+2x_3-x_4=0 \\ 2x_1+x_2+3x_3+x_4=0 \\ 3x_1+x_2+4x_3+3x_4=0 \end{cases}$；

答题区

纠错笔记

(2) $\begin{cases} 2x_1-x_2+x_3-2x_4=0 \\ -x_1+x_2+2x_3+x_4=0 \\ x_1-x_2-2x_3+2x_4=0 \end{cases}$；

答题区

纠错笔记

(3) $\begin{cases} x_1+2x_2+x_3-x_4=0 \\ 3x_1+6x_2-x_3-3x_4=0 \\ 5x_1+10x_2+x_3-5x_4=0 \end{cases}$；

答题区

纠错笔记

(4) $\begin{cases} x_1+x_2+x_3+x_4+x_5=0 \\ 3x_1+2x_2+x_3+x_4-3x_5=0 \\ x_2+x_3+x_4+x_5=0 \\ 5x_1+4x_2+3x_3+3x_4-x_5=0 \end{cases}$.

答题区

纠错笔记

15 利用逆矩阵解线性方程组$\begin{cases}2x_1+2x_2+x_3=1\\3x_1+x_2+5x_3=0\\3x_1+2x_2+3x_3=1\end{cases}$.

答题区

纠错笔记

16 求下列线性方程组.

(1)$\begin{cases}x_1-2x_2+3x_3-4x_4=4\\x_2-x_3+x_4=-3\\x_1+3x_2-3x_4=1\\-7x_2+3x_3+x_4=-3\end{cases}$;

答题区

纠错笔记

(2)$\begin{cases}x_1-x_2+x_3-x_4=1\\2x_1-x_2-x_3+4x_4=2\\3x_1-2x_2+2x_3+3x_4=3\\x_1-4x_3+5x_4=-1\end{cases}$;

答题区

纠错笔记

(3)$\begin{cases}x_1-x_2+2x_3=1\\x_1-2x_2-x_3=2\\3x_1-x_2+5x_3=3\\2x_1-2x_2-3x_3=4\end{cases}$;

答题区

纠错笔记

(4) $\begin{cases} 2x_1-2x_2+x_3-x_4+x_5=1 \\ x_1+2x_2-x_3+x_4-2x_5=1 \\ 4x_1-10x_2+5x_3-5x_4+7x_5=1 \\ 2x_1-14x_2+7x_3-7x_4+11x_5=-1 \end{cases}$.

答题区

纠错笔记

17 当 λ 取何值时,线性方程组 $\begin{cases} \lambda x_1+x_2+x_3+x_4=1 \\ x_1+\lambda x_2+x_3+x_4=1 \\ x_1+x_2+\lambda x_3+x_4=1 \\ x_1+x_2+x_3+\lambda x_4=1 \end{cases}$ 有唯一解、无穷多解、无解?并在有无穷多解时,求通解.

答题区

纠错笔记

18 当 λ,μ 取何值时,线性方程组 $\begin{cases} x_1+\lambda x_2+x_3=3 \\ x_1+2\lambda x_2+x_3=4 \\ \mu x_1+x_2+x_3=4 \end{cases}$ 有唯一解、无穷多解、无解?

答题区

纠错笔记

19 已知线性方程组 $\begin{cases} ax_1+x_2+x_3=0 \\ x_1+ax_2+x_3=3 \\ x_1+x_2+ax_3=a-1 \end{cases}$,求 a 为何值时,该方程组:

(1) 有唯一解;

答题区

纠错笔记

（2）无解；

答题区

纠错笔记

（3）有无穷多个解，并在有无穷多个解时求其通解.

答题区

纠错笔记

20 设 $\boldsymbol{A}=\begin{pmatrix}\lambda & 1 & 1\\0 & \lambda-1 & 0\\1 & 1 & \lambda\end{pmatrix}$，$\boldsymbol{b}=\begin{pmatrix}a\\1\\1\end{pmatrix}$，已知线性方程组 $\boldsymbol{Ax}=\boldsymbol{b}$ 有两个不同的解.

（1）求 λ，a 的值；

答题区

纠错笔记

（2）求方程组 $\boldsymbol{Ax}=\boldsymbol{b}$ 的通解.

答题区

纠错笔记

21 设 $\boldsymbol{\eta}^*$ 是非齐次线性方程组 $\boldsymbol{Ax}=\boldsymbol{b}$ 的一个解向量，$\boldsymbol{\xi}_1,\boldsymbol{\xi}_2,\cdots,\boldsymbol{\xi}_r$ 是对应齐次线性方程组 $\boldsymbol{Ax}=\boldsymbol{0}$ 的 r 个线性无关的解向量. 证明：$\boldsymbol{\eta}^*,\boldsymbol{\xi}_1,\boldsymbol{\xi}_2,\cdots,\boldsymbol{\xi}_r$ 线性无关.

答题区

纠错笔记

22 设 $\boldsymbol{\eta}_1, \boldsymbol{\eta}_2, \cdots, \boldsymbol{\eta}_s$ 是非齐次线性方程组 $\boldsymbol{Ax}=\boldsymbol{b}$ 的 s 个解，$k_1, k_2, \cdots, k_s$ 为实数，满足 $k_1+k_2+\cdots+k_s=1$. 证明：$\boldsymbol{x}=k_1\boldsymbol{\eta}_1+k_2\boldsymbol{\eta}_2+\cdots+k_s\boldsymbol{\eta}_s$ 也是 $\boldsymbol{Ax}=\boldsymbol{b}$ 的解.

答题区

纠错笔记

23 设 4 元非齐次线性方程组的系数矩阵的秩为 3，已知 $\boldsymbol{\eta}_1, \boldsymbol{\eta}_2, \boldsymbol{\eta}_3$ 是方程组的三个解向量，且

$$\boldsymbol{\eta}_1=\begin{pmatrix}2\\3\\4\\5\end{pmatrix}, \boldsymbol{\eta}_2+\boldsymbol{\eta}_3=\begin{pmatrix}1\\2\\3\\4\end{pmatrix}$$，求该方程组的通解.

答题区

纠错笔记

24 设 3 元非齐次线性方程组的系数矩阵的秩为 1，已知 $\boldsymbol{\eta}_1, \boldsymbol{\eta}_2, \boldsymbol{\eta}_3$ 是方程组的三个解向量，且

$$\boldsymbol{\eta}_1+\boldsymbol{\eta}_2=\begin{pmatrix}1\\2\\3\end{pmatrix}, \boldsymbol{\eta}_2+\boldsymbol{\eta}_3=\begin{pmatrix}0\\-1\\1\end{pmatrix}, \boldsymbol{\eta}_3+\boldsymbol{\eta}_1=\begin{pmatrix}1\\0\\-1\end{pmatrix}$$，求该方程组的解.

答题区

纠错笔记

25 已知矩阵 $\boldsymbol{A}=\begin{pmatrix}1&1&2\\2&2&4\\3&3&6\end{pmatrix}$，方阵 $\boldsymbol{B}$ 的秩为 2，且满足 $\boldsymbol{AB}=\boldsymbol{O}$，求方阵 $\boldsymbol{B}$.

答题区

纠错笔记

二、提高篇

1 下列命题中，正确的命题是(   ).

A. 线性方程组 $\boldsymbol{Ax}=\boldsymbol{b}$ 有唯一解的充分必要条件是 $|\boldsymbol{A}|\neq 0$

B. 如果线性方程组 $\boldsymbol{Ax}=\boldsymbol{0}$ 只有零解，那么 $\boldsymbol{Ax}=\boldsymbol{b}$ 有唯一解

C. 如果线性方程组 $\boldsymbol{Ax}=\boldsymbol{0}$ 有非零解，那么 $\boldsymbol{Ax}=\boldsymbol{b}$ 有无穷多解

D. 如果线性方程组 $\boldsymbol{Ax}=\boldsymbol{b}$ 有两个不同的解，那么 $\boldsymbol{Ax}=\boldsymbol{0}$ 有无穷多解

答题区

纠错笔记

2 若 $\boldsymbol{A}$ 是 $m\times n$ 矩阵，$\boldsymbol{B}$ 是 $n\times m$ 矩阵，则线性方程组 $(\boldsymbol{AB})\boldsymbol{x}=\boldsymbol{0}$(   ).

A. 当 $n>m$ 时，仅有零解

B. 当 $n>m$ 时，必有非零解

C. 当 $m>n$ 时，仅有零解

D. 当 $m>n$ 时，必有非零解

答题区

纠错笔记

3 设 $\boldsymbol{\alpha}_1=\begin{pmatrix}a_1\\a_2\\a_3\end{pmatrix},\boldsymbol{\alpha}_2=\begin{pmatrix}b_1\\b_2\\b_3\end{pmatrix},\boldsymbol{\alpha}_3=\begin{pmatrix}c_1\\c_2\\c_3\end{pmatrix}$，其中 $a_i^2+b_i^2\neq 0, i=1,2,3$，则以下三条直线

$$a_1x+b_1y+c_1=0,\ a_2x+b_2y+c_2=0,\ a_3x+b_3y+c_3=0$$

交于一点的充分必要条件是(   ).

A. $\boldsymbol{\alpha}_1,\boldsymbol{\alpha}_2,\boldsymbol{\alpha}_3$ 线性相关

B. $\boldsymbol{\alpha}_1,\boldsymbol{\alpha}_2,\boldsymbol{\alpha}_3$ 线性无关

C. $R(\boldsymbol{\alpha}_1,\boldsymbol{\alpha}_2,\boldsymbol{\alpha}_3)=R(\boldsymbol{\alpha}_1,\boldsymbol{\alpha}_2)$

D. $\boldsymbol{\alpha}_1,\boldsymbol{\alpha}_2,\boldsymbol{\alpha}_3$ 线性相关，$\boldsymbol{\alpha}_1,\boldsymbol{\alpha}_2$ 线性无关

答题区

纠错笔记

4 设有齐次线性方程组 $\boldsymbol{Ax}=\boldsymbol{0}$ 和 $\boldsymbol{Bx}=\boldsymbol{0}$，其中 $\boldsymbol{A},\boldsymbol{B}$ 均为 $m\times n$ 矩阵，现有 4 个命题：

① 若 $\boldsymbol{Ax}=\boldsymbol{0}$ 的解均是 $\boldsymbol{Bx}=\boldsymbol{0}$的解，则 $R(\boldsymbol{A})\geqslant R(\boldsymbol{B})$.

② 若 $R(\boldsymbol{A})\geqslant R(\boldsymbol{B})$，则 $\boldsymbol{Ax}=\boldsymbol{0}$ 的解均是 $\boldsymbol{Bx}=\boldsymbol{0}$的解.

③ 若 $\boldsymbol{Ax}=\boldsymbol{0}$ 与 $\boldsymbol{Bx}=\boldsymbol{0}$同解，则 $R(\boldsymbol{A})=R(\boldsymbol{B})$.

④ 若 $R(\boldsymbol{A})=R(\boldsymbol{B})$，则 $\boldsymbol{Ax}=\boldsymbol{0}$ 与 $\boldsymbol{Bx}=\boldsymbol{0}$同解.

以上命题正确的有(　　).

A. ①②　　B. ①③　　C. ②③　　D. ②④

答题区

纠错笔记

5 设 n 阶矩阵 $\boldsymbol{A}$ 的伴随矩阵 $\boldsymbol{A}^*\neq\boldsymbol{O}$，若 $\boldsymbol{\xi}_1,\boldsymbol{\xi}_2,\boldsymbol{\xi}_3,\boldsymbol{\xi}_4$ 是非齐次线性方程组 $\boldsymbol{Ax}=\boldsymbol{b}$ 的互不相等的解，则对应的齐次线性方程组 $\boldsymbol{Ax}=\boldsymbol{0}$ 的基础解系(　　).

A. 不存在

B. 仅含一个非零解向量

C. 含有两个线性无关的解向量

D. 含有三个线性无关的解向量

答题区

纠错笔记

6 设矩阵 $\boldsymbol{A}=\begin{pmatrix}1&1&1\\1&2&a\\1&4&a^2\end{pmatrix}$，$\boldsymbol{b}=\begin{pmatrix}1\\d\\d^2\end{pmatrix}$. 若集合 $\Omega=\{1,2\}$，则线性方程组 $\boldsymbol{Ax}=\boldsymbol{b}$ 有无穷多解的充分必要条件为(　　).

A. $a\notin\Omega,d\notin\Omega$

B. $a\notin\Omega,d\in\Omega$

C. $a\in\Omega,d\notin\Omega$

D. $a\in\Omega,d\in\Omega$

答题区

纠错笔记

7 设 $\boldsymbol{A}$ 为 n 阶实矩阵,$\boldsymbol{A}^{\mathrm{T}}$ 是 $\boldsymbol{A}$ 的转置矩阵,则对于线性方程组 $\boldsymbol{Ax}=\boldsymbol{0}$ 和 $\boldsymbol{A}^{\mathrm{T}}\boldsymbol{Ax}=\boldsymbol{0}$,必有(　　).

A. $\boldsymbol{A}^{\mathrm{T}}\boldsymbol{Ax}=\boldsymbol{0}$ 的非零解是 $\boldsymbol{Ax}=\boldsymbol{0}$的解,$\boldsymbol{Ax}=\boldsymbol{0}$的非零解也是 $\boldsymbol{A}^{\mathrm{T}}\boldsymbol{Ax}=\boldsymbol{0}$的解

B. $\boldsymbol{A}^{\mathrm{T}}\boldsymbol{Ax}=\boldsymbol{0}$ 的非零解是 $\boldsymbol{Ax}=\boldsymbol{0}$的解,$\boldsymbol{Ax}=\boldsymbol{0}$的非零解不是 $\boldsymbol{A}^{\mathrm{T}}\boldsymbol{Ax}=\boldsymbol{0}$的解

C. $\boldsymbol{Ax}=\boldsymbol{0}$ 的非零解不是 $\boldsymbol{A}^{\mathrm{T}}\boldsymbol{Ax}=\boldsymbol{0}$的解,$\boldsymbol{A}^{\mathrm{T}}\boldsymbol{Ax}=\boldsymbol{0}$的非零解也不是 $\boldsymbol{Ax}=\boldsymbol{0}$的解

D. $\boldsymbol{Ax}=\boldsymbol{0}$ 的非零解是 $\boldsymbol{A}^{\mathrm{T}}\boldsymbol{Ax}=\boldsymbol{0}$的解,$\boldsymbol{A}^{\mathrm{T}}\boldsymbol{Ax}=\boldsymbol{0}$的非零解不是 $\boldsymbol{Ax}=\boldsymbol{0}$的解

答题区

纠错笔记

8 线性方程组 $\boldsymbol{Ax}=\boldsymbol{b}$ 的系数矩阵是 4×5 矩阵,且 $\boldsymbol{A}$ 的行向量组线性无关,则下列命题错误的是(　　).

A. 齐次方程组 $\boldsymbol{A}^{\mathrm{T}}\boldsymbol{x}=\boldsymbol{0}$ 只有零解

B. 齐次方程组 $\boldsymbol{A}^{\mathrm{T}}\boldsymbol{Ax}=\boldsymbol{0}$ 必有非零解

C. 对任意的 $\boldsymbol{b}$,方程组 $\boldsymbol{Ax}=\boldsymbol{b}$ 必有无穷多解

D. 对任意的 $\boldsymbol{b}$,方程组 $\boldsymbol{A}^{\mathrm{T}}\boldsymbol{x}=\boldsymbol{b}$ 必有唯一解

答题区

纠错笔记

9 设 $\boldsymbol{A}$ 是 n 阶方阵,齐次线性方程组 $\boldsymbol{Ax}=\boldsymbol{0}$ 有两个线性无关的解,$\boldsymbol{A}^{*}$ 是 $\boldsymbol{A}$ 的伴随矩阵,则(　　).

A. $\boldsymbol{A}^{*}\boldsymbol{x}=\boldsymbol{0}$ 的解均为 $\boldsymbol{Ax}=\boldsymbol{0}$的解

B. $\boldsymbol{Ax}=\boldsymbol{0}$ 的解均为 $\boldsymbol{A}^{*}\boldsymbol{x}=\boldsymbol{0}$的解

C. $\boldsymbol{Ax}=\boldsymbol{0}$ 与 $\boldsymbol{A}^{*}\boldsymbol{x}=\boldsymbol{0}$无非零公共解

D. $\boldsymbol{Ax}=\boldsymbol{0}$ 与 $\boldsymbol{A}^{*}\boldsymbol{x}=\boldsymbol{0}$恰有非零公共解

答题区

纠错笔记

10 设 $\boldsymbol{A}$ 是 n 阶矩阵，$\boldsymbol{\alpha}$ 是 n 维列向量．若 $R\begin{pmatrix}\boldsymbol{A} & \boldsymbol{\alpha}\\ \boldsymbol{\alpha}^{\mathrm{T}} & \boldsymbol{0}\end{pmatrix}=R(\boldsymbol{A})$，则线性方程组(　　)．

A. $\boldsymbol{Ax}=\boldsymbol{\alpha}$ 必有无穷多解

B. $\boldsymbol{Ax}=\boldsymbol{\alpha}$ 必有唯一解

C. $\begin{pmatrix}\boldsymbol{A} & \boldsymbol{\alpha}\\ \boldsymbol{\alpha}^{\mathrm{T}} & \boldsymbol{0}\end{pmatrix}\begin{pmatrix}x\\ y\end{pmatrix}=\boldsymbol{0}$ 仅有零解

D. $\begin{pmatrix}\boldsymbol{A} & \boldsymbol{\alpha}\\ \boldsymbol{\alpha}^{\mathrm{T}} & \boldsymbol{0}\end{pmatrix}\begin{pmatrix}x\\ y\end{pmatrix}=\boldsymbol{0}$ 必有非零解

答题区

纠错笔记

11 设 n 阶方阵 $\boldsymbol{A}$ 的各行元素之和均为零，且 $\boldsymbol{A}$ 的秩为 $n-1$，则齐次线性方程组 $\boldsymbol{Ax}=\boldsymbol{0}$ 的通解为__________.

答题区

纠错笔记

12 已知 3 阶方阵 $\boldsymbol{B}\neq\boldsymbol{O}$，且 $\boldsymbol{B}$ 的每一个列向量都是方程组 $\begin{cases}x_1+2x_2-2x_3=0\\ 2x_1-x_2+\lambda x_3=0\\ 3x_1+x_2-x_3=0\end{cases}$ 的解，则 $\lambda=$__________.

答题区

纠错笔记

13 设 $\boldsymbol{A}=(a_{ij})_{n\times n}$，且 $|\boldsymbol{A}|=0$，a_{kj} 的代数余子式 $A_{kj}\neq 0$，则 $\boldsymbol{Ax}=\boldsymbol{0}$ 的通解为__________.

答题区

纠错笔记

14 设线性方程组(Ⅰ)：$\begin{cases}a_{11}x_1+a_{12}x_2+a_{13}x_3+a_{14}x_4=b_1\\a_{21}x_1+a_{22}x_2+a_{23}x_3+a_{24}x_4=b_2\\a_{31}x_1+a_{32}x_2+a_{33}x_3+a_{34}x_4=b_3\end{cases}$有通解$c\begin{pmatrix}1\\2\\-1\\1\end{pmatrix}+\begin{pmatrix}1\\-1\\0\\2\end{pmatrix}$，其中$c$为任意常数，则线性方程组(Ⅱ)：$\begin{cases}a_{12}y_2+a_{13}y_3+a_{14}y_4=b_1\\a_{22}y_2+a_{23}y_3+a_{24}y_4=b_2\\a_{32}y_2+a_{33}y_3+a_{34}y_4=b_3\end{cases}$的一个特解为________.

答题区

纠错笔记

15 设线性方程组(Ⅰ)：$\begin{cases}a_{11}y_1+a_{12}y_2+a_{13}y_3=b_1\\a_{21}y_1+a_{22}y_2+a_{23}y_3=b_2\\a_{31}y_1+a_{32}y_2+a_{33}y_3=b_3\end{cases}$有唯一的解$\boldsymbol{\xi}=(1,2,3)^{\mathrm{T}}$，线性方程组(Ⅱ)$\begin{cases}a_{11}x_1+a_{12}x_2+a_{13}x_3+a_{14}x_4=b_1\\a_{21}x_1+a_{22}x_2+a_{23}x_3+a_{24}x_4=b_2\\a_{31}x_1+a_{32}x_2+a_{33}x_3+a_{34}x_4=b_3\end{cases}$有一个特解$\boldsymbol{\eta}=(-2,1,4,2)^{\mathrm{T}}$，则方程组(Ⅱ)的通解为________.

答题区

纠错笔记

16 已知齐次线性方程组(Ⅰ)：$\begin{cases}a_{11}x_1+a_{12}x_2+a_{13}x_3+a_{14}x_4=0\\a_{21}x_1+a_{22}x_2+a_{23}x_3+a_{24}x_4=0\end{cases}$的通解为$c_1(2,-1,0,1)+c_2(3,2,1,0)$，则方程组(Ⅱ)$\begin{cases}a_{11}x_1+a_{12}x_2+a_{13}x_3+a_{14}x_4=0\\a_{21}x_1+a_{22}x_2+a_{23}x_3+a_{24}x_4=0\\x_1-2x_2+x_4=0\end{cases}$的通解为________.

答题区

纠错笔记

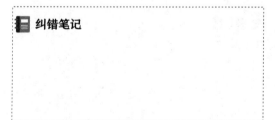

17 设 $\boldsymbol{\eta}_0,\boldsymbol{\eta}_1,\cdots,\boldsymbol{\eta}_{n-r}$是非齐次线性方程组 $\boldsymbol{Ax}=\boldsymbol{b}$ 的 $n-r+1$ 个线性无关的解向量，其中 $\boldsymbol{A}$ 是秩为 r 的 $m\times n$ 矩阵. 求证：$\boldsymbol{\eta}_1-\boldsymbol{\eta}_0,\boldsymbol{\eta}_2-\boldsymbol{\eta}_0,\cdots,\boldsymbol{\eta}_{n-r}-\boldsymbol{\eta}_0$ 是对应齐次线性方程组 $\boldsymbol{Ax}=\boldsymbol{0}$ 的一个基础解系.

答题区

纠错笔记

18 当常数 a,b 各取何值时，方程组

$$\begin{cases}x_1+x_2+x_3+x_4=1\\x_2-x_3+2x_4=1\\2x_1+3x_2+(a+2)x_3+4x_4=b+3\\3x_1+5x_2+x_3+(a+8)x_4=5\end{cases}$$

有唯一解，无解，或有无穷多解，并在有无穷多解时写出其通解.

答题区

纠错笔记

19 确定 p,t 的值，使得方程组 $\begin{cases}x_1+x_2-2x_3+3x_4=0\\2x_1+x_2-6x_3+4x_4=-1\\3x_1+2x_2+px_3+7x_4=-1\\x_1-x_2-6x_3-x_4=t\end{cases}$ 有无穷多解，并求通解.

答题区

纠错笔记

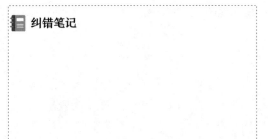

20 设有齐次线性方程组 $\begin{cases}(1+a)x_1+x_2+\cdots+x_n=0\\2x_1+(2+a)x_2+\cdots+2x_n=0\\\cdots\\nx_1+nx_2+\cdots+(n+a)x_n=0\end{cases}$ $(n\geqslant 2)$，求 a 为何值时，该方程组有非零解，并求其通解.

答题区

纠错笔记

21 设齐次线性方程组 $\begin{cases}ax_1+bx_2+\cdots+bx_n=0\\bx_1+ax_2+\cdots+bx_n=0\\\cdots\\bx_1+bx_2+\cdots+ax_n=0\end{cases}$，其中 $a\neq 0,b\neq 0,n\geqslant 2$.

(1)当 a,b 为何值时，方程组仅有零解.

答题区

纠错笔记

(2)当 a,b 为何值时，方程组有无穷多解？当有无穷多解时，求通解.

答题区

纠错笔记

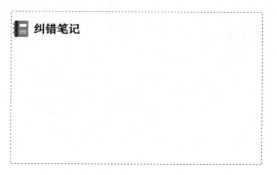

22 证明:方程组$\begin{cases}x_1-x_2=a_1\\x_2-x_3=a_2\\x_3-x_4=a_3\\x_4-x_5=a_4\\x_5-x_1=a_5\end{cases}$有解的充要条件是 $a_1+a_2+a_3+a_4+a_5=0$,并在有解的情况下,求出它的全部解.

答题区

纠错笔记

23 设 $\boldsymbol{A},\boldsymbol{B}$ 为 n 阶矩阵,证明:若 $\boldsymbol{E}+\boldsymbol{AB}$ 可逆,则 $\boldsymbol{E}+\boldsymbol{BA}$ 也可逆.

答题区

纠错笔记

24 设向量 $\boldsymbol{\alpha}_1=(-1,1,4)^{\mathrm{T}}$,$\boldsymbol{\alpha}_2=(-2,1,5)^{\mathrm{T}}$,$\boldsymbol{\alpha}_3=(a,2,10)^{\mathrm{T}}$,$\boldsymbol{\beta}=(1,b,-1)^{\mathrm{T}}$,求

(1)当 a,b 取何值时,$\boldsymbol{\beta}$ 不能由向量组 $\boldsymbol{\alpha}_1,\boldsymbol{\alpha}_2,\boldsymbol{\alpha}_3$ 线性表示.

答题区

纠错笔记

(2)当 a,b 取何值时,$\boldsymbol{\beta}$ 可由向量组 $\boldsymbol{\alpha}_1,\boldsymbol{\alpha}_2,\boldsymbol{\alpha}_3$ 线性表示,且表示式唯一.

答题区

纠错笔记

(3)当 a,b 取何值时，$\boldsymbol{\beta}$ 可由向量组 $\boldsymbol{\alpha}_1,\boldsymbol{\alpha}_2,\boldsymbol{\alpha}_3$ 线性表示，但表示式不唯一；并写出该表示式.

答题区

纠错笔记

25 设 $\boldsymbol{A}=\begin{pmatrix}1 & a\\ 1 & 0\end{pmatrix}$，$\boldsymbol{B}=\begin{pmatrix}0 & 1\\ 1 & b\end{pmatrix}$，当 a,b 为何值时，存在矩阵 $\boldsymbol{C}$ 使得 $\boldsymbol{AC}-\boldsymbol{CA}=\boldsymbol{B}$，并求矩阵 $\boldsymbol{C}$.

答题区

纠错笔记

26 已知非齐次线性方程组 $\begin{cases}x_1+x_2+x_3+x_4=-1\\ 4x_1+3x_2+5x_3-x_4=-1\\ ax_1+x_2+3x_3+bx_4=1\end{cases}$ 有 3 个线性无关的解.

(1)证明：方程组系数矩阵 $\boldsymbol{A}$ 的秩 $R(\boldsymbol{A})=2$；

答题区

纠错笔记

(2)求 a,b 的值及方程组的通解.

答题区

纠错笔记

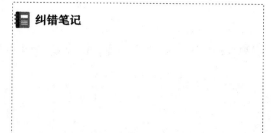

27 已知 $\boldsymbol{\alpha}=\begin{pmatrix}1\\2\\1\end{pmatrix}$，$\boldsymbol{\beta}=\begin{pmatrix}1\\\frac{1}{2}\\0\end{pmatrix}$，$\boldsymbol{\gamma}=\begin{pmatrix}0\\0\\8\end{pmatrix}$，$\boldsymbol{A}=\boldsymbol{\alpha}\boldsymbol{\beta}^{\mathrm{T}}$，$\boldsymbol{B}=\boldsymbol{\beta}^{\mathrm{T}}\boldsymbol{\alpha}$，求解方程 $2\boldsymbol{B}^2\boldsymbol{A}^2\boldsymbol{x}=\boldsymbol{A}^4\boldsymbol{x}+\boldsymbol{B}^4\boldsymbol{x}+\boldsymbol{\gamma}$.

答题区

纠错笔记

28 已知 $\boldsymbol{A}=\begin{pmatrix}1&-1&-1\\-1&1&1\\0&-4&-2\end{pmatrix}$，$\boldsymbol{\xi}_1=\begin{pmatrix}-1\\1\\-2\end{pmatrix}$.

(1)求满足 $\boldsymbol{A}\boldsymbol{\xi}_2=\boldsymbol{\xi}_1$，$\boldsymbol{A}^2\boldsymbol{\xi}_3=\boldsymbol{\xi}_1$ 的所有向量 $\boldsymbol{\xi}_2$，$\boldsymbol{\xi}_3$；

答题区

纠错笔记

(2)对(1)中任意向量 $\boldsymbol{\xi}_2$，$\boldsymbol{\xi}_3$，证明：$\boldsymbol{\xi}_1$，$\boldsymbol{\xi}_2$，$\boldsymbol{\xi}_3$ 线性无关.

答题区

纠错笔记

29 已知 4 元齐次线性方程组(Ⅰ)$\begin{cases}x_1+x_2=0\\x_2-x_4=0\end{cases}$，与(Ⅱ)$\begin{cases}x_1-x_2+x_3=0\\x_2-x_3+x_4=0\end{cases}$.

(1) 求线性方程组(Ⅰ)的基础解系；

答题区

纠错笔记

(2)试问方程组(Ⅰ)和(Ⅱ)是否有非零公共解？若有，则求出所有的非零公共解；若没有，则说明理由.

答题区

纠错笔记

30 已知方程组

$$(\mathrm{I})\begin{cases}a_{11}x_1+a_{12}x_2+\cdots+a_{1n}x_n=b_1\\a_{21}x_1+a_{22}x_2+\cdots+a_{2n}x_n=b_2\\\cdots\\a_{m1}x_1+a_{m2}x_2+\cdots+a_{mn}x_n=b_m\end{cases},与(\mathrm{II})\begin{cases}a_{11}y_1+a_{21}y_2+\cdots+a_{m1}y_m=0\\a_{12}y_1+a_{22}y_2+\cdots+a_{m2}y_m=0\\\cdots\\a_{1n}y_1+a_{2n}y_2+\cdots+a_{mn}y_m=0\\b_1y_1+b_2y_2+\cdots+b_my_m=1\end{cases}.$$

证明：方程组(Ⅰ)有解的充分必要条件是方程组(Ⅱ)无解.

答题区

纠错笔记

31 设线性方程组(Ⅰ)：$\begin{cases}x_1+x_2+x_3=0\\x_1+2x_2+ax_3=0\\x_1+4x_2+a^2x_3=0\end{cases}$ 与线性方程(Ⅱ)：$x_1+2x_2+x_3=a-1$ 有公共解，求 a 的值及所有公共解.

答题区

纠错笔记

32 已知齐次方程组(Ⅰ)$\begin{cases}x_1+2x_2+3x_3=0\\2x_1+3x_2+5x_3=0\\x_1+x_2+ax_3=0\end{cases}$和(Ⅱ)$\begin{cases}x_1+bx_2+cx_3=0\\2x_1+b^2x_2+(c+1)x_3=0\end{cases}$同解，求 a,b,c 的值.

答题区

纠错笔记

33 设 $\boldsymbol{A}$ 与 $\boldsymbol{B}$ 均是 n 阶矩阵，且 $R(\boldsymbol{A})+R(\boldsymbol{B})<n$，证明：方程组 $\boldsymbol{Ax}=\boldsymbol{0}$ 与 $\boldsymbol{Bx}=\boldsymbol{0}$ 有非零公共解.

答题区

纠错笔记

34 设 $\boldsymbol{\alpha}=\begin{pmatrix}a_1\\a_2\\a_3\end{pmatrix}$，$\boldsymbol{\beta}=\begin{pmatrix}b_1\\b_2\\b_3\end{pmatrix}$，$\boldsymbol{\gamma}=\begin{pmatrix}c_1\\c_2\\c_3\end{pmatrix}$，证明：三条直线$\begin{cases}l_1:a_1x+b_1y+c_1=0\\l_2:a_2x+b_2y+c_2=0\\l_3:a_3x+b_3y+c_3=0\end{cases}$$(a_i^2+b_i^2\neq0,i=1,2,3)$相交于一点的充分必要条件为：向量组 $\boldsymbol{\alpha},\boldsymbol{\beta}$ 线性无关，且向量组 $\boldsymbol{\alpha},\boldsymbol{\beta},\boldsymbol{\gamma}$ 线性相关.

答题区

纠错笔记

35 设 $\boldsymbol{\eta}^*$ 是非齐次线性方程组 $\boldsymbol{Ax}=\boldsymbol{b}$ 的一个解，$\boldsymbol{\xi}_1,\cdots,\boldsymbol{\xi}_{n-r}$ 是对应的齐次线性方程组的一个基础解系，证明：

(1) $\boldsymbol{\eta}^*,\boldsymbol{\xi}_1,\cdots,\boldsymbol{\xi}_{n-r}$ 线性无关；

答题区

纠错笔记

(2) $\boldsymbol{\eta}^*,\boldsymbol{\eta}^*+\boldsymbol{\xi}_1,\cdots,\boldsymbol{\eta}^*+\boldsymbol{\xi}_{n-r}$ 线性无关.

答题区

纠错笔记

36 设非齐次线性方程组 $\boldsymbol{Ax}=\boldsymbol{b}$ 的系数矩阵的秩为 r，$\boldsymbol{\eta}_1,\cdots,\boldsymbol{\eta}_{n-r+1}$ 是它的 $n-r+1$ 个线性无关的解．试证 $\boldsymbol{Ax}=\boldsymbol{b}$ 的任一解可表示为

$$\boldsymbol{x}=k_1\boldsymbol{\eta}_1+\cdots+k_{n-r+1}\boldsymbol{\eta}_{n-r+1}，其中\ k_1+\cdots+k_{n-r+1}=1.$$

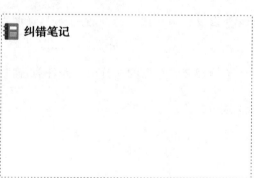

答题区

纠错笔记

第五章　特征值与特征向量

一、基础篇

1 已知 $\boldsymbol{A}$ 是 n 阶可逆矩阵，则下列选项中与 $\boldsymbol{A}$ 有相同特征值的是(　　).

A. $\boldsymbol{A}^{\mathrm{T}}$　　B. $\boldsymbol{A}^2$　　C. $\boldsymbol{A}^{-1}$　　D. $\boldsymbol{A}-\boldsymbol{E}$

答题区

纠错笔记

2 已知向量 $\boldsymbol{p}=\begin{pmatrix}1\\k\\1\end{pmatrix}$ 是矩阵 $\boldsymbol{A}=\begin{pmatrix}2&1&1\\1&2&1\\1&1&2\end{pmatrix}$ 的逆矩阵 $\boldsymbol{A}^{-1}$ 的特征向量，则 $k=$(　　).

A. -2　　B. 1　　C. -1 或 2　　D. -2 或 1

答题区

纠错笔记

3 设 $\boldsymbol{A}$ 为 n 阶可逆矩阵，λ 是 $\boldsymbol{A}$ 的一个特征值，则 $\boldsymbol{A}$ 的伴随矩阵 $\boldsymbol{A}^*$ 的特征值之一是(　　).

A. $\lambda^{-1}|\boldsymbol{A}|^n$　　B. $\lambda^{-1}|\boldsymbol{A}|$　　C. $\lambda|\boldsymbol{A}|$　　D. $\lambda|\boldsymbol{A}|^n$

答题区

纠错笔记

4 已知 $\boldsymbol{A}=(a_{ij})_{4\times4}$，且 $\boldsymbol{A}$ 的伴随矩阵 $\boldsymbol{A}^*$ 的特征值是 1，−1，2，4，那么下列可逆的矩阵是（　　）.

A. $\boldsymbol{A}-\boldsymbol{E}$　　B. $\boldsymbol{A}+\boldsymbol{E}$　　C. $\boldsymbol{A}+2\boldsymbol{E}$　　D. $\boldsymbol{A}-2\boldsymbol{E}$

答题区

纠错笔记

5 设 $\lambda=2$ 是非奇异矩阵 $\boldsymbol{A}$ 的一个特征值，则 $\left(\frac{1}{3}\boldsymbol{A}^2\right)^{-1}$ 的一个特征值等于（　　）.

A. $\frac{4}{3}$　　B. $\frac{3}{4}$　　C. $\frac{1}{2}$　　D. $\frac{1}{3}$

答题区

纠错笔记

6 n 阶方阵 $\boldsymbol{A}$ 具有 n 个不同的特征值是 $\boldsymbol{A}$ 与对角阵相似的（　　）.

A. 充分必要条件　　B. 充分而非必要条件

C. 必要而非充分条件　　D. 既非充分也非必要条件

答题区

纠错笔记

7 n 阶矩阵 $\boldsymbol{A}$ 和 $\boldsymbol{B}$ 具有相同的特征值是 $\boldsymbol{A}$ 与 $\boldsymbol{B}$ 相似的（　　）.

A. 充分必要条件　　B. 必要非充分条件

C. 充分非必要件条件　　D. 既非充分条件，也非必要条件

答题区

纠错笔记

8 n 阶矩阵 $\boldsymbol{A}$ 和 $\boldsymbol{B}$ 具有相同的特征向量是 $\boldsymbol{A}$ 与 $\boldsymbol{B}$ 相似的(　　).

A. 充分必要条件　　B. 必要非充分条件

C. 充分非必要件条件　　D. 既非充分,也非必要条件

答题区

纠错笔记

9 设 n 阶矩阵 $\boldsymbol{A}$ 与 $\boldsymbol{B}$ 相似,$\boldsymbol{E}$ 为 n 阶单位矩阵,则(　　).

A. $\lambda\boldsymbol{E}-\boldsymbol{A}=\lambda\boldsymbol{E}-\boldsymbol{B}$　　B. $\boldsymbol{A}$ 与 $\boldsymbol{B}$ 有相同的特征值和特征向量

C. $\boldsymbol{A}$ 和 $\boldsymbol{B}$ 都相似于一个对角阵　　D. 对于任意常数 t,$t\boldsymbol{E}-\boldsymbol{A}$ 与 $t\boldsymbol{E}-\boldsymbol{B}$ 相似

答题区

纠错笔记

10 n 阶矩阵 $\boldsymbol{A}\sim\boldsymbol{B}$ 的充分条件是(　　).

A. $\boldsymbol{A}^2$ 与 $\boldsymbol{B}^2$ 相似　　B. $\boldsymbol{A}$ 与 $\boldsymbol{B}$ 有相同的特征值

C. $\boldsymbol{A}$ 与 $\boldsymbol{B}$ 有相同的特征向量　　D. $\boldsymbol{A}$ 与 $\boldsymbol{B}$ 均和对角矩阵 $\boldsymbol{\Lambda}$ 相似

答题区

纠错笔记

11 下列矩阵不能对角化的是(　　).

A. $\begin{pmatrix}1&0&-1\\0&2&3\\-1&3&5\end{pmatrix}$　　B. $\begin{pmatrix}1&0&0\\2&3&0\\-1&5&-1\end{pmatrix}$　　C. $\begin{pmatrix}1&0&-1\\2&0&-2\\-3&0&3\end{pmatrix}$　　D. $\begin{pmatrix}1&2&3\\0&1&3\\0&0&-1\end{pmatrix}$

答题区

纠错笔记

12 下列选项中，矩阵 $\boldsymbol{A}$ 与 $\boldsymbol{B}$ 相似的是(　　).

A. $\boldsymbol{A}=\begin{pmatrix}2&0&1\\0&0&0\\0&0&0\end{pmatrix}$, $\boldsymbol{B}=\begin{pmatrix}2&0&0\\0&0&1\\0&0&0\end{pmatrix}$　　B. $\boldsymbol{A}=\begin{pmatrix}1&2&0\\2&3&-1\\0&-1&5\end{pmatrix}$, $\boldsymbol{B}=\begin{pmatrix}2&1&-1\\1&2&0\\-1&0&2\end{pmatrix}$

C. $\boldsymbol{A}=\begin{pmatrix}2&0&1\\0&0&0\\0&0&0\end{pmatrix}$, $\boldsymbol{B}=\begin{pmatrix}2&3&0\\0&0&0\\0&0&0\end{pmatrix}$　　D. $\boldsymbol{A}=\begin{pmatrix}2&0&0\\0&2&0\\0&0&-3\end{pmatrix}$, $\boldsymbol{B}=\begin{pmatrix}1&0&0\\0&2&0\\0&0&-2\end{pmatrix}$

答题区

纠错笔记

13 设 $\boldsymbol{A}$ 为 4 阶实对称矩阵，且 $\boldsymbol{A}^2+\boldsymbol{A}=\boldsymbol{O}$，若 $\boldsymbol{A}$ 的秩为 3，则 $\boldsymbol{A}$ 相似于(　　)

A. $\begin{pmatrix}1&&&\\&1&&\\&&1&\\&&&0\end{pmatrix}$　　B. $\begin{pmatrix}1&&&\\&1&&\\&&-1&\\&&&0\end{pmatrix}$　　C. $\begin{pmatrix}1&&&\\&-1&&\\&&-1&\\&&&0\end{pmatrix}$　　D. $\begin{pmatrix}-1&&&\\&-1&&\\&&-1&\\&&&0\end{pmatrix}$

答题区

纠错笔记

14 设 $\boldsymbol{A}$ 为 n 阶可逆矩阵，若 $\boldsymbol{A}\sim\boldsymbol{B}$，则对于下列命题：

①$\boldsymbol{AB}\sim\boldsymbol{BA}$，②$\boldsymbol{A}^2\sim\boldsymbol{B}^2$，③$\boldsymbol{A}^{-1}\sim\boldsymbol{B}^{-1}$，④ $\boldsymbol{A}^{\mathrm{T}}\sim\boldsymbol{B}^{\mathrm{T}}$，

其中，正确的个数为(　　).

A. 4　　B. 3　　C. 2　　D. 1

答题区

纠错笔记

15 3 阶矩阵 $\boldsymbol{A}$ 的特征值全为零,则 $R(\boldsymbol{A})=(\quad)$.

A. 0 B. 1 C. 2 D. 条件不充足,不能确定

答题区

纠错笔记

16 设 $\boldsymbol{A}$ 是 3 阶矩阵,其特征值分别为 1,3,−2,相应的特征向量依次为 $\boldsymbol{\alpha}_1,\boldsymbol{\alpha}_2,\boldsymbol{\alpha}_3$,若 $\boldsymbol{P}=(\boldsymbol{\alpha}_1, 2\boldsymbol{\alpha}_3, -\boldsymbol{\alpha}_2)$,则 $\boldsymbol{P}^{-1}\boldsymbol{AP}=(\quad)$.

A. $\begin{pmatrix}1&&\\&-2&\\&&3\end{pmatrix}$ B. $\begin{pmatrix}1&&\\&-4&\\&&-3\end{pmatrix}$ C. $\begin{pmatrix}1&&\\&-2&\\&&-3\end{pmatrix}$ D. $\begin{pmatrix}1&&\\&3&\\&&-2\end{pmatrix}$

答题区

纠错笔记

17 判断正误:

(1) 因为特征向量是非零向量,所以它对应的特征值非零. ( )

(2) 设 $\boldsymbol{A},\boldsymbol{B}$ 是 n 阶方阵,若 $\boldsymbol{A}$ 与 $\boldsymbol{B}$ 等价,则 $\boldsymbol{A}$ 与 $\boldsymbol{B}$ 一定相似. ( )

(3) 设 $\boldsymbol{A},\boldsymbol{B}$ 都是 n 阶方阵,且 $\det(\boldsymbol{A})\neq 0$,则 $\boldsymbol{AB}$ 与 $\boldsymbol{BA}$ 相似. ( )

(4) 若 $\boldsymbol{x}_1,\boldsymbol{x}_2,\cdots,\boldsymbol{x}_m$ 都是方阵 $\boldsymbol{A}$ 的特征值 λ_0 对应的特征向量,则 $\boldsymbol{x}_1,\boldsymbol{x}_2,\cdots,\boldsymbol{x}_m$ 的线性组合仍是方阵 $\boldsymbol{A}$ 的特征值 λ_0 对应的特征向量. ( )

答题区

纠错笔记

18 已知 3 阶方阵 $\boldsymbol{A}$ 的特征值为 $1,-1,2$,则矩阵 $\boldsymbol{B}=\boldsymbol{A}^3-2\boldsymbol{A}^2$ 的特征值为________;行列式 $\det(\boldsymbol{B})=$________.

答题区

纠错笔记

19 设 $\lambda_1,\lambda_2,\cdots,\lambda_n$ 是 n 阶方阵 $\boldsymbol{A}$ 的特征值,$\boldsymbol{x}_1,\boldsymbol{x}_2,\cdots,\boldsymbol{x}_n$ 是对应的特征向量,则

(1) $\boldsymbol{A}^{\mathrm{T}}$ 的特征值是________.

(2) $k\boldsymbol{A}$ 的特征值是________,对应的特征向量是________.

(3) 若 $\det(\boldsymbol{A})\neq 0$,则 $\boldsymbol{A}^{-1}$ 的特征值是________,对应的特征向量是________.

(4) 若 $\det(\boldsymbol{A})\neq 0$,则 $\boldsymbol{A}^*$ 的特征值是________,对应的特征向量是________.

(5) $\boldsymbol{P}^{-1}\boldsymbol{AP}$ 的特征值是________,对应的特征向量是________.

(6) 若 $f(x)=a_0x^n+a_1x^{n-1}+\cdots+a_n$,则 $f(\boldsymbol{A})=a_0\boldsymbol{A}^n+a_1\boldsymbol{A}^{n-1}+\cdots+a_n\boldsymbol{E}$ 的特征值是________,对应的特征向量是________.

答题区

纠错笔记

20 若 3 阶矩阵 $\boldsymbol{A}$ 的秩 $R(\boldsymbol{A})=2$,且 $\boldsymbol{A}\begin{pmatrix}1 & 1\\0 & 0\\-1 & 1\end{pmatrix}=\begin{pmatrix}-1 & 2\\0 & 0\\1 & 2\end{pmatrix}$,则矩阵 $\boldsymbol{A}$ 的特征值是________.

答题区

纠错笔记

21 若 $\boldsymbol{A}$ 是 3 阶矩阵，且矩阵 $\boldsymbol{A}$ 的各行元素之和均为 5，则矩阵 $\boldsymbol{A}$ 必有特征向量________.

答题区

纠错笔记

22 若 3 阶矩阵 $\boldsymbol{A}$ 相似于 $\boldsymbol{B}$，矩阵 $\boldsymbol{A}$ 的特征值是 1，2，3，则行列式 $|2\boldsymbol{B}-\boldsymbol{E}|=$________.

答题区

纠错笔记

23 设 $\boldsymbol{A}$ 是 n 阶矩阵，$\lambda=2,4,\cdots,2n$ 是 $\boldsymbol{A}$ 的 n 个特征值，那么行列式 $|\boldsymbol{A}-3\boldsymbol{E}|=$________.

答题区

纠错笔记

24 设 $\boldsymbol{A}$ 是 3 阶实对称矩阵，$R(\boldsymbol{A})=2$，若 $\boldsymbol{A}^2=\boldsymbol{A}$，则 $\boldsymbol{A}$ 的特征值是________.

答题区

纠错笔记

25 已知 3 阶矩阵 $\boldsymbol{A}$ 的特征值为 1，2，−3，则 $|\boldsymbol{A}^*+3\boldsymbol{A}+2\boldsymbol{E}|=$________.

答题区

纠错笔记

26 设 n 阶矩阵 $\boldsymbol{A}$ 的行列式的值 $|\boldsymbol{A}|=5$，则方阵 $\boldsymbol{A}\boldsymbol{A}^*$ 的特征值是__________.

答题区

纠错笔记

27 设 4 阶方阵 $\boldsymbol{A}$ 与 $\boldsymbol{B}$ 相似，且 $\boldsymbol{A}$ 的特征值为 $\frac{1}{2},\frac{1}{3},\frac{1}{4},\frac{1}{5}$，则 $|\boldsymbol{B}^{-1}-\boldsymbol{E}|=$__________.

答题区

纠错笔记

28 已知矩阵 $\boldsymbol{A}=\begin{pmatrix}2&-2&0\\-2&1&-2\\0&-2&x\end{pmatrix}$，矩阵 $\boldsymbol{B}=\begin{pmatrix}1&0&0\\0&y&0\\0&0&-2\end{pmatrix}$，若 $\boldsymbol{A}\sim\boldsymbol{B}$，则 $y=$__________.

答题区

纠错笔记

29 若 1 和 -1 均是矩阵 $\boldsymbol{A}=\begin{pmatrix}3&1&a\\0&-1&0\\4&1&-3\end{pmatrix}$ 的特征值，且矩阵 $\boldsymbol{A}$ 可以相似对角化，则 $a=$

__________.

答题区

纠错笔记

30 已知向量组 $\boldsymbol{\alpha}_1=\begin{pmatrix}1\\0\\1\end{pmatrix},\boldsymbol{\alpha}_2=\begin{pmatrix}-1\\1\\0\end{pmatrix},\boldsymbol{\alpha}_3=\begin{pmatrix}0\\1\\-1\end{pmatrix}$线性无关，用施密特正交化法将该向量组正交化、单位化.

答题区

纠错笔记

31 判断下列矩阵是否为正交矩阵.

(1)$\boldsymbol{A}=\begin{pmatrix}\frac{1}{\sqrt{3}} & \frac{1}{\sqrt{3}} & \frac{1}{\sqrt{3}}\\ 0 & -\frac{1}{\sqrt{2}} & \frac{1}{\sqrt{2}}\\ -\frac{2}{\sqrt{6}} & \frac{1}{\sqrt{6}} & \frac{1}{\sqrt{6}}\end{pmatrix}$;

答题区

纠错笔记

(2)$\boldsymbol{B}=\begin{pmatrix}1 & 2 & -2\\ 2 & -2 & -1\\ 2 & 1 & 2\end{pmatrix}$.

答题区

纠错笔记

32 设 $\boldsymbol{x}$ 为 n 维列向量，$\boldsymbol{x}^{\mathrm{T}}\boldsymbol{x}=1$，令 $\boldsymbol{H}=\boldsymbol{E}-2\boldsymbol{x}\boldsymbol{x}^{\mathrm{T}}$，证明：$\boldsymbol{H}$ 是对称的正交矩阵.

答题区

纠错笔记

33 设 $\boldsymbol{A}$ 与 $\boldsymbol{B}$ 都是 n 阶正交矩阵，证明：$\boldsymbol{AB}$ 也是正交矩阵.

答题区

纠错笔记

34 求下列矩阵的特征值与特征向量.

（1）$\begin{pmatrix} 1 & 0 & 0 \\ 2 & 3 & 0 \\ 4 & 5 & 6 \end{pmatrix}$；

答题区

纠错笔记

（2）$\begin{pmatrix} 2 & 3 & 2 \\ 1 & 4 & 2 \\ 1 & -3 & 1 \end{pmatrix}$；

答题区

纠错笔记

（3）$\begin{pmatrix} 17 & -2 & -2 \\ -2 & 14 & -4 \\ -2 & -4 & 14 \end{pmatrix}$；

答题区

纠错笔记

(4) $\begin{pmatrix} 3 & -1 & 3 & 0 \\ 1 & 1 & 4 & -1 \\ 0 & 0 & 5 & -3 \\ 0 & 0 & 3 & -1 \end{pmatrix}$.

答题区

纠错笔记

35 求下列矩阵的特征值和特征向量,并判断它们的特征向量是否两两正交.

(1) $\boldsymbol{A}=\begin{pmatrix} 2 & -3 \\ -1 & 4 \end{pmatrix}$;

答题区

纠错笔记

(2) $\boldsymbol{B}=\begin{pmatrix} 1 & 0 & 1 \\ 0 & 1 & 1 \\ 1 & 1 & 2 \end{pmatrix}$.

答题区

纠错笔记

36 下列矩阵能否相似于对角矩阵?若可以,试求相似变换矩阵 $\boldsymbol{P}$ 和相应的对角矩阵.

(1) $\boldsymbol{A}=\begin{pmatrix} 1 & 0 & 2 \\ 0 & -1 & 0 \\ 0 & 4 & 2 \end{pmatrix}$;

答题区

纠错笔记

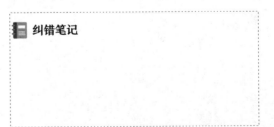

(2) $\boldsymbol{B}=\begin{pmatrix}2 & 3 & 2\\1 & 4 & 2\\1 & -3 & 1\end{pmatrix}$；

答题区

纠错笔记

(3) $\boldsymbol{C}=\begin{pmatrix}2 & 0 & 0\\1 & 2 & -1\\1 & 0 & 1\end{pmatrix}$.

答题区

纠错笔记

37 已知 3 阶实矩阵 $\boldsymbol{A}=\begin{pmatrix}2 & -1 & 2\\5 & a & 3\\-1 & b & -2\end{pmatrix}$ 的一个特征向量为 $\boldsymbol{p}_1=\begin{pmatrix}1\\1\\-1\end{pmatrix}$，求参数 a,b 以及 $\boldsymbol{A}$ 的所有特征值和特征向量.

答题区

纠错笔记

38 已知 $\boldsymbol{A}=\begin{pmatrix}2 & 2 & 1\\2 & 5 & 2\\3 & 6 & 4\end{pmatrix}$，$\boldsymbol{A}^*$ 是 $\boldsymbol{A}$ 的伴随矩阵，求 $\boldsymbol{A}^*$ 的特征值与特征向量.

答题区

纠错笔记

39 已知 3 阶实对称矩阵 $\boldsymbol{A}$ 的特征值为 $\lambda_1=1,\lambda_2=0,\lambda_3=-1$，且 $\boldsymbol{p}_1=\begin{pmatrix}1\\2\\2\end{pmatrix},\boldsymbol{p}_2=\begin{pmatrix}2\\-2\\1\end{pmatrix}$ 是对应于 λ_1,λ_2 的特征向量，求矩阵 $\boldsymbol{A}$.

答题区

纠错笔记

40 求一个可将下列矩阵化为对角阵的正交的相似变换矩阵.

(1) $\boldsymbol{A}=\begin{pmatrix}1&2&0\\2&2&2\\0&2&3\end{pmatrix}$；

答题区

纠错笔记

(2) $\boldsymbol{B}=\begin{pmatrix}2&0&4\\0&6&0\\4&0&2\end{pmatrix}$；

答题区

纠错笔记

(3) $\boldsymbol{C}=\begin{pmatrix}3&-2&-4\\-2&6&-2\\-4&-2&3\end{pmatrix}$.

答题区

纠错笔记

41 设矩阵 $\boldsymbol{A}=\begin{pmatrix}2&1&2\\1&2&2\\2&2&1\end{pmatrix}$，求 $f(\boldsymbol{A})=\boldsymbol{A}^{10}-6\boldsymbol{A}^{9}+5\boldsymbol{A}^{8}$.

答题区

纠错笔记

42 已知 $\boldsymbol{A}=\begin{pmatrix}2&1&-1\\1&2&1\\-1&1&2\end{pmatrix}$，$\boldsymbol{B}=\begin{pmatrix}2&0&1\\-1&3&1\\2&0&1\end{pmatrix}$，判断 $\boldsymbol{A}$ 与 $\boldsymbol{B}$ 是否相似，并说明理由.

答题区

纠错笔记

43 设 3 阶方阵 $\boldsymbol{A}$ 的特征值 $\lambda_1=1,\lambda_2=2,\lambda_3=3$，对应的特征向量 $\boldsymbol{p}_1=\begin{pmatrix}1\\1\\1\end{pmatrix}$，$\boldsymbol{p}_2=\begin{pmatrix}1\\2\\4\end{pmatrix}$，$\boldsymbol{p}_3=\begin{pmatrix}1\\3\\9\end{pmatrix}$. 又向量 $\boldsymbol{\beta}=(1,1,3)^{\mathrm{T}}$，求 $\boldsymbol{A}^n\boldsymbol{\beta}$.

答题区

纠错笔记

44 设 3 阶矩阵 $\boldsymbol{A}$ 满足 $\boldsymbol{A}\boldsymbol{p}_i=i\boldsymbol{p}_i\ (i=1,2,3)$，其中列向量 $\boldsymbol{p}_1=\begin{pmatrix}1\\2\\2\end{pmatrix}$，$\boldsymbol{p}_2=\begin{pmatrix}2\\-2\\1\end{pmatrix}$，$\boldsymbol{p}_3=\begin{pmatrix}-2\\-1\\2\end{pmatrix}$，试求矩阵 $\boldsymbol{A}$.

答题区

纠错笔记

45 设 3 阶实对称矩阵 $\boldsymbol{A}$ 的秩为 2，它的 2 重特征值为 6，向量 $(1,1,0)^{\mathrm{T}}$ 和 $(2,1,1)^{\mathrm{T}}$ 和 $(-1,2,-3)^{\mathrm{T}}$ 都是对应于特征值 6 的特征向量．求

(1) $\boldsymbol{A}$ 的另一个特征值和相应的特征向量；

答题区

纠错笔记

(2) 求 $\boldsymbol{A}$.

答题区

纠错笔记

46 设矩阵 $\boldsymbol{A}=\begin{pmatrix}1 & 1 & a\\ 1 & a & 1\\ a & 1 & 1\end{pmatrix}$，$\boldsymbol{\beta}=\begin{pmatrix}1\\ 1\\ -2\end{pmatrix}$，已知线性方程组 $\boldsymbol{Ax}=\boldsymbol{\beta}$ 有解但不唯一. 求：

(1) a 的值；

答题区

纠错笔记

(2) 正交矩阵 $\boldsymbol{Q}$，使得 $\boldsymbol{Q}^{\mathrm{T}}\boldsymbol{AQ}$ 为对角矩阵.

答题区

纠错笔记

47 已知 $\boldsymbol{A}$ 是 3 阶实对称矩阵，其特征值是 3，-6，0，矩阵 $\boldsymbol{A}$ 的属于特征值 $\lambda=3$ 的特征向量是 $\boldsymbol{p}_1=(1,a,1)^{\mathrm{T}}$，属于特征值 $\lambda=-6$ 的特征向量是 $\boldsymbol{p}_2=(a,a+1,1)^{\mathrm{T}}$，求矩阵 $\boldsymbol{A}$.

答题区

纠错笔记

48 已知 3 阶对称矩阵 $\boldsymbol{A}$ 的特征值为 $\lambda_1=6$，$\lambda_2=\lambda_3=3$，特征值 $\lambda_1=6$ 对应的特征向量为 $\boldsymbol{p}_1=(1,1,1)^{\mathrm{T}}$，求 $\boldsymbol{A}$.

答题区

纠错笔记

49 已知 3 阶实对称矩阵 $\boldsymbol{A}$ 的各行元素之和均为 3，向量 $\boldsymbol{p}_1=(-1,2,-1)^{\mathrm{T}}$，$\boldsymbol{p}_2=(0,-1,1)^{\mathrm{T}}$ 是线性方程组 $\boldsymbol{Ax}=\boldsymbol{0}$ 的两个解，求：

(1) 矩阵 $\boldsymbol{A}$ 的特征值和特征向量；

答题区

纠错笔记

(2) 正交矩阵 $\boldsymbol{Q}$ 和对角形矩阵 $\boldsymbol{\Lambda}$，使得 $\boldsymbol{Q}^{\mathrm{T}}\boldsymbol{AQ}=\boldsymbol{\Lambda}$.

答题区

纠错笔记

二、提高篇

1 设 $\boldsymbol{A}$ 是 n 阶实对称矩阵，$\boldsymbol{P}$ 是 n 阶可逆矩阵．已知 n 维列向量 $\boldsymbol{\alpha}$ 是 $\boldsymbol{A}$ 的属于特征值 λ 的特征向量，则矩阵 $(\boldsymbol{P}^{-1}\boldsymbol{A}\boldsymbol{P})^{\mathrm{T}}$ 属于特征值 λ 的特征向量是(　　).

A. $\boldsymbol{P}^{-1}\boldsymbol{\alpha}$　　B. $\boldsymbol{P}^{\mathrm{T}}\boldsymbol{\alpha}$　　C. $\boldsymbol{P}\boldsymbol{\alpha}$　　D. $(\boldsymbol{P}^{-1})^{\mathrm{T}}\boldsymbol{\alpha}$

答题区

纠错笔记

2 已知 3 阶矩阵 $\boldsymbol{A}$ 与 3 维列向量 $\boldsymbol{\alpha}$，如果 $\boldsymbol{\alpha},\boldsymbol{A}\boldsymbol{\alpha},\boldsymbol{A}^2\boldsymbol{\alpha}$ 线性无关，且 $\boldsymbol{A}^3\boldsymbol{\alpha}=3\boldsymbol{A}\boldsymbol{\alpha}-2\boldsymbol{A}^2\boldsymbol{\alpha}$，那么矩阵 $\boldsymbol{A}$ 属于特征值 $\lambda=-3$ 的特征向量是(　　).

A. $\boldsymbol{\alpha}$　　B. $\boldsymbol{A}\boldsymbol{\alpha}+2\boldsymbol{\alpha}$　　C. $\boldsymbol{A}^2\boldsymbol{\alpha}-\boldsymbol{A}\boldsymbol{\alpha}$　　D. $\boldsymbol{A}^2\boldsymbol{\alpha}+2\boldsymbol{A}\boldsymbol{\alpha}-3\boldsymbol{\alpha}$

答题区

纠错笔记

3 已知 3 阶矩阵 $\boldsymbol{A}$ 的秩 $R(\boldsymbol{A})=1$，则 $\lambda=0$(　　).

A. 必是 $\boldsymbol{A}$ 的二重特征值　　B. 至少是 $\boldsymbol{A}$ 的二重特征值

C. 至多是 $\boldsymbol{A}$ 的二重特征值　　D. 是 $\boldsymbol{A}$ 的一重、二重、三重特征值都有可能

答题区

纠错笔记

4 设 $\boldsymbol{A}$ 为 3 阶矩阵，$\boldsymbol{P}$ 为 3 阶可逆矩阵，且 $\boldsymbol{P}^{-1}\boldsymbol{A}\boldsymbol{P}=\begin{pmatrix}1&0&0\\0&1&0\\0&0&2\end{pmatrix}$. 若 $\boldsymbol{P}=(\boldsymbol{\alpha}_1,\boldsymbol{\alpha}_2,\boldsymbol{\alpha}_3)$，$\boldsymbol{Q}=(\boldsymbol{\alpha}_1+\boldsymbol{\alpha}_2,\boldsymbol{\alpha}_2,\boldsymbol{\alpha}_3)$，则 $\boldsymbol{Q}^{-1}\boldsymbol{A}\boldsymbol{Q}=$（　　）

A. $\begin{pmatrix}1&0&0\\0&2&0\\0&0&1\end{pmatrix}$

B. $\begin{pmatrix}1&0&0\\0&1&0\\0&0&2\end{pmatrix}$

C. $\begin{pmatrix}2&0&0\\0&1&0\\0&0&2\end{pmatrix}$

D. $\begin{pmatrix}2&0&0\\0&2&0\\0&0&1\end{pmatrix}$

答题区

纠错笔记

5 已知 $\boldsymbol{P}^{-1}\boldsymbol{A}\boldsymbol{P}=\begin{pmatrix}1&0&0\\0&5&0\\0&0&5\end{pmatrix}$，$\boldsymbol{\alpha}_1$ 是矩阵 $\boldsymbol{A}$ 属于特征值 $\lambda=1$ 的特征向量，$\boldsymbol{\alpha}_2$ 与 $\boldsymbol{\alpha}_3$ 是矩阵 $\boldsymbol{A}$ 属于特征值 $\lambda=5$ 的特征向量，则矩阵 $\boldsymbol{P}$ 不可能是（　　）.

A. $(\boldsymbol{\alpha}_1,-\boldsymbol{\alpha}_2,\boldsymbol{\alpha}_3)$

B. $(\boldsymbol{\alpha}_1,\boldsymbol{\alpha}_2+\boldsymbol{\alpha}_3,\boldsymbol{\alpha}_2-2\boldsymbol{\alpha}_3)$

C. $(\boldsymbol{\alpha}_1,\boldsymbol{\alpha}_2,\boldsymbol{\alpha}_3)$

D. $(\boldsymbol{\alpha}_1+\boldsymbol{\alpha}_2,\boldsymbol{\alpha}_1-\boldsymbol{\alpha}_2,\boldsymbol{\alpha}_3)$

答题区

纠错笔记

6 设 $\boldsymbol{A}$ 是 3 阶矩阵，$\boldsymbol{B}=(b_{ij})_{3\times3}$ 可逆，且 $\boldsymbol{AB}=\begin{pmatrix} b_{12} & 2b_{11} & -b_{13} \\ b_{22} & 2b_{21} & -b_{23} \\ b_{32} & 2b_{31} & -b_{33} \end{pmatrix}$，则 $\boldsymbol{A}$ 相似于(　　).

A. $\begin{pmatrix} 2 & 0 & 0 \\ 0 & 1 & 0 \\ 0 & 0 & -1 \end{pmatrix}$　　B. $\begin{pmatrix} -1 & 0 & 0 \\ 0 & 1 & 0 \\ 0 & 0 & 2 \end{pmatrix}$　　C. $\begin{pmatrix} 0 & 2 & 0 \\ 1 & 0 & 0 \\ 0 & 0 & -1 \end{pmatrix}$　　D. $\begin{pmatrix} 2 & 0 & 0 \\ 0 & 0 & 1 \\ 0 & -1 & 0 \end{pmatrix}$

答题区

纠错笔记

7 设 $\boldsymbol{A},\boldsymbol{B},\boldsymbol{C},\boldsymbol{D}$ 均为 n 阶矩阵，且 $\boldsymbol{A}\sim\boldsymbol{C},\boldsymbol{B}\sim\boldsymbol{D}$，则必有(　　).

A. $\boldsymbol{A}+\boldsymbol{B}\sim\boldsymbol{C}+\boldsymbol{D}$　　B. $\boldsymbol{AB}\sim\boldsymbol{CD}$

C. $\begin{pmatrix} \boldsymbol{A} & \boldsymbol{O} \\ \boldsymbol{O} & \boldsymbol{B} \end{pmatrix}\sim\begin{pmatrix} \boldsymbol{C} & \boldsymbol{O} \\ \boldsymbol{O} & \boldsymbol{D} \end{pmatrix}$　　D. $\begin{pmatrix} \boldsymbol{O} & \boldsymbol{B} \\ \boldsymbol{A} & \boldsymbol{O} \end{pmatrix}\sim\begin{pmatrix} \boldsymbol{O} & \boldsymbol{D} \\ \boldsymbol{C} & \boldsymbol{O} \end{pmatrix}$

答题区

纠错笔记

8 已知对称矩阵 $\boldsymbol{A}=\begin{pmatrix} 1 & a & 1 \\ a & b & a \\ 1 & a & 1 \end{pmatrix}$ 与对角矩阵 $\boldsymbol{B}=\begin{pmatrix} 2 & 0 & 0 \\ 0 & b & 0 \\ 0 & 0 & 0 \end{pmatrix}$，则 $\boldsymbol{A}$ 与 $\boldsymbol{B}$ 相似的充分必要条件为(　　)

A. $a=0,b=2$　　B. $a=0,b$ 为任意常数

C. $a=2,b=0$　　D. $a=2,b$ 为任意常数

答题区

纠错笔记

9 已知矩阵 $\boldsymbol{B}=\begin{pmatrix}0&0&1\\0&1&0\\1&0&0\end{pmatrix}$，若矩阵 $\boldsymbol{A}$ 相似于矩阵 $\boldsymbol{B}$，则 $R(\boldsymbol{A}-2\boldsymbol{E})+R(\boldsymbol{A}-\boldsymbol{E})=$（　　）.

A. 5　　B. 2　　C. 4　　D. 3

答题区

纠错笔记

10 设 $\boldsymbol{A}$ 是 2 阶矩阵，$\boldsymbol{p}_1,\boldsymbol{p}_2$ 为线性无关的 2 维列向量，$\boldsymbol{A}\boldsymbol{p}_1=\boldsymbol{0}$，$\boldsymbol{A}\boldsymbol{p}_2=2\boldsymbol{p}_1+\boldsymbol{p}_2$，则 $\boldsymbol{A}$ 的非零特征值为________.

答题区

纠错笔记

11 已知 $\boldsymbol{A}$ 是 n 阶矩阵，行列式 $|\boldsymbol{A}|=2$，若矩阵 $\boldsymbol{A}+\boldsymbol{E}$ 不可逆，则矩阵 $\boldsymbol{A}$ 的伴随矩阵 $\boldsymbol{A}^*$ 必有特征值为________.

答题区

纠错笔记

12 已知 $\boldsymbol{A}=\begin{pmatrix}1&2\\3&4\end{pmatrix}$，则 $(\boldsymbol{A}^4-2\boldsymbol{A}^3-13\boldsymbol{A}^2-26\boldsymbol{A}-6\boldsymbol{E})^{-1}=$________.

答题区

纠错笔记

13 已知矩阵 $\boldsymbol{A}=\begin{pmatrix}0&0&1\\0&1&0\\1&0&0\end{pmatrix}$，若 $\boldsymbol{A}\sim\boldsymbol{B}$，则 $R(\boldsymbol{AB}-\boldsymbol{A})=$ ________.

答题区

纠错笔记

14 设矩阵 $\boldsymbol{A}=\begin{pmatrix}a&-1&c\\5&b&3\\1-c&0&-a\end{pmatrix}$，其行列式 $|\boldsymbol{A}|=-1$，又 $\boldsymbol{A}$ 的伴随矩阵 $\boldsymbol{A}^*$ 有一个特征值 λ_0，$\boldsymbol{A}^*$ 的属于 λ_0 的一个特征向量为 $\boldsymbol{p}=(-1,-1,1)^{\mathrm{T}}$，求 a,b,c 和 λ_0 的值.

答题区

纠错笔记

15 已知矩阵 $\boldsymbol{A}=\begin{pmatrix}3&2&2\\2&3&2\\2&2&3\end{pmatrix}$，$\boldsymbol{P}=\begin{pmatrix}0&1&0\\1&0&1\\0&0&1\end{pmatrix}$，且 $\boldsymbol{B}=\boldsymbol{P}^{-1}\boldsymbol{A}^*\boldsymbol{P}$，其中 $\boldsymbol{A}^*$ 为 $\boldsymbol{A}$ 的伴随矩阵，$\boldsymbol{E}$ 为 3 阶单位矩阵，求 $\boldsymbol{B}+2\boldsymbol{E}$ 的特征值与特征向量.

答题区

纠错笔记

16 已知方程组$\begin{cases} x_1+2x_2+x_3=3 \\ 2x_1+(a+4)x_2-5x_3=6 \\ -x_1-2x_2+ax_3=-3 \end{cases}$有无穷多解，且矩阵 $\boldsymbol{A}$ 的特征值是 1，−1，0，对应的特征向量依次是 $\boldsymbol{p}_1=\begin{pmatrix}1\\2a\\-1\end{pmatrix}$，$\boldsymbol{p}_2=\begin{pmatrix}a-2\\-1\\a+1\end{pmatrix}$，$\boldsymbol{p}_3=\begin{pmatrix}a\\a+3\\a+2\end{pmatrix}$，求矩阵 $\boldsymbol{A}$ 及 $\boldsymbol{A}^{100}$.

答题区

纠错笔记

17 设 $\boldsymbol{A}$ 为正交矩阵，且 $|\boldsymbol{A}|=-1$，证明：$|\boldsymbol{A}+\boldsymbol{E}|=0$.

答题区

纠错笔记

18 设 $\boldsymbol{p}_1$，$\boldsymbol{p}_2$ 是矩阵 $\boldsymbol{A}$ 属于不同特征值的特征向量，证明：$\boldsymbol{p}_1+\boldsymbol{p}_2$ 不是矩阵 $\boldsymbol{A}$ 的特征向量.

答题区

纠错笔记

19 设 $\boldsymbol{A}$ 是实对称矩阵，λ_1 与 λ_2 是不同的特征值，$\boldsymbol{p}_1$ 与 $\boldsymbol{p}_2$ 分别是属于 λ_1 与 λ_2 特征向量，证明：$\boldsymbol{p}_1$ 与 $\boldsymbol{p}_2$ 正交.

答题区

纠错笔记

20 设 n 阶矩阵 $\boldsymbol{A}$、$\boldsymbol{B}$ 满足 $R(\boldsymbol{A})+R(\boldsymbol{B})<n$，证明：$\boldsymbol{A}$ 与 $\boldsymbol{B}$ 有公共的特征值，有公共的特征向量.

答题区

纠错笔记

21 设 $\lambda\neq 0$ 是 m 阶矩阵 $\boldsymbol{A}_{m\times n}\boldsymbol{B}_{n\times m}$ 的特征值，证明：λ 也是 n 阶矩阵 $\boldsymbol{BA}$ 的特征值.

答题区

纠错笔记

22 已知 $\boldsymbol{A}=\begin{pmatrix}2&1&1\\1&2&1\\1&1&a\end{pmatrix}$，$\boldsymbol{\alpha}=\begin{pmatrix}1\\b\\1\end{pmatrix}$ 是可逆矩阵 $\boldsymbol{A}$ 的伴随矩阵 $\boldsymbol{A}^*$ 的一个特征向量，λ 是 $\boldsymbol{\alpha}$ 对应的特征值，试求 a,b,λ.

答题区

纠错笔记

23 已知矩阵 $\boldsymbol{A}=\begin{pmatrix}1&a&-3\\-1&4&-3\\1&-2&5\end{pmatrix}$ 的特征值有重根，判断矩阵 $\boldsymbol{A}$ 能否相似对角化，并说明理由.

答题区

纠错笔记

24 已知 n 阶矩阵 $\boldsymbol{A}=\begin{pmatrix}1 & b & \cdots & b\\ b & 1 & \cdots & b\\ \vdots & \vdots & & \vdots\\ b & b & \cdots & 1\end{pmatrix}$.

（1）求矩阵 $\boldsymbol{A}$ 的特征值、特征向量；

答题区

纠错笔记

（2）求可逆矩阵 $\boldsymbol{P}$，使得 $\boldsymbol{P}^{-1}\boldsymbol{A}\boldsymbol{P}=\boldsymbol{\Lambda}$ 为对角矩阵.

答题区

纠错笔记

25 设 $\boldsymbol{A}$ 为 3 阶矩阵，$\boldsymbol{p}_1,\boldsymbol{p}_2,\boldsymbol{p}_3$ 是线性无关的 3 维列向量，且满足

$$\boldsymbol{A}\boldsymbol{p}_1=\boldsymbol{p}_1+\boldsymbol{p}_2+\boldsymbol{p}_3,\boldsymbol{A}\boldsymbol{p}_2=2\boldsymbol{p}_2+\boldsymbol{p}_3,\boldsymbol{A}\boldsymbol{p}_3=2\boldsymbol{p}_2+3\boldsymbol{p}_3.$$

（1）求矩阵 $\boldsymbol{B}$，使得 $\boldsymbol{A}(\boldsymbol{p}_1,\boldsymbol{p}_2,\boldsymbol{p}_3)=(\boldsymbol{p}_1,\boldsymbol{p}_2,\boldsymbol{p}_3)\boldsymbol{B}$；

答题区

纠错笔记

（2）求矩阵 $\boldsymbol{A}$ 的特征值；

答题区

纠错笔记

(3) 求可逆矩阵 $\boldsymbol{P}$,使得 $\boldsymbol{P}^{-1}\boldsymbol{AP}$ 为对角矩阵.

答题区

纠错笔记

26 已知矩阵 $\boldsymbol{A}=\begin{pmatrix}0 & -1 & 1\\ 2 & -3 & 0\\ 0 & 0 & 0\end{pmatrix}$,设 3 阶矩阵 $\boldsymbol{B}=(\boldsymbol{\alpha}_1,\boldsymbol{\alpha}_2,\boldsymbol{\alpha}_3)$满足 $\boldsymbol{B}^2=\boldsymbol{BA}$. 记 $\boldsymbol{B}^{100}=(\boldsymbol{\beta}_1,\boldsymbol{\beta}_2,\boldsymbol{\beta}_3)$,将 $\boldsymbol{\beta}_1,\boldsymbol{\beta}_2,\boldsymbol{\beta}_3$ 分别表示为 $\boldsymbol{\alpha}_1,\boldsymbol{\alpha}_2,\boldsymbol{\alpha}_3$ 的线性组合.

答题区

纠错笔记

27 设矩阵 $\boldsymbol{A}=\begin{pmatrix}1 & -1 & 1\\ x & 4 & y\\ -3 & -3 & 5\end{pmatrix}$,已知 $\boldsymbol{A}$ 有 3 个线性无关的特征向量,$\lambda=2$ 是 $\boldsymbol{A}$ 的二重特征值,试求可逆矩阵 $\boldsymbol{P}$,使得 $\boldsymbol{P}^{-1}\boldsymbol{AP}$ 为对角矩阵.

答题区

纠错笔记

28 设3阶对称矩阵 $\boldsymbol{A}$ 的特征值 $\lambda_1=1,\lambda_2=2,\lambda_3=-2$，$\boldsymbol{p}_1=(1,-1,1)^{\mathrm{T}}$ 是 $\boldsymbol{A}$ 的属于 λ_1 的一个特征向量，记 $\boldsymbol{B}=\boldsymbol{A}^5-4\boldsymbol{A}^3+\boldsymbol{E}$，其中 $\boldsymbol{E}$ 为3阶单位矩阵.

(1)验证 $\boldsymbol{p}_1$ 是矩阵 $\boldsymbol{B}$ 的特征向量，并求 $\boldsymbol{B}$ 的全部特征值与特征向量.

答题区

纠错笔记

(2)求矩阵 $\boldsymbol{B}$.

答题区

纠错笔记

第六章　二次型

一、基础篇

1 二次型 $f(x_1,x_2,x_3)=x_1^2+5x_2^2+x_3^2-4x_1x_2+2x_2x_3$ 的标准形可以是(　　).

A. $y_1^2+4y_2^2$　　B. $y_1^2+6y_2^2+2y_3^2$　　C. $y_1^2-y_2^2$　　D. $y_1^2+4y_2^2+y_3^2$

答题区

纠错笔记

2 二次型 $f(x_1,x_2,x_3)=(x_1+x_2)^2+(2x_1+3x_2+x_3)^2-5(x_2+x_3)^2$ 的标准形是(　　).

A. $y_1^2+y_2^2-5y_3^2$　　B. $y_2^2-y_3^2$　　C. $y_1^2+y_2^2-y_3^2$　　D. $y_1^2+y_2^2$

答题区

纠错笔记

3 下列各对矩阵合同的是(　　).

A. $\begin{pmatrix}1&1\\1&1\end{pmatrix},\begin{pmatrix}0&1\\1&2\end{pmatrix}$　　B. $\begin{pmatrix}1&2\\2&1\end{pmatrix},\begin{pmatrix}2&1\\1&2\end{pmatrix}$

C. $\begin{pmatrix}1&0&1\\0&1&0\\1&0&1\end{pmatrix},\begin{pmatrix}1&0&0\\0&3&0\\0&0&0\end{pmatrix}$　　D. $\begin{pmatrix}0&2&0\\2&0&0\\0&0&1\end{pmatrix},\begin{pmatrix}-1&0&0\\0&-2&0\\0&0&-2\end{pmatrix}$

答题区

纠错笔记

4 设 $\boldsymbol{A},\boldsymbol{B}$ 是 n 阶实对称矩阵，若 $\boldsymbol{A}$ 与 $\boldsymbol{B}$ 合同，则(　　).

A. $\boldsymbol{A}$ 与 $\boldsymbol{B}$ 有相同的特征值　　B. $\boldsymbol{A}$ 与 $\boldsymbol{B}$ 有相同的秩

C. $\boldsymbol{A}$ 与 $\boldsymbol{B}$ 有相同的特征向量　　D. $\boldsymbol{A}$ 与 $\boldsymbol{B}$ 有相同的行列式

答题区

纠错笔记

5 若 $\boldsymbol{A}=\begin{pmatrix}2&-1&-1\\-1&2&-1\\-1&-1&2\end{pmatrix},\boldsymbol{B}=\begin{pmatrix}1&0&0\\0&1&0\\0&0&0\end{pmatrix}$，则 $\boldsymbol{A}$ 与 $\boldsymbol{B}$(　　).

A. 既合同又相似　　B. 合同但不相似

C. 不合同但相似　　D. 既不合同也不相似

答题区

纠错笔记

6 与二次型 $f(x_1,x_2,x_3)=x_1^2+x_2^2+2x_3^2+6x_1x_2$ 的矩阵 $\boldsymbol{A}$ 合同又相似的矩阵是(　　).

A. $\begin{pmatrix}1&&\\&2&\\&&-3\end{pmatrix}$　　B. $\begin{pmatrix}4&&\\&2&\\&&-2\end{pmatrix}$　　C. $\begin{pmatrix}1&&\\&3&\\&&0\end{pmatrix}$　　D. $\begin{pmatrix}1&&\\&1&\\&&-1\end{pmatrix}$

答题区

纠错笔记

7 设矩阵 $\boldsymbol{A}$ 是 n 阶实对称矩阵，将 $\boldsymbol{A}$ 的第 i 列和第 j 列对换得到矩阵 $\boldsymbol{B}$，再将 $\boldsymbol{B}$ 的第 i 行和第 j 行对换得到矩阵 $\boldsymbol{C}$，则 $\boldsymbol{A}$ 与 $\boldsymbol{C}$(　　).

A. 等价但不相似　　B. 合同但不相似　　C. 相似但不合同　　D. 等价、合同且相似

答题区

纠错笔记

8 下列矩阵中是正定矩阵的为(　　).

A. $\begin{pmatrix} 1 & 2 & 3 \\ 2 & 4 & 5 \\ 3 & 5 & 6 \end{pmatrix}$　　B. $\begin{pmatrix} 1 & 2 & 0 \\ 2 & 5 & 3 \\ 0 & 3 & 8 \end{pmatrix}$

C. $\begin{pmatrix} 2 & 2 & -2 \\ 2 & 5 & -4 \\ -2 & -4 & 5 \end{pmatrix}$　　D. $\begin{pmatrix} 5 & 2 & 1 \\ 2 & 1 & 3 \\ 1 & 3 & 0 \end{pmatrix}$

答题区

纠错笔记

9 若方阵 $\boldsymbol{A}$ 正定,则下列结论不一定成立的是(　　).

A. $\boldsymbol{A}^*$ 是正定矩阵　　B. $\boldsymbol{A}^{-1}$ 是正定矩阵

C. $k\boldsymbol{A}$ 是正定矩阵(其中 k 为实数)　　D. $\boldsymbol{A}$ 的特征值都大于零

答题区

纠错笔记

10 若 $\boldsymbol{A},\boldsymbol{B}$ 是 n 阶方阵,则下列选项不成立的是(　　).

A. 若 $\boldsymbol{A},\boldsymbol{B}$ 是可逆矩阵,则 $\boldsymbol{A}+\boldsymbol{B}$ 必是可逆矩阵

B. 若 $\boldsymbol{A},\boldsymbol{B}$ 是对称矩阵,则 $\boldsymbol{A}+\boldsymbol{B}$ 必是对称矩阵

C. 若 $\boldsymbol{A},\boldsymbol{B}$ 是正交矩阵,则 $\boldsymbol{A}^{-1}\boldsymbol{B}$ 必是正交矩阵

D. 若 $\boldsymbol{A},\boldsymbol{B}$ 是正定矩阵,则 $\boldsymbol{A}+\boldsymbol{B}$ 必是正定矩阵

答题区

纠错笔记

11 设 $f(x_1,x_2)=\begin{vmatrix}-2 & 3 & x_1\\ 3 & -5 & x_2\\ x_1 & x_2 & 0\end{vmatrix}$，则二次型 $f(x_1,x_2)$ 对应的矩阵是________.

答题区

纠错笔记

12 设 $\boldsymbol{A}=\begin{pmatrix}1 & 1 & 3\\ 3 & 2 & 2\\ 3 & 6 & 0\end{pmatrix}$，则二次型 $f(x)=\boldsymbol{x}^{\mathrm{T}}\boldsymbol{A}\boldsymbol{x}$ 的矩阵是________.

答题区

纠错笔记

13 若二次型 $f(x_1,x_2,x_3)=x_1^2+x_2^2+x_3^2+2ax_1x_2+2ax_2x_3+2ax_1x_3$ 的秩是 2，则该二次型的正惯性指数 $p=$________.

答题区

纠错笔记

14 已知二次型 $\boldsymbol{x}^{\mathrm{T}}\boldsymbol{A}\boldsymbol{x}=x_1^2-5x_2^2+x_3^2+2ax_1x_2+2x_1x_3+2bx_2x_3$ 的秩为 2，$(2,1,2)^{\mathrm{T}}$ 是 $\boldsymbol{A}$ 的特征向量，则经过正交变换，二次型的标准形是________.

答题区

纠错笔记

15 二次型 $f(x_1,x_2,x_3,x_4)=x_3^2+4x_4^2+2x_1x_2+4x_3x_4$ 的规范形是__________.

答题区

纠错笔记

16 已知二次型 $f(x_1,x_2,x_3)=2x_1^2+2x_2^2+ax_3^2+4x_1x_3+2tx_2x_3$ 经过正交变换 $\boldsymbol{x}=\boldsymbol{P}\boldsymbol{y}$ 可化为标准形 $f=y_1^2+2y_2^2+7y_3^2$，则 $t=$__________.

答题区

纠错笔记

17 若二次型 $f(x_1,x_2,x_3)=ax_1^2+4x_2^2+ax_3^2+6x_1x_2+2x_2x_3$ 是正定的，则 a 的取值范围是__________.

答题区

纠错笔记

18 用矩阵记号表示下列二次型.

(1) $f(x_1,x_2,x_3)=x_1^2+4x_2^2+x_3^2+4x_1x_2+2x_1x_3+4x_2x_3$；

答题区

纠错笔记

(2) $f(x_1,x_2,x_3,x_4)=-2x_1x_2+4x_1x_3-2x_1x_4+6x_2x_3-4x_2x_4$.

答题区

纠错笔记

19 用配方法化下列二次型为标准形，并写出相应的满秩线性变换.

(1) $f(x_1,x_2,x_3)=x_1x_2+x_1x_3$；

答题区

纠错笔记

(2) $f(x_1,x_2,x_3)=x_1^2+x_2^2+x_3^2+2x_2x_3$.

答题区

纠错笔记

20 用正交变换将下列二次型化为标准形.

(1) $f(x_1,x_2,x_3)=x_1^2+x_2^2+x_3^2+4x_1x_2+4x_1x_3+4x_2x_3$；

答题区

纠错笔记

(2) $f(x_1,x_2,x_3)=x_1^2+x_2^2+x_3^2+2x_2x_3$；

答题区

纠错笔记

(3) $f(x_1,x_2,x_3)=x_1^2-x_2^2+2x_3^2+4x_2x_3$；

答题区

纠错笔记

(4) $f(x_1,x_2,x_3)=-2x_1x_2+2x_1x_3+2x_2x_3$.

答题区

纠错笔记

21 已知二次型 $f=2x_1^2+3x_2^2+3x_3^2+2tx_2x_3\ (t>0)$，通过正交变换化为标准形 $f=y_1^2+2y_2^2+5y_3^2$，求参数 t 及所用的正交变换.

答题区

纠错笔记

22 设二次型 $f(x_1,x_2,x_3)=\boldsymbol{x}^{\mathrm{T}}\boldsymbol{A}\boldsymbol{x}=ax_1^2+2x_2^2-2x_3^2+2bx_1x_3\ (b>0)$，其中二次型矩阵 $\boldsymbol{A}$ 的特征值之和为 1，特征值之积为 -12.

(1)求 a,b 的值；

答题区

纠错笔记

(2)利用正交变换将二次型 f 化为标准形，并写出所用的正交变换和对应的正交矩阵.

答题区

纠错笔记

23 已知二次型 $f(x_1,x_2,x_3)=x_1^2+x_2^2+x_3^2-4x_1x_2-4x_1x_3+2ax_2x_3$ 通过正交变换 $\boldsymbol{x}=\boldsymbol{P}\boldsymbol{y}$ 化成标准形 $f=3y_1^2+3y_2^2+by_3^2$，求参数 a,b 及正交矩阵 $\boldsymbol{P}$.

答题区

纠错笔记

24 判别下列二次型的正定性.

(1) $f(x_1,x_2,x_3)=-2x_1^2-6x_2^2-4x_3^2+2x_1x_2+2x_1x_3$；

答题区

纠错笔记

(2) $f(x_1,x_2,x_3)=2x_1^2+x_2^2-4x_1x_2-4x_2x_3$.

答题区

纠错笔记

25 设 $\boldsymbol{A}$ 为 3 阶实对称阵，$\boldsymbol{A}$ 的秩 $R(\boldsymbol{A})=2$，且满足条件 $\boldsymbol{A}^3+2\boldsymbol{A}^2=\boldsymbol{0}$.

(1)求 $\boldsymbol{A}$ 的全部特征值；

答题区

纠错笔记

(2)当 k 为何值时，矩阵 $\boldsymbol{A}+k\boldsymbol{E}$ 为正定矩阵，其中 $\boldsymbol{E}$ 为 3 阶单位矩阵.

答题区

纠错笔记

26 已知矩阵 $\boldsymbol{A}$ 是 n 阶正定矩阵，证明：$\boldsymbol{A}^{-1}$ 是正定矩阵.

答题区

纠错笔记

二、提高篇

1 下列二次型中是正定二次型的为(　　).

A. $f=(x_1-x_2)^2+(x_2-x_3)^2+(x_3-x_1)^2$

B. $f=(x_1+x_2)^2+(x_2-x_3)^2+(x_3+x_1)^2$

C. $f=(x_1+x_2)^2+(x_2+x_3)^2+(x_3-x_4)^2+(x_4-x_1)^2$

D. $f=(x_1+x_2)^2+(x_2+x_3)^2+(x_3+x_1)^2+(x_4-x_1)^2$

答题区

纠错笔记

2 已知实二次型 $f(x_1,x_2,x_3)=a(x_1{}^2+x_2{}^2+x_3{}^2)+4x_1x_2+4x_1x_3+4x_2x_3$ 经正交变换 $\boldsymbol{x}=\boldsymbol{P}\boldsymbol{y}$ 可化成标准形 $f=6y_1^2$，则 $a=$__________.

答题区

纠错笔记

3 设 $A=(a_{ij})_{m\times n}$，E 是 n 阶单位矩阵，矩阵 $B=-aE+A^TA$ 是正定的，则 a 的取值范围是____________.

答题区

纠错笔记

4 设 $\alpha=(1,0,1)^T$，$A=\alpha\alpha^T$，若 $B=(kE+A)^*$ 正定，则 k 的取值范围是____________.

答题区

纠错笔记

5 已知矩阵 $A=\begin{pmatrix}1&1&-2\\1&-2&1\\-2&1&1\end{pmatrix}$ 与二次型 $x^TBx=3x_1^2+ax_3^2$ 的矩阵 B 合同，则 a 的取值范围是____________.

答题区

纠错笔记

6 已知 $A=\begin{pmatrix}1&&1\\&1&\\1&&\end{pmatrix}$ 与 $B=\begin{pmatrix}2&&\\&1&\\&&-9\end{pmatrix}$ 合同，那么使得 $C^TAC=B$ 的可逆矩阵 $C=$__________.

答题区

纠错笔记

7 若 n 维非零列向量 $\boldsymbol{x}_1,\boldsymbol{x}_2,\cdots,\boldsymbol{x}_m$ 满足条件 $\boldsymbol{x}_i^{\mathrm{T}}\boldsymbol{A}\boldsymbol{x}_j=0(i\neq j)$，其中 $\boldsymbol{A}$ 是 n 阶正定矩阵. 证明：向量组 $\boldsymbol{x}_1,\boldsymbol{x}_2,\cdots,\boldsymbol{x}_m$ 线性无关.

答题区

纠错笔记

8 已知二次型 $f(x_1,x_2,x_3)=(1-a)x_1^2+(1-a)x_2^2+2x_3^2+2(1+a)x_1x_2$ 的秩为 2.

(1)求 a 的值；

答题区

纠错笔记

(2)求正交变换 $\boldsymbol{x}=\boldsymbol{Q}\boldsymbol{y}$，将 $f(x_1,x_2,x_3)$ 化为标准形；

答题区

纠错笔记

(3)求方程 $f(x_1,x_2,x_3)=0$ 的解.

答题区

纠错笔记

9 设二次型 $f(x_1,x_2,x_3)=2(a_1x_1+a_2x_2+a_3x_3)^2+(b_1x_1+b_2x_2+b_3x_3)^2$，记 $\boldsymbol{\alpha}=(a_1,a_2,a_3)^{\mathrm{T}}$，$\boldsymbol{\beta}=(b_1,b_2,b_3)^{\mathrm{T}}$.

(1)证明：二次型 f 对应的矩阵为 $2\boldsymbol{\alpha}\boldsymbol{\alpha}^{\mathrm{T}}+\boldsymbol{\beta}\boldsymbol{\beta}^{\mathrm{T}}$；

答题区

纠错笔记

(2)若 $\boldsymbol{\alpha}$，$\boldsymbol{\beta}$ 正交且均为单位向量，证明：f 在正交变换下的标准形为 $2y_1^2+y_2^2$.

答题区

纠错笔记

10 证明：二次型 $f=\boldsymbol{x}^{\mathrm{T}}\boldsymbol{A}\boldsymbol{x}$ 在 $\|\boldsymbol{x}\|=1$ 时的最大值为对称阵 $\boldsymbol{A}$ 的最大特征值.

答题区

纠错笔记

11 已知 $\boldsymbol{A}$ 与 $\boldsymbol{A}-\boldsymbol{E}$ 均是 n 阶正定矩阵，证明：$\boldsymbol{E}-\boldsymbol{A}^{-1}$ 是正定矩阵.

答题区

纠错笔记

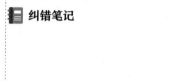

12 证明:若 $\boldsymbol{A}$、$\boldsymbol{B}$ 是 n 阶正定矩阵,则 $\boldsymbol{AB}$ 为 n 阶正定矩阵的充分必要条件是 $\boldsymbol{AB}=\boldsymbol{BA}$.

答题区

纠错笔记

13 已知 $\boldsymbol{A}$ 是 n 阶对称矩阵,证明:矩阵 $\boldsymbol{A}$ 正定的充分必要条件是存在可逆矩阵 $\boldsymbol{C}$ 使得 $\boldsymbol{A}=\boldsymbol{C}^{\mathrm{T}}\boldsymbol{C}$.

答题区

纠错笔记

14 已知二次型 $f(x_1,x_2,x_3)=5x_1^2+5x_2^2+ax_3^2-2x_1x_2+6x_1x_3-6x_2x_3$ 的秩为 2.

(1)求参数 a 以及此二次型对应矩阵的特征值;

答题区

纠错笔记

(2)(数学一)指出方程 $f(x_1,x_2,x_3)=1$ 表示何种二次曲面.

答题区

纠错笔记

15 （数学一）已知二次型 $f(x,y,z)=3x^2+2y^2+2z^2+2xy+2zx$.

（1）用正交变换把二次型 f 化为标准形，并写出相应的正交矩阵；

答题区

纠错笔记

（2）求函数 $f(x,y,z)$ 在单位球面 $x^2+y^2+z^2=1$ 上的最大值和最小值.

答题区

纠错笔记

16 （数学一）已知方程 $x_1^2+3x_2^2+x_3^2+2ax_1x_2+2x_1x_3+2x_2x_3=4$ 的图形为柱面，求 a 及柱面母线的方向，并说出此柱面的名称.

答题区

纠错笔记

特别适合基础薄弱考生使用

线性代数
通关习题册
(解析册)

主编 ◎ 李畅通
副主编 ◎ 李娜 王唯良 车彩丽

西安交通大学出版社
XI'AN JIAOTONG UNIVERSITY PRESS

目录
Contents

第一章　行列式

一、基础篇

1. 答案 A 【解析】由于 $\begin{vmatrix} 2x & 2y & 2z \\ \frac{4}{3} & 0 & 1 \\ 1 & 1 & 1 \end{vmatrix}=2\times\frac{1}{3}\begin{vmatrix} x & y & z \\ 4 & 0 & 3 \\ 1 & 1 & 1 \end{vmatrix}=\frac{2}{3}$. 因此,应选 A.

2. 答案 B 【解析】由于

$$\begin{vmatrix} b_1 & b_2 \\ a_1+c_1 & a_2+c_2 \end{vmatrix}=\begin{vmatrix} b_1 & b_2 \\ a_1 & a_2 \end{vmatrix}+\begin{vmatrix} b_1 & b_2 \\ c_1 & c_2 \end{vmatrix}=-\begin{vmatrix} a_1 & a_2 \\ b_1 & b_2 \end{vmatrix}+\begin{vmatrix} b_1 & b_2 \\ c_1 & c_2 \end{vmatrix}=-2+3=1,$$

因此,应选 B.

3. 答案 A 【解析】由于

$$D_1=\begin{vmatrix} 2a_{11} & a_{13} & a_{11}-2a_{12} \\ 2a_{21} & a_{23} & a_{21}-2a_{22} \\ 2a_{31} & a_{33} & a_{31}-2a_{32} \end{vmatrix}=\begin{vmatrix} 2a_{11} & a_{13} & a_{11} \\ 2a_{21} & a_{23} & a_{21} \\ 2a_{31} & a_{33} & a_{31} \end{vmatrix}+\begin{vmatrix} 2a_{11} & a_{13} & -2a_{12} \\ 2a_{21} & a_{23} & -2a_{22} \\ 2a_{31} & a_{33} & -2a_{32} \end{vmatrix}$$

$$=\begin{vmatrix} 2a_{11} & a_{13} & a_{11} \\ 2a_{21} & a_{23} & a_{21} \\ 2a_{31} & a_{33} & a_{31} \end{vmatrix}+2\times(-2)\begin{vmatrix} a_{11} & a_{13} & a_{12} \\ a_{21} & a_{23} & a_{22} \\ a_{31} & a_{33} & a_{32} \end{vmatrix}=0+4\begin{vmatrix} a_{11} & a_{12} & a_{13} \\ a_{21} & a_{22} & a_{23} \\ a_{31} & a_{32} & a_{33} \end{vmatrix}=4\times3=12.$$

4. 答案 D 【解析】**方法一　赋值法**

取 $b_1=0$,则原行列式 $D=a_1a_4(a_2a_3-b_2b_3)$.

当 $b_1=0$ 时,比较四个选项,则 A,B,C 三项均不正确,只有 D 项正确,故应选 D.

方法二　降阶法

按第一行展开,得

$$D=a_1\begin{vmatrix} a_2 & b_2 & 0 \\ b_3 & a_3 & 0 \\ 0 & 0 & a_4 \end{vmatrix}+b_1\times(-1)^{1+4}\begin{vmatrix} 0 & a_2 & b_2 \\ 0 & b_3 & a_3 \\ b_4 & 0 & 0 \end{vmatrix}=a_1a_4\begin{vmatrix} a_2 & b_2 \\ b_3 & a_3 \end{vmatrix}-b_1b_4\begin{vmatrix} a_2 & b_2 \\ b_3 & a_3 \end{vmatrix}$$

$$=(a_2a_3-b_2b_3)(a_1a_4-b_1b_4).$$

方法三　拉普拉斯展开法

根据行列式的拉普拉斯展开法则[按 k 行(列)展开],可将此行列式按第 2、3 行(列)展开,得

$$D=\begin{vmatrix}a_1 & b_1\\ b_4 & a_4\end{vmatrix}\times(-1)^{(1+4)+(1+4)}\begin{vmatrix}a_2 & b_2\\ b_3 & a_3\end{vmatrix}=(a_1a_4-b_1b_4)(a_2a_3-b_2b_3).$$

方法四 通过两行对换、两列对换，把零元素调至行列式的一角，再使用拉普拉斯展开式，有

$$\begin{vmatrix}a_1 & 0 & 0 & b_1\\ 0 & a_2 & b_2 & 0\\ 0 & b_3 & a_3 & 0\\ b_4 & 0 & 0 & a_4\end{vmatrix}=-\begin{vmatrix}a_1 & 0 & 0 & b_1\\ b_4 & 0 & 0 & a_4\\ 0 & b_3 & a_3 & 0\\ 0 & a_2 & b_2 & 0\end{vmatrix}=\begin{vmatrix}a_1 & b_1 & 0 & 0\\ b_4 & a_4 & 0 & 0\\ 0 & 0 & a_3 & b_3\\ 0 & 0 & b_2 & a_2\end{vmatrix}$$

$$=\begin{vmatrix}a_1 & b_1\\ b_4 & a_4\end{vmatrix}\begin{vmatrix}a_3 & b_3\\ b_2 & a_2\end{vmatrix}=(a_1a_4-b_1b_4)(a_2a_3-b_2b_3),$$

所以应选 D.

5. 答案 D 【解析】因为方程组的系数矩阵行列式是范德蒙行列式，于是有

$$D=\begin{vmatrix}1 & 1 & 1\\ 2 & -1 & 3\\ 4 & 1 & 9\end{vmatrix}=\begin{vmatrix}1 & 1 & 1\\ 2 & -1 & 3\\ 2^2 & (-1)^2 & 3^2\end{vmatrix}=(-1-2)(3-2)(3+1)=-12.$$

根据克莱姆法则，$x_2=\dfrac{D_2}{D}$，其中

$$D_2=\begin{vmatrix}1 & 1 & 1\\ 2 & 4 & 3\\ 4 & 16 & 9\end{vmatrix}=\begin{vmatrix}1 & 1 & 1\\ 2 & 4 & 3\\ 2^2 & 4^2 & 3^2\end{vmatrix}=(4-2)(3-2)(3-4)=-2,$$

于是 $x_2=\dfrac{1}{6}$，所以应选 D.

6. 答案 13，奇

7. 答案 8，3

8. 答案 4，3 【解析】**方法一** 由于 $a_{3j}a_{12}a_{41}a_{2k}=a_{12}a_{2k}a_{3j}a_{41}$，$2kj1$ 是 1234 的排列，所以 $k=3$，$j=4$ 或 $k=4$，$j=3$.

若 $k=4$，$j=3$，则 $\tau(2kj1)=\tau(2431)=1+2+1=4$，即 $2kj1$ 为偶排列，这与 $a_{3j}a_{12}a_{41}a_{2k}$ 带负号矛盾. 从而 j 与 k 分别是 4 和 3.

方法二 类似方法一，可确定 $k=3$，$j=4$ 或 $k=4$，$j=3$. 若 $k=3$，$j=4$，则 $a_{3j}a_{12}a_{41}a_{2k}$ 的行指标排列与列指标排列的逆序数之和

$$\tau(3142)+\tau(j21k)=\tau(3142)+\tau(4213)=3+4=7,$$

是奇数，故 j 与 k 分别是 4 和 3.

9. 答案 $(-1)^n d$ 【解析】

$$\widetilde{D}=\begin{vmatrix}-a_{11} & \cdots & -a_{1n}\\ \vdots & & \vdots\\ -a_{n1} & \cdots & -a_{nn}\end{vmatrix}=(-1)^n\begin{vmatrix}a_{11} & \cdots & a_{1n}\\ \vdots & & \vdots\\ a_{n1} & \cdots & a_{nn}\end{vmatrix}=(-1)^n d.$$

10. 答案 $(-1)^{\frac{(n-2)(n-1)}{2}}n!$ 【解析】方法一 由定义可知

$$D_n=(-1)^{\tau[(n-1)(n-2)\cdots 1n]}a_{1,n-1}a_{2,n-2}\cdots a_{n-1,1}a_{nn}$$

$$=(-1)^{1+2+\cdots+(n-2)+0}n!=(-1)^{\frac{(n-2)(n-1)}{2}}n!$$

方法二 按第 n 行展开，有

$$D_n=n(-1)^{n+n}\begin{vmatrix}0 & \cdots & 0 & 1\\ 0 & \cdots & 2 & 0\\ \vdots & & \vdots & \vdots\\ n-1 & \cdots & 0 & 0\end{vmatrix}=(-1)^{\frac{(n-2)(n-1)}{2}}n!.$$

11. 答案 0 【解析】将各列加到第 1 列，则由题设知 D 的第 1 列元素全为 0，可知 $D=0$.

12. 答案 $6x^2$ 【解析】由于

$$f(x+1)-f(x)=\begin{vmatrix}1 & 0 & x+1\\ 1 & 2 & (x+1)^2\\ 1 & 3 & (x+1)^3\end{vmatrix}-\begin{vmatrix}1 & 0 & x\\ 1 & 2 & x^2\\ 1 & 3 & x^3\end{vmatrix}=\begin{vmatrix}1 & 0 & 1\\ 1 & 2 & 2x+1\\ 1 & 3 & 3x^2+3x+1\end{vmatrix}$$

$$\xlongequal{c_3-c_1}\begin{vmatrix}1 & 0 & 0\\ 1 & 2 & 2x\\ 1 & 3 & 3x^2+3x\end{vmatrix}\xlongequal{c_3-xc_2}\begin{vmatrix}1 & 0 & 0\\ 1 & 2 & 0\\ 1 & 3 & 3x^2\end{vmatrix}=6x^2,$$

因此，应填 $6x^2$.

13. 答案 -4×10^7 【解析】由于

$$D=\begin{vmatrix}1000 & 800 & 20 & 3\\ 1000 & 500 & 40 & 9\\ 1000 & 600 & 60 & 7\\ 1000 & 900 & 80 & 6\end{vmatrix}=1000\times100\times10\begin{vmatrix}1 & 8 & 2 & 3\\ 1 & 5 & 4 & 9\\ 1 & 6 & 6 & 7\\ 1 & 9 & 8 & 6\end{vmatrix}\xlongequal[r_4-r_1]{\substack{r_2-r_1\\ r_3-r_1}}10^6\begin{vmatrix}1 & 8 & 2 & 3\\ 0 & -3 & 2 & 6\\ 0 & -2 & 4 & 4\\ 0 & 1 & 6 & 3\end{vmatrix}$$

$$\xlongequal{r_2\leftrightarrow r_4}-10^6\begin{vmatrix}1 & 8 & 2 & 3\\ 0 & 1 & 6 & 3\\ 0 & -2 & 4 & 4\\ 0 & -3 & 2 & 6\end{vmatrix}\xlongequal{\substack{r_3+2r_2\\ r_4+3r_2}}-10^6\begin{vmatrix}1 & 8 & 2 & 3\\ 0 & 1 & 6 & 3\\ 0 & 0 & 16 & 10\\ 0 & 0 & 20 & 15\end{vmatrix}=-4\times10^7.$$

14. 答案 $x^3\left(x+\sum_{i=1}^{4}a_i\right)$ 【解析】

$$D\xlongequal{c_1+c_2+c_3+c_4}\begin{vmatrix} x+\sum_{i=1}^{4}a_i & a_2 & a_3 & a_4 \\ 0 & x & 0 & 0 \\ 0 & -x & x & 0 \\ 0 & 0 & -x & x \end{vmatrix}=\left(x+\sum_{i=1}^{4}a_i\right)\begin{vmatrix} x & 0 & 0 \\ -x & x & 0 \\ 0 & -x & x \end{vmatrix}$$

$$=x^3\left(x+\sum_{i=1}^{4}a_i\right).$$

15. 答案 -2 【解析】

$$D\xlongequal{c_1-\frac{1}{2}c_2}\begin{vmatrix} 1-\frac{1}{2} & 1 & 1 & 1 \\ 0 & 2 & 0 & 0 \\ 1 & 0 & 3 & 0 \\ 1 & 0 & 0 & 4 \end{vmatrix}\xlongequal{c_1-\frac{1}{3}c_3}\begin{vmatrix} 1-\frac{1}{2}-\frac{1}{3} & 1 & 1 & 1 \\ 0 & 2 & 0 & 0 \\ 0 & 0 & 3 & 0 \\ 1 & 0 & 0 & 4 \end{vmatrix}\xlongequal{c_1-\frac{1}{4}c_4}\begin{vmatrix} 1-\frac{1}{2}-\frac{1}{3}-\frac{1}{4} & 1 & 1 & 1 \\ 0 & 2 & 0 & 0 \\ 0 & 0 & 3 & 0 \\ 0 & 0 & 0 & 4 \end{vmatrix}$$

$$=\left(1-\frac{1}{2}-\frac{1}{3}-\frac{1}{4}\right)\times 2\times 3\times 4=-2.$$

16. 答案 2,3,6 【解析】由于

$$\begin{vmatrix} \lambda-3 & 1 & -1 \\ 1 & \lambda-5 & 1 \\ -1 & 1 & \lambda-3 \end{vmatrix}\xlongequal{r_1-r_3}\begin{vmatrix} \lambda-2 & 0 & 2-\lambda \\ 1 & \lambda-5 & 1 \\ -1 & 1 & \lambda-3 \end{vmatrix}\xlongequal{c_3+c_1}\begin{vmatrix} \lambda-2 & 0 & 0 \\ 1 & \lambda-5 & 2 \\ -1 & 1 & \lambda-4 \end{vmatrix}$$

$$=(\lambda-2)\begin{vmatrix} \lambda-5 & 2 \\ 1 & \lambda-4 \end{vmatrix}=(\lambda-2)(\lambda-3)(\lambda-6),$$

因此，λ 的取值为 2,3 和 6.

注意，本题的计算方法很多，也可采用如下方法：

$$\begin{vmatrix} \lambda-3 & 1 & -1 \\ 1 & \lambda-5 & 1 \\ -1 & 1 & \lambda-3 \end{vmatrix}=\begin{vmatrix} \lambda-3 & \lambda-3 & \lambda-3 \\ 1 & \lambda-5 & 1 \\ -1 & 1 & \lambda-3 \end{vmatrix}=\begin{vmatrix} \lambda-3 & 0 & 0 \\ 1 & \lambda-6 & 0 \\ -1 & 2 & \lambda-2 \end{vmatrix}$$

$$=(\lambda-3)(\lambda-6)(\lambda-2).$$

17. 答案 $1,-1,-1$ 【解析】把第 3 列加至第 1 列，则第 1 列有公因式 $\lambda-1$，

$$\begin{vmatrix} \lambda-3 & -2 & 2 \\ k & \lambda+1 & -k \\ -4 & -2 & \lambda+3 \end{vmatrix}=\begin{vmatrix} \lambda-1 & -2 & 2 \\ 0 & \lambda+1 & -k \\ \lambda-1 & -2 & \lambda+3 \end{vmatrix}=\begin{vmatrix} \lambda-1 & -2 & 2 \\ 0 & \lambda+1 & -k \\ 0 & 0 & \lambda+1 \end{vmatrix}=(\lambda-1)(\lambda+1)^2=0,$$

所以 λ 的取值为 $1,-1,-1$.

18.【解析】(1) $\tau=0+\cdots+0+(n-1)+(n-2)+\cdots+1+0=\frac{n(n-1)}{2}$.

(2)$\tau=0+\cdots+0+0+2+4+\cdots+2(n-1)=2[1+2+\cdots+(n-1)]=n(n-1)$.

19.【解析】(1)$D\xlongequal{r_2+r_1}\begin{vmatrix}2&1&4&1\\5&0&6&2\\1&2&3&2\\5&0&6&2\end{vmatrix}\xlongequal{\text{两行相同}}0$.

(2)$D\xlongequal[r_4-r_1]{r_2-r_1}\begin{vmatrix}1&2&0&1\\0&1&5&-1\\0&1&5&6\\0&0&3&3\end{vmatrix}\xlongequal{r_3-r_2}\begin{vmatrix}1&2&0&1\\0&1&5&-1\\0&0&0&7\\0&0&3&3\end{vmatrix}\xlongequal{r_3\leftrightarrow r_4}-\begin{vmatrix}1&2&0&1\\0&1&5&-1\\0&0&3&3\\0&0&0&7\end{vmatrix}=-21$.

(3)本题是一个分块对角行列式，利用有关公式计算比较简便.

$$D=\begin{vmatrix}\cos\theta&-\sin\theta\\\sin\theta&\cos\theta\end{vmatrix}\begin{vmatrix}8&3\\5&2\end{vmatrix}=(\cos^2\theta+\sin^2\theta)(16-15)=1.$$

(4)**方法一** 注意到行列式各行元素之和相等，故可利用行列式的性质，先把各列元素加到第1列，提取第1列的公因子，使第1列的元素均变成1，进而用降阶法计算.

$$D\xlongequal{c_1+c_2+c_3+c_4+c_5}\begin{vmatrix}15&2&3&4&5\\15&3&4&5&1\\15&4&5&1&2\\15&5&1&2&3\\15&1&2&3&4\end{vmatrix}\xlongequal{\text{第1列提取公因子}}15\begin{vmatrix}1&2&3&4&5\\1&3&4&5&1\\1&4&5&1&2\\1&5&1&2&3\\1&1&2&3&4\end{vmatrix}$$

$$\xlongequal{\substack{r_5-r_4\\r_4-r_3\\r_3-r_2\\r_2-r_1}}15\begin{vmatrix}1&2&3&4&5\\0&1&1&1&-4\\0&1&1&-4&1\\0&1&-4&1&1\\0&-4&1&1&1\end{vmatrix}\xlongequal{\text{按第1列展开}}15\begin{vmatrix}1&1&1&-4\\1&1&-4&1\\1&-4&1&1\\-4&1&1&1\end{vmatrix}$$

$$\xlongequal{r_1+r_2+r_3+r_4}15\begin{vmatrix}-1&-1&-1&-1\\1&1&-4&1\\1&-4&1&1\\-4&1&1&1\end{vmatrix}\xlongequal{\substack{r_2+r_1\\r_3+r_1\\r_4+r_1}}15\begin{vmatrix}-1&-1&-1&-1\\0&0&-5&0\\0&-5&0&0\\-5&0&0&0\end{vmatrix}$$

$$\xlongequal{\text{按第4列展开}}15\times(-1)\times(-1)^{1+4}\begin{vmatrix}0&0&-5\\0&-5&0\\-5&0&0\end{vmatrix}=1875.$$

方法二 依次施行第 5 列减去第 4 列的对应元素，第 4 列减去第 3 列的对应元素，第 3 列减去第 2 列的对应元素，第 2 列减去第 1 列的对应元素，将第 1 行的所有元素变为 1，再将第 2 行、第 3 行、第 4 行、第 5 行的元素依次加到第 1 行对应元素上，而后按第 1 列展开.

$$D\xlongequal[c_2-c_1]{\substack{c_5-c_4\\c_4-c_3\\c_3-c_2}}\begin{vmatrix}1&1&1&1&1\\2&1&1&1&-4\\3&1&1&-4&1\\4&1&-4&1&1\\5&-4&1&1&1\end{vmatrix}\xlongequal{r_1+r_2+r_3+r_4+r_5}\begin{vmatrix}15&0&0&0&0\\2&1&1&1&-4\\3&1&1&-4&1\\4&1&-4&1&1\\5&-4&1&1&1\end{vmatrix}$$

$$\xlongequal{\text{按第一行展开}}15\begin{vmatrix}1&1&1&-4\\1&1&-4&1\\1&-4&1&1\\-4&1&1&1\end{vmatrix}=1875.$$

(5) $$D\xlongequal{c_1+c_2+c_3+c_4}\begin{vmatrix}x&-1&1&x-1\\x&-1&x+1&-1\\x&x-1&1&-1\\x&-1&1&-1\end{vmatrix}=x\begin{vmatrix}1&-1&1&x-1\\1&-1&x+1&-1\\1&x-1&1&-1\\1&-1&1&-1\end{vmatrix}$$

$$\xlongequal[c_4+c_1]{\substack{c_2+c_1\\c_3-c_1}}x\begin{vmatrix}1&0&0&x\\1&0&x&0\\1&x&0&0\\1&0&0&0\end{vmatrix}=x\times(-1)^{4+1}\begin{vmatrix}0&0&x\\0&x&0\\x&0&0\end{vmatrix}=x^4.$$

20.【证明】(1) $$D\xlongequal[r_1+r_3]{r_1+r_2}\begin{vmatrix}a+b+c&a+b+c&a+b+c\\2b&b-c-a&2b\\2c&2c&c-a-b\end{vmatrix}$$

$$\xlongequal[c_3-c_1]{c_2-c_1}\begin{vmatrix}a+b+c&0&0\\0&-(a+b+c)&0\\0&0&-(a+b+c)\end{vmatrix}=(a+b+c)^3.$$

(2) $$D\xlongequal[c_4-c_1]{\substack{c_2-c_1\\c_3-c_1}}\begin{vmatrix}a^2&2a+1&4a+4&6a+9\\b^2&2b+1&4b+4&6b+9\\c^2&2c+1&4c+4&6c+9\\d^2&2d+1&4d+4&6d+9\end{vmatrix}\xlongequal[c_4-3c_2]{c_3-2c_2}\begin{vmatrix}a^2&2a+1&2&6\\b^2&2b+1&2&6\\c^2&2c+1&2&6\\d^2&2d+1&2&6\end{vmatrix}\xlongequal{\text{两列成比例}}0.$$

21.【解析】方法一 按余子式的定义，将 D 化为四个三阶行列式求和.

$$M_{41}+M_{42}+M_{43}+M_{44}=\begin{vmatrix}0&4&0\\2&2&2\\-7&0&0\end{vmatrix}+\begin{vmatrix}3&4&0\\2&2&2\\0&0&0\end{vmatrix}+\begin{vmatrix}3&0&0\\2&2&2\\0&-7&0\end{vmatrix}+\begin{vmatrix}3&0&4\\2&2&2\\0&-7&0\end{vmatrix}$$

$$=-56+0+42-14=-28.$$

方法二 利用行列式的按行(列)展开定理的推论将其转化为四阶行列式.

$$M_{41}+M_{42}+M_{43}+M_{44}=-a_{41}+a_{42}-a_{43}+a_{44}=\begin{vmatrix}3&0&4&0\\2&2&2&2\\0&-7&0&0\\-1&1&-1&1\end{vmatrix}$$

$$=(-7)\times(-1)^{2+3}\begin{vmatrix}3&4&0\\2&2&2\\-1&-1&1\end{vmatrix}=14\begin{vmatrix}3&4&0\\1&1&1\\-1&-1&1\end{vmatrix}$$

$$\xlongequal{r_3+r_2}14\begin{vmatrix}3&4&0\\1&1&1\\0&0&2\end{vmatrix}=-28.$$

22.【解析】(1)**方法一**

$$D_n\xlongequal{\text{按第 1 列展开}}a\begin{vmatrix}a&\cdots&0&0\\\vdots&&\vdots&\vdots\\0&\cdots&a&0\\0&\cdots&0&a\end{vmatrix}+1\times(-1)^{n+1}\begin{vmatrix}0&\cdots&0&1\\a&\cdots&0&0\\\vdots&&\vdots&\vdots\\0&\cdots&a&0\end{vmatrix}$$

$$=a^n+(-1)^{n+1}(-1)^{1+(n-1)}\begin{vmatrix}a&\cdots&0\\\vdots&&\vdots\\0&\cdots&a\end{vmatrix}=a^n-a^{n-2}.$$

方法二 $$D_n\xlongequal{r_n+r_1}\begin{vmatrix}a&0&\cdots&0&1\\0&a&\cdots&0&0\\\vdots&\vdots&&\vdots&\vdots\\0&0&\cdots&a&0\\a+1&0&\cdots&0&a+1\end{vmatrix}\xlongequal{c_1-c_n}\begin{vmatrix}a-1&0&\cdots&0&1\\0&a&\cdots&0&0\\\vdots&\vdots&&\vdots&\vdots\\0&0&\cdots&a&0\\0&0&\cdots&0&a+1\end{vmatrix}$$

$$=a^{n-2}(a-1)(a+1).$$

(2)本题是箭形行列式,可将 D_n 直接化为三角行列式进行求解.

$$D_n\xlongequal[c_1-\frac{1}{n}c_n]{c_1-\frac{1}{2}c_2,\ c_1-\frac{1}{3}c_3,\ \cdots}\begin{vmatrix}1-\frac{1}{2}\cdots-\frac{1}{n}&1&1&\cdots&1\\0&2&0&\cdots&0\\0&0&3&\cdots&0\\\vdots&\vdots&\vdots&&\vdots\\0&0&0&\cdots&n\end{vmatrix}=\left(1-\sum_{i=2}^{n}\frac{1}{i}\right)n!.$$

(3)本题是每一列的和均相同的行列式,可先将各列加到第 1 列(或第 n 列),再化简.

$$D_n \xlongequal[c_1+c_n]{\substack{c_1+c_2\\ c_1+c_3\\ \cdots}} \begin{vmatrix} x_1+\cdots+x_n-m & x_2 & \cdots & x_n \\ x_1+\cdots+x_n-m & x_2-m & \cdots & x_n \\ \vdots & \vdots & & \vdots \\ x_1+\cdots+x_n-m & x_2 & \cdots & x_n-m \end{vmatrix}$$

$$\xlongequal[r_n-r_1]{\substack{r_2-r_1\\ r_3-r_1\\ \cdots}} \begin{vmatrix} x_1+\cdots+x_n-m & x_2 & \cdots & x_n \\ 0 & -m & \cdots & 0 \\ \vdots & \vdots & & \vdots \\ 0 & 0 & \cdots & -m \end{vmatrix} = (-m)^{n-1}(x_1+\cdots+x_n-m).$$

(4)当 $n\geqslant 3$ 时,

$$D_n \xlongequal[r_n-r_1]{\substack{r_2-r_1\\ r_3-r_1\\ \cdots\\ r_{n-1}-r_1}} \begin{vmatrix} 1+x_1 & 1+x_2 & \cdots & 1+x_n \\ 1 & 1 & \cdots & 1 \\ \vdots & \vdots & & \vdots \\ n-2 & n-2 & \cdots & n-2 \\ n-1 & n-1 & \cdots & n-1 \end{vmatrix} = 0.$$

当 $n=2$ 时,$D_2=\begin{vmatrix} 1+x_1 & 1+x_2 \\ 2+x_1 & 2+x_2 \end{vmatrix}=x_1-x_2$.

当 $n=1$ 时,$D_1=1+x_1$.

(5)**方法一　拆分法、递推法**

$$D_n=\begin{vmatrix} 1+a_1 & 1 & \cdots & 1+0 \\ 1 & 1+a_2 & \cdots & 1+0 \\ \vdots & \vdots & & \vdots \\ 1 & 1 & \cdots & 1+a_n \end{vmatrix}=\begin{vmatrix} 1+a_1 & 1 & \cdots & 1 \\ 1 & 1+a_2 & \cdots & 1 \\ \vdots & \vdots & & \vdots \\ 1 & 1 & \cdots & 1 \end{vmatrix}+\begin{vmatrix} 1+a_1 & 1 & \cdots & 0 \\ 1 & 1+a_2 & \cdots & 0 \\ \vdots & \vdots & & \vdots \\ 1 & 1 & \cdots & a_n \end{vmatrix},$$

上式右端的第一个行列式中,第 $i(1\leqslant i\leqslant n-1)$ 行减去第 n 行,该行列式的值为 $a_1a_2\cdots a_{n-1}$;上式右端的第二个行列式中,按最后一列展开,即可知该行列式的值等于 a_nD_{n-1}. 于是,有 $D_n=a_nD_{n-1}+a_1a_2\cdots a_{n-1}$,此即为递推公式,其归纳基础为 $D_1=1+a_1$,故

$$\begin{aligned} D_n&=a_nD_{n-1}+a_1a_2\cdots a_{n-1}=a_1a_2\cdots a_n\left(\frac{D_{n-1}}{a_1a_2\cdots a_{n-1}}+\frac{1}{a_n}\right) \\ &=a_1a_2\cdots a_n\left(\frac{D_{n-2}}{a_1a_2\cdots a_{n-2}}+\frac{1}{a_{n-1}}+\frac{1}{a_n}\right)=\cdots \\ &=a_1a_2\cdots a_n\left(\frac{D_1}{a_1}+\frac{1}{a_2}+\cdots+\frac{1}{a_{n-1}}+\frac{1}{a_n}\right)=\left(1+\sum_{i=1}^{n}\frac{1}{a_i}\right)\prod_{i=1}^{n}a_i. \end{aligned}$$

方法二 降阶法

$$D_n \xlongequal[j=1,2,\cdots,n-1]{c_j-c_{j+1}} \begin{vmatrix} a_1 & 0 & 0 & \cdots & 0 & 0 & 1 \\ -a_2 & a_2 & 0 & \cdots & 0 & 0 & 1 \\ 0 & -a_3 & a_3 & \cdots & 0 & 0 & 1 \\ 0 & 0 & -a_4 & \cdots & 0 & 0 & 1 \\ \vdots & \vdots & \vdots & & \vdots & \vdots & \vdots \\ 0 & 0 & 0 & \cdots & -a_{n-1} & a_{n-1} & 1 \\ 0 & 0 & 0 & \cdots & 0 & -a_n & 1+a_n \end{vmatrix}$$

$$\xlongequal{\text{自下而上按 } c_n \text{展开}} (1+a_n)\begin{vmatrix} a_1 & 0 & 0 & \cdots & 0 & 0 \\ -a_2 & a_2 & 0 & \cdots & 0 & 0 \\ 0 & -a_3 & a_3 & \cdots & 0 & 0 \\ \vdots & \vdots & \vdots & & \vdots & \vdots \\ 0 & 0 & 0 & \cdots & a_{n-2} & 0 \\ 0 & 0 & 0 & \cdots & -a_{n-1} & a_{n-1} \end{vmatrix}_{n-1} +$$

$$(-1)^{(n-1)+n}\begin{vmatrix} a_1 & 0 & 0 & \cdots & 0 & 0 \\ -a_2 & a_2 & 0 & \cdots & 0 & 0 \\ 0 & -a_3 & a_3 & \cdots & 0 & 0 \\ \vdots & \vdots & \vdots & & \vdots & \vdots \\ 0 & 0 & 0 & \cdots & a_{n-2} & 0 \\ 0 & 0 & 0 & \cdots & 0 & -a_n \end{vmatrix}_{n-1} +$$

$$(-1)^{(n-2)+n}\begin{vmatrix} a_1 & 0 & 0 & \cdots & 0 & 0 \\ -a_2 & a_2 & 0 & \cdots & 0 & 0 \\ 0 & -a_3 & a_3 & \cdots & 0 & 0 \\ \vdots & \vdots & \vdots & & 0 & 0 \\ 0 & 0 & 0 & \cdots & -a_{n-1} & a_{n-1} \\ 0 & 0 & 0 & \cdots & 0 & -a_n \end{vmatrix}_{n-1} +\cdots+$$

$$(-1)^{1+n}\begin{vmatrix} -a_2 & a_2 & 0 & \cdots & 0 & 0 \\ 0 & -a_3 & a_3 & \cdots & 0 & 0 \\ 0 & 0 & -a_4 & \cdots & 0 & 0 \\ \vdots & \vdots & \vdots & & 0 & 0 \\ 0 & 0 & 0 & \cdots & -a_{n-1} & a_{n-1} \\ 0 & 0 & 0 & \cdots & 0 & -a_n \end{vmatrix}_{n-1}$$

$$= (1+a_n)a_1a_2\cdots a_{n-1} + a_1a_2\cdots a_{n-3}a_{n-2}a_n + \cdots + a_2a_3\cdots a_n = \left(1+\sum_{i=1}^{n}\frac{1}{a_i}\right)\prod_{i=1}^{n}a_i.$$

方法三

$$D_n=\begin{vmatrix}1&1&1&\cdots&1\\0&1+a_1&1&\cdots&1\\0&1&1+a_2&\cdots&1\\\vdots&\vdots&\vdots&&\vdots\\0&1&1&\cdots&1+a_n\end{vmatrix}\xlongequal[i=2,3,\cdots,n]{r_i-r_1}\begin{vmatrix}1&1&1&\cdots&1\\-1&a_1&0&\cdots&0\\-1&0&a_2&\cdots&0\\\vdots&\vdots&\vdots&&\vdots\\-1&0&0&\cdots&a_n\end{vmatrix}$$

$$\xlongequal{\text{“爪型”行列式}}\left(1+\sum_{i=1}^{n}\frac{1}{a_i}\right)\prod_{i=1}^{n}a_i.$$

方法四

$$D_n\xlongequal[i=2,3,\cdots,n]{r_i-r_1}\begin{vmatrix}1+a_1&1&1&\cdots&1\\-a_1&a_2&0&\cdots&0\\\vdots&\vdots&\vdots&&\vdots\\-a_1&0&0&\cdots&a_n\end{vmatrix}\xlongequal{c_1+\sum\limits_{j=2}^{n}\frac{a_1}{a_j}c_j}\begin{vmatrix}1+a_1+a_1\sum\limits_{j=2}^{n}\frac{1}{a_j}&1&1&\cdots&1\\0&a_2&0&\cdots&0\\\vdots&\vdots&\vdots&&\vdots\\0&0&0&\cdots&a_n\end{vmatrix}$$

$$=\left(1+\sum_{i=1}^{n}\frac{1}{a_i}\right)\prod_{i=1}^{n}a_i.$$

方法五　数学归纳法

当 $n=1$ 时，$D_1=1+a_1=a_1\left(1+\frac{1}{a_1}\right)$.

当 $n=2$ 时，$D_2=\begin{vmatrix}1+a_1&1\\1&1+a_2\end{vmatrix}=a_1a_2+a_1+a_2=a_1a_2\left(1+\frac{1}{a_1}+\frac{1}{a_2}\right)$.

假设 $n=k$ 时，有 $D_k=a_1a_2\cdots a_k\left(1+\frac{1}{a_1}+\frac{1}{a_2}+\cdots+\frac{1}{a_k}\right)$，

那么，当 $n=k+1$ 时，由方法一推导递推公式，得到

$$D_{k+1}=a_1a_2\cdots a_k+a_{k+1}D_k=a_1a_2\cdots a_k+a_{k+1}a_1a_2\cdots a_k\left(1+\frac{1}{a_1}+\frac{1}{a_2}+\cdots+\frac{1}{a_k}\right)$$

$$=a_1a_2\cdots a_{k+1}\left(1+\frac{1}{a_1}+\frac{1}{a_2}+\cdots+\frac{1}{a_k}+\frac{1}{a_{k+1}}\right)=a_1a_2\cdots a_{k+1}\left(1+\sum_{i=1}^{k+1}\frac{1}{a_i}\right),$$

因此对于一切正整数 n，有 $D_n=a_1a_2\cdots a_n\left(1+\sum\limits_{i=1}^{n}\frac{1}{a_i}\right)=\left(1+\sum\limits_{i=1}^{n}\frac{1}{a_i}\right)\prod\limits_{i=1}^{n}a_i$.

23.【解析】方法一　(1)行列式按第 1 行展开，有

$$f(x)=A_{11}+A_{12}x+A_{13}x^2+\cdots+A_{1,n+1}x^n.$$

由于 $a_1,a_2,\cdots,a_n$ 互不相同，利用范德蒙行列式的结果，有

$$A_{1,n+1}=(-1)^{1+n+1}\begin{vmatrix}1&a_1&a_1^2&\cdots&a_1^{n-1}\\\vdots&\vdots&\vdots&&\vdots\\1&a_n&a_n^2&\cdots&a_n^{n-1}\end{vmatrix}\neq0,$$

从而 $f(x)$是 x 的 n 次多项式.

(2)由于

$$f(a_i)=\begin{vmatrix}1 & a_i & a_i^2 & \cdots & a_i^x \\ 1 & a_1 & a_1^2 & \cdots & a_1^n \\ \vdots & \vdots & \vdots & & \vdots \\ 1 & a_n & a_n^2 & \cdots & a_n^n\end{vmatrix} \xlongequal{\text{存在两行相同}} 0(i=1,2,\cdots,n),$$

所以 $a_1,a_2,\cdots,a_n$是 $f(x)$的零点.由于 n 次多项式有 n 个零点,故它们是 $f(x)$的全部零点.

方法二 (1)注意到 $f(x)$是 $n+1$ 阶范德蒙行列式的转置,所以有

$$\begin{aligned} f(x) &= \prod_{n+1\geqslant i>j\geqslant 1}(x_i-x_j)(\text{其中 } x_1=x,x_i=a_{i-1},i=2,\cdots,n+1) \\ &= \prod_{n+1\geqslant i>j\geqslant 2}(a_{i-1}-a_{j-1})(a_1-x)(a_2-x)\cdots(a_n-x), \end{aligned} \qquad (1.1)$$

由 $a_1,a_2,\cdots,a_n$ 互不相同知 $\prod\limits_{n+1\geqslant i>j\geqslant 2}(a_{i-1}-a_{j-1})\neq 0$,故 $f(x)$ 中 x^n 的系数 $(-1)^n\prod\limits_{n+1\geqslant i>j\geqslant 2}(a_{i-1}-a_{j-1})\neq 0$,即 $f(x)$ 是 x 的 n 次多项式.

(2)由式(1.1)得 $f(x)$的全部零点为 $a_1,a_2,\cdots,a_n$.

24.【解析】可求得

$$D=\begin{vmatrix}-2 & 1 & 1 & 1 \\ 1 & -2 & 1 & 1 \\ 1 & 1 & -2 & 1 \\ 1 & 1 & 1 & -2\end{vmatrix} \xlongequal[c_1+c_3]{\substack{c_1+c_4 \\ c_1+c_2}} \begin{vmatrix}1 & 1 & 1 & 1 \\ 1 & -2 & 1 & 1 \\ 1 & 1 & -2 & 1 \\ 1 & 1 & 1 & -2\end{vmatrix} \xlongequal[r_3-r_1]{\substack{r_4-r_1 \\ r_2-r_1}} \begin{vmatrix}1 & 1 & 1 & 1 \\ 0 & -3 & 0 & 0 \\ 0 & 0 & -3 & 0 \\ 0 & 0 & 0 & -3\end{vmatrix}$$

$$=-27,$$

$$D_1=\begin{vmatrix}1 & 1 & 1 & 1 \\ -1 & -2 & 1 & 1 \\ 1 & 1 & -2 & 1 \\ -1 & 1 & 1 & -2\end{vmatrix} \xlongequal[r_4+r_1]{\substack{r_2+r_1 \\ r_3-r_1}} \begin{vmatrix}1 & 1 & 1 & 1 \\ 0 & -1 & 2 & 2 \\ 0 & 0 & -3 & 0 \\ 0 & 2 & 2 & -1\end{vmatrix} = \begin{vmatrix}-1 & 2 & 2 \\ 0 & -3 & 0 \\ 2 & 2 & -1\end{vmatrix}$$

$$=(-3)\begin{vmatrix}-1 & 2 \\ 2 & -1\end{vmatrix}=9,$$

$$D_2=\begin{vmatrix}-2 & 1 & 1 & 1 \\ 1 & -1 & 1 & 1 \\ 1 & 1 & -2 & 1 \\ 1 & -1 & 1 & -2\end{vmatrix} \xlongequal[r_4+2r_1]{\substack{r_2-r_1 \\ r_3-r_1}} \begin{vmatrix}-2 & 1 & 1 & 1 \\ 3 & -2 & 0 & 0 \\ 3 & 0 & -3 & 0 \\ -3 & 1 & 3 & 0\end{vmatrix} = -\begin{vmatrix}3 & -2 & 0 \\ 3 & 0 & -3 \\ -3 & 1 & 3\end{vmatrix}$$

$$\xlongequal{c_1+c_3} -\begin{vmatrix}3 & -2 & 0 \\ 0 & 0 & -3 \\ 0 & 1 & 3\end{vmatrix}=-9,$$

$$D_3=\begin{vmatrix}-2&1&1&1\\1&-2&-1&1\\1&1&1&1\\1&1&-1&-2\end{vmatrix}\xlongequal[r_4+2r_1]{\substack{r_2-r_1\\r_3-r_1}}\begin{vmatrix}-2&1&1&1\\3&-3&-2&0\\3&0&0&0\\-3&3&1&0\end{vmatrix}=-\begin{vmatrix}3&-3&-2\\3&0&0\\-3&3&1\end{vmatrix}$$

$$=3\begin{vmatrix}-3&-2\\3&1\end{vmatrix}=9,$$

$$D_4=\begin{vmatrix}-2&1&1&1\\1&-2&1&-1\\1&1&-2&1\\1&1&1&-1\end{vmatrix}\xlongequal[r_4+r_1]{\substack{r_2+r_1\\r_3-r_1}}\begin{vmatrix}-2&1&1&1\\-1&-1&2&0\\3&0&-3&0\\-1&2&2&0\end{vmatrix}=-\begin{vmatrix}-1&-1&2\\3&0&-3\\-1&2&2\end{vmatrix}$$

$$\xlongequal{c_3+c_1}-\begin{vmatrix}-1&-1&1\\3&0&0\\-1&2&1\end{vmatrix}=-9,$$

故
$$x_1=\frac{D_1}{D}=-\frac{1}{3},\ x_2=\frac{D_2}{D}=\frac{1}{3},\ x_3=\frac{D_3}{D}=-\frac{1}{3},\ x_4=\frac{D_4}{D}=\frac{1}{3}.$$

25.【解析】设 $f(x)=ax^2+bx+c$,则

$$\begin{cases}f(1)=a+b+c=0\\f(2)=4a+2b+c=3\\f(-3)=9a-3b+c=28\end{cases},$$

可求得 $D=\begin{vmatrix}1&1&1\\4&2&1\\9&-3&1\end{vmatrix}=-20,D_1=\begin{vmatrix}0&1&1\\3&2&1\\28&-3&1\end{vmatrix}=-40,D_2=\begin{vmatrix}1&0&1\\4&3&1\\9&28&1\end{vmatrix}=60,$

$D_3=\begin{vmatrix}1&1&0\\4&2&3\\9&-3&28\end{vmatrix}=-20$,从而 $a=\dfrac{D_1}{D}=2,b=\dfrac{D_2}{D}=-3,c=\dfrac{D_3}{D}=1$,

故 $f(x)=2x^2-3x+1$.

26.【解析】系数行列式

$$D=\begin{vmatrix}1-\lambda&-2&4\\2&3-\lambda&1\\1&1&1-\lambda\end{vmatrix}\xlongequal{\substack{c_2-c_1\\c_3-(1-\lambda)c_1}}\begin{vmatrix}1-\lambda&\lambda-3&4-(1-\lambda)^2\\2&1-\lambda&2\lambda-1\\1&0&0\end{vmatrix}$$

$$=\begin{vmatrix}\lambda-3&3+2\lambda-\lambda^2\\1-\lambda&2\lambda-1\end{vmatrix}=5\lambda^2-6\lambda-\lambda^3=-\lambda(\lambda-2)(\lambda-3),$$

可见当 $\lambda=0$ 或 $\lambda=2$ 或 $\lambda=3$ 时,$D=0$,方程组有非零解.

二、提高篇

1. 答案 C 【解析】在表示 $f(x)$ 的四阶行列式中，若位于不同行不同列的 4 个元素乘积含有 x^4，则各行各列必含有 x 的因子，因此只能是 $a_{11},a_{22},a_{33},a_{44}$ 四个元素的乘积，即含有 x^4 的项有 1 项，

$$(-1)^{\tau(1234)}a_{11}a_{22}a_{33}a_{44}=2x\cdot x\cdot x\cdot x=2x^4,$$

从而 $f(x)$ 中 x^4 的系数为 2.

对于 x^3，可以判断必不含 a_{11}，若含 a_{12}，则可由 $a_{12}a_{24}a_{33}a_{41}$，$a_{12}a_{21}a_{33}a_{44}$ 分别构成；若不含 a_{12}，则可由 $a_{14}a_{22}a_{33}a_{41}$ 构成，且

$$(-1)^{\tau(2431)}a_{12}a_{24}a_{33}a_{41}=(-1)^4x\cdot(-1)\cdot x\cdot x=-x^3,$$

$$(-1)^{\tau(2134)}a_{12}a_{21}a_{33}a_{44}=(-1)^1x\cdot 1\cdot x\cdot x=-x^3,$$

$$(-1)^{\tau(4231)}a_{14}a_{22}a_{33}a_{41}=(-1)^5 2\cdot x\cdot x\cdot x=-2x^3,$$

所以 $f(x)$ 中 x^3 的系数为 -4. 故应选 C.

2. 答案 B 【解析】因为 a,b,c 是三次方程 $x^3-2x+4=0$ 的三个根，所以方程 $(x-a)(x-b)(x-c)=0$ 与方程 $x^3-2x+4=0$ 同解，即 $x^3-(a+b+c)x^2+(ab+bc+ca)x-abc=0$ 与 $x^3-2x+4=0$ 同解. 故而 $a+b+c=0,ab+bc+ca=-2,abc=-4$，进而注意到 $a^3=2(a-2),b^3=2(b-2),c^3=2(c-2)$，于是

$$\begin{vmatrix} a & b & c \\ b & c & a \\ c & a & b \end{vmatrix}=3abc-(a^3+b^3+c^3)$$

$$=3abc-[2(a-2)+2(b-2)+2(c-2)]$$

$$=3abc-2[(a+b+c)-6]=3\times(-4)+12=0$$

或 $$\begin{vmatrix} a & b & c \\ b & c & a \\ c & a & b \end{vmatrix}\xlongequal{c_1+c_2+c_3}\begin{vmatrix} a+b+c & b & c \\ a+b+c & c & a \\ a+b+c & a & b \end{vmatrix}=(a+b+c)\begin{vmatrix} 1 & b & c \\ 1 & c & a \\ 1 & a & b \end{vmatrix}=0,$$

因此，应选 B.

3. 答案 B 【解析】根据行列式的性质，得

$$f(x)\xlongequal[c_3-c_1]{\substack{c_2-c_1\\c_3-c_1}}\begin{vmatrix} x-2 & 1 & 0 & -1 \\ 2x-2 & 1 & 0 & -1 \\ 3x-3 & 1 & x-2 & -2 \\ 4x & -3 & x-7 & -3 \end{vmatrix}\xlongequal{c_4+c_2}\begin{vmatrix} x-2 & 1 & 0 & 0 \\ 2x-2 & 1 & 0 & 0 \\ 3x-3 & 1 & x-2 & -1 \\ 4x & -3 & x-7 & -6 \end{vmatrix}$$

$$=\begin{vmatrix} x-2 & 1 \\ 2x-2 & 1 \end{vmatrix}\begin{vmatrix} x-2 & -1 \\ x-7 & -6 \end{vmatrix}=5x(x-1),$$

从而方程 $f(x)=0$ 有两个根，故应选 B.

4. 答案 D 【解析】由行列式的性质可得

$$D\xlongequal{r_1+r_2+r_3+r_4}\begin{vmatrix}1&0&0&0\\2&a&1&1\\-3&2&-4&b\\2&-1&2&b\end{vmatrix}=\begin{vmatrix}a&1&1\\2&-4&b\\-1&2&b\end{vmatrix}\xlongequal[c_3-c_2]{c_1-ac_2}\begin{vmatrix}0&1&0\\2+4a&-4&b+4\\-1-2a&2&b-2\end{vmatrix}$$

$$=-(2a+1)\begin{vmatrix}2&b+4\\-1&b-2\end{vmatrix}=-3b(2a+1).$$

要使 $D\neq0$，只要 $-3b(2a+1)\neq0$，即 $b\neq0$ 且 $a\neq-\frac{1}{2}$. 因此，应选 D.

5. 答案 0 【解析】行列式 D 中非零元素少于 n 个，由定义知，取不同行不同列的 n 个元素时，至少有一个元素为 0，从而相应的乘积项为 0，故 $D=0$.

6. 答案 1 【解析】由于

$$\begin{vmatrix}a-3&b-3&c-3\\5&2&4\\1&1&1\end{vmatrix}=\begin{vmatrix}a-3&5&1\\b-3&2&1\\c-3&4&1\end{vmatrix}\xlongequal[c_2-2c_3]{c_1+3c_3}\begin{vmatrix}a&3&1\\b&0&1\\c&2&1\end{vmatrix}=1,$$

所以，应填 1.

7.【解析】

$$D\xlongequal{r_4+r_1}\begin{vmatrix}a&b&c&d\\a^2&b^2&c^2&d^2\\a^3&b^3&c^3&d^3\\a+b+c+d&a+b+c+d&a+b+c+d&a+b+c+d\end{vmatrix}$$

$$\xlongequal{\substack{r_4\leftrightarrow r_3\\r_3\leftrightarrow r_2\\r_2\leftrightarrow r_1}}-(a+b+c+d)\begin{vmatrix}1&1&1&1\\a&b&c&d\\a^2&b^2&c^2&d^2\\a^3&b^3&c^3&d^3\end{vmatrix}$$

$$=-(a+b+c+d)(b-a)(c-a)(d-a)(c-b)(d-b)(d-c).$$

8.【解析】(1) **方法一** 按第 1 列展开，有

$$D_n=xD_{n-1}+a_n(-1)^{n+1}\begin{vmatrix}-1&&&\\x&-1&&\\&\ddots&\ddots&\\&&x&-1\end{vmatrix}=xD_{n-1}+a_n$$

$$=x(xD_{n-2}+a_{n-1})+a_n=x^2D_{n-2}+a_{n-1}x+a_n=\cdots$$

$$=x^{n-1}D_1+a_2x^{n-2}+\cdots+a_{n-1}x+a_n=x^n+a_1x^{n-1}+\cdots+a_{n-1}x+a_n.$$

方法二 当 $n=1$ 时，$D_1=x+a_1$，结论成立. 假设当 $n=k$ 时结论成立，即

$$D_k=x^k+a_1x^{k-1}+\cdots+a_{k-1}x+a_k,$$

则当 $n=k+1$ 时，有 $D_{k+1}=xD_k+a_{k+1}=x(x^k+a_1x^{k-1}+\cdots+a_{k-1}x+a_k)+a_{k+1}$

$$=x^{k+1}+a_1x^k+\cdots+a_kx+a_{k+1},$$

故由归纳假设知 $D_n=x^n+a_1x^{n-1}+\cdots+a_{n-1}x+a_n$，

方法三 $D_n\xlongequal[c_1+xc_2]{\substack{c_{n-1}+xc_n\\ c_{n-2}+xc_{n-1}\\ \cdots}}$

$$\begin{vmatrix} 0 & -1 & & & \\ 0 & 0 & \ddots & & \\ \vdots & \vdots & \ddots & \ddots & \\ 0 & 0 & \cdots & 0 & -1 \\ x^n+a_1x^{n-1}+\cdots+a_n & x^{n-1}+a_1x^{n-2}+\cdots+a_{n-1} & \cdots & x^2+a_1x+a_2 & x+a_1 \end{vmatrix}$$

$$=(x^n+a_1x^{n-1}+\cdots+a_n)(-1)^{n+1}\begin{vmatrix} -1 & & \\ & \ddots & \\ & & -1 \end{vmatrix}_{n-1}=x^n+a_1x^{n-1}+\cdots+a_n.$$

(2)按第 1 列展开，有

$$D_n=(x+y)D_{n-1}+1(-1)^{2+1}\begin{vmatrix} xy & 0 & & & \\ 1 & x+y & xy & & \\ & 1 & x+y & \ddots & \\ & & \ddots & \ddots & xy \\ & & & 1 & x+y \end{vmatrix}$$

$$=(x+y)D_{n-1}-xyD_{n-2}.$$

方法一 当 $n=2$ 时，$\begin{vmatrix} x+y & xy \\ 1 & x+y \end{vmatrix}=x^2+xy+y^2$，结论成立.

假设当 $n\leqslant k$ 时结论成立，则当 $n=k+1$，有

$$D_{k+1}=(x+y)D_k-xyD_{k-1}$$

$$=(x+y)(x^k+x^{k-1}y+\cdots+y^k)-xy(x^{k-1}+x^{k-2}y+\cdots+y^{k-1})$$

$$=x^{k+1}+x^ky+\cdots+xy^k+y^{k+1},$$

故由归纳假设知结论成立.

方法二 由 $D_n=(x+y)D_{n-1}-xyD_{n-2}$，得

$$D_n-xD_{n-1}=y(D_{n-1}-xD_{n-2})=y^2(D_{n-2}-xD_{n-3})=\cdots=y^{n-2}(D_2-xD_1)=y^n,$$

于是$D_n = xD_{n-1}+y^n = x(xD_{n-2}+y^{n-1})+y^n$

$$=x^2D_{n-2}+xy^{n-1}+y^n$$

$$=\cdots=x^{n-1}D_1+x^{n-2}y^2+\cdots+xy^{n-1}+y^n$$

$$=x^n+x^{n-1}y+\cdots+xy^{n-1}+y^n.$$

9.【解析】该行列式除主对角元素外，各行元素相同，可采用升阶法或加边法来计算.

$$D_n \xlongequal{\text{升阶}} \begin{vmatrix} 1 & a_1 & a_2 & \cdots & a_n \\ 0 & a_1+b_1 & a_2 & \cdots & a_n \\ 0 & a_1 & a_2+b_2 & \cdots & a_n \\ \vdots & \vdots & \vdots & & \vdots \\ 0 & a_1 & a_2 & \cdots & a_n+b_n \end{vmatrix}$$

$$\xlongequal[r_{n+1}-r_1]{\substack{r_2-r_1\\ r_3-r_1\\ \cdots}} \begin{vmatrix} 1 & a_1 & a_2 & \cdots & a_n \\ -1 & b_1 & 0 & \cdots & 0 \\ -1 & 0 & b_2 & \cdots & 0 \\ \vdots & \vdots & \vdots & & \vdots \\ -1 & 0 & 0 & \cdots & b_n \end{vmatrix}$$

$$\xlongequal[c_1+\frac{1}{b_n}c_{n+1}]{\substack{c_1+\frac{1}{b_1}c_2\\ c_1+\frac{1}{b_2}c_3\\ \cdots}} \begin{vmatrix} 1+\sum\limits_{i=1}^{n}\dfrac{a_i}{b_i} & a_1 & a_2 & \cdots & a_n \\ 0 & b_1 & 0 & \cdots & 0 \\ 0 & 0 & b_2 & \cdots & 0 \\ & \vdots & \vdots & & \vdots \\ 0 & 0 & 0 & \cdots & b_n \end{vmatrix} = b_1b_2\cdots b_n\left(1+\sum_{i=1}^{n}\frac{a_i}{b_i}\right).$$

10.【解析】若$a_1a_2\cdots a_na_{n+1}=0$，由行列式的性质，不妨设$a_{n+1}=0$，则$D_{n+1}=b_{n+1}^nD_n$.

若$a_1a_2\cdots a_na_{n+1}\neq 0$，根据行列式的性质，可从第$i$行提取公因子$a_i^n(i=1,2,\cdots,n)$，所得行列式第$i$行，第$j$列的元素为$\left(\dfrac{b_j}{a_j}\right)^{j-1}$ $(j=1,2,\cdots,n+1;i=1,2,\cdots,n+1)$，即

$$D_{n+1}=a_1^na_2^n\cdots a_{n+1}^n \begin{vmatrix} 1 & \dfrac{b_1}{a_1} & \left(\dfrac{b_1}{a_1}\right)^2 & \cdots & \left(\dfrac{b_1}{a_1}\right)^{n-1} & \left(\dfrac{b_1}{a_1}\right)^n \\ 1 & \dfrac{b_2}{a_2} & \left(\dfrac{b_2}{a_2}\right)^2 & \cdots & \left(\dfrac{b_2}{a_2}\right)^{n-1} & \left(\dfrac{b_2}{a_2}\right)^n \\ \vdots & \vdots & \vdots & & \vdots & \vdots \\ 1 & \dfrac{b_{n+1}}{a_{n+1}} & \left(\dfrac{b_{n+1}}{a_{n+1}}\right)^2 & \cdots & \left(\dfrac{b_{n+1}}{a_{n+1}}\right)^{n-1} & \left(\dfrac{b_{n+1}}{a_{n+1}}\right)^n \end{vmatrix}$$

$$=a_1^n a_2^n \cdots a_{n+1}^n \begin{vmatrix} 1 & 1 & 1 & \cdots & 1 \\ \frac{b_1}{a_1} & \frac{b_2}{a_2} & \frac{b_3}{a_3} & \cdots & \frac{b_{n+1}}{a_{n+1}} \\ \left(\frac{b_1}{a_1}\right)^2 & \left(\frac{b_2}{a_2}\right)^2 & \left(\frac{b_3}{a_3}\right)^2 & \cdots & \left(\frac{b_{n+1}}{a_{n+1}}\right)^2 \\ \vdots & \vdots & \vdots & & \vdots \\ \left(\frac{b_1}{a_1}\right)^n & \left(\frac{b_2}{a_2}\right)^n & \left(\frac{b_3}{a_3}\right)^n & \cdots & \left(\frac{b_{n+1}}{a_{n+1}}\right)^n \end{vmatrix}$$

$$=a_1^n a_2^n \cdots a_{n+1}^n \left[\prod_{1\leqslant j<i\leqslant n+1}\left(\frac{b_i}{a_i}-\frac{b_j}{a_j}\right)\right].$$

11.【解析】$$D_n=\begin{vmatrix} 1 & x_1 & x_2 & \cdots & x_n \\ 0 & x_1^2+1 & x_1x_2 & \cdots & x_1x_n \\ 0 & x_2x_1 & x_2^2+1 & \cdots & x_2x_n \\ \vdots & \vdots & \vdots & & \vdots \\ 0 & x_nx_1 & x_nx_2 & \cdots & x_n^2+1 \end{vmatrix}_{n+1} \xlongequal[r_{n+1}-x_nr_1]{\substack{r_2-x_1r_1 \\ r_3-x_2r_1 \\ \cdots}} \begin{vmatrix} 1 & x_1 & x_2 & \cdots & x_n \\ -x_1 & 1 & 0 & \cdots & 0 \\ -x_2 & 0 & 1 & \cdots & 0 \\ \vdots & \vdots & \vdots & & \vdots \\ -x_n & 0 & 0 & \cdots & 1 \end{vmatrix}_{n+1}$$

$$\xlongequal{c_1+\sum\limits_{i=1}^n x_ic_{i+1}} \begin{vmatrix} 1+\sum\limits_{i=1}^n x_i^2 & x_1 & x_2 & \cdots & x_n \\ 0 & 1 & 0 & \cdots & 0 \\ 0 & 0 & 1 & \cdots & 0 \\ \vdots & \vdots & \vdots & & \vdots \\ 0 & 0 & 0 & \cdots & 1 \end{vmatrix}_{n+1} = 1+\sum_{i=1}^n x_i^2.$$

12.【解析】$$D_n \xlongequal[r_{n-1}-r_n]{\substack{r_1-r_2 \\ r_2-r_3 \\ \cdots}} \begin{vmatrix} 1-x & 1 & 1 & 1 & \cdots & 1 & 1 \\ 0 & 1-x & 1 & 1 & \cdots & 1 & 1 \\ 0 & 0 & 1-x & 1 & \cdots & 1 & 1 \\ 0 & 0 & 0 & 1-x & \cdots & 1 & 1 \\ \vdots & \vdots & \vdots & \vdots & & \vdots & \vdots \\ 0 & 0 & 0 & 0 & \cdots & 1-x & 1 \\ x & x & x & x & \cdots & x & 1 \end{vmatrix}$$

$$\xlongequal[c_2-c_1]{\substack{c_n-c_{n-1} \\ c_{n-1}-c_{n-2} \\ \cdots}} \begin{vmatrix} 1-x & x & 0 & 0 & \cdots & 0 & 0 \\ 0 & 1-x & x & 0 & \cdots & 0 & 0 \\ 0 & 0 & 1-x & x & \cdots & 0 & 0 \\ 0 & 0 & 0 & 1-x & \cdots & 0 & 0 \\ \vdots & \vdots & \vdots & \vdots & & \vdots & \vdots \\ 0 & 0 & 0 & 0 & \cdots & 1-x & x \\ x & 0 & 0 & 0 & \cdots & 0 & 1-x \end{vmatrix}$$

$$=(1-x)\begin{vmatrix} 1-x & x & 0 & \cdots & 0 & 0 \\ 0 & 1-x & x & \cdots & 0 & 0 \\ 0 & 0 & 1-x & \cdots & 0 & 0 \\ \vdots & \vdots & \vdots & & \vdots & \vdots \\ 0 & 0 & 0 & \cdots & 1-x & x \\ 0 & 0 & 0 & \cdots & 0 & 1-x \end{vmatrix}+$$

$$x\times(-1)^{n+1}\begin{vmatrix} x & 0 & 0 & \cdots & 0 & 0 \\ 1-x & x & 0 & \cdots & 0 & 0 \\ 0 & 1-x & x & \cdots & 0 & 0 \\ \vdots & \vdots & \vdots & & \vdots & \vdots \\ 0 & 0 & 0 & \cdots & x & 0 \\ 0 & 0 & 0 & \cdots & 1-x & x \end{vmatrix}$$

$$=(-1)^n[(x-1)^n-x^n].$$

13.【解析】按第一行展开，得

$$D_n=(\alpha+\beta)\begin{vmatrix} \alpha+\beta & \alpha & 0 & \cdots & 0 & 0 \\ \beta & \alpha+\beta & \alpha & \cdots & 0 & 0 \\ 0 & \beta & \alpha+\beta & \cdots & 0 & 0 \\ \vdots & \vdots & \vdots & & \vdots & \vdots \\ 0 & 0 & 0 & \cdots & \alpha+\beta & \alpha \\ 0 & 0 & 0 & \cdots & \beta & \alpha+\beta \end{vmatrix}_{n-1}+$$

$$\alpha\times(-1)^{1+2}\begin{vmatrix} \beta & \alpha & 0 & \cdots & 0 & 0 \\ 0 & \alpha+\beta & \alpha & \cdots & 0 & 0 \\ 0 & \beta & \alpha+\beta & \cdots & 0 & 0 \\ \vdots & \vdots & \vdots & & \vdots & \vdots \\ 0 & 0 & 0 & \cdots & \alpha+\beta & \alpha \\ 0 & 0 & 0 & \cdots & \beta & \alpha+\beta \end{vmatrix}_{n-1}$$

$$=(\alpha+\beta)D_{n-1}-\alpha\beta\begin{vmatrix} \alpha+\beta & \alpha & 0 & \cdots & 0 & 0 \\ \beta & \alpha+\beta & \alpha & \cdots & 0 & 0 \\ 0 & \beta & \alpha+\beta & \cdots & 0 & 0 \\ \vdots & \vdots & \vdots & & \vdots & \vdots \\ 0 & 0 & 0 & \cdots & \alpha+\beta & \alpha \\ 0 & 0 & 0 & \cdots & \beta & \alpha+\beta \end{vmatrix}_{n-2}$$

$$=(\alpha+\beta)D_{n-1}-\alpha\beta D_{n-2},$$

于是得到递推公式

$$D_n=(\alpha+\beta)D_{n-1}-\alpha\beta D_{n-2}(n\geqslant 3), \tag{1.2}$$

由已知可得$D_1=\alpha+\beta,D_2=\alpha^2+\beta^2+\alpha\beta$. 由递推公(1.2)解得$D_n$一般有两种方法.

方法一 由递推公式(1.2),得

$$D_n-\beta D_{n-1}=\alpha(D_{n-1}-\beta D_{n-2})=\alpha^2(D_{n-2}-\beta D_{n-3})=\cdots=\alpha^{n-2}(D_2-\beta D_1)=\alpha^n, \tag{1.3}$$

$$D_n-\alpha D_{n-1}=\beta(D_{n-1}-\alpha D_{n-2})=\beta^2(D_{n-2}-\alpha D_{n-3})=\cdots=\beta^{n-2}(D_2-\alpha D_1)=\beta^n, \tag{1.4}$$

当$\alpha=\beta$时,由(1.3)式可求得$D_n=(n+1)\alpha^n$.

当$\alpha\neq\beta$时,由(1.3)式及(1.4)式可解得$D_n=\dfrac{\alpha^{n+1}-\beta^{n+1}}{\alpha-\beta}$.

方法二 差分方程(1.2)的特征方程为$\lambda^2=(\alpha+\beta)\lambda-\alpha\beta$,解得两个特征根为$\lambda_1=\alpha$,$\lambda_2=\beta$.

当$\alpha=\beta$时,则$D_n=C_1\lambda_1^n+C_2\lambda_2^n=C_1\alpha^n+nC_2\beta^n=(C_1+nC_2)\alpha^n$. 又因为$D_1=\alpha+\beta$, $D_2=\alpha^2+\beta^2+\alpha\beta$,所以$C_1=C_2=1$,进而$D_n=(n+1)\alpha^n$.

当$\alpha\neq\beta$时,则$D_n=C_1\lambda_1^n+C_2\lambda_2^n=C_1\alpha^n+C_2\beta^n$,同时代入$D_1$,$D_2$得

$$\begin{cases}C_1\alpha+C_2\beta=\alpha+\beta\\C_1\alpha^2+C_2\beta^2=\alpha^2+\beta^2+\alpha\beta\end{cases},$$

解得$C_1=\dfrac{\alpha}{\alpha-\beta}$,$C_2=-\dfrac{\beta}{\alpha-\beta}$, 故$D_n=\dfrac{\alpha^{n+1}-\beta^{n+1}}{\alpha-\beta}$.

14.**【解析】**三条直线相交于一点,即方程组$\begin{cases}a_1x+b_1y+c_1=0\\a_2x+b_2y+c_2=0\\a_3x+b_3y+c_3=0\end{cases}$有唯一解,

而从另一角度考虑,形式上可以把$(x,y,1)$看成三元齐次线性方程组

$$\begin{cases}a_1x_1+b_1x_2+c_1x_3=0\\a_2x_1+b_2x_2+c_2x_3=0\\a_3x_1+b_3x_2+c_3x_3=0\end{cases}$$

的一组非零解,而齐次线性方程组有非零解的充分必要条件是它的系数行列式值等于零. 由此可得平面上三条直线相交于一点的条件为

$$\begin{vmatrix}a_1&b_1&c_1\\a_2&b_2&c_2\\a_3&b_3&c_3\end{vmatrix}=0.$$

第二章　矩阵

一、基础篇

1. 答案 D 【解析】由于$(A+B)(A-B)=A^2-AB+BA-B^2$，要使得$(A+B)(A-B)=A^2-B^2$，则$-AB+BA=O$，即$AB=BA$. 故应选 D.

2. 答案 C 【解析】由已知条件及矩阵的运算规律，得

$$ABC=(AB)C=(BA)C=BAC=B(AC)=B(CA)=BCA,$$

因此，应选 C.

3. 答案 C 【解析】**方法一**　由方阵乘积的行列式的运算规律，有$|AB|=|A||B|=0$，又由已知条件$AB=O$，得$|A||B|=0$，故而$|A|=0$或$|B|=0$. 故应选 C.

方法二　对于选项 A，B. 取$A=\begin{pmatrix}1&0\\0&0\end{pmatrix}$，$B=\begin{pmatrix}0&0\\0&1\end{pmatrix}$，尽管满足$AB=\begin{pmatrix}1&0\\0&0\end{pmatrix}\begin{pmatrix}0&0\\0&1\end{pmatrix}=O$，但是$A+B=\begin{pmatrix}1&0\\0&0\end{pmatrix}+\begin{pmatrix}0&0\\0&1\end{pmatrix}=E\neq O$，因此，排除 A、B.

对于选项 D，取$A=\begin{pmatrix}1&0\\0&1\end{pmatrix}$，$B=\begin{pmatrix}0&0\\0&0\end{pmatrix}$，显然$AB=\begin{pmatrix}1&0\\0&1\end{pmatrix}\begin{pmatrix}0&0\\0&0\end{pmatrix}=0$，但$|A|+|B|=1\neq0$，排除 D.

综上所述，应选 C.

4. 答案 B 【解析】**方法一**　根据矩阵的转置运算规律，有$(A+B)^{\mathrm T}=A^{\mathrm T}+B^{\mathrm T}$，因此，应选 B.

方法二　对于选项 A，如果$(A+B)^2=A^2+2AB+B^2$，那么$AB=BA$. 事实上，矩阵的乘法不满足交换律，因此，选项 A 错误.

对于选项 C，如果取$A=\begin{pmatrix}1&0\\0&0\end{pmatrix}$，$B=\begin{pmatrix}0&0\\0&1\end{pmatrix}$，那么$AB=O$，即$AB=O$时，得不到$A=O$或$B=O$. 因此，选项 C 排除.

对于选项 D，如果取$A=\begin{pmatrix}2&0\\0&1\end{pmatrix}$，$B=\begin{pmatrix}1&1\\1&1\end{pmatrix}$，那么$(AB)^*=\begin{pmatrix}1&-2\\-1&2\end{pmatrix}$，$A^*B^*=\begin{pmatrix}1&-1\\-2&-2\end{pmatrix}$，因此，选项 D 错误.

故应选 B.

5. 答案 C 【解析】**方法一**　根据方阵行列式的运算规律，有$|AB|=|A||B|=|B||A|=|BA|$，

所以应选 C 项.

方法二 对于选项 A,取 $\boldsymbol{A}=\begin{pmatrix}1&-1\\1&1\end{pmatrix}$,$\boldsymbol{B}=\begin{pmatrix}-1&1\\-1&-1\end{pmatrix}$,则 $|\boldsymbol{A}+\boldsymbol{B}|=0$,而 $|\boldsymbol{A}|+|\boldsymbol{B}|=4$,故 A 不入选.

对于选项 B, 取 $\boldsymbol{A}=\begin{pmatrix}0&-1\\1&1\end{pmatrix}$,$\boldsymbol{B}=\begin{pmatrix}1&1\\1&0\end{pmatrix}$,则 $\boldsymbol{AB}=\begin{pmatrix}-1&0\\2&1\end{pmatrix}$,$\boldsymbol{BA}=\begin{pmatrix}1&0\\0&-1\end{pmatrix}$,故而,B 不正确.

对于选项 D,$\boldsymbol{A}=\begin{pmatrix}1&-1\\1&1\end{pmatrix}$,$\boldsymbol{B}=\begin{pmatrix}-1&1\\-1&-1\end{pmatrix}$,显然 $\boldsymbol{A}^{-1}$,$\boldsymbol{B}^{-1}$存在,又 $\boldsymbol{A}^{-1}+\boldsymbol{B}^{-1}$不存在,故 D 也不正确.

6. 答案 B 【解析】对任意 n 阶矩阵都要成立的关系式,对特殊的 n 阶矩阵自然也要成立,那么当 $\boldsymbol{A}$ 可逆时,由 $\boldsymbol{A}^*=|\boldsymbol{A}|\boldsymbol{A}^{-1}$,有

$$(k\boldsymbol{A})^*=|k\boldsymbol{A}|(k\boldsymbol{A})^{-1}=k^n|\boldsymbol{A}|\cdot\frac{1}{k}\boldsymbol{A}^{-1}=k^{n-1}\boldsymbol{A}^*,$$

当 $\boldsymbol{A}$ 不可逆时,由定义可得$(k\boldsymbol{A})^*=k^{n-1}\boldsymbol{A}^*$. 故选 B.

7. 答案 C 【解析】**方法一** 由于

$$(\boldsymbol{E}-\boldsymbol{A})(\boldsymbol{E}+\boldsymbol{A}+\boldsymbol{A}^2)=\boldsymbol{E}-\boldsymbol{A}^3=\boldsymbol{E},$$
$$(\boldsymbol{E}+\boldsymbol{A})(\boldsymbol{E}-\boldsymbol{A}+\boldsymbol{A}^2)=\boldsymbol{E}+\boldsymbol{A}^3=\boldsymbol{E},$$

故 $\boldsymbol{E}-\boldsymbol{A}$,$\boldsymbol{E}+\boldsymbol{A}$ 均可逆,故应选 C.

方法二 取 $n=3$,$\boldsymbol{A}=\begin{pmatrix}0&1&1\\0&0&1\\0&0&0\end{pmatrix}$,容易验证 $\boldsymbol{A}^3=\boldsymbol{O}$,而 $\boldsymbol{E}+\boldsymbol{A}=\begin{pmatrix}1&1&1\\0&1&1\\0&0&1\end{pmatrix}$,$\boldsymbol{E}-\boldsymbol{A}=\begin{pmatrix}1&-1&-1\\0&1&-1\\0&0&1\end{pmatrix}$显然都可逆,故应选 C.

8. 答案 D 【解析】由题设 $\boldsymbol{ABC}=\boldsymbol{E}$,可知 $\boldsymbol{A}(\boldsymbol{BC})=\boldsymbol{E}$,$(\boldsymbol{AB})\boldsymbol{C}=\boldsymbol{E}$,即 $\boldsymbol{A}=(\boldsymbol{BC})^{-1}$,$\boldsymbol{C}=(\boldsymbol{AB})^{-1}$. 从而 $\boldsymbol{BCA}=(\boldsymbol{BC})(\boldsymbol{BC})^{-1}=\boldsymbol{E}$ 或 $\boldsymbol{C}(\boldsymbol{AB})=(\boldsymbol{AB})^{-1}(\boldsymbol{AB})=\boldsymbol{E}$,由此可见,应选 D.

9. 答案 C 【解析】由于

$$\boldsymbol{B}=\begin{pmatrix}a_1-a_2+2a_3&a_1-a_3&2a_1-a_2\\b_1-b_2+2b_3&b_1-b_3&2b_1-b_2\\c_1-c_2+2a_3&c_1-c_3&2c_1-c_2\end{pmatrix}=\begin{pmatrix}a_1&a_2&a_3\\b_1&b_2&b_3\\c_1&c_2&c_3\end{pmatrix}\begin{pmatrix}1&1&2\\-1&0&-1\\2&-1&0\end{pmatrix}=\boldsymbol{AC},$$

$$\text{且}|\boldsymbol{C}|=\left|\begin{pmatrix}1&1&2\\-1&0&-1\\2&-1&0\end{pmatrix}\right|=\begin{vmatrix}1&1&2\\-1&0&-1\\2&-1&0\end{vmatrix}=\begin{vmatrix}1&1&1\\-1&0&0\\2&-1&-2\end{vmatrix}=-1,$$

从而 $|\boldsymbol{B}|=|\boldsymbol{AC}|=|\boldsymbol{A}||\boldsymbol{C}|=-4$,因此,应选 C.

10. 答案 D 【解析】因为

$$A^{T}=(E-2\alpha^{T}\alpha)^{T}=E^{T}-(2\alpha^{T}\alpha)^{T}=E-2\alpha^{T}(\alpha^{T})^{T}=E-2\alpha^{T}\alpha=A,$$

$$A^{2}=(E-2\alpha^{T}\alpha)^{2}=E-2\alpha^{T}\alpha-2\alpha^{T}\alpha+4\alpha^{T}\alpha\alpha^{T}\alpha=E-4\alpha^{T}\alpha+4\alpha^{T}\alpha=E,$$

所以，A、B、C 均正确.因此，应选 D.

11. 答案 C 【解析】由于$|A|=2\neq0$，那么矩阵 A 可逆且 $A^{*}=|A|\cdot A^{-1}$.

由 $A^{*}X=A$ 得 $|A|A^{-1}X=A$，即

$$X=\frac{1}{|A|}\cdot A^{2}=\frac{1}{2}A^{2}=\frac{1}{2}\begin{pmatrix}1&1&0\\0&1&1\\1&0&1\end{pmatrix}\begin{pmatrix}1&1&0\\0&1&1\\1&0&1\end{pmatrix}=\frac{1}{2}\begin{pmatrix}1&2&1\\1&1&2\\2&1&1\end{pmatrix},$$

于是 X 的第 3 行的行向量为$\left(1,\frac{1}{2},\frac{1}{2}\right)$，故应选 C.

12. 答案 C 【解析】设$\begin{pmatrix}A&B\\C&O\end{pmatrix}^{-1}=\begin{pmatrix}X_1&X_2\\X_3&X_4\end{pmatrix}$，则由

$$\begin{pmatrix}A&B\\C&O\end{pmatrix}\begin{pmatrix}X_1&X_2\\X_3&X_4\end{pmatrix}=\begin{pmatrix}E&O\\O&E\end{pmatrix},$$

得 $AX_1+BX_3=E,\quad AX_2+BX_4=O,\ CX_1=O,\ CX_2=E,$

于是 $X_1=O,\ X_2=C^{-1},\ X_3=B^{-1},\ X_4=-B^{-1}AX_2=-B^{-1}AC^{-1},$

故 $$\begin{pmatrix}A&B\\C&O\end{pmatrix}^{-1}=\begin{pmatrix}O&C^{-1}\\B^{-1}&-B^{-1}AC^{-1}\end{pmatrix}.$$

13. 答案 C 【解析】由于对矩阵 $A_{m\times n}$ 施行一次初等变换相当于在 A 的左边乘以相应的 m 阶初等矩阵，对矩阵 $A_{m\times n}$ 作一次初等列变换相当于在 A 的右边乘以相应的 n 阶初等矩阵，而通过观察 A、B 的关系可以看出，矩阵 B 是由矩阵 A 先把第 1 行的 2 倍加到第 3 行上，再把所得的矩阵的第 2 列和第 3 列互换得到的，这两次初等变换所对应的初等矩阵分别为题中条件的 P_3 与 P_1，因此 C 正确.

14. 答案 D 【解析】由题设，有 $A\begin{pmatrix}0&1&0\\1&0&0\\0&0&1\end{pmatrix}=B$，$B\begin{pmatrix}1&0&0\\0&1&1\\0&0&1\end{pmatrix}=C$，于是

$$Q=\begin{pmatrix}0&1&0\\1&0&0\\0&0&1\end{pmatrix}\begin{pmatrix}1&0&0\\0&1&1\\0&0&1\end{pmatrix}=\begin{pmatrix}0&1&1\\1&0&0\\0&0&1\end{pmatrix},$$

故 D 正确.

15. 答案 B 【解析】由已知条件

$$B=\begin{pmatrix}1&1&0\\0&1&0\\0&0&1\end{pmatrix}A,C=B\begin{pmatrix}1&-1&0\\0&1&0\\0&0&1\end{pmatrix}=\begin{pmatrix}1&1&0\\0&1&0\\0&0&1\end{pmatrix}A\begin{pmatrix}1&-1&0\\0&1&0\\0&0&1\end{pmatrix},$$

而$P^{-1}=\begin{pmatrix}1&-1&0\\0&1&0\\0&0&1\end{pmatrix}$,所以$C=PAP^{-1}$,故应选 B.

16. 答案 D 【解析】由初等矩阵与初等变换的关系知 $AP_1=B$,$P_2B=E$,所以$A=BP_1^{-1}=P_2^{-1}P_1^{-1}=P_2P_1^{-1}$,故应选 D.

17. 答案 D 【解析】根据初等矩阵及初等变换的性质可知,当 m,n 均为偶数时,$P^mAP^n=A$,故应选 D.

18. 答案 B 【解析】方法一 显然行列式$|A|=0$,但矩阵 A 中有 2 阶子式非零,故秩 $R(A)=2$,所以与 A 等价的矩阵是 B.

方法二 先把矩阵 A 的第 1 行的-2 倍加至第 2 行,再把第 1 列的-2 倍加至第 2 列,接着对换 2、3 两行后再对换 2、3 两列,最后将第 2 行乘以$\frac{2}{9}$即得 B. 事实上,

$$\begin{pmatrix}1&2&0\\2&4&0\\0&0&9\end{pmatrix}\to\begin{pmatrix}1&2&0\\0&0&0\\0&0&9\end{pmatrix}\to\begin{pmatrix}1&0&0\\0&0&0\\0&0&9\end{pmatrix}\to\begin{pmatrix}1&0&0\\0&0&9\\0&0&0\end{pmatrix}\to\begin{pmatrix}1&0&0\\0&9&0\\0&0&0\end{pmatrix}\to\begin{pmatrix}1&0&0\\0&2&0\\0&0&0\end{pmatrix}.$$

19. 答案 D 【解析】矩阵 A 与矩阵 B 等价,即 A 经初等变换可得到矩阵 B,即 A 与 B 等价的充分必要条件是 A 与 B 有相同的秩. 经过初等变换行列式的值不一定相等,也不一定是相反数,例如把矩阵 A 的第 1 行乘以 5 得到矩阵 B,那么矩阵 A 与 B 等价,而$|A|=\alpha$ 时,$|B|=5\alpha$. 可见 A 与 B 均不正确.

$|A|\neq0$ 说明秩 $R(A)=n$,而$|B|=0$ 说明 $R(B)<n$,因此 C 不正确.

当$|A|=0$ 时,$R(A)<n$,由 A 与 B 等价,知秩 $R(B)=R(A)<n$,因此$|B|=0$,即 D 正确.

20. 答案 B. 【解析】方法一 赋值法

取 $n=3$,则$A=\begin{pmatrix}1&a&a\\a&1&a\\a&a&1\end{pmatrix}$,且 $R(A)=n-1=2$,

此时,A、B、C、D 四个选项分别为 $1,-\frac{1}{2},-1,\frac{1}{2}$. 再用逆推法,找出能够使 a 的值满足 $R(A)=2$ 的项. 由于 $a=1$ 时,$R(A)=1$,显然 A 不正确. 对于选项 B,有

$$A=\begin{pmatrix}1&-\frac{1}{2}&-\frac{1}{2}\\-\frac{1}{2}&1&-\frac{1}{2}\\-\frac{1}{2}&-\frac{1}{2}&1\end{pmatrix},$$

显然$|\boldsymbol{A}|=0$（将$|\boldsymbol{A}|$的第2、3两行(列)加至第1行(列)即可看出），而其中的一个二阶子式

$$\begin{vmatrix} 1 & -\frac{1}{2} \\ -\frac{1}{2} & 1 \end{vmatrix}\neq 0$$，故$R(\boldsymbol{A})=2$，因而B入选.

还可以直接计算$|\boldsymbol{A}|$，利用$R(\boldsymbol{A})=2$进行推演排除.

$$|\boldsymbol{A}|=\begin{vmatrix} 1 & a & a \\ a & 1 & a \\ a & a & 1 \end{vmatrix}=(2a+1)(1-a)^2,$$

由$|\boldsymbol{A}|=0$，得$a=-\frac{1}{2}$或$a=1$时，$R(\boldsymbol{A})=1$，故$a=-\frac{1}{2}$，即B正确.

方法二　推演法

将行列式$|\boldsymbol{A}|$的第$2,3,\cdots,n$列加到第1列上，提取公因式$[(n-1)a+1]$，然后将第1列乘以-1并依次加到第$2,3,\cdots,n$列上，即可得

$$|\boldsymbol{A}|=\begin{vmatrix} 1 & a & a & \cdots & a \\ a & 1 & a & \cdots & a \\ a & a & 1 & \cdots & a \\ \vdots & \vdots & \vdots & & \vdots \\ a & a & a & \cdots & 1 \end{vmatrix}=(1-a)^{n-1}[(n-1)a+1].$$

令$|\boldsymbol{A}|=0$，得$a=1$或$a=\frac{1}{1-n}$. 当$a=1$时，与$R(\boldsymbol{A})=n-1\geqslant 2$产生矛盾，故应选B.

21. 答案 B　【解析】由于$\boldsymbol{BA}-\boldsymbol{A}=(\boldsymbol{B}-\boldsymbol{E})\boldsymbol{A}$，而

$$|\boldsymbol{B}-\boldsymbol{E}|=\begin{vmatrix} 1 & 1 & 2 \\ 1 & 0 & -1 \\ 0 & 3 & 1 \end{vmatrix}=8,$$

即$\boldsymbol{B}-\boldsymbol{E}$可逆，同时

$$\boldsymbol{A}=\begin{pmatrix} 1 & 2 & 3 \\ 0 & 1 & -5 \\ 0 & -2 & 10 \end{pmatrix}\xrightarrow{r_3+2r_2}\begin{pmatrix} 1 & 2 & 3 \\ 0 & 1 & -5 \\ 0 & 0 & 0 \end{pmatrix},$$

故$R(\boldsymbol{BA}-\boldsymbol{A})=R[(\boldsymbol{B}-\boldsymbol{E})\boldsymbol{A}]=R(\boldsymbol{A})=2$，所以应选B.

22. 答案 C　【解析】**方法一**　因为$\boldsymbol{B}=\boldsymbol{AC}=\boldsymbol{EAC}$，其中$\boldsymbol{E}$为$m$阶单位矩阵，而$\boldsymbol{E}$与$\boldsymbol{C}$均可逆. 由矩阵的等价定义可知，矩阵$\boldsymbol{B}$与$\boldsymbol{A}$等价，从而$R(\boldsymbol{B})=R(\boldsymbol{A})$. 故C项入选.

方法二　由于$\boldsymbol{B}=\boldsymbol{AC}$，且$\boldsymbol{C}$可逆，而可逆矩阵等于有限个初等矩阵的乘积，故用可逆矩阵$\boldsymbol{C}$右乘矩阵$\boldsymbol{A}$，相当于对$\boldsymbol{A}$实施有限次初等列变换，根据初等变换不改变矩阵的秩，可知$R(\boldsymbol{AC})=R(\boldsymbol{A})$. 故C正确.

23. 答案 $3^{n-1}\begin{pmatrix}1 & \frac{1}{2} & \frac{1}{3}\\ 2 & 1 & \frac{2}{3}\\ 3 & \frac{3}{2} & 1\end{pmatrix}$

【解析】$A^n=(B^TC)^n=\underbrace{(B^TC)(B^TC)\cdots(B^TC)}_{n}$

$$=B^T(CB^T)^{n-1}C=B^T3^{n-1}C=3^{n-1}A$$

$$=3^{n-1}\begin{pmatrix}1 & \frac{1}{2} & \frac{1}{3}\\ 2 & 1 & \frac{2}{3}\\ 3 & \frac{3}{2} & 1\end{pmatrix}.$$

24. 答案 $(-1)^n2^{n-1}$

【解析】$\left|\left(-\frac{1}{2}A\right)^{-1}\right|=|-2A^{-1}|=(-2)^n|A^{-1}|=\frac{(-2)^n}{|A|}=(-1)^n2^{n-1}$.

25. 答案 32 【解析】$|-2A|=(-2)^4|A|=32$.

26. 答案 32 【解析】因为 $AA^*=|A|E$,所以 $|AA^*|=|A||A^*|=|A|^n$,故 $|A|^3=|A^*|=8$,即 $|A|=2$,进而 $|2A|=2^4|A|=32$.

27. 答案 a^{n-1} 【解析】由于 $AA^*=A^*A=|A|E$,于是 $|AA^*|=|A||A^*|=||A|E|=|A|^n|E|=|A|^n$,而 $|A|\neq0$,因此 $|A^*|=\frac{|A|^n}{|A|}=|A|^{n-1}=a^{n-1}$.

28. 答案 -32 【解析】根据方阵行列式的运算规律有

$|(A^*B^{-1})^2A^T|=|(A^*B^{-1})^2||A^T|=|A^*|^2|B^{-1}|^2|A^T|=(|A|^{4-1})^2(|B|^{-1})^2|A|=-32$.

29. 答案 $\frac{1}{7}(A+E)$, $A-2E$ 【解析】由 $A^2+A-7E=O$ 得 $A(A+E)=7E$,即 $A\left[\frac{1}{7}(A+E)\right]=E$,故 A 可逆,且 $A^{-1}=\frac{1}{7}(A+E)$.

根据 $A^2+A-7E=O$,可设 $(A+3E)(A+aE)=bE$,即

$$A^2+(3+a)A+(3a-b)E=O,$$

比较得 $3+a=1,3a-b=-7$,解得 $a=-2,b=1$,即有 $(A+3E)(A-2E)=E$,故 $A+3E$ 可逆,且 $(A+3E)^{-1}=A-2E$.

30. 答案 $\frac{(-1)^{n+1}}{6}$ 【解析】由 $AA^*=A^*A=|A|E$ 知 $A^*=|A|A^{-1}$,那么

$$|2A^{-1}B^*+A^*B^{-1}|=|2A^{-1}(-2B^{-1})+(3A^{-1})B^{-1}|=|-A^{-1}B^{-1}|$$

$$=(-1)^n|A^{-1}||B^{-1}|=\frac{(-1)^{n+1}}{6}.$$

31. 答案 -2 【解析】因为 $|\boldsymbol{A}|=\frac{1}{2}\neq 0$，所以 $\boldsymbol{A}$ 可逆，于是 $\boldsymbol{A}^*=|\boldsymbol{A}|\boldsymbol{A}^{-1}=\frac{1}{2}\boldsymbol{A}^{-1}$，$(2\boldsymbol{A})^{-1}=\frac{1}{2}\boldsymbol{A}^{-1}$，所以

$$|(2\boldsymbol{A})^{-1}-3\boldsymbol{A}^*|=\left|\frac{1}{2}\boldsymbol{A}^{-1}-\frac{3}{2}\boldsymbol{A}^{-1}\right|=|-\boldsymbol{A}^{-1}|=-2.$$

32. 答案 $\begin{pmatrix} 2\times(-8)^{n-1} & 4\times(-8)^{n-1} & -6\times(-8)^{n-1} \\ (-8)^{n-1} & 2\times(-8)^{n-1} & -3\times(-8)^{n-1} \\ 4\times(-8)^{n-1} & 8\times(-8)^{n-1} & -12\times(-8)^{n-1} \end{pmatrix}$

【解析】因为 $\boldsymbol{A}=\begin{pmatrix} 2 & 4 & -6 \\ 1 & 2 & -3 \\ 4 & 8 & -12 \end{pmatrix}=\begin{pmatrix} 2 \\ 1 \\ 4 \end{pmatrix}(1,2,-3)$，故

$$\boldsymbol{A}^2=\begin{pmatrix} 2 \\ 1 \\ 4 \end{pmatrix}(1,2,-3)\begin{pmatrix} 2 \\ 1 \\ 4 \end{pmatrix}(1,2,-3)=-8\begin{pmatrix} 2 \\ 1 \\ 4 \end{pmatrix}(1,2,-3)=-8\boldsymbol{A},$$

于是 $\boldsymbol{A}^3=\boldsymbol{A}^2\boldsymbol{A}=-8\boldsymbol{A}\boldsymbol{A}=(-8)^2\boldsymbol{A}$，进而

$$\boldsymbol{A}^n=(-8)^{n-1}\boldsymbol{A}=\begin{pmatrix} 2\times(-8)^{n-1} & 4\times(-8)^{n-1} & -6\times(-8)^{n-1} \\ (-8)^{n-1} & 2\times(-8)^{n-1} & -3\times(-8)^{n-1} \\ 4\times(-8)^{n-1} & 8\times(-8)^{n-1} & -12\times(-8)^{n-1} \end{pmatrix}.$$

33. 答案 $\begin{pmatrix} 1 & 2n & 4n^2-n \\ 0 & 1 & 4n \\ 0 & 0 & 1 \end{pmatrix}$

【解析】把 $\boldsymbol{A}$ 分解为两个矩阵之和，即

$$\boldsymbol{A}=\begin{pmatrix} 1 & 0 & 0 \\ 0 & 1 & 0 \\ 0 & 0 & 1 \end{pmatrix}+\begin{pmatrix} 0 & 2 & 3 \\ 0 & 0 & 4 \\ 0 & 0 & 0 \end{pmatrix}=\boldsymbol{E}+\boldsymbol{B},$$

并注意到 $\boldsymbol{B}^n=\boldsymbol{O}(n\geqslant 3)$，那么

$$\boldsymbol{A}^n=(\boldsymbol{E}+\boldsymbol{B})^n=\boldsymbol{E}^n+n\boldsymbol{E}^{n-1}\boldsymbol{B}+\frac{n(n-1)}{2}\boldsymbol{E}^{n-2}\boldsymbol{B}^2$$

$$=\begin{pmatrix} 1 & 0 & 0 \\ 0 & 1 & 0 \\ 0 & 0 & 1 \end{pmatrix}+n\begin{pmatrix} 0 & 2 & 3 \\ 0 & 0 & 4 \\ 0 & 0 & 0 \end{pmatrix}+\frac{n(n-1)}{2}\begin{pmatrix} 0 & 2 & 3 \\ 0 & 0 & 4 \\ 0 & 0 & 0 \end{pmatrix}^2=\begin{pmatrix} 1 & 2n & 4n^2-n \\ 0 & 1 & 4n \\ 0 & 0 & 1 \end{pmatrix}.$$

34. 答案 $\begin{pmatrix} 3^n & n\cdot 3^{n-1} & 0 & 0 \\ 0 & 3^n & 0 & 0 \\ 0 & 0 & 3\times 6^{n-1} & 9\times 6^{n-1} \\ 0 & 0 & 6^{n-1} & 3\times 6^{n-1} \end{pmatrix}$

【解析】设 $\boldsymbol{B}=\begin{pmatrix}3&1\\0&3\end{pmatrix}$，$\boldsymbol{C}=\begin{pmatrix}3&9\\1&3\end{pmatrix}$，则 $\boldsymbol{A}=\begin{pmatrix}\boldsymbol{B}&\boldsymbol{O}\\\boldsymbol{O}&\boldsymbol{C}\end{pmatrix}$，而由分块矩阵公式可得 $\boldsymbol{A}^n=\begin{pmatrix}\boldsymbol{B}&\boldsymbol{O}\\\boldsymbol{O}&\boldsymbol{C}\end{pmatrix}^n=$ $\begin{pmatrix}\boldsymbol{B}^n&\boldsymbol{O}\\\boldsymbol{O}&\boldsymbol{C}^n\end{pmatrix}$，因此分别算出 $\boldsymbol{B}^n$ 与 $\boldsymbol{C}^n$ 的 n 次幂即可.

因为

$$\boldsymbol{B}=\begin{pmatrix}3&0\\0&3\end{pmatrix}+\begin{pmatrix}0&1\\0&0\end{pmatrix}=3\boldsymbol{E}+\boldsymbol{B}_1,$$

所以

$$\boldsymbol{B}^n=(3\boldsymbol{E}+\boldsymbol{B}_1)^n=(3\boldsymbol{E})^n+n(3\boldsymbol{E})^{n-1}\boldsymbol{B}_1=\begin{pmatrix}3^n&0\\0&3^n\end{pmatrix}+n\cdot 3^{n-1}\begin{pmatrix}0&1\\0&0\end{pmatrix}=\begin{pmatrix}3^n&n\cdot 3^{n-1}\\0&3^n\end{pmatrix},$$

而矩阵 $\boldsymbol{C}=\begin{pmatrix}3&9\\1&3\end{pmatrix}=\begin{pmatrix}3\\1\end{pmatrix}(1,3)$，所以

$$\boldsymbol{C}^n=\begin{pmatrix}3&9\\1&3\end{pmatrix}^n=\begin{pmatrix}3\\1\end{pmatrix}(1,3)\begin{pmatrix}3\\1\end{pmatrix}(1,3)\cdots\begin{pmatrix}3\\1\end{pmatrix}(1,3)=6^{n-1}\begin{pmatrix}3\\1\end{pmatrix}(1,3)=6^{n-1}\begin{pmatrix}3&9\\1&3\end{pmatrix},$$

因此

$$\boldsymbol{A}=\begin{pmatrix}3^n&n\cdot 3^{n-1}&0&0\\0&3^n&0&0\\0&0&3\times 6^{n-1}&9\times 6^{n-1}\\0&0&6^{n-1}&3\times 6^{n-1}\end{pmatrix}.$$

35. 答案 $\begin{pmatrix}0&0&0\\0&1&0\\0&0&1\end{pmatrix}$ 【解析】由矩阵方程，有 $\boldsymbol{AX}-2\boldsymbol{X}=\boldsymbol{BA}-2\boldsymbol{B}$，得 $(\boldsymbol{A}-2\boldsymbol{E})\boldsymbol{X}=\boldsymbol{B}(\boldsymbol{A}-2\boldsymbol{E})$.

又因为 $\boldsymbol{A}-2\boldsymbol{E}=\begin{pmatrix}0&0&1\\0&1&0\\2&0&0\end{pmatrix}$ 可逆，所以 $\boldsymbol{X}=(\boldsymbol{A}-2\boldsymbol{E})^{-1}\boldsymbol{B}(\boldsymbol{A}-2\boldsymbol{E})$，进而

$$\boldsymbol{X}^4=(\boldsymbol{A}-2\boldsymbol{E})^{-1}\boldsymbol{B}^4(\boldsymbol{A}-2\boldsymbol{E})=\begin{pmatrix}0&0&\frac{1}{2}\\0&1&0\\1&0&0\end{pmatrix}\begin{pmatrix}1&0&0\\0&1&0\\0&0&0\end{pmatrix}\begin{pmatrix}0&0&1\\0&1&0\\2&0&0\end{pmatrix}=\begin{pmatrix}0&0&0\\0&1&0\\0&0&1\end{pmatrix}.$$

36. 答案 $\left(-\frac{1}{2}\right)^n(1-n)$ 【解析】依次把第 $2,3,\cdots,n$ 各行元素均加到第 1 行的对应元素上，并提取公因数 $n-1$，而后再把第 1 行元素的 -1 倍依次加到第 $2,3,\cdots,n$ 行对应的元素上，即

$$|\boldsymbol{A}|\xlongequal{r_1+r_2+\cdots+r_n}\begin{vmatrix}n-1&n-1&n-1&\cdots&n-1&n-1\\1&0&1&\cdots&1&1\\1&1&0&\cdots&1&1\\\vdots&\vdots&\vdots&&\vdots&\vdots\\1&1&1&\cdots&0&1\\1&1&1&\cdots&1&0\end{vmatrix}$$

$$=(n-1)\begin{vmatrix}1&1&1&\cdots&1&1\\1&0&1&\cdots&1&1\\1&1&0&\cdots&1&1\\\vdots&\vdots&\vdots&&\vdots&\vdots\\1&1&1&\cdots&0&1\\1&1&1&\cdots&1&0\end{vmatrix}$$

$$\xlongequal[\substack{r_3-r_1\\\cdots\\r_n-r_1}]{r_2-r}(n-1)\begin{vmatrix}1&1&1&\cdots&1&1\\0&-1&0&\cdots&0&0\\0&0&-1&\cdots&0&0\\\vdots&\vdots&\vdots&&\vdots&\vdots\\0&0&0&\cdots&-1&0\\0&0&0&\cdots&0&-1\end{vmatrix}=(-1)^{n-1}(n-1).$$

根据行列式的性质，得

$$\left|\frac{1}{2}\boldsymbol{A}^{\mathrm{T}}\right|=\left(\frac{1}{2}\right)^n|\boldsymbol{A}^{\mathrm{T}}|=\left(\frac{1}{2}\right)^n|\boldsymbol{A}|=\left(-\frac{1}{2}\right)^n(1-n).$$

37. **答案** $(-1)^{mn}ab$　**【解析】**由拉普拉斯展开式，有

$$|\boldsymbol{C}|=\begin{vmatrix}\boldsymbol{O}&\boldsymbol{A}\\\boldsymbol{B}&\boldsymbol{O}\end{vmatrix}=(-1)^{mn}|\boldsymbol{A}||\boldsymbol{B}|=(-1)^{mn}ab.$$

38. **答案** 9　**【解析】**由于 $R(\boldsymbol{A}+\boldsymbol{AB})=R[\boldsymbol{A}(\boldsymbol{E}+\boldsymbol{B})]$，又

$$\boldsymbol{E}+\boldsymbol{B}=\boldsymbol{E}+\begin{pmatrix}1\\3\\0\end{pmatrix}(2,3,4)=\boldsymbol{E}+\begin{pmatrix}2&3&4\\6&9&12\\0&0&0\end{pmatrix}=\begin{pmatrix}3&3&4\\6&10&12\\0&0&1\end{pmatrix}$$

是可逆矩阵，故 $R(\boldsymbol{A}+\boldsymbol{AB})=R(\boldsymbol{A})=2$.

对矩阵 $\boldsymbol{A}$ 作初等变换，有

$$\boldsymbol{A}=\begin{pmatrix}2&3&4\\6&t&2\\4&6&3\end{pmatrix}\xrightarrow[r_3-2r_1]{r_2-3r_1}\begin{pmatrix}2&3&4\\0&t-9&-10\\0&0&-5\end{pmatrix},$$

那么，$R(\boldsymbol{A})=2$ 得 $t=9$.

39. 答案 0 【解析】$A^2=O$ 即 $AA=O$，根据矩阵秩的性质可得 $R(A)+R(A)\leqslant 5$，从 $R(A)\leqslant 2$，可知 $|A|$ 的所有代数余子式均为零，于是 $A^*=O$，进而 $R(A^*)=0$.

40. 答案 $(-1)^n$ 【解析】方法一 由 $AB=A$ 得 $A(B-E)=O$，注意到 $R(A)=n$，$R(A)+R(B-E)\leqslant n$，于是 $B-E=O$，即 $B=E$，因此由 $BC=O$ 得 $C=O$，进一步可得 $|CA-B|=|-E|=(-1)^n$.

方法二 取 $B=E$，由 $BC=O$ 得 $C=O$，于是 $|CA-B|=|-E|=(-1)^n$.

41. 答案 1 【解析】方法一 由于 $AB=O$，由矩阵秩的性质可知 $R(A)+R(B)\leqslant 3$，而 $B\neq O$，即 $R(B)\geqslant 1$，所以 $R(A)\leqslant 2$，从而 $|A|=0$，即 $\lambda=1$.

方法二 注意到 B 的列向量为齐次线性方程组 $Ax=0$ 的解，而 $B\neq O$，从而 $Ax=0$ 有非零解，所以 $R(A)\leqslant 2$，进而 $\lambda=1$.

42. 答案 $\frac{81}{196}$ 【解析】由于 $AA^*=|A|E$，易知本题中 $|A|=2$. 对矩阵方程 $A^*BA=3E-BA$ 左乘 A，右乘 A^{-1} 可得 $2B=3E-AB$，即有 $(2E+A)B=3E$，两边取行列式，有 $|2E+A|\cdot|B|=3^3$，又 $|2E+A|=\begin{vmatrix}5&1&0\\1&3&0\\0&0&3\end{vmatrix}=42$，故 $|B|=\frac{9}{14}$，从而 $|B^*|=|B|^{3-1}=\frac{81}{196}$.

43. 答案 $\begin{pmatrix}-2&-6&0\\-4&-10&0\\-2&2&-4\end{pmatrix}$ 【解析】由已知可得 $|A|=\frac{1}{8}\begin{vmatrix}1&3&0\\2&5&0\\1&-1&2\end{vmatrix}=-\frac{1}{4}\neq 0$，所以 A 可逆. 于是由 $A^*=|A|A^{-1}$ 有 $(A^{-1})^*=|A^{-1}|(A^{-1})^{-1}=\frac{A}{|A|}$，故

$$(A^{-1})^*=\frac{A}{|A|}=-2\begin{pmatrix}1&3&0\\2&5&0\\1&-1&2\end{pmatrix}=\begin{pmatrix}-2&-6&0\\-4&-10&0\\-2&2&-4\end{pmatrix}.$$

44. 答案 $\frac{1}{4}(A+2E)$ 【解析】由 $A^2+3A-2E=O$ 得 $(A+E)(A+2E)-4E=O$，即 $(A+E)(A+2E)=4E$，从而 $(A+E)\times\frac{1}{4}(A+2E)=E$，故 $(A+E)^{-1}=\frac{1}{4}(A+2E)$.

45. 【解析】(1)错. 因为 $(A+B)(A-B)=A^2-AB+BA-B^2$，只有当 $AB=BA$ 时，等式才成立.

(2)对. 由 $\det A\neq 0$ 知 A 可逆，由 $AX=AY$ 两边左乘 A^{-1}，得 $X=Y$.

(3)错. 若取 $A=\begin{pmatrix}0&1\\0&0\end{pmatrix}\neq O$，则有 $A^2=O$.

(4)错. 若取 $A=\begin{pmatrix}0&1\\1&0\end{pmatrix}$，$B=\begin{pmatrix}1&0\\0&1\end{pmatrix}$，则 $A\neq\pm B$，但 $A^2=E=B^2$.

(5)错. 当 $A=B=\begin{pmatrix}0&1\\0&0\end{pmatrix}$ 时，$AB=O$，但此时 $A\neq O$，$B\neq O$.

(6) 对. $AA^* = (\det A)E = 0E = O$.

(7)错. 取 $A = -B = E$,则 A,B 都可逆,但 $A+B=O$ 不可逆.

(8)对. 因为 $(E+A)(E-A+A^2) = E-A+A^2+A-A^2+A^3 = E+A^3 = E$,

所以 $E+A$ 可逆,且 $(E+A)^{-1} = E-A+A^2$.

46.【解析】(1)原式 $=\begin{pmatrix} -6 & 3 \\ 12 & 9 \\ -10 & 4 \end{pmatrix}$.

(2)原式 $=\begin{pmatrix} 6 & -7 & 8 \\ 20 & -5 & -6 \\ 18 & 0 & -6 \end{pmatrix}$.

(3)原式 $= x_1^2 + x_2^2 + x_3^2$.

(4)原式 $=\begin{pmatrix} a_1b_1 & a_1b_2 & a_1b_3 \\ a_2b_1 & a_2b_2 & a_2b_3 \\ a_3b_1 & a_3b_2 & a_3b_3 \end{pmatrix}$.

47.【解析】(1)线性变换的矩阵形式为 $x = Ay$,$y = Bz$,其中

$$x=\begin{pmatrix} x_1 \\ x_2 \\ x_3 \end{pmatrix}, A=\begin{pmatrix} 1 & 1 & 1 \\ 1 & 1 & -1 \\ 1 & -1 & 1 \end{pmatrix}, y=\begin{pmatrix} y_1 \\ y_2 \\ y_3 \end{pmatrix}, B=\begin{pmatrix} 1 & 2 & 3 \\ -1 & -2 & 4 \\ 0 & 5 & 1 \end{pmatrix}, z=\begin{pmatrix} z_1 \\ z_2 \\ z_3 \end{pmatrix},$$

A,B 为线性变换的矩阵.

(2)由于

$$x = Ay = A(Bz) = (AB)z = \begin{pmatrix} 0 & 5 & 8 \\ 0 & -5 & 6 \\ 2 & 9 & 0 \end{pmatrix} z,$$

故从 z_1, z_2, z_3 到 x_1, x_2, x_3 的线性变换为

$$\begin{cases} x_1 = 5z_2 + 8z_3 \\ x_2 = -5z_2 + 6z_3. \\ x_3 = 2z_1 + 9z_2 \end{cases}$$

48.【解析】(1) $\det A = \begin{vmatrix} a & b \\ -b & a \end{vmatrix} = a^2 + b^2 = 2$, $A^* = \begin{pmatrix} a & -b \\ b & a \end{pmatrix}$,故 $A^{-1} = \begin{pmatrix} \frac{a}{2} & -\frac{b}{2} \\ \frac{b}{2} & \frac{a}{2} \end{pmatrix}$.

(2) $\det A = 1$, $A^* = \begin{pmatrix} 1 & 0 & 0 \\ 0 & 1 & 0 \\ -a & -b & 1 \end{pmatrix}$,故 $A^{-1} = A^* = \begin{pmatrix} 1 & 0 & 0 \\ 0 & 1 & 0 \\ -a & -b & 1 \end{pmatrix}$.

(3) $\det\boldsymbol{A}=\begin{vmatrix}0&1&1\\1&0&-1\\1&-1&0\end{vmatrix}=-2$，$\boldsymbol{A}^*=\begin{pmatrix}-1&-1&-1\\-1&-1&1\\-1&1&-1\end{pmatrix}$，故$\boldsymbol{A}^{-1}=\begin{pmatrix}\frac{1}{2}&\frac{1}{2}&\frac{1}{2}\\\frac{1}{2}&\frac{1}{2}&-\frac{1}{2}\\\frac{1}{2}&-\frac{1}{2}&\frac{1}{2}\end{pmatrix}$.

(4) $\det\boldsymbol{A}=\begin{vmatrix}4&3&2&1\\1&0&0&0\\0&1&0&0\\0&0&1&0\end{vmatrix}=-\begin{vmatrix}1&0&0\\0&1&0\\0&0&1\end{vmatrix}=-1$，$\boldsymbol{A}^*=\begin{pmatrix}0&-1&0&0\\0&0&-1&0\\0&0&0&-1\\-1&4&3&2\end{pmatrix}$，故

$$\boldsymbol{A}^{-1}=-\boldsymbol{A}^*=\begin{pmatrix}0&1&0&0\\0&0&1&0\\0&0&0&1\\1&-4&-3&-2\end{pmatrix}.$$

(5) $\boldsymbol{A}=\begin{pmatrix}\boldsymbol{A}_1&&\\&\boldsymbol{A}_2&\\&&\boldsymbol{A}_3\end{pmatrix}$，其中$\boldsymbol{A}_1=\begin{pmatrix}\cos\theta&-\sin\theta\\\sin\theta&\cos\theta\end{pmatrix}$，$\boldsymbol{A}_2=(2)$，$\boldsymbol{A}_3=\begin{pmatrix}5&2\\2&1\end{pmatrix}$，

故$\boldsymbol{A}^{-1}=\begin{pmatrix}\boldsymbol{A}_1^{-1}&&\\&\boldsymbol{A}_2^{-1}&\\&&\boldsymbol{A}_3^{-1}\end{pmatrix}=\begin{pmatrix}\cos\theta&\sin\theta&0&0&0\\-\sin\theta&\cos\theta&0&0&0\\0&0&\frac{1}{2}&0&0\\0&0&0&1&-2\\0&0&0&-2&5\end{pmatrix}$.

(6) $\det\boldsymbol{A}^*=-27$. 由 $\boldsymbol{A}\boldsymbol{A}^*=(\det\boldsymbol{A})\boldsymbol{E}$ 得 $\det\boldsymbol{A}\det\boldsymbol{A}^*=(\det\boldsymbol{A})^4$，于是$(\det\boldsymbol{A})^3=\det\boldsymbol{A}^*=-27$，从而 $\det\boldsymbol{A}=-3$. 故

$$\boldsymbol{A}^{-1}=\frac{1}{\det\boldsymbol{A}}\boldsymbol{A}^*=-\frac{1}{3}\boldsymbol{A}^*=\begin{pmatrix}-\frac{1}{3}&2&-1&3\\0&-1&-2&1\\0&0&1&2\\0&0&0&-1\end{pmatrix}.$$

49.【解析】由 $\boldsymbol{A}^3-\boldsymbol{A}^2+2\boldsymbol{A}-\boldsymbol{E}=\boldsymbol{O}$，得 $\boldsymbol{A}(\boldsymbol{A}^2-\boldsymbol{A}+2\boldsymbol{E})=\boldsymbol{E}$，

故 $\boldsymbol{A}$ 可逆，且 $\boldsymbol{A}^{-1}=\boldsymbol{A}^2-\boldsymbol{A}+2\boldsymbol{E}$，

又由 $\boldsymbol{A}^3-\boldsymbol{A}^2+2\boldsymbol{A}-\boldsymbol{E}=\boldsymbol{O}$ 得$(\boldsymbol{E}-\boldsymbol{A})(\boldsymbol{A}^2+2\boldsymbol{E})=\boldsymbol{E}$，故 $\boldsymbol{E}-\boldsymbol{A}$ 可逆，且

$$(\boldsymbol{E}-\boldsymbol{A})^{-1}=\boldsymbol{A}^2+2\boldsymbol{E}.$$

50.【解析】由已知条件有 $\boldsymbol{AB}+2\boldsymbol{B}-\boldsymbol{A}-2\boldsymbol{E}=-3\boldsymbol{E}$，即$(\boldsymbol{A}+2\boldsymbol{E})\boldsymbol{B}-(\boldsymbol{A}+2\boldsymbol{E})=-3\boldsymbol{E}$，

那么$(\boldsymbol{A}+2\boldsymbol{E})\times\frac{1}{3}(\boldsymbol{E}-\boldsymbol{B})=\boldsymbol{E}$，故

$$(\boldsymbol{A}+2\boldsymbol{E})^{-1}=\frac{1}{3}(\boldsymbol{E}-\boldsymbol{B})=\begin{pmatrix}0&0&2\\0&-1&0\\-2&0&0\end{pmatrix}.$$

51.【解析】因为 $|\boldsymbol{A}|=\begin{vmatrix}1&3&0\\2&6&1\\0&1&1\end{vmatrix}=\begin{vmatrix}1&3&0\\0&0&1\\0&1&1\end{vmatrix}=-\begin{vmatrix}1&3&0\\0&1&1\\0&0&1\end{vmatrix}=-1$，

所以 $\boldsymbol{A}$ 可逆. 又矩阵 $\boldsymbol{A}$ 各个元素的代数余子式分别为

$$A_{11}=\begin{vmatrix}6&1\\1&1\end{vmatrix}=5,\quad A_{12}=-\begin{vmatrix}2&1\\0&1\end{vmatrix}=-2,\quad A_{13}=\begin{vmatrix}2&6\\0&1\end{vmatrix}=2,$$

$$A_{21}=-\begin{vmatrix}3&0\\1&1\end{vmatrix}=-3,\quad A_{22}=\begin{vmatrix}1&0\\0&1\end{vmatrix}=1,\quad A_{23}=-\begin{vmatrix}1&3\\0&1\end{vmatrix}=-1,$$

$$A_{31}=\begin{vmatrix}3&0\\6&1\end{vmatrix}=3,\quad A_{32}=-\begin{vmatrix}1&0\\2&1\end{vmatrix}=-1,\quad A_{33}=\begin{vmatrix}1&3\\2&6\end{vmatrix}=0,$$

所以 $\boldsymbol{A}$ 的伴随矩阵 $\boldsymbol{A}^*=\begin{pmatrix}5&-3&3\\-2&1&-1\\2&-1&0\end{pmatrix}$，因此

$$\boldsymbol{A}^{-1}=\frac{1}{|\boldsymbol{A}|}\boldsymbol{A}^*=\frac{1}{-1}\begin{pmatrix}5&-3&3\\-2&1&-1\\2&-1&0\end{pmatrix}=\begin{pmatrix}-5&3&-3\\2&-1&1\\-2&1&0\end{pmatrix}.$$

注意到 $\boldsymbol{A}$ 可逆，于是 $\boldsymbol{A}^{-1}(\boldsymbol{A}^{-1})^*=|\boldsymbol{A}^{-1}|\boldsymbol{E}=\dfrac{1}{|\boldsymbol{A}|}\boldsymbol{E}$，进而

$$(\boldsymbol{A}^{-1})^*=\frac{1}{|\boldsymbol{A}|}\boldsymbol{A}=\frac{1}{-1}\begin{pmatrix}1&3&0\\2&6&1\\0&1&1\end{pmatrix}=\begin{pmatrix}-1&-3&0\\-2&-6&-1\\0&-1&-1\end{pmatrix}.$$

52.【解析】(1)令 $\boldsymbol{AX}=\boldsymbol{C}$，其中 $\boldsymbol{A}=\begin{pmatrix}2&1\\3&2\end{pmatrix}$，$\boldsymbol{C}=\begin{pmatrix}4&-6&0\\2&1&2\end{pmatrix}$，可求得

$$\det\boldsymbol{A}=1,\boldsymbol{A}^*=\begin{pmatrix}2&-1\\-3&2\end{pmatrix},\boldsymbol{A}^{-1}=\boldsymbol{A}^*=\begin{pmatrix}2&-1\\-3&2\end{pmatrix},$$

故
$$\boldsymbol{X}=\boldsymbol{A}^{-1}\boldsymbol{C}=\begin{pmatrix}2&-1\\-3&2\end{pmatrix}\begin{pmatrix}4&-6&0\\2&1&2\end{pmatrix}=\begin{pmatrix}6&-13&-2\\-8&20&4\end{pmatrix}.$$

(2)令 $\boldsymbol{XB}=\boldsymbol{C}$，其中 $\boldsymbol{B}=\begin{pmatrix}2&1&-1\\2&1&0\\1&-1&1\end{pmatrix}$，$\boldsymbol{C}=(1,-1,3)$，可求得

$$\det\boldsymbol{B}=3,\boldsymbol{B}^*=\begin{pmatrix}1&0&1\\-2&3&-2\\-3&3&0\end{pmatrix},\boldsymbol{B}^{-1}=\frac{1}{3}\boldsymbol{B}^*=\frac{1}{3}\begin{pmatrix}1&0&1\\-2&3&-2\\-3&3&0\end{pmatrix},$$

故 $$X=CB^{-1}=(1,-1,3)\times\frac{1}{3}\begin{pmatrix}1&0&1\\-2&3&-2\\-3&3&0\end{pmatrix}=(-2,2,1).$$

(3)令 $AXB=C$,其中 $A=\begin{pmatrix}0&1&0\\1&0&0\\0&0&1\end{pmatrix}$,$B=\begin{pmatrix}-3&2\\5&-3\end{pmatrix}$,$C=\begin{pmatrix}1&3\\2&-1\\1&0\end{pmatrix}$,可求得

$$\det A=-1,A^*=\begin{pmatrix}0&-1&0\\-1&0&0\\0&0&-1\end{pmatrix},A^{-1}=-A^*=\begin{pmatrix}0&1&0\\1&0&0\\0&0&1\end{pmatrix},$$

$$\det B=-1,B^*=\begin{pmatrix}-3&-2\\-5&-3\end{pmatrix},B^{-1}=-B^*=\begin{pmatrix}3&2\\5&3\end{pmatrix},$$

故 $$X=A^{-1}CB^{-1}=\begin{pmatrix}0&1&0\\1&0&0\\0&0&1\end{pmatrix}\begin{pmatrix}1&3\\2&-1\\1&0\end{pmatrix}\begin{pmatrix}3&2\\5&3\end{pmatrix}=\begin{pmatrix}1&1\\18&11\\3&2\end{pmatrix}.$$

53.【解析】因为 $$(A+2E)^{-1}=\begin{pmatrix}1&0&0\\1&1&0\\1&1&1\end{pmatrix}^{-1}=\begin{pmatrix}1&0&0\\-1&1&0\\0&-1&1\end{pmatrix},$$

$$A^2-3E=\begin{pmatrix}1&0&0\\-2&1&0\\-1&-2&1\end{pmatrix}-\begin{pmatrix}3&0&0\\0&3&0\\0&0&3\end{pmatrix}=\begin{pmatrix}-2&0&0\\-2&-2&0\\-1&-2&-2\end{pmatrix},$$

所以 $$(A+2E)^{-1}(A^2-3E)=\begin{pmatrix}1&0&0\\-1&1&0\\0&-1&1\end{pmatrix}\begin{pmatrix}-2&0&0\\-2&-2&0\\-1&-2&-2\end{pmatrix}=\begin{pmatrix}-2&0&0\\0&-2&0\\1&0&-2\end{pmatrix}.$$

54.【解析】由 $XA=B+2X$ 得 $XA-2X=B$,即 $X(A-2E)=B$,故

$$X=B(A-2E)^{-1}=\begin{pmatrix}1&0&0&0\\1&2&0&0\\2&1&1&0\\1&2&2&4\end{pmatrix}\begin{pmatrix}-1&-1&0&0\\-1&-2&0&0\\0&0&2&3\\0&0&1&2\end{pmatrix}^{-1}$$

$$=\begin{pmatrix}1&0&0&0\\1&2&0&0\\2&1&1&0\\1&2&2&4\end{pmatrix}\begin{pmatrix}-2&1&0&0\\1&-1&0&0\\0&0&2&-3\\0&0&-1&2\end{pmatrix}=\begin{pmatrix}-2&1&0&0\\0&-1&0&0\\-3&1&2&-3\\0&-1&0&2\end{pmatrix}.$$

55.【解析】可求得 $|A|=3\neq0$,所以 A 可逆. 由等式 $ABA^*=2BA^*+E$ 两边右乘矩阵 A 得 $ABA^*A=2BA^*A+A$,注意到 $A^*A=|A|E=3E$,则有 $3AB=6B+A$,则有 $3(A-2E)B=A$,即 $B=\frac{1}{3}(A-2E)^{-1}A$. 又

$$A-2E=\begin{pmatrix}0&1&0\\1&0&0\\0&0&-1\end{pmatrix},|A-2E|=1,$$

故
$$|B|=\left|\frac{1}{3}(A-2E)^{-1}A\right|=\left(\frac{1}{3}\right)^3\frac{|A|}{|A-2E|}=\frac{1}{9}.$$

56.【证明】(1)由于
$$AA^*=A^*A=|A|E=0,$$
若$|A^*|\neq 0$,则A^*可逆,则$A=AA^*(A^*)^{-1}=0$,故$|A|$的所有$n-1$阶余子式均为零,即$A^*=0$,这与A^*可逆矛盾. 因此$|A^*|=0$.

(2)若$|A|=0$,显然$|A^*|=0=|A|^{n-1}$.

若$|A|\neq 0$,则$|AA^*|=||A|E|=|A|^n$,即$|A^*|=|A|^{n-1}$.

57.【证明】因为
$$\begin{aligned}&(E-A)(E+A+A^2+\cdots+A^{k-1})\\&=E+A+A^2+\cdots+A^{k-1}-(A+A^2+\cdots+A^k)=E-A^k=E,\end{aligned}$$
所以$E-A$可逆,且
$$(E-A)^{-1}=E+A+A^2+\cdots+A^{k-1}.$$

58.【解析】**方法一** 由题意得$A^2=\begin{pmatrix}a^2&0&2a\\0&a^2&0\\0&0&a^2\end{pmatrix}$,设$A^k=\begin{pmatrix}a^k&0&ka^{k-1}\\0&a^k&0\\0&0&a^k\end{pmatrix}$,

则
$$A^{k+1}=A^kA=\begin{pmatrix}a^k&0&ka^{k-1}\\0&a^k&0\\0&0&a^k\end{pmatrix}\begin{pmatrix}a&0&1\\0&a&0\\0&0&a\end{pmatrix}=\begin{pmatrix}a^{k+1}&0&(k+1)a^k\\0&a^{k+1}&0\\0&0&a^{k+1}\end{pmatrix},$$

故
$$A^k=\begin{pmatrix}a^k&0&ka^{k-1}\\0&a^k&0\\0&0&a^k\end{pmatrix}.$$

方法二 令$A=\begin{pmatrix}a&0&0\\0&a&0\\0&0&a\end{pmatrix}+\begin{pmatrix}0&0&1\\0&0&0\\0&0&0\end{pmatrix}=aE+H$,其中$H=\begin{pmatrix}0&0&1\\0&0&0\\0&0&0\end{pmatrix}$,且$H^2=0$,

$(aE)H=H(aE)$,故
$$A^k=(aE+H)^k=(aE)^k+k(aE)^{k-1}H=a^kE+ka^{k-1}H=\begin{pmatrix}a^k&0&ka^{k-1}\\0&a^k&0\\0&0&a^k\end{pmatrix}.$$

59.【解析】**方法一** 由$A=\begin{pmatrix}1&0&1\\0&2&0\\1&0&1\end{pmatrix}$得$A^2=\begin{pmatrix}2&0&2\\0&4&0\\2&0&2\end{pmatrix}=2A$,则有$A^3=2A^2=2^2A$.

猜想$A^k=2^{k-1}A$,用数学归纳法证明:

①当$n=2$时,结论成立.

②假设结论对 $n=k$ 成立，即$\boldsymbol{A}^k=2^{k-1}\boldsymbol{A}$，那么当 $n=k+1$ 时，

$$\boldsymbol{A}^{k+1}=\boldsymbol{A}^k\cdot\boldsymbol{A}=2^{k-1}\boldsymbol{A}\cdot\boldsymbol{A}=2^k\boldsymbol{A}\text{，所以当 }n=k+1\text{ 时结论成立，}$$

故
$$\boldsymbol{A}^n=2^{n-1}\boldsymbol{A}=\begin{pmatrix}2^{n-1}&0&2^{n-1}\\0&2^n&0\\2^{n-1}&0&2^{n-1}\end{pmatrix}.$$

方法二 设 $\boldsymbol{A}=\begin{pmatrix}1&0&1\\0&0&0\\1&0&1\end{pmatrix}+\begin{pmatrix}0&0&0\\0&2&0\\0&0&0\end{pmatrix}=\boldsymbol{B}+\boldsymbol{C}$，其中 $\boldsymbol{B}=\begin{pmatrix}1&0&1\\0&0&0\\1&0&1\end{pmatrix}=\begin{pmatrix}1\\0\\1\end{pmatrix}(1,0,1)$，

$\boldsymbol{C}=\begin{pmatrix}0&0&0\\0&2&0\\0&0&0\end{pmatrix}$，且有 $\boldsymbol{BC}=\boldsymbol{CB}=\boldsymbol{O}$，从而

$$\boldsymbol{A}^n=(\boldsymbol{B}+\boldsymbol{C})^n=\boldsymbol{B}^n+\boldsymbol{C}^n=2^{n-1}\boldsymbol{B}+\begin{pmatrix}0&0&0\\0&2^n&0\\0&0&0\end{pmatrix}=\begin{pmatrix}2^{n-1}&0&2^{n-1}\\0&2^n&0\\2^{n-1}&0&2^{n-1}\end{pmatrix}.$$

方法三

$$|\lambda\boldsymbol{E}-\boldsymbol{A}|=\begin{vmatrix}\lambda-1&0&-1\\0&\lambda-2&0\\-1&0&\lambda-1\end{vmatrix}=\lambda(\lambda-2)^2,$$

于是 $\boldsymbol{A}$ 的特征值为 $\lambda_1=0,\lambda_2=\lambda_3=2$. 可求得对应 $\lambda_1=0$ 的特征向量$\boldsymbol{P}_1=(-1,0,1)^{\mathrm{T}}$；对应 $\lambda_2=\lambda_3=2$ 的线性无关特征向量为$\boldsymbol{P}_2=(1,0,1)^{\mathrm{T}},\boldsymbol{P}_3=(0,1,0)^{\mathrm{T}}$，令

$$\boldsymbol{P}=\begin{pmatrix}-1&1&0\\0&0&1\\1&1&0\end{pmatrix}\text{，则}\boldsymbol{P}^{-1}\boldsymbol{AP}=\begin{pmatrix}0&0&0\\0&2&0\\0&0&2\end{pmatrix},$$

从而

$$\boldsymbol{A}^n=\left[\boldsymbol{P}\begin{pmatrix}0&0&0\\0&2&0\\0&0&2\end{pmatrix}\boldsymbol{P}^{-1}\right]^n=\boldsymbol{P}\begin{pmatrix}0&0&0\\0&2^n&0\\0&0&2^n\end{pmatrix}\boldsymbol{P}^{-1}$$

$$=\begin{pmatrix}-1&1&0\\0&0&1\\1&1&0\end{pmatrix}\begin{pmatrix}0&0&0\\0&2^n&0\\0&0&2^n\end{pmatrix}\begin{pmatrix}-\frac{1}{2}&0&\frac{1}{2}\\\frac{1}{2}&0&\frac{1}{2}\\0&1&0\end{pmatrix}=\begin{pmatrix}2^{n-1}&0&2^{n-1}\\0&2^n&0\\2^{n-1}&0&2^{n-1}\end{pmatrix}.$$

60.【解析】因为 $\boldsymbol{A}=\boldsymbol{P\Lambda P}^{-1}$，且$\boldsymbol{P}^{-1}=\begin{pmatrix}-1&0&1\\1&1&-1\\1&0&0\end{pmatrix}$，所以

$$A^n=(P\Lambda P^{-1})^n=\underbrace{(P\Lambda P^{-1})(P\Lambda P^{-1})\cdots(P\Lambda P^{-1})}_{n\text{个式子相乘}}=P\Lambda^nP^{-1}$$

$$=\begin{pmatrix}0&0&1\\1&1&0\\1&0&1\end{pmatrix}\begin{pmatrix}1^n&0&0\\0&2^n&0\\0&0&2^n\end{pmatrix}\begin{pmatrix}-1&0&1\\1&1&-1\\1&0&0\end{pmatrix}=\begin{pmatrix}2^n&0&0\\2^n-1&2^n&1-2^n\\2^n-1&0&1\end{pmatrix}.$$

61.【解析】因为$|P|=6$，所以 P 可逆，故 $A=P\Lambda P^{-1}$. 又 $\varphi(1)=0,\varphi(2)=10,\ \varphi(-3)=0$，于是

$$\varphi(\Lambda)=\begin{pmatrix}1&0&0\\0&2&0\\0&0&-3\end{pmatrix}^3+2\begin{pmatrix}1&0&0\\0&2&0\\0&0&-3\end{pmatrix}^2-3\begin{pmatrix}1&0&0\\0&2&0\\0&0&-3\end{pmatrix}$$

$$=\begin{pmatrix}\varphi(1)&0&0\\0&\varphi(2)&0\\0&0&\varphi(-3)\end{pmatrix}=\begin{pmatrix}0&0&0\\0&10&0\\0&0&0\end{pmatrix},$$

进而

$$\varphi(A)=P\varphi(\Lambda)P^{-1}=P\varphi(\Lambda)\frac{1}{|P|}P^*$$

$$=\frac{1}{6}\begin{pmatrix}-1&1&1\\1&0&2\\1&1&-1\end{pmatrix}\begin{pmatrix}0&0&0\\0&10&0\\0&0&0\end{pmatrix}\begin{pmatrix}-1&1&1\\1&0&2\\1&1&-1\end{pmatrix}^*$$

$$=\frac{1}{6}\begin{pmatrix}-1&1&1\\1&0&2\\1&1&-1\end{pmatrix}\begin{pmatrix}0&0&0\\0&10&0\\0&0&0\end{pmatrix}\begin{pmatrix}P_{11}&P_{21}&P_{31}\\P_{12}&P_{22}&P_{32}\\P_{13}&P_{23}&P_{33}\end{pmatrix}$$

$$=\frac{1}{6}\begin{pmatrix}-1&1&1\\1&0&2\\1&1&-1\end{pmatrix}\begin{pmatrix}0&0&0\\10P_{12}&10P_{22}&10P_{32}\\0&0&0\end{pmatrix}$$

$$=\frac{1}{6}\begin{pmatrix}-1&1&1\\1&0&2\\1&1&-1\end{pmatrix}\begin{pmatrix}0&0&0\\30&0&30\\0&0&0\end{pmatrix}=\begin{pmatrix}5&0&5\\0&0&0\\5&0&5\end{pmatrix}.$$

62.【解析】令 $A+aB=C$，其中 $C=\begin{pmatrix}3&3\\2&4\end{pmatrix}$，联立$\begin{cases}A+aB=C, & (2.1)\\A+B=E & (2.2)\end{cases}$

由(2.1)式减去(2.2)式得，$(a-1)B=C-E=\begin{pmatrix}2&3\\2&3\end{pmatrix}$，

由(2.1)式减去 a 倍的(2.2)式得，$(1-a)A=C-aE=\begin{pmatrix}3-a&3\\2&4-a\end{pmatrix}$，

于是由 $AB=O$ 得，

$$\boldsymbol{O}=-(a-1)^2\boldsymbol{AB}=\begin{pmatrix}3-a & 3\\ 2 & 4-a\end{pmatrix}\begin{pmatrix}2 & 3\\ 2 & 3\end{pmatrix}=\begin{pmatrix}12-2a & 18-3a\\ 12-2a & 18-3a\end{pmatrix},$$

解得 $a=6$. 故

$$\boldsymbol{A}=\frac{1}{1-a}\begin{pmatrix}3-a & 3\\ 2 & 4-a\end{pmatrix}=\begin{pmatrix}\frac{3}{5} & -\frac{3}{5}\\ -\frac{2}{5} & \frac{2}{5}\end{pmatrix},\boldsymbol{B}=\frac{1}{a-1}\begin{pmatrix}2 & 3\\ 2 & 3\end{pmatrix}=\begin{pmatrix}\frac{2}{5} & \frac{3}{5}\\ \frac{2}{5} & \frac{3}{5}\end{pmatrix}.$$

63.【解析】可能存在等于 0 的 $r-1$ 阶子式. 例如,虽然 $\boldsymbol{A}=\begin{pmatrix}1 & 0\\ 0 & 1\end{pmatrix}$ 的秩为 2,但是 $\boldsymbol{A}$ 中有 1 阶子式为 0.

可能存在等于 0 的 r 阶子式. 例如,虽然 $\boldsymbol{B}=\begin{pmatrix}1 & 0\\ 0 & 0\end{pmatrix}$ 的秩为 1,但 $\boldsymbol{B}$ 中有 1 阶子式为 0;没有不等于 0 的 $r+1$ 阶子式(由定义即知).

64.【解析】(1)$\boldsymbol{A}$ 中有 2 阶子式 $D=\begin{vmatrix}3 & 1\\ 1 & 1\end{vmatrix}=2\neq0$,而 $\boldsymbol{A}$ 的所有 4 个 3 阶子式为

$$\begin{vmatrix}3 & 1 & 2\\ 1 & 1 & 2\\ -1 & 1 & 2\end{vmatrix}=0,\begin{vmatrix}3 & 1 & -3\\ 1 & 1 & -1\\ -1 & 1 & 1\end{vmatrix}=0,\begin{vmatrix}3 & 2 & -3\\ 1 & 2 & -1\\ -1 & 2 & 1\end{vmatrix}=0,\begin{vmatrix}1 & 2 & -3\\ 1 & 2 & -1\\ 1 & 2 & 1\end{vmatrix}=0,$$

故 $R(\boldsymbol{A})=2$.

(2)由于 $$\det\boldsymbol{B}=\begin{vmatrix}1 & 2 & 1\\ 1 & 0 & 2\\ 1 & 1 & 1\end{vmatrix}\xrightarrow[r_3-r_2]{r_1-r_2}\begin{vmatrix}0 & 2 & -1\\ 1 & 0 & 2\\ 0 & 1 & -1\end{vmatrix}=-\begin{vmatrix}2 & -1\\ 1 & -1\end{vmatrix}=1,$$

所以 $R(\boldsymbol{B})=3$.

65.【解析】 (1)$$\boldsymbol{A}\xrightarrow[r_3-2r_4]{r_1-2r_4}\begin{pmatrix}0 & 0 & 4 & -4 & 4\\ 0 & 2 & 1 & 5 & -1\\ 0 & -2 & 3 & -9 & 5\\ 1 & 1 & 0 & 4 & -1\end{pmatrix}\xrightarrow[r_1\leftrightarrow r_4]{r_3+r_2}\begin{pmatrix}1 & 1 & 0 & 4 & -1\\ 0 & 2 & 1 & 5 & -1\\ 0 & 0 & 4 & -4 & 4\\ 0 & 0 & 4 & -4 & 4\end{pmatrix}$$

$$\xrightarrow{r_4-r_3}\begin{pmatrix}1 & 1 & 0 & 4 & -1\\ 0 & 2 & 1 & 5 & -1\\ 0 & 0 & 4 & -4 & 4\\ 0 & 0 & 0 & 0 & 0\end{pmatrix},$$

故 $R(\boldsymbol{A})=3$.

(2)$$\boldsymbol{B}\xrightarrow[r_3-3r_1]{r_2-r_1}\begin{pmatrix}1 & 2 & 2 & -1\\ 0 & 3 & -7 & 4\\ 0 & -6 & 14 & -8\end{pmatrix}\xrightarrow{r_3+2r_2}\begin{pmatrix}1 & 2 & 2 & -1\\ 0 & 3 & -7 & 4\\ 0 & 0 & 0 & 0\end{pmatrix},$$

故 $R(\boldsymbol{B})=2$.

66.【解析】(1) $(\boldsymbol{B},\boldsymbol{E})=\begin{pmatrix}1&2&1&1&0&0\\2&1&2&0&1&0\\1&1&2&0&0&1\end{pmatrix}\xrightarrow[r_3-r_1]{r_2-2r_1}\begin{pmatrix}1&2&1&1&0&0\\0&-3&0&-2&1&0\\0&-1&1&-1&0&1\end{pmatrix}$

$$\xrightarrow[\substack{r_1-2r_2\\r_3+r_2}]{r_2\times\left(-\frac{1}{3}\right)}\begin{pmatrix}1&0&1&-\frac{1}{3}&\frac{2}{3}&0\\0&1&0&\frac{2}{3}&-\frac{1}{3}&0\\0&0&1&-\frac{1}{3}&-\frac{1}{3}&1\end{pmatrix}\xrightarrow{r_1-r_3}\begin{pmatrix}1&0&0&0&1&-1\\0&1&0&\frac{2}{3}&-\frac{1}{3}&0\\0&0&1&-\frac{1}{3}&-\frac{1}{3}&1\end{pmatrix},$$

故$\boldsymbol{B}^{-1}=\begin{pmatrix}0&1&-1\\\frac{2}{3}&-\frac{1}{3}&0\\-\frac{1}{3}&-\frac{1}{3}&1\end{pmatrix}$.

(2) $(\boldsymbol{C},\boldsymbol{E})=\left(\begin{array}{cccc:cccc}1&-2&-3&-2&1&0&0&0\\1&-1&-1&-1&0&1&0&0\\1&1&2&1&0&0&1&0\\3&0&2&1&0&0&0&1\end{array}\right)$

$$\xrightarrow[r_4-3r_1]{\substack{r_2-r_1\\r_3-r_1}}\left(\begin{array}{cccc:cccc}1&-2&-3&-2&1&0&0&0\\0&1&2&1&-1&1&0&0\\0&3&5&3&-1&0&1&0\\0&6&11&7&-3&0&0&1\end{array}\right)$$

$$\xrightarrow[r_4-6r_2]{\substack{r_1+2r_2\\r_3-3r_2}}\left(\begin{array}{cccc:cccc}1&0&1&0&-1&2&0&0\\0&1&2&1&-1&1&0&0\\0&0&-1&0&2&-3&1&0\\0&0&-1&1&3&-6&0&1\end{array}\right)$$

$$\xrightarrow{\substack{r_1+r_3\\r_2+2r_3\\r_4-r_3\\r_3\times(-1)}}\left(\begin{array}{cccc:cccc}1&0&0&0&1&-1&1&0\\0&1&0&1&3&-5&2&0\\0&0&1&0&-2&3&-1&0\\0&0&0&1&1&-3&-1&1\end{array}\right)$$

$$\xrightarrow{r_2-r_4}\left(\begin{array}{cccc:cccc}1&0&0&0&1&-1&1&0\\0&1&0&0&2&-2&3&-1\\0&0&1&0&-2&3&-1&0\\0&0&0&1&1&-3&-1&1\end{array}\right),$$

故$C^{-1}=\begin{pmatrix}1&-1&1&0\\2&-2&3&-1\\-2&3&-1&0\\1&-3&-1&1\end{pmatrix}$.

(3)$(D,E)=\begin{pmatrix} & & & d_1 & 1 & & & \\ & & d_2 & & & 1 & & \\ & \iddots & & & & & \ddots & \\ d_n & & & & & & & 1\end{pmatrix}$

$$\xrightarrow[\substack{r_1\times\frac{1}{d_1}\\ r_2\times\frac{1}{d_2}\\ \vdots \\ r_n\times\frac{1}{d_n}}]{}\begin{pmatrix} & & & 1 & \frac{1}{d_1} & & & \\ & & 1 & & & \frac{1}{d_2} & & \\ & \iddots & & & & & \ddots & \\ 1 & & & & & & & \frac{1}{d_n}\end{pmatrix}\longrightarrow\begin{pmatrix}1 & & & & & & & \frac{1}{d_n} \\ & 1 & & & & & \frac{1}{d_{n-1}} & \\ & & \ddots & & & \iddots & & \\ & & & 1 & \frac{1}{d_1} & & & \end{pmatrix},$$

故$D^{-1}=\begin{pmatrix} & & & \frac{1}{d_n}\\ & & \frac{1}{d_{n-1}} & \\ & \iddots & & \\ \frac{1}{d_1} & & & \end{pmatrix}$.

67.【解析】(1)设$D=\begin{pmatrix}A&C\\O&B\end{pmatrix}$可逆,且$D^{-1}=\begin{pmatrix}X&Z\\W&Y\end{pmatrix}$,其中$X,Y$分别为与$A,B$同阶的方阵,则应有$D^{-1}D=\begin{pmatrix}X&Z\\W&Y\end{pmatrix}\begin{pmatrix}A&C\\O&B\end{pmatrix}=E$,即$\begin{pmatrix}XA&XC+ZB\\WA&WC+YB\end{pmatrix}=\begin{pmatrix}E&O\\O&E\end{pmatrix}$,于是得

$$\begin{cases}XA=E\\WA=O\\XC+ZB=O\\WC+YB=E\end{cases}.$$

由于A,B均为可逆矩阵,故解得

$$X=A^{-1},W=O,Y=B^{-1},Z=-A^{-1}CB^{-1},$$

所以$\begin{pmatrix}A&C\\O&B\end{pmatrix}^{-1}=\begin{pmatrix}A^{-1}&-A^{-1}CB^{-1}\\O&B^{-1}\end{pmatrix}$.

(2)设$D=\begin{pmatrix}C&A\\B&O\end{pmatrix}$可逆,且$D^{-1}=\begin{pmatrix}X&Z\\W&Y\end{pmatrix}$,其中$X,Y$分别为与$B,A$同阶的方阵,则应有

$$D^{-1}D=\begin{pmatrix}X & Z\\ W & Y\end{pmatrix}\begin{pmatrix}C & A\\ B & O\end{pmatrix}=E$$，即 $\begin{pmatrix}XC+ZB & XA\\ WC+YB & WA\end{pmatrix}=\begin{pmatrix}E & O\\ O & E\end{pmatrix}$，于是得

$$\begin{cases}XC+ZB=E\\ WC+YB=O\\ XA=O\\ WA=E\end{cases}.$$

由于 A,B 均为可逆矩阵，故解得

$$X=O,W=A^{-1},Z=B^{-1},Y=-A^{-1}CB^{-1},$$

所以 $\begin{pmatrix}C & A\\ B & O\end{pmatrix}^{-1}=\begin{pmatrix}O & B^{-1}\\ A^{-1} & -A^{-1}CB^{-1}\end{pmatrix}$.

(3) 令 $A=\begin{pmatrix}0 & 0 & 5 & 2\\ 0 & 0 & 2 & 1\\ 1 & -2 & 0 & 0\\ 1 & 1 & 0 & 0\end{pmatrix}=\begin{pmatrix}O & A_1\\ A_2 & O\end{pmatrix}$,

其中 $A_1=\begin{pmatrix}5 & 2\\ 2 & 1\end{pmatrix}$，$A_2=\begin{pmatrix}1 & -2\\ 1 & 1\end{pmatrix}$，可求得

$$A_1^{-1}=\frac{1}{|A_1|}A_1^*=\begin{pmatrix}1 & -2\\ -2 & 5\end{pmatrix},A_2^{-1}=\frac{1}{|A_2|}A_2^*=\frac{1}{3}\begin{pmatrix}1 & 2\\ -1 & 1\end{pmatrix},$$

从而

$$A^{-1}=\begin{pmatrix}O & A_2^{-1}\\ A_1^{-1} & O\end{pmatrix}=\begin{pmatrix}0 & 0 & \frac{1}{3} & \frac{2}{3}\\ 0 & 0 & -\frac{1}{3} & \frac{1}{3}\\ 1 & -2 & 0 & 0\\ -2 & 5 & 0 & 0\end{pmatrix}.$$

68.【解析】对 $AA^*=|A^*|E$ 两边取行列式得 $|A||A|^*=|A|^4$，于是

$$|A|^3=|A|^*=\begin{vmatrix}4 & 3 & 0 & 0\\ -1 & 0 & 0 & 0\\ 0 & 0 & 3 & -6\\ 0 & 0 & -3 & 3\end{vmatrix}=\begin{vmatrix}4 & 3\\ -1 & 0\end{vmatrix}\begin{vmatrix}3 & -6\\ -3 & 3\end{vmatrix}=-27,$$

即 $|A|=-3$，故

$$A^{-1}=\frac{1}{|A|}A^*=\begin{pmatrix}-\frac{4}{3} & -1 & 0 & 0\\ \frac{1}{3} & 0 & 0 & 0\\ 0 & 0 & -1 & 2\\ 0 & 0 & 1 & -1\end{pmatrix}.$$

又因为 $A^*=\begin{pmatrix}A_1 & O\\ O & A_2\end{pmatrix}$，其中 $A_1=\begin{pmatrix}4 & 3\\ -1 & 0\end{pmatrix}$，$A_2=\begin{pmatrix}3 & -6\\ -3 & 3\end{pmatrix}$，可求得

$$A_1^{-1}=\frac{1}{|A_1|}A_1^*=\frac{1}{3}\begin{pmatrix}0 & -1\\ 1 & 4\end{pmatrix},A_2^{-1}=\frac{1}{|A_2|}A_2^*=-\frac{1}{9}\begin{pmatrix}3 & 6\\ 3 & 3\end{pmatrix},$$

故由 $AA^*=|A|E$ 得

$$A=|A|(A^*)^{-1}=|A|\begin{pmatrix}A_1^{-1} & O\\ O & A_2^{-1}\end{pmatrix}=\begin{pmatrix}0 & 3 & 0 & 0\\ -1 & -4 & 0 & 0\\ 0 & 0 & 1 & 2\\ 0 & 0 & 1 & 1\end{pmatrix}.$$

69.【解析】 由于

$$(A,B)=\left(\begin{array}{ccc:cc}5 & 1 & -5 & -8 & -5\\ 3 & -3 & 2 & 3 & 9\\ 1 & -2 & 1 & 0 & 0\end{array}\right)\xrightarrow{r_1\leftrightarrow r_3}\left(\begin{array}{ccc:cc}1 & -2 & 1 & 0 & 0\\ 3 & -3 & 2 & 3 & 9\\ 5 & 1 & -5 & -8 & -5\end{array}\right)$$

$$\xrightarrow[r_3-5r_1]{r_2-3r_1}\left(\begin{array}{ccc:cc}1 & -2 & 1 & 0 & 0\\ 0 & 3 & -1 & 3 & 9\\ 0 & 11 & -10 & -8 & -5\end{array}\right)\xrightarrow{r_3-4r_1}\left(\begin{array}{ccc:cc}1 & -2 & 1 & 0 & 0\\ 0 & 3 & -1 & 3 & 9\\ 0 & -1 & -6 & -20 & -41\end{array}\right)$$

$$\xrightarrow{r_3\leftrightarrow r_2}\left(\begin{array}{ccc:cc}1 & -2 & 1 & 0 & 0\\ 0 & -1 & -6 & -20 & -41\\ 0 & 3 & -1 & 3 & 9\end{array}\right)\xrightarrow{r_3+3r_2}\left(\begin{array}{ccc:cc}1 & -2 & 1 & 0 & 0\\ 0 & -1 & -6 & -20 & -41\\ 0 & 0 & -19 & -57 & -114\end{array}\right)$$

$$\xrightarrow{-\frac{1}{19}r_3}\left(\begin{array}{ccc:cc}1 & -2 & 1 & 0 & 0\\ 0 & -1 & -6 & -20 & -41\\ 0 & 0 & 1 & 3 & 6\end{array}\right)\xrightarrow[r_1-r_3]{r_2-4r_3}\left(\begin{array}{ccc:cc}1 & -2 & 0 & -3 & -6\\ 0 & -1 & 0 & -2 & -5\\ 0 & 0 & 1 & 3 & 6\end{array}\right)$$

$$\xrightarrow{r_1-2r_2}\left(\begin{array}{ccc:cc}1 & 0 & 0 & 1 & 4\\ 0 & -1 & 0 & -2 & -5\\ 0 & 0 & 1 & 3 & 6\end{array}\right)\xrightarrow{(-1)r_2}\left(\begin{array}{ccc:cc}1 & 0 & 0 & 1 & 4\\ 0 & 1 & 0 & 2 & 5\\ 0 & 0 & 1 & 3 & 6\end{array}\right),$$

所以
$$X=\begin{pmatrix}1 & 4\\ 2 & 5\\ 3 & 6\end{pmatrix}.$$

70.【解析】由矩阵的初等行变换：

$$(A^{\mathrm{T}},B^{\mathrm{T}})=\left(\begin{array}{ccc:cc}0 & 2 & -3 & 1 & 2\\ 2 & -1 & 3 & 2 & -3\\ 1 & 3 & -4 & 3 & 1\end{array}\right)\xrightarrow{r_1\leftrightarrow r_3}\left(\begin{array}{ccc:cc}1 & 3 & -4 & 3 & 1\\ 2 & -1 & 3 & 2 & -3\\ 0 & 2 & -3 & 1 & 2\end{array}\right)$$

$$\xrightarrow{r_2-2r_1}\left(\begin{array}{ccc:cc}1 & 3 & -4 & 3 & 1\\ 0 & -7 & 11 & -4 & -5\\ 0 & 2 & -3 & 1 & 2\end{array}\right)\xrightarrow{r_2-4r_3}\left(\begin{array}{ccc:cc}1 & 3 & -4 & 3 & 1\\ 0 & 1 & -1 & 0 & 3\\ 0 & 2 & -3 & 1 & 2\end{array}\right)$$

$$\xrightarrow[r_1-3r_2]{r_3-2r_2}\left(\begin{array}{ccc:cc}1&0&-1&3&-8\\0&1&-1&0&3\\0&0&-1&1&-4\end{array}\right)\xrightarrow[\substack{r_2+r_3\\r_1+r_3}]{r_3\times(-1)}\left(\begin{array}{ccc:cc}1&0&0&3&-4\\0&1&0&-1&7\\0&0&0&-1&4\end{array}\right),$$

由此 $\boldsymbol{X}^{\mathrm{T}}=\begin{pmatrix}2&-4\\-1&7\\-1&4\end{pmatrix}$，所以 $\boldsymbol{X}=\begin{pmatrix}2&-1&-1\\-4&7&4\end{pmatrix}$.

71.【解析】由于

$$\boldsymbol{A}=\begin{pmatrix}1&-2&-1&0&2\\-2&4&2&6&-6\\2&-1&0&2&3\\3&3&3&3&4\end{pmatrix}\xrightarrow[\substack{r_3-2r_1\\r_4-3r_1}]{r_2+2r_1}\begin{pmatrix}1&-2&-1&0&2\\0&0&0&6&-2\\0&3&2&2&-1\\0&9&6&3&-2\end{pmatrix}\xrightarrow[r_2\leftrightarrow r_3]{r_1\leftrightarrow r_2}\begin{pmatrix}1&-2&-1&0&2\\0&3&2&2&-1\\0&9&6&3&-2\\0&0&0&6&-2\end{pmatrix}$$

$$\xrightarrow{r_3-3r_2}\begin{pmatrix}1&-2&-1&0&2\\0&3&2&2&-1\\0&0&0&-3&1\\0&0&0&6&-2\end{pmatrix}\xrightarrow{r_4+2r_3}\begin{pmatrix}1&-2&-1&0&2\\0&3&2&2&-1\\0&0&0&-3&1\\0&0&0&0&0\end{pmatrix},$$

故 $R(\boldsymbol{A})=3$.

由 $R(\boldsymbol{A})=3$ 知 $\boldsymbol{A}$ 的非零子式最高阶是 3. 又由 $\boldsymbol{A}$ 的行阶梯矩阵可以得知，$\boldsymbol{A}$ 的第 1 列、第 2 列、第 4 列所构成的矩阵一定有一个三阶非零子式. 事实上

$$\begin{vmatrix}1&-2&0\\-2&4&6\\2&-1&2\end{vmatrix}=\begin{vmatrix}1&-2&0\\0&0&6\\2&-1&2\end{vmatrix}=-18\neq0,$$

因此，这个式子就是 $\boldsymbol{A}$ 的一个最高阶非零子式.

72.【解析】由于

$$|\boldsymbol{A}|=\begin{vmatrix}1&-2&3k\\-1&2k&-3\\k&-2&3\end{vmatrix}=\begin{vmatrix}1&-2&3k\\0&2k-2&3k-3\\0&2k-2&3-3k^2\end{vmatrix}=6(k-1)^2\begin{vmatrix}1&1\\1&-(k+1)\end{vmatrix}$$

$$=-6(k-1)^2(k+2),$$

当 $k\neq1$ 且 $k\neq-2$ 时，矩阵 $\boldsymbol{A}$ 的最高阶非零子式的阶数是 3，所以 $R(\boldsymbol{A})=3$.

当 $k=1$ 时，由于

$$\boldsymbol{A}=\begin{pmatrix}1&-2&3\\-1&2&-3\\1&-2&3\end{pmatrix}\xrightarrow[r_3-r_1]{r_2+r_1}\begin{pmatrix}1&-2&3\\0&0&0\\0&0&0\end{pmatrix},$$

所以 $R(\boldsymbol{A})=1$.

当 $k=-2$ 时，由于

$$A=\begin{pmatrix}1&-2&-6\\-1&-4&-3\\-2&-2&3\end{pmatrix}\xrightarrow[r_3+2r_1]{r_2+r_1}\begin{pmatrix}1&-2&-6\\0&-6&-9\\0&-6&-9\end{pmatrix}\xrightarrow{r_3-r_2}\begin{pmatrix}1&-2&-6\\0&-6&-9\\0&0&0\end{pmatrix},$$

所以 $R(A)=2$.

73.【解析】对矩阵 A 作初等变换，将其化为阶梯矩阵，有

$$A=\begin{pmatrix}1&1&1&1\\0&-1&1&b\\2&a&3&4\\3&1&5&7\end{pmatrix}\xrightarrow[r_4-4r_1]{r_3-2r_1}\begin{pmatrix}1&1&1&1\\0&-1&1&b\\0&a-2&1&2\\0&-2&2&4\end{pmatrix}\xrightarrow{r_4-2r_2}\begin{pmatrix}1&1&1&1\\0&-1&1&b\\0&0&a-1&ab-2b+2\\0&0&0&2(2-b)\end{pmatrix}.$$

当 $a\neq1$ 且 $b\neq2$ 时，秩 $R(A)=4$.

当 $a=1$ 且 $b=2$ 时，秩 $R(A)=2$.

当 $a\neq1$ 且 $b=2$ 或 $a=1$ 且 $b\neq2$ 时，秩 $R(A)=3$.

二、提高篇

1. 答案 B 【解析】由于 $A^{T}A=(a_1,a_2,a_3)(a_1,a_2,a_3)^{T}=a_1^2+a_2^2+a_3^2$，又

$$AA^{T}=\begin{pmatrix}a_1\\a_2\\a_3\end{pmatrix}(a_1,a_2,a_3)=\begin{pmatrix}a_1^2&a_1a_2&a_1a_3\\a_2a_1&a_2^2&a_2a_3\\a_3a_1&a_3a_2&a_3^2\end{pmatrix},$$

由已知条件可得 $A^{T}A=a_1^2+a_2^2+a_3^2=1+9+4=14$. 因此，应选 B.

2. 答案 A 【解析】由 $A^{*}=A^{T}$，得 $a_{ij}=A_{ij}(i,j=1,2,3)$，于是由行列式的展开定理可知

$$|A|=a_{11}A_{11}+a_{12}A_{12}+a_{13}A_{13}=a_{11}a_{11}+a_{12}a_{12}+a_{13}a_{13},$$

注意到 $a_{11}=a_{12}=a_{13}\neq0$，从而 $|A|=3a_{11}^2>0$.

另一方面，由 $|A^{*}|=|A|^{n-1}$ 及 $|A|=|A^{T}|$ 得 $|A|^2=|A|$，进而 $|A|=1$ 或 $|A|=0$.

综上所述，$|A|=1$，故而 $a_{11}=\frac{\sqrt{3}}{3}$. 因此应选 A.

3. 答案 C 【解析】**方法一** 由于

$$(A^{-1}+B^{-1})^{-1}=[B^{-1}(BA^{-1}+E)]^{-1}=[B^{-1}(B+A)A^{-1}]^{-1}=A(A+B)^{-1}B,$$

因此，应选 C.

方法二 因为

$$\begin{aligned}(A^{-1}+B^{-1})[A(A+B)^{-1}B]&=(A+B)^{-1}B+B^{-1}A(A+B)^{-1}B\\&=B^{-1}[B(A+B)^{-1}B+A(A+B)^{-1}B]=B^{-1}[B+A](A+B)^{-1}B=B^{-1}B=E,\end{aligned}$$

故应选 C.

方法三 取 $A=E,B=2E$，则 $A^{-1}=E,B^{-1}=\frac{1}{2}E$，进而

$$(A^{-1}+B^{-1})^{-1}=\left(E+\frac{1}{2}E\right)^{-1}=\left(\frac{3}{2}E\right)^{-1}=\frac{2}{3}E.$$

又 $A^{-1}+B^{-1}=\frac{3}{2}E$，$A+B=3E$，$(A+B)^{-1}=(3E)^{-1}=\frac{1}{3}E$，从而排除选项 A、B、D，故应选 C.

4. 答案 C 【解析】方法一 取 $A=\begin{pmatrix}a_{11}&a_{12}\\a_{21}&a_{22}\end{pmatrix}$，则 $A^*=\begin{pmatrix}a_{22}&-a_{12}\\-a_{21}&a_{11}\end{pmatrix}$，$(A^*)^*=\begin{pmatrix}a_{11}&a_{12}\\a_{21}&a_{22}\end{pmatrix}=A$. 此为 $n=2$ 的情形，在 $n=2$ 时比较四个备选项，显然只有 C 正确.

方法二 因为 $A^{-1}=\frac{A^*}{|A|}$，即 $A^*=|A|A^{-1}$. 故有

$$(A^*)^*=|A^*|(A^*)^{-1}=||A|A^{-1}|(|A|A^{-1})^{-1}=|A|^n|A|^{-1}\frac{1}{|A|}(A^{-1})^{-1}=|A|^{n-2}A,$$

因而 C 正确.

上述推演利用了结论 $|A^{-1}|=|A|^{-1}$ 以及 $(kA)^{-1}=\frac{1}{k}A^{-1}$，$k\neq0$.

方法三 因为 $AA^*=A^*A=|A|E$，所以 $A^*(A^*)^*=|A^*|E$. 又因为 $|A^*|=|A|^{n-1}$，所以 $A^*(A^*)^*=|A|^{n-1}E$. 再用 A 左乘上式两端，得 $(AA^*)(A^*)^*=|A|^{n-1}A$，即 $|A|(A^*)^*=|A|^{n-1}A$. 而由 A 非奇异知 $A\neq0$，于是得 $(A^*)^*=|A|^{n-2}A$. 故 C 正确.

5. 答案 B 【解析】由题意，得 $AXA-BXB-BXA+AXB=E$，即

$$(A-B)XA+(A-B)XB=E,$$

也就是

$$(A-B)X(A+B)=E,$$

上式右端为单位矩阵，这说明 $(A-B)$，$(A+B)$ 均可逆，那么左乘 $(A-B)^{-1}$，右乘 $(A+B)^{-1}$，即知 $X=(A-B)^{-1}(A+B)^{-1}$，故应选 B.

6. 答案 B 【解析】方法一 由拉普拉斯展开式有 $\begin{vmatrix}O&A\\B&O\end{vmatrix}=(-1)^{2\times2}|A||B|=6$，则矩阵 $\begin{pmatrix}O&A\\B&O\end{pmatrix}$ 可逆，从而

$$\begin{pmatrix}O&A\\B&O\end{pmatrix}^*=\begin{vmatrix}O&A\\B&O\end{vmatrix}\begin{pmatrix}O&A\\B&O\end{pmatrix}^{-1}=6\begin{pmatrix}O&B^{-1}\\A^{-1}&O\end{pmatrix}=\begin{pmatrix}O&6B^{-1}\\6A^{-1}&0\end{pmatrix}=\begin{pmatrix}0&2B^*\\3A^*&0\end{pmatrix},$$

所以应选 B.

方法二 由于

$$\begin{pmatrix}O&3B^*\\2A^*&O\end{pmatrix}\begin{pmatrix}O&A\\B&O\end{pmatrix}=\begin{pmatrix}3B^*B&O\\O&2A^*A\end{pmatrix}=\begin{pmatrix}9E_2&O\\O&4E_2\end{pmatrix},$$

$$\begin{pmatrix}O&2B^*\\3A^*&O\end{pmatrix}\begin{pmatrix}O&A\\B&O\end{pmatrix}=\begin{pmatrix}3B^*B&O\\O&3A^*A\end{pmatrix}=\begin{pmatrix}6E_2&O\\O&6E_2\end{pmatrix}=6E=\begin{vmatrix}O&A\\B&O\end{vmatrix}E,$$

$$\begin{pmatrix} O & 3A^* \\ 2B^* & O \end{pmatrix}\begin{pmatrix} O & A \\ B & O \end{pmatrix}=\begin{pmatrix} 3A^*B & O \\ O & 2B^*A \end{pmatrix},$$

$$\begin{pmatrix} O & 2A^* \\ 3B^* & O \end{pmatrix}\begin{pmatrix} O & A \\ B & O \end{pmatrix}=\begin{pmatrix} 2A^*B & O \\ O & 3B^*A \end{pmatrix},$$

所以只有选项 B 满足 $AA^*=A^*A=|A|E$,故应选 B.

7. 答案 B 【解析】方法一 将矩阵 A 的第 1 列的 -1 倍加至第 2 列,再对调 1,3 两列即得到矩阵 B,故 $B=AP_3P_1$,那么,

$$B^{-1}=(AP_3P_1)^{-1}=P_1^{-1}P_3^{-1}A^{-1}=P_1P_2A^{-1},$$

所以应选 B.

方法二 若先对调矩阵 A 的 1、3 两列,再将第 3 列的 -1 倍加至第 2 列也能得到矩阵 B,用初等矩阵描述即为

$$B=A\begin{pmatrix} 0 & 0 & 1 \\ 0 & 1 & 0 \\ 1 & 0 & 0 \end{pmatrix}\begin{pmatrix} 1 & 0 & 0 \\ 0 & 1 & 0 \\ 0 & -1 & 1 \end{pmatrix},$$

那么
$$B^{-1}=\begin{pmatrix} 1 & 0 & 0 \\ 0 & 1 & 0 \\ 0 & 1 & 1 \end{pmatrix}\begin{pmatrix} 0 & 0 & 1 \\ 0 & 1 & 0 \\ 1 & 0 & 0 \end{pmatrix}A^{-1}=\begin{pmatrix} 0 & 0 & 1 \\ 0 & 1 & 0 \\ 1 & 1 & 0 \end{pmatrix}A^{-1},$$

从而 $B^{-1}=P_1P_2A^{-1}$,因此应选 B.

8. 答案 A 【解析】由于

$$Q=(\alpha_1+\alpha_2,\alpha_2,\alpha_3)=(\alpha_1,\alpha_2,\alpha_3)\begin{pmatrix} 1 & 0 & 0 \\ 1 & 1 & 0 \\ 0 & 0 & 1 \end{pmatrix}=(\alpha_1,\alpha_2,\alpha_3)E_{12}(1),$$

即 $Q=PE_{12}(1)$,从而

$$\begin{aligned} Q^{\mathrm{T}}AQ &=[PE_{12}(1)]^{\mathrm{T}}A[PE_{12}(1)]=E_{12}^{\mathrm{T}}(1)[P^{\mathrm{T}}AP]E_{12}(1) \\ &=E_{21}(1)\begin{pmatrix} 1 & 0 & 0 \\ 0 & 1 & 0 \\ 0 & 0 & 2 \end{pmatrix}E_{12}(1)=\begin{pmatrix} 1 & 1 & 0 \\ 0 & 1 & 0 \\ 0 & 0 & 1 \end{pmatrix}\begin{pmatrix} 1 & 0 & 0 \\ 0 & 1 & 0 \\ 0 & 0 & 2 \end{pmatrix}\begin{pmatrix} 1 & 0 & 0 \\ 1 & 1 & 0 \\ 0 & 0 & 1 \end{pmatrix}=\begin{pmatrix} 2 & 1 & 0 \\ 1 & 1 & 0 \\ 0 & 0 & 2 \end{pmatrix}, \end{aligned}$$

因此,应选 A.

9. 答案 C 【解析】由题意得 $E_{12}A=B$,于是 $A^{-1}E_{12}^{-1}=B^{-1}$. 因为 $E_{12}^{-1}=E_{12}$,有 $A^{-1}E_{12}=B^{-1}$. 又由矩阵 A 的两行互换得到 B,进而知 $|A|=-|B|$. 注意到 $A^*=|A|A^{-1}$,$B^*=|B|B^{-1}$,于是

$$A^*E_{12}=|A|A^{-1}E_{12}=-|B|B^{-1}=-B^*,$$

即 A^* 的 1,2 两列互换得到 $-B^*$,所以应选 C.

10. 答案 C 【解析】根据矩阵 $\boldsymbol{A}$ 与其伴随矩阵 $\boldsymbol{A}^*$ 秩的关系可知 $R(\boldsymbol{A})=2$，即 $\boldsymbol{A}$ 为降秩矩阵，从而

$$|\boldsymbol{A}|=\begin{vmatrix} a & b & b \\ b & a & b \\ b & b & a \end{vmatrix}=(a+2b)(a-b)^2=0,$$

故有 $a+2b=0$ 或 $a=b$，但当 $a=b$ 时，$R(\boldsymbol{A})=1$. 故必有 $a\neq b$ 且 $a+2b=0$，故应选 C.

11. 答案 B 【解析】因为 $\boldsymbol{AB}$ 是 m 阶方阵，且 $R(\boldsymbol{AB})\leqslant\min\{R(\boldsymbol{A}),R(\boldsymbol{B})\}\leqslant\min\{m,n\}$，所以当 $m>n$ 时，必有 $R(\boldsymbol{AB})<m$，从而有 $|\boldsymbol{AB}|=0$，故应选 B.

12. 答案 3 【解析】方法一　根据已知条件及矩阵乘积的行列式法则，得

$$\begin{aligned}|\boldsymbol{A}+\boldsymbol{B}^{-1}|&=|\boldsymbol{EA}+\boldsymbol{B}^{-1}\boldsymbol{E}|=|(\boldsymbol{B}^{-1}\boldsymbol{B})\boldsymbol{A}+\boldsymbol{B}^{-1}(\boldsymbol{A}^{-1}\boldsymbol{A})|=|\boldsymbol{B}^{-1}(\boldsymbol{B}+\boldsymbol{A}^{-1})\boldsymbol{A}|\\&=|\boldsymbol{B}^{-1}|\cdot|\boldsymbol{B}+\boldsymbol{A}^{-1}|\cdot|\boldsymbol{A}|=\frac{1}{2}\times2\times3=3.\end{aligned}$$

方法二　取 $\boldsymbol{A}=\begin{pmatrix} 3 & 0 & 0 \\ 0 & 1 & 0 \\ 0 & 0 & 1 \end{pmatrix}$，$\boldsymbol{B}=\begin{pmatrix} 1 & 0 & 0 \\ 0 & a & 0 \\ 0 & 0 & b \end{pmatrix}$，

由已知条件可得 $ab=2$，$\left(1+\frac{1}{3}\right)(1+a)(1+b)=2$，$(1+a)(1+b)=\frac{3}{2}$，

由此可知 $|\boldsymbol{A}+\boldsymbol{B}^{-1}|=(3+1)\left(1+\frac{1}{a}\right)\left(1+\frac{1}{b}\right)=\frac{4(1+a)(1+b)}{ab}=3$.

13. 答案 $\frac{1}{3}(\boldsymbol{A}^2-\boldsymbol{E})$ 【解析】因为 $\boldsymbol{B}=\boldsymbol{A}^2+2\boldsymbol{A}+\boldsymbol{E}=(\boldsymbol{A}+\boldsymbol{E})^2$，由 $\boldsymbol{A}^3=2\boldsymbol{E}$，有

$$\boldsymbol{A}^3+\boldsymbol{E}=3\boldsymbol{E}\Rightarrow(\boldsymbol{A}+\boldsymbol{E})(\boldsymbol{A}^2-\boldsymbol{A}+\boldsymbol{E})=3\boldsymbol{E}\Rightarrow(\boldsymbol{A}+\boldsymbol{E})^{-1}=\frac{1}{3}(\boldsymbol{A}^2-\boldsymbol{A}+\boldsymbol{E}),$$

那么 $\boldsymbol{B}^{-1}=[(\boldsymbol{A}+\boldsymbol{E})^2]^{-1}=[(\boldsymbol{A}+\boldsymbol{E})^{-1}]^2=\frac{1}{9}(\boldsymbol{A}^2-\boldsymbol{A}+\boldsymbol{E})^2=\frac{1}{3}(\boldsymbol{A}^2-\boldsymbol{E})$.

14. 答案 $\begin{pmatrix} 1 & 0 & 0 & 0 \\ -1 & 2 & 0 & 0 \\ 0 & -2 & 3 & 0 \\ 0 & 0 & -3 & 4 \end{pmatrix}$

【解析】方法一

$$\begin{aligned}(\boldsymbol{E}+\boldsymbol{B})^{-1}&=[\boldsymbol{E}+(\boldsymbol{E}+\boldsymbol{A})^{-1}(\boldsymbol{E}-\boldsymbol{A})]^{-1}=[(\boldsymbol{E}+\boldsymbol{A})^{-1}(\boldsymbol{E}+\boldsymbol{A})+(\boldsymbol{E}+\boldsymbol{A})^{-1}(\boldsymbol{E}-\boldsymbol{A})]^{-1}\\&=[(\boldsymbol{E}+\boldsymbol{A})^{-1}(\boldsymbol{E}+\boldsymbol{A}+\boldsymbol{E}-\boldsymbol{A})]^{-1}=[2(\boldsymbol{E}+\boldsymbol{A})^{-1}]^{-1}\\&=\frac{1}{2}(\boldsymbol{E}+\boldsymbol{A})=\begin{pmatrix} 1 & 0 & 0 & 0 \\ -1 & 2 & 0 & 0 \\ 0 & -2 & 3 & 0 \\ 0 & 0 & -3 & 4 \end{pmatrix}.\end{aligned}$$

方法二　等式 $\boldsymbol{B}=(\boldsymbol{E}+\boldsymbol{A})^{-1}(\boldsymbol{E}-\boldsymbol{A})$ 两边同时左乘 $\boldsymbol{E}+\boldsymbol{A}$，得 $(\boldsymbol{E}+\boldsymbol{A})\boldsymbol{B}=(\boldsymbol{E}-\boldsymbol{A})$，进而

$(E+A)B+(E+A)=2E$，即$(E+A)(B+E)=2E$，故而

$$(B+E)^{-1}=\frac{1}{2}(E+A)=\begin{pmatrix}1&0&0&0\\-1&2&0&0\\0&-2&3&0\\0&0&-3&4\end{pmatrix}.$$

15. 答案 $\begin{pmatrix}1&1&1\\2&5&8\\1&2&3\end{pmatrix}$ 【解析】由已知条件得 $A_1=\begin{pmatrix}1&0&0\\0&1&-2\\0&0&1\end{pmatrix}A, B_1=B\begin{pmatrix}0&1&0\\1&0&0\\0&0&1\end{pmatrix}$，那么

$$AB=\begin{pmatrix}1&0&0\\0&1&-2\\0&0&1\end{pmatrix}^{-1}A_1B_1\begin{pmatrix}0&1&0\\1&0&0\\0&0&1\end{pmatrix}^{-1}=\begin{pmatrix}1&0&0\\0&1&2\\0&0&1\end{pmatrix}\begin{pmatrix}1&1&1\\1&0&2\\2&1&3\end{pmatrix}\begin{pmatrix}0&1&0\\1&0&0\\0&0&1\end{pmatrix}$$

$$=\begin{pmatrix}1&1&1\\5&2&8\\2&1&3\end{pmatrix}\begin{pmatrix}0&1&0\\1&0&0\\0&0&1\end{pmatrix}=\begin{pmatrix}1&1&1\\2&5&8\\1&2&3\end{pmatrix}.$$

16. 答案 $\begin{pmatrix}3&2&1\\4&3&2\\-16123&-12092&-8061\end{pmatrix}$

【解析】由于$P^{-1}=\begin{pmatrix}1&0&0\\0&1&0\\0&-2&1\end{pmatrix}$，$P^{-1}$左乘$A$等价于矩阵$A$第2行的$-2$倍加到第3行，$Q$右乘矩阵$A$等价于矩阵$A$的第1列与第3列互换，从而

$$(P^{-1})^{2016}AQ^{2017}=(P^{-1})^{2016}AQ=(P^{-1})^{2016}A=(P^{-1})^{2016}\begin{pmatrix}3&2&1\\4&3&2\\5&4&3\end{pmatrix}$$

$$=\begin{pmatrix}3&2&1\\4&3&2\\5+2016\times(-2)\times4&4+2016\times(-2)\times3&3+2016\times(-2)\times2\end{pmatrix}$$

$$=\begin{pmatrix}3&2&1\\4&3&2\\-16123&-12092&-8061\end{pmatrix}.$$

17.【证明】设$A=(a_{ij})_{n\times n}$，则由

$$A^{\mathrm{T}}A=\begin{pmatrix}a_{11}&a_{21}&\cdots&a_{n1}\\a_{12}&a_{22}&\cdots&a_{n2}\\\vdots&\vdots&&\vdots\\a_{1n}&a_{2n}&\cdots&a_{nn}\end{pmatrix}\begin{pmatrix}a_{11}&a_{12}&\cdots&a_{1n}\\a_{21}&a_{22}&\cdots&a_{2n}\\\vdots&\vdots&&\vdots\\a_{n1}&a_{n2}&\cdots&a_{nn}\end{pmatrix}$$

$$=\begin{pmatrix} a_{11}^2+a_{21}^2+\cdots+a_{n1}^2 & 0 & \cdots & 0 \\ 0 & a_{12}^2+a_{22}^2+\cdots+a_{n2}^2 & \cdots & 0 \\ \vdots & \vdots & & \vdots \\ 0 & 0 & \cdots & a_{1n}^2+a_{2n}^2+\cdots+a_{nn}^2 \end{pmatrix}$$

$=\boldsymbol{O}$，

可得（只取对角线元素）

$$\begin{cases} a_{11}^2+a_{21}^2+\cdots+a_{n1}^2=0 \\ a_{12}^2+a_{22}^2+\cdots+a_{n2}^2=0 \\ \cdots \\ a_{1n}^2+a_{2n}^2+\cdots+a_{nn}^2=0 \end{cases},$$

从而 $a_{ij}=0(i,j=1,2,\cdots,n)$，故 $\boldsymbol{A}=\boldsymbol{O}$.

18.【证明】由于 $\boldsymbol{A}^2=\boldsymbol{A},\boldsymbol{B}^2=\boldsymbol{B},(\boldsymbol{A}+\boldsymbol{B})^2=\boldsymbol{A}+\boldsymbol{B}$，而

$$(\boldsymbol{A}+\boldsymbol{B})^2=\boldsymbol{A}^2+\boldsymbol{AB}+\boldsymbol{BA}+\boldsymbol{B}^2=\boldsymbol{A}+\boldsymbol{AB}+\boldsymbol{BA}+\boldsymbol{B}=\boldsymbol{A}+\boldsymbol{B},$$

所以 $\boldsymbol{AB}+\boldsymbol{BA}=\boldsymbol{O}$，即 $\boldsymbol{AB}=-\boldsymbol{BA}$. 两边左乘 $\boldsymbol{A}$ 得 $\boldsymbol{A}^2\boldsymbol{B}=-\boldsymbol{ABA}$. 再由 $\boldsymbol{AB}=-\boldsymbol{BA}$ 及 $\boldsymbol{A}^2=\boldsymbol{A}$ 得

$$\boldsymbol{AB}=\boldsymbol{A}^2\boldsymbol{B}=-\boldsymbol{ABA}=-(\boldsymbol{AB})\boldsymbol{A}=-(-\boldsymbol{BA})\boldsymbol{A}=\boldsymbol{BA}^2=\boldsymbol{BA},$$

即 $\boldsymbol{AB}=\boldsymbol{BA}$. 由等式 $\boldsymbol{AB}=-\boldsymbol{BA}=\boldsymbol{BA}$ 得 $\boldsymbol{AB}=\boldsymbol{O}$.

19.【解析】$\det\boldsymbol{A}=a_{11}A_{11}+a_{12}A_{12}+a_{13}A_{13}=a_{11}^2+a_{12}^2+a_{13}^2>0$，

而
$$\boldsymbol{A}^*=\begin{pmatrix} A_{11} & A_{21} & A_{31} \\ A_{12} & A_{22} & A_{32} \\ A_{13} & A_{23} & A_{33} \end{pmatrix}=\begin{pmatrix} a_{11} & a_{21} & a_{31} \\ a_{12} & a_{22} & a_{32} \\ a_{13} & a_{23} & a_{33} \end{pmatrix}=\boldsymbol{A}^{\mathrm{T}},$$

故由 $\boldsymbol{AA}^{\mathrm{T}}=\boldsymbol{AA}^*=(\det\boldsymbol{A})\boldsymbol{E}$，得 $\det\boldsymbol{A}\cdot\det\boldsymbol{A}^{\mathrm{T}}=(\det\boldsymbol{A})^3$，即 $(\det\boldsymbol{A})^2=(\det\boldsymbol{A})^3$，也即 $(\det\boldsymbol{A})^2(\det\boldsymbol{A}-1)=0$. 由 $\det\boldsymbol{A}>0$ 知 $\det\boldsymbol{A}=1$.

20.【证明】
$$\begin{aligned}[(\boldsymbol{E}+\boldsymbol{AB})^{-1}\boldsymbol{A}]^{\mathrm{T}} &=\boldsymbol{A}^{\mathrm{T}}[(\boldsymbol{E}+\boldsymbol{AB})^{-1}]^{\mathrm{T}}=\boldsymbol{A}[(\boldsymbol{E}+\boldsymbol{AB})^{\mathrm{T}}]^{-1} \\ &=\boldsymbol{A}(\boldsymbol{E}^{\mathrm{T}}+\boldsymbol{B}^{\mathrm{T}}\boldsymbol{A}^{\mathrm{T}})^{-1}=(\boldsymbol{A}^{-1})^{-1}(\boldsymbol{E}+\boldsymbol{BA})^{-1} \\ &=[(\boldsymbol{E}+\boldsymbol{BA})\boldsymbol{A}^{-1}]^{-1}=(\boldsymbol{A}^{-1}+\boldsymbol{B})^{-1}=[\boldsymbol{A}^{-1}(\boldsymbol{E}+\boldsymbol{AB})]^{-1} \\ &=(\boldsymbol{E}+\boldsymbol{AB})^{-1}(\boldsymbol{A}^{-1})^{-1}=(\boldsymbol{E}+\boldsymbol{AB})^{-1}\boldsymbol{A},\end{aligned}$$

故 $(\boldsymbol{E}+\boldsymbol{AB})^{-1}\boldsymbol{A}$ 为对称矩阵.

21.【解析】方法一　由 $|\boldsymbol{A}^*|=|\boldsymbol{A}|^{n-1}$，有 $|\boldsymbol{A}|^3=8$ 得 $|\boldsymbol{A}|=2$. 用 $\boldsymbol{A}$ 右乘矩阵方程的两端，得 $\boldsymbol{AB}-\boldsymbol{B}=3\boldsymbol{A}$. 因为 $\boldsymbol{A}^*\boldsymbol{A}=\boldsymbol{AA}^*=|\boldsymbol{A}|\boldsymbol{E}$，用 $\boldsymbol{A}^*$ 左乘上式的两端，并将 $|\boldsymbol{A}|=2$ 代入，得 $(2\boldsymbol{E}-\boldsymbol{A}^*)\boldsymbol{B}=6\boldsymbol{E}$. 于是 $2\boldsymbol{E}-\boldsymbol{A}^*$ 是可逆矩阵，从而

$$\boldsymbol{B}=6(2\boldsymbol{E}-\boldsymbol{A}^*)^{-1}$$

$$=6\begin{pmatrix} 1 & 0 & 0 & 0 \\ 0 & 1 & 0 & 0 \\ -1 & 0 & 1 & 0 \\ 0 & 3 & 0 & -6 \end{pmatrix}^{-1}=6\begin{pmatrix} 1 & 0 & 0 & 0 \\ 0 & 1 & 0 & 0 \\ 1 & 0 & 1 & 0 \\ 0 & \frac{1}{2} & 0 & -\frac{1}{6} \end{pmatrix}=\begin{pmatrix} 6 & 0 & 0 & 0 \\ 0 & 6 & 0 & 0 \\ 6 & 0 & 6 & 0 \\ 0 & 3 & 0 & -1 \end{pmatrix}.$$

方法二　同方法一，由 $\boldsymbol{AB}-\boldsymbol{B}=3\boldsymbol{A}$ 得 $\boldsymbol{B}=3(\boldsymbol{A}-\boldsymbol{E})^{-1}\boldsymbol{A}$. 因为 $\boldsymbol{AA}^*=|\boldsymbol{A}|\boldsymbol{E}$ 有 $\boldsymbol{A}=|\boldsymbol{A}|(\boldsymbol{A}^*)^{-1}$，得

$$\boldsymbol{A}=2(\boldsymbol{A}^*)^{-1}=2\begin{pmatrix}1&0&0&0\\0&1&0&0\\1&0&1&0\\0&-3&0&8\end{pmatrix}^{-1}=\begin{pmatrix}2&0&0&0\\0&2&0&0\\-2&0&2&0\\0&\frac{3}{4}&0&\frac{1}{4}\end{pmatrix},$$

于是
$$(\boldsymbol{A}-\boldsymbol{E})^{-1}=\begin{pmatrix}1&0&0&0\\0&1&0&0\\-2&0&1&0\\0&\frac{3}{4}&0&-\frac{3}{4}\end{pmatrix}^{-1}=\begin{pmatrix}1&0&0&0\\0&1&0&0\\2&0&1&0\\0&1&0&-\frac{4}{3}\end{pmatrix},$$

因此
$$\boldsymbol{B}=3\begin{pmatrix}1&0&0&0\\0&1&0&0\\2&0&1&0\\0&1&0&-\frac{4}{3}\end{pmatrix}\begin{pmatrix}2&0&0&0\\0&2&0&0\\-2&0&2&0\\0&\frac{3}{4}&0&\frac{1}{4}\end{pmatrix}=\begin{pmatrix}6&0&0&0\\0&6&0&0\\6&0&6&0\\0&3&0&-1\end{pmatrix}.$$

22.【解析】由于 $\boldsymbol{P}(\boldsymbol{A},\boldsymbol{E})=(\boldsymbol{PA},\boldsymbol{P})=(\boldsymbol{F},\boldsymbol{P})$，所以

$$(\boldsymbol{A},\boldsymbol{E})=\left(\begin{array}{cccc:ccc}1&2&1&-1&1&0&0\\3&6&-1&-3&0&1&0\\5&10&1&-5&0&0&1\end{array}\right)\xrightarrow[r_3-5r_1]{r_2-3r_1}\left(\begin{array}{cccc:ccc}1&2&1&-1&1&0&0\\0&0&-4&0&-3&1&0\\0&0&-4&0&-5&0&1\end{array}\right)$$

$$\xrightarrow{r_3-r_2-\frac{1}{4}r_2}\left(\begin{array}{cccc:ccc}1&2&1&-1&1&0&0\\0&0&1&0&-3&1&0\\0&0&0&0&\frac{1}{4}&\frac{1}{4}&-\frac{1}{4}\end{array}\right)$$

$$\xrightarrow{r_1-r_2}\left(\begin{array}{cccc:ccc}1&2&0&-1&4&-1&0\\0&0&1&0&-3&1&0\\0&0&0&0&\frac{1}{4}&\frac{1}{4}&-\frac{1}{4}\end{array}\right),$$

故而所求矩阵 $\boldsymbol{P}=\begin{pmatrix}4&-1&0\\-3&1&0\\\frac{1}{4}&\frac{1}{4}&-\frac{1}{4}\end{pmatrix}$.

23.【解析】方法一　由 $\boldsymbol{A}=\begin{pmatrix}\lambda&1&0\\0&\lambda&1\\0&0&\lambda\end{pmatrix}$ 可得

$$A^2=\begin{pmatrix}\lambda^2 & 2\lambda & 1\\ 0 & \lambda^2 & 2\lambda\\ 0 & 0 & \lambda^2\end{pmatrix},A^3=\begin{pmatrix}\lambda^3 & 3\lambda^2 & 3\lambda\\ 0 & \lambda^3 & 3\lambda^2\\ 0 & 0 & \lambda^3\end{pmatrix},$$

观察这些矩阵的规律可得，A^2 的第 1 行元素是 $(\lambda+1)^2$ 展开式的 3 项元素，而 A^3 的第 1 行元素是 $(\lambda+1)^3$ 展开式的前 3 项. 由此推测，A^k 的第 1 行元素应是 $(\lambda+1)^k$ 的展开式的前 3 项元素，$\lambda^k,k\lambda^{k-1},\frac{k(k-1)}{2}\lambda^{k-2}$. 假设

$$A^k=\begin{pmatrix}\lambda^k & k\lambda^{k-1} & \frac{k(k-1)}{2}\lambda^{k-2}\\ 0 & \lambda^k & k\lambda^{k-1}\\ 0 & 0 & \lambda^k\end{pmatrix},$$

则

$$A^{k+1}=A^k\cdot A\begin{pmatrix}\lambda^k & k\lambda^{k-1} & \frac{k(k-1)}{2}\lambda^{k-2}\\ 0 & \lambda^k & k\lambda^{k-1}\\ 0 & 0 & \lambda^k\end{pmatrix}\begin{pmatrix}\lambda & 1 & 0\\ 0 & \lambda & 1\\ 0 & 0 & \lambda\end{pmatrix}=\begin{pmatrix}\lambda^{k+1} & (k+1)\lambda^k & \frac{k(k+1)}{2}\lambda^{k-1}\\ 0 & \lambda^{k+1} & (k+1)\lambda^k\\ 0 & 0 & \lambda^{k+1}\end{pmatrix},$$

即 $k+1$ 时结论成立，故由归纳法假设知上述结论正确.

方法二 设 $A=\begin{pmatrix}\lambda & 0 & 0\\ 0 & \lambda & 0\\ 0 & 0 & \lambda\end{pmatrix}+\begin{pmatrix}0 & 1 & 0\\ 0 & 0 & 1\\ 0 & 0 & 0\end{pmatrix}=\lambda E+H$,

其中 $H=\begin{pmatrix}0 & 1 & 0\\ 0 & 0 & 1\\ 0 & 0 & 0\end{pmatrix}$，可以验证矩阵 H 满足

$$H^2=\begin{pmatrix}0 & 0 & 1\\ 0 & 0 & 0\\ 0 & 0 & 0\end{pmatrix},H^3=H^4=\cdots=O,$$

且 $(\lambda E)H=\lambda H=H(\lambda E)$，即 λE 与 H 可交换，故由二项式展开公式得

$$A^k=(\lambda E+H)^k=(\lambda E)^k+C_k^1(\lambda E)^{k-1}H+C_k^2(\lambda E)^{k-2}H^2=\lambda^kE+k\lambda^{k-1}H+\frac{k(k-1)}{2}\lambda^{k-2}H^2$$

$$=\begin{pmatrix}\lambda^k & k\lambda^{k-1} & \frac{k(k-1)}{2}\lambda^{k-2}\\ 0 & \lambda^k & k\lambda^{k-1}\\ 0 & 0 & \lambda^k\end{pmatrix}.$$

24.【解析】由于 $\Lambda^k=\begin{pmatrix}\lambda_1^k & 0\\ 0 & \lambda_2^k\end{pmatrix}$，所以

$$a_0\Lambda^n+a_1\Lambda^{n-1}+\cdots+a_{n-1}\Lambda+a_nE$$

$$=\begin{pmatrix} a_0\lambda_1^n+a_1\lambda_1^{n-1}+\cdots+a_{n-1}\lambda_1+a_n & 0 \\ 0 & a_0\lambda_2^n+a_1\lambda_2^{n-1}+\cdots+a_{n-1}\lambda_2+a_n \end{pmatrix}=\begin{pmatrix} 0 & 0 \\ 0 & 0 \end{pmatrix}.$$

25.【解析】由 $\boldsymbol{A}=\begin{pmatrix} 0 & -1 & 0 \\ 1 & 0 & 0 \\ 0 & 0 & -1 \end{pmatrix}$，求得 $\boldsymbol{A}^2=\begin{pmatrix} -1 & 0 & 0 \\ 0 & -1 & 0 \\ 0 & 0 & 1 \end{pmatrix}$，$\boldsymbol{A}^4=\boldsymbol{E}$，于是

$$\boldsymbol{B}^{2016}-2\boldsymbol{A}^2=\boldsymbol{P}^{-1}\boldsymbol{A}^{2016}\boldsymbol{P}-2\boldsymbol{A}^2=\boldsymbol{P}^{-1}(\boldsymbol{A}^4)^{504}\boldsymbol{P}-2\boldsymbol{A}^2=\boldsymbol{P}^{-1}\boldsymbol{P}-2\boldsymbol{A}^2=\boldsymbol{E}-2\boldsymbol{A}^2$$

$$=\begin{pmatrix} 1 & 0 & 0 \\ 0 & 1 & 0 \\ 0 & 0 & 1 \end{pmatrix}-2\begin{pmatrix} -1 & 0 & 0 \\ 0 & -1 & 0 \\ 0 & 0 & 1 \end{pmatrix}=\begin{pmatrix} 3 & 0 & 0 \\ 0 & 3 & 0 \\ 0 & 0 & -1 \end{pmatrix}.$$

26.【解析】由矩阵方程 $\boldsymbol{AXA}+\boldsymbol{BXB}=\boldsymbol{AXB}+\boldsymbol{BXA}+\boldsymbol{E}$ 得 $\boldsymbol{AX}(\boldsymbol{A}-\boldsymbol{B})+\boldsymbol{BX}(\boldsymbol{B}-\boldsymbol{A})=\boldsymbol{E}$，即 $\boldsymbol{AX}(\boldsymbol{A}-\boldsymbol{B})-\boldsymbol{BX}(\boldsymbol{A}-\boldsymbol{B})=\boldsymbol{E}$，也就是 $(\boldsymbol{A}-\boldsymbol{B})\boldsymbol{X}(\boldsymbol{A}-\boldsymbol{B})=\boldsymbol{E}$. 而

$$|\boldsymbol{A}-\boldsymbol{B}|=\left|\begin{pmatrix} 1 & 0 & 0 \\ 1 & 1 & 0 \\ 1 & 1 & 1 \end{pmatrix}-\begin{pmatrix} 0 & 1 & 1 \\ 1 & 0 & 1 \\ 1 & 1 & 0 \end{pmatrix}\right|=\left|\begin{pmatrix} 1 & -1 & -1 \\ 0 & 1 & -1 \\ 0 & 0 & 1 \end{pmatrix}\right|=1,$$

故 $\boldsymbol{A}-\boldsymbol{B}$ 可逆，且

$$(\boldsymbol{A}-\boldsymbol{B})^{-1}=\begin{pmatrix} 1 & -1 & -1 \\ 0 & 1 & -1 \\ 0 & 0 & 1 \end{pmatrix}^{-1}=\begin{pmatrix} 1 & 1 & 2 \\ 0 & 1 & 1 \\ 0 & 0 & 1 \end{pmatrix},$$

由等式 $(\boldsymbol{A}-\boldsymbol{B})\boldsymbol{X}(\boldsymbol{A}-\boldsymbol{B})=\boldsymbol{E}$ 得

$$\boldsymbol{X}=(\boldsymbol{A}-\boldsymbol{B})^{-1}(\boldsymbol{A}-\boldsymbol{B})^{-1}=\begin{pmatrix} 1 & 1 & 2 \\ 0 & 1 & 1 \\ 0 & 0 & 1 \end{pmatrix}^2=\begin{pmatrix} 1 & 2 & 5 \\ 0 & 1 & 2 \\ 0 & 0 & 1 \end{pmatrix}.$$

27.【解析】由于 $|\boldsymbol{A}|=\begin{vmatrix} 1 & 1 & -1 \\ -1 & 1 & 1 \\ 1 & -1 & 1 \end{vmatrix}=\begin{vmatrix} 1 & 1 & 1 \\ 0 & 2 & 0 \\ 0 & -2 & 2 \end{vmatrix}=\begin{vmatrix} 1 & 1 & 1 \\ 0 & 2 & 0 \\ 0 & 0 & 2 \end{vmatrix}=4,$

于是 $\boldsymbol{A}$ 可逆，由 $\boldsymbol{AA}^*=|\boldsymbol{A}|\boldsymbol{E}$ 得 $\boldsymbol{A}^*=|\boldsymbol{A}|\boldsymbol{A}^{-1}=4\boldsymbol{A}^{-1}$，而

$$\left(\frac{1}{2}\boldsymbol{A}^*\right)^*=(2\boldsymbol{A}^{-1})^*=|2\boldsymbol{A}^{-1}|(2\boldsymbol{A}^{-1})^{-1}=2^3|\boldsymbol{A}^{-1}|\frac{1}{2}\boldsymbol{A}=\boldsymbol{A},$$

代入矩阵方程得 $4\boldsymbol{A}^{-1}\boldsymbol{XA}=8\boldsymbol{A}^{-1}\boldsymbol{X}+\boldsymbol{E}$，左乘矩阵 $\boldsymbol{A}$ 得 $4\boldsymbol{XA}=8\boldsymbol{X}+\boldsymbol{A}$，即

$$4\boldsymbol{X}(\boldsymbol{A}-2\boldsymbol{E})=\boldsymbol{A},$$

故 $\boldsymbol{X}=\frac{1}{4}\boldsymbol{A}(\boldsymbol{A}-2\boldsymbol{E})^{-1}$.

$$\boldsymbol{A}-2\boldsymbol{E}=\begin{pmatrix} -1 & 1 & -1 \\ -1 & -1 & 1 \\ 1 & -1 & -1 \end{pmatrix},(\boldsymbol{A}-2\boldsymbol{E})^{-1}=-\frac{1}{2}\begin{pmatrix} 1 & 1 & 0 \\ 0 & 1 & 1 \\ 1 & 0 & 1 \end{pmatrix},$$

$$X=\frac{1}{4}A(A-2E)^{-1}=\frac{1}{4}\begin{pmatrix}1&1&-1\\-1&1&1\\1&-1&1\end{pmatrix}\left(-\frac{1}{2}\right)\begin{pmatrix}1&1&0\\0&1&1\\1&0&1\end{pmatrix}=-\frac{1}{4}\begin{pmatrix}0&1&0\\0&0&1\\1&0&0\end{pmatrix}.$$

28.【解析】(1)由 $A^3=O$，得 $|A|^3=0$，即 $|A|=0$，也就是

$$\begin{vmatrix}a&1&0\\1&a&-1\\0&1&a\end{vmatrix}=\begin{vmatrix}0&1&0\\1-a^2&a&-1\\-a&1&a\end{vmatrix}=-\begin{vmatrix}1-a^2&-1\\-a&a\end{vmatrix}=0,$$

于是 $a^3=0$，进而 $a=0$.

(2)由 $X-XA^2-AX+AXA^2=E$ 得 $X(E-A^2)-AX(E-A^2)=E$，即 $(E-A)X(E-A^2)=E$，

进而有 $X=(E-A)^{-1}(E-A^2)^{-1}=[(E-A^2)(E-A)]^{-1}=(E-A^2-A)^{-1}$，

而 $E-A^2-A=\begin{pmatrix}0&-1&1\\-1&1&1\\-1&-1&2\end{pmatrix}$，又

$$\left(\begin{array}{ccc|ccc}0&-1&1&1&0&0\\-1&1&1&0&1&0\\-1&-1&2&0&0&1\end{array}\right)\xrightarrow{r_1\leftrightarrow r_2}\left(\begin{array}{ccc|ccc}1&-1&-1&0&-1&0\\0&-1&1&1&0&0\\-1&-1&2&0&0&1\end{array}\right)$$

$$\xrightarrow{r_3+r_1}\left(\begin{array}{ccc|ccc}1&-1&-1&0&-1&0\\0&1&-1&-1&0&0\\0&-2&1&0&-1&1\end{array}\right)\xrightarrow{r_3+2r_2}\left(\begin{array}{ccc|ccc}1&-1&-1&0&-1&0\\0&1&-1&-1&0&0\\0&0&-1&0&0&1\end{array}\right)$$

$$\xrightarrow[r_2-r_3]{r_1-r_3}\left(\begin{array}{ccc|ccc}1&-1&0&2&0&-1\\0&1&0&1&1&-1\\0&0&1&2&1&-1\end{array}\right)\xrightarrow{r_1+r_2}\left(\begin{array}{ccc|ccc}1&0&0&3&1&-2\\0&1&0&1&1&-1\\0&0&1&2&1&-1\end{array}\right),$$

因此 $X=\begin{pmatrix}3&1&-2\\1&1&-1\\2&1&-1\end{pmatrix}$.

第三章　向量与向量组

一、基础篇

1. 答案 D 【解析】对于选项 A,注意到"含零向量的向量组一定是线性相关的",因此排除 A.

对于选项 B,由于

$$\begin{vmatrix} a & b & c & d \\ 1 & 1 & 3 & 0 \\ 2 & 2 & 4 & 0 \\ 3 & 3 & 5 & 0 \end{vmatrix} = -d \begin{vmatrix} 1 & 1 & 3 \\ 2 & 2 & 4 \\ 3 & 3 & 5 \end{vmatrix} = 0,$$

即向量组$(a,1,2,3)^T,(b,1,2,3)^T,(c,3,4,5)^T,(d,0,0,0)^T$的秩小于 4,故该组向量线性相关.

对于选项 C,注意到"若向量组中向量的维数小于向量组中向量的个数,则向量组一定线性相关",因此排除 C.

对于选项 D,由$\begin{vmatrix} 1 & 0 & 0 \\ 0 & 6 & 5 \\ 0 & 0 & 6 \end{vmatrix} \neq 0$知向量组$(a,1,b,0,0)^T,(c,0,d,6,0)^T,(a,0,c,5,6)^T$的秩等于 3,那么向量组$(a,1,b,0,0)^T,(c,0,d,6,0)^T,(a,0,c,5,6)^T$线性无关.

2. 答案 C 【解析】对于选项 A,$\boldsymbol{\alpha}_i \neq \mathbf{0}, i=1,2,\cdots,m$ 不能保证 $\boldsymbol{\alpha}_1,\boldsymbol{\alpha}_2,\cdots,\boldsymbol{\alpha}_m$ 线性无关,例如 $\boldsymbol{\alpha}_1 = \begin{pmatrix} 1 \\ 0 \end{pmatrix}, \boldsymbol{\alpha}_2 = \begin{pmatrix} 2 \\ 0 \end{pmatrix}$,故 A 项错误.

对于选项 B,零向量可由 $\boldsymbol{\alpha}_1,\boldsymbol{\alpha}_2,\cdots,\boldsymbol{\alpha}_m$ 线性表示,例如 $\mathbf{0} = 0 \cdot \boldsymbol{\alpha}_1 + 0 \cdot \boldsymbol{\alpha}_2 + \cdots + 0 \cdot \boldsymbol{\alpha}_m$,故 B 项错误.

对于选项 D,若将"全不为零"改为"不全为零",则结论成立.

由排除法知应选 C 项.

3. 答案 B 【解析】方法一　对照线性相关的定义,易知选项 A,D 不正确,A 项中缺条件"$k_1,k_2,\cdots,k_m$不全为零";而 D 是一个恒等式,不论向量组 $\boldsymbol{\alpha}_1,\boldsymbol{\alpha}_2,\cdots,\boldsymbol{\alpha}_m$ 线性相关与否该等式均成立.

对于选项 C,若 $\boldsymbol{\alpha}_1,\boldsymbol{\alpha}_2,\cdots,\boldsymbol{\alpha}_m$ 线性相关,则存在一组不全为零的数 $k_1,k_2,\cdots,k_m$,使得 $k_1\boldsymbol{\alpha}_1 + k_2\boldsymbol{\alpha}_2 + \cdots + k_m\boldsymbol{\alpha}_m = \mathbf{0}$. 但这不能说明对于任意一组不全为零的数 $k_1,k_2,\cdots,k_m$,都有 $k_1\boldsymbol{\alpha}_1 + k_2\boldsymbol{\alpha}_2 + \cdots + k_m\boldsymbol{\alpha}_m = \mathbf{0}$,故 C 项不正确. 应选 B.

方法二 命题"若对任意一组不为零的数 $k_1,k_2,\cdots,k_m$，都有 $k_1\boldsymbol{\alpha}_1+k_2\boldsymbol{\alpha}_2+\cdots+k_m\boldsymbol{\alpha}_m\neq\mathbf{0}$"的逆否命题为"如果 $k_1\boldsymbol{\alpha}_1+k_2\boldsymbol{\alpha}_2+\cdots+k_m\boldsymbol{\alpha}_m=\mathbf{0}$，那么 $k_1,k_2,\cdots,k_m$ 全为零"，也就是"$\boldsymbol{\alpha}_1,\boldsymbol{\alpha}_2,\cdots,\boldsymbol{\alpha}_m$ 线性无关"，故应选 B.

4. 答案 C 【解析】由行列式的性质，有

$$\begin{aligned}|(\boldsymbol{\alpha}_3,\boldsymbol{\alpha}_2,\boldsymbol{\alpha}_1,\boldsymbol{\beta}_1+\boldsymbol{\beta}_2)|&=|(\boldsymbol{\alpha}_3,\boldsymbol{\alpha}_2,\boldsymbol{\alpha}_1,\boldsymbol{\beta}_1)|+|(\boldsymbol{\alpha}_3,\boldsymbol{\alpha}_2,\boldsymbol{\alpha}_1,\boldsymbol{\beta}_2)|\\&=-|(\boldsymbol{\alpha}_1,\boldsymbol{\alpha}_2,\boldsymbol{\alpha}_3,\boldsymbol{\beta}_1)|+|(\boldsymbol{\alpha}_1,\boldsymbol{\alpha}_2,\boldsymbol{\beta}_2,\boldsymbol{\alpha}_3)|=n-m,\end{aligned}$$

故应选 C.

5. 答案 C 【解析】由 $\boldsymbol{\alpha},\boldsymbol{\beta},\boldsymbol{\gamma}$ 线性无关可知，$\boldsymbol{\alpha}$ 和 $\boldsymbol{\beta}$ 线性无关. 又由 $\boldsymbol{\alpha},\boldsymbol{\beta},\boldsymbol{\eta}$ 线性相关可知，$\boldsymbol{\eta}$ 可由 $\boldsymbol{\alpha}$ 和 $\boldsymbol{\beta}$ 线性表示（且表示式唯一），从而 $\boldsymbol{\eta}$ 可由 $\boldsymbol{\alpha},\boldsymbol{\beta},\boldsymbol{\gamma}$ 线性表示，故应选 C 项.

对于选项 A,B，可用反例说明. 取 $\boldsymbol{\eta}=\mathbf{0}$，则由 $\boldsymbol{\alpha},\boldsymbol{\beta},\boldsymbol{\gamma}$ 线性无关可知，$\boldsymbol{\alpha}$ 不能由 $\boldsymbol{\beta},\boldsymbol{\gamma}$ 线性表示，此时也不能由 $\boldsymbol{\beta},\boldsymbol{\gamma},\boldsymbol{\eta}$ 线性表示，故 A 项不正确. 取 $\boldsymbol{\eta}=\boldsymbol{\beta}$，则 $\boldsymbol{\beta}$ 可由 $\boldsymbol{\alpha},\boldsymbol{\gamma},\boldsymbol{\eta}$ 线性表示，故 B 项也不正确.

6. 答案 A 【解析】由矩阵秩的定义可知，$\boldsymbol{A}$ 的 n 个行向量组成的向量组的秩也为 r，再由向量组秩的定义知，这 n 个向量中必然存在 r 个线性无关的向量，故应选 A 项.

7. 答案 D 【解析】因为向量组 A 可由向量组 B 线性表示，故 $R(\boldsymbol{A})\leqslant R(\boldsymbol{B})\leqslant s$. 因为当 $r>s$ 时，必有 $R(\boldsymbol{A})<r$，即向量组 A 的秩小于其所含向量的个数，此时向量组 A 必线性相关，故 D 正确.

8. 答案 C 【解析】**方法一** 选项 A,B 显然不正确，若将其中的"任意"改为"存在"，则结论正确. 对于矩阵 $\boldsymbol{A}$，只通过初等行变换不能保证将其化为等价标准型 $(\boldsymbol{E}_m,\ \boldsymbol{O})$，故 D 项也不正确，因而应选 C.

方法二 由 $\boldsymbol{BA}=\boldsymbol{O}$ 可知 $R(\boldsymbol{B})+R(\boldsymbol{A})\leqslant m$，又 $R(\boldsymbol{A})=m$，所以 $R(\boldsymbol{B})=0$，于是 $\boldsymbol{B}=\boldsymbol{O}$，故应选 C.

9.【解析】(1) **方法一** 因为 $\boldsymbol{\alpha}_3=-2\boldsymbol{\alpha}_1$，所以 $\boldsymbol{\alpha}_1,\boldsymbol{\alpha}_3$ 线性相关，故 $\boldsymbol{\alpha}_1,\boldsymbol{\alpha}_2,\boldsymbol{\alpha}_3$ 线性相关.

方法二 令 $\boldsymbol{A}=(\boldsymbol{\alpha}_1^{\mathrm{T}},\boldsymbol{\alpha}_2^{\mathrm{T}},\boldsymbol{\alpha}_3^{\mathrm{T}})$，则 $\boldsymbol{A}=\begin{pmatrix}1&9&-2\\2&100&-4\\-1&10&2\\4&4&-8\end{pmatrix}\to\begin{pmatrix}1&0&-2\\0&1&0\\0&0&0\\0&0&0\end{pmatrix}$，于是 $R(\boldsymbol{A})=2$，故 $\boldsymbol{\alpha}_1,\boldsymbol{\alpha}_2,\boldsymbol{\alpha}_3$ 线性相关.

(2) **方法一** 令 $\boldsymbol{B}=(\boldsymbol{\beta}_1,\boldsymbol{\beta}_2,\boldsymbol{\beta}_3)$，则 $\boldsymbol{B}=\begin{pmatrix}1&2&1\\1&1&-1\\4&3&-6\end{pmatrix}\to\begin{pmatrix}1&2&1\\0&1&2\\0&0&0\end{pmatrix}$，于是 $R(\boldsymbol{B})=2$，故 $\boldsymbol{\beta}_1,\boldsymbol{\beta}_2,\boldsymbol{\beta}_3$ 线性相关.

方法二 由于 $|\boldsymbol{\beta}_1,\boldsymbol{\beta}_2,\boldsymbol{\beta}_3|=\begin{vmatrix}1&2&1\\1&1&-1\\4&3&-6\end{vmatrix}=0$，于是 $R(\boldsymbol{\beta}_1,\boldsymbol{\beta}_2,\boldsymbol{\beta}_3)<3$，故 $\boldsymbol{\beta}_1,\boldsymbol{\beta}_2,\boldsymbol{\beta}_3$ 线性

相关.

(3)令 $\boldsymbol{B}=(\boldsymbol{\gamma}_1^{\mathrm{T}},\boldsymbol{\gamma}_2^{\mathrm{T}},\boldsymbol{\gamma}_3^{\mathrm{T}})$,则 $\boldsymbol{B}=\begin{pmatrix}3&1&1\\1&-1&3\\0&2&-4\\2&-1&1\end{pmatrix}\rightarrow\begin{pmatrix}1&-1&3\\0&1&-2\\0&0&1\\0&0&0\end{pmatrix}$,于是 $R(\boldsymbol{C})=3$,

故 $\boldsymbol{\gamma}_1,\boldsymbol{\gamma}_2,\boldsymbol{\gamma}_3$ 线性无关.

10.【解析】设 $\boldsymbol{\alpha}=x_1\boldsymbol{\alpha}_1+x_2\boldsymbol{\alpha}_2+x_3\boldsymbol{\alpha}_3$,比较分量得 $\begin{cases}x_1+2x_2+2x_3=-1\\-2x_1+3x_2-x_3=-9\\2x_3=2\\3x_1-x_2+x_3=6\end{cases}$,

由于 $\left(\begin{array}{ccc:c}1&2&2&-1\\-2&3&-1&-9\\0&0&2&2\\3&-1&1&6\end{array}\right)\xrightarrow{\text{初等行变换}}\left(\begin{array}{ccc:c}1&0&0&1\\0&1&0&-2\\0&0&1&1\\0&0&0&0\end{array}\right)$,

所以解为 $x_1=1,x_2=-2,x_3=1$,

故 $\boldsymbol{\alpha}=\boldsymbol{\alpha}_1-2\boldsymbol{\alpha}_2+\boldsymbol{\alpha}_3$.

11.【解析】(1) 设 $x_1(\boldsymbol{\alpha}_1+\boldsymbol{\alpha}_2)+x_2(\boldsymbol{\alpha}_2+\boldsymbol{\alpha}_3)+x_3(\boldsymbol{\alpha}_1+\boldsymbol{\alpha}_2+\boldsymbol{\alpha}_3)=\boldsymbol{0}$,整理得

$$(x_1+x_3)\boldsymbol{\alpha}_1+(x_1+x_2+x_3)\boldsymbol{\alpha}_2+(x_2+x_3)\boldsymbol{\alpha}_3=\boldsymbol{0}.$$

由 $\boldsymbol{\alpha}_1,\boldsymbol{\alpha}_2,\boldsymbol{\alpha}_3$ 线性无关知,$\begin{cases}x_1+x_3=0\\x_1+x_2+x_3=0\\x_2+x_3=0\end{cases}$,由于系数行列式 $\begin{vmatrix}1&0&1\\1&1&1\\0&1&1\end{vmatrix}=1$,故 $x_1=$

$x_2=x_3=0$,于是 $\boldsymbol{\alpha}_1+\boldsymbol{\alpha}_2,\boldsymbol{\alpha}_2+\boldsymbol{\alpha}_3,\boldsymbol{\alpha}_1+\boldsymbol{\alpha}_2+\boldsymbol{\alpha}_3$ 线性无关.

(2) 设 $x_1(\boldsymbol{\alpha}_1-\boldsymbol{\alpha}_2+2\boldsymbol{\alpha}_3)+x_2(\boldsymbol{\alpha}_2-\boldsymbol{\alpha}_3)+x_3(2\boldsymbol{\alpha}_1-\boldsymbol{\alpha}_2+3\boldsymbol{\alpha}_3)=\boldsymbol{0}$,整理得

$$(x_1+2x_3)\boldsymbol{\alpha}_1+(-x_1+x_2-x_3)\boldsymbol{\alpha}_2+(2x_1-x_2+3x_3)\boldsymbol{\alpha}_3=\boldsymbol{0}.$$

由 $\boldsymbol{\alpha}_1,\boldsymbol{\alpha}_2,\boldsymbol{\alpha}_3$ 线性无关知,$\begin{cases}x_1+2x_3=0\\-x_1+x_2-x_3=0\\2x_1-x_2+3x_3=0\end{cases}$,由于系数行列式 $\begin{vmatrix}1&0&2\\-1&1&-1\\2&-1&3\end{vmatrix}=0$,

所以方程组有非零解,故 $\boldsymbol{\alpha}_1-\boldsymbol{\alpha}_2+2\boldsymbol{\alpha}_3,\boldsymbol{\alpha}_2-\boldsymbol{\alpha}_3,2\boldsymbol{\alpha}_1-\boldsymbol{\alpha}_2+3\boldsymbol{\alpha}_3$ 线性相关.

12.【解析】两个向量线性相关的充分必要条件是这两个向量的坐标成比例,

由于 $\boldsymbol{A\alpha}=\begin{pmatrix}1&2&-2\\2&1&2\\3&0&4\end{pmatrix}\begin{pmatrix}a\\1\\1\end{pmatrix}=\begin{pmatrix}a\\2a+3\\3a+4\end{pmatrix}$,

所以 $\dfrac{a}{a}=\dfrac{2a+3}{1}=\dfrac{3a+4}{1}$,可解得 $a=-1$.

13.【解析】由于 $|\boldsymbol{\alpha}_1,\boldsymbol{\alpha}_2,\boldsymbol{\alpha}_3|=\begin{vmatrix}1&0&1\\k&1&2\\0&k&1\end{vmatrix}=(k-1)^2$，$\boldsymbol{\alpha}_1,\boldsymbol{\alpha}_2,\boldsymbol{\alpha}_3$ 线性无关的充要条件是 $R(\boldsymbol{\alpha}_1,\boldsymbol{\alpha}_2,\boldsymbol{\alpha}_3)=3$，故 $|\boldsymbol{\alpha}_1,\boldsymbol{\alpha}_2,\boldsymbol{\alpha}_3|\neq0$，即 $k\neq1$.

14.【解析】设 $x_1\boldsymbol{\beta}_1+x_2\boldsymbol{\beta}_2+x_3\boldsymbol{\beta}_3=\mathbf{0}$ 或 $x_1(k\boldsymbol{\alpha}_1-\boldsymbol{\alpha}_2)+x_2(m\boldsymbol{\alpha}_3-\boldsymbol{\alpha}_2)+x_3(\boldsymbol{\alpha}_1-\boldsymbol{\alpha}_3)=\mathbf{0}$，整理得

$$(kx_1+x_3)\boldsymbol{\alpha}_1+(-x_1-x_2)\boldsymbol{\alpha}_2+(mx_2-x_3)\boldsymbol{\alpha}_3=\mathbf{0},$$

由 $\boldsymbol{\alpha}_1,\boldsymbol{\alpha}_2,\boldsymbol{\alpha}_3$ 线性无关知 $\begin{cases}kx_1+x_3=0\\-x_1-x_2=0\\mx_2-x_3=0\end{cases}$，为使 $\boldsymbol{\beta}_1,\boldsymbol{\beta}_2,\boldsymbol{\beta}_3$ 线性无关，则上述齐次线性方程组只有零解，故 $0\neq\begin{vmatrix}k&0&1\\-1&-1&0\\0&m&-1\end{vmatrix}=k-m$，即 $k\neq m$.

15.【解析】(1) $\boldsymbol{\alpha}_1$ 能由 $\boldsymbol{\alpha}_2,\boldsymbol{\alpha}_3$ 线性表示.

证法一 因为已知向量组 $\boldsymbol{\alpha}_2,\boldsymbol{\alpha}_3,\boldsymbol{\alpha}_4$ 线性无关，则 $\boldsymbol{\alpha}_2,\boldsymbol{\alpha}_3$ 线性无关. 又 $\boldsymbol{\alpha}_1,\boldsymbol{\alpha}_2,\boldsymbol{\alpha}_3$ 线性相关，故 $\boldsymbol{\alpha}_1$ 能由 $\boldsymbol{\alpha}_2,\boldsymbol{\alpha}_3$ 线性表示.

证法二 因为向量组 $\boldsymbol{\alpha}_1,\boldsymbol{\alpha}_2,\boldsymbol{\alpha}_3$ 线性相关，故存在不全为零的数 k_1,k_2,k_3，使得 $k_1\boldsymbol{\alpha}_1+k_2\boldsymbol{\alpha}_2+k_3\boldsymbol{\alpha}_3=\mathbf{0}$，其中必有 $k_1\neq0$. 否则，若 $k_1=0$，则 k_2,k_3 不全为零，使 $k_2\boldsymbol{\alpha}_2+k_3\boldsymbol{\alpha}_3=\mathbf{0}$，即 $\boldsymbol{\alpha}_2,\boldsymbol{\alpha}_3$ 线性相关，进而向量组 $\boldsymbol{\alpha}_2,\boldsymbol{\alpha}_3,\boldsymbol{\alpha}_4$ 线性相关，与已知矛盾，

故 $\boldsymbol{\alpha}_1=-\dfrac{k_2}{k_1}\boldsymbol{\alpha}_2-\dfrac{k_3}{k_1}\boldsymbol{\alpha}_3$，即 $\boldsymbol{\alpha}_1$ 可由 $\boldsymbol{\alpha}_2,\boldsymbol{\alpha}_3$ 线性表示.

(2) $\boldsymbol{\alpha}_4$ 不能由 $\boldsymbol{\alpha}_1,\boldsymbol{\alpha}_2,\boldsymbol{\alpha}_3$ 线性表示.

证法一 若 $\boldsymbol{\alpha}_4$ 能由 $\boldsymbol{\alpha}_1,\boldsymbol{\alpha}_2,\boldsymbol{\alpha}_3$ 线性表示，不妨设 $\boldsymbol{\alpha}_4=k_1\boldsymbol{\alpha}_1+k_2\boldsymbol{\alpha}_2+k_3\boldsymbol{\alpha}_3$.

由(1)知 $\boldsymbol{\alpha}_1$ 能由 $\boldsymbol{\alpha}_2,\boldsymbol{\alpha}_3$ 线性表示，不妨设 $\boldsymbol{\alpha}_1=l_2\boldsymbol{\alpha}_2+l_3\boldsymbol{\alpha}_3$，代入上式并整理，得到

$$\boldsymbol{\alpha}_4=(k_1l_2+k_2)\boldsymbol{\alpha}_2+(k_1l_3+k_3)\boldsymbol{\alpha}_3,$$

即若 $\boldsymbol{\alpha}_4$ 可由 $\boldsymbol{\alpha}_1,\boldsymbol{\alpha}_2,\boldsymbol{\alpha}_3$ 线性表示，从而 $\boldsymbol{\alpha}_2,\boldsymbol{\alpha}_3,\boldsymbol{\alpha}_4$ 线性相关，与已知矛盾.

因此，$\boldsymbol{\alpha}_4$ 不能由 $\boldsymbol{\alpha}_1,\boldsymbol{\alpha}_2,\boldsymbol{\alpha}_3$ 线性表示.

证法二 因为 $\boldsymbol{\alpha}_1,\boldsymbol{\alpha}_2,\boldsymbol{\alpha}_3$ 线性相关，$R(\boldsymbol{\alpha}_1,\boldsymbol{\alpha}_2,\boldsymbol{\alpha}_3)<3$. 又因为 $\boldsymbol{\alpha}_2,\boldsymbol{\alpha}_3,\boldsymbol{\alpha}_4$ 线性无关，所以 $R(\boldsymbol{\alpha}_1,\boldsymbol{\alpha}_2,\boldsymbol{\alpha}_3,\boldsymbol{\alpha}_4)\geqslant3$，则有 $R(\boldsymbol{\alpha}_1,\boldsymbol{\alpha}_2,\boldsymbol{\alpha}_3)<R(\boldsymbol{\alpha}_1,\boldsymbol{\alpha}_2,\boldsymbol{\alpha}_3,\boldsymbol{\alpha}_4)$，因此，$\boldsymbol{\alpha}_4$ 不能由 $\boldsymbol{\alpha}_1,\boldsymbol{\alpha}_2,\boldsymbol{\alpha}_3$ 线性表示.

16.【解析】(1)记 $\boldsymbol{A}=(\boldsymbol{\alpha}_1^{\mathrm{T}},\boldsymbol{\alpha}_2^{\mathrm{T}},\boldsymbol{\alpha}_3^{\mathrm{T}},\boldsymbol{\alpha}_4^{\mathrm{T}})=\begin{pmatrix}1&1&0&1\\1&0&1&5\\1&1&1&4\\0&1&1&2\end{pmatrix}\to\begin{pmatrix}1&0&0&2\\0&1&0&-1\\0&0&1&3\\0&0&0&0\end{pmatrix}=\boldsymbol{J}$，故 $R(\boldsymbol{A})=3$，

所以向量组 $\boldsymbol{\alpha}_1,\boldsymbol{\alpha}_2,\boldsymbol{\alpha}_3,\boldsymbol{\alpha}_4$ 的秩为 3. 又 $\boldsymbol{J}$ 的第 1,2,3 个行向量线性无关，故 $\boldsymbol{\alpha}_1,\boldsymbol{\alpha}_2,\boldsymbol{\alpha}_3$ 是向量组的一个极大无关组，且 $\boldsymbol{\alpha}_4=2\boldsymbol{\alpha}_1-\boldsymbol{\alpha}_2+3\boldsymbol{\alpha}_3$.

(2)记 $\boldsymbol{B}=(\boldsymbol{\beta}_1,\boldsymbol{\beta}_2,\boldsymbol{\beta}_3,\boldsymbol{\beta}_4)=\begin{pmatrix}1&1&-1&0\\1&0&1&1\\2&1&0&1\end{pmatrix}\to\begin{pmatrix}1&0&1&1\\0&1&-2&-1\\0&0&0&0\end{pmatrix}=\boldsymbol{J}$,故 $R(\boldsymbol{B})=2$,所以向量组 $\boldsymbol{\beta}_1,\boldsymbol{\beta}_2,\boldsymbol{\beta}_3,\boldsymbol{\beta}_4$ 的秩为 2,且 $\boldsymbol{\beta}_1,\boldsymbol{\beta}_2$ 是一个极大无关组,$\boldsymbol{\beta}_3=\boldsymbol{\beta}_1-2\boldsymbol{\beta}_2$,$\boldsymbol{\beta}_4=\boldsymbol{\beta}_1-\boldsymbol{\beta}_2$.

17.【解析】因为 $(\boldsymbol{\alpha}_3,\boldsymbol{\alpha}_4,\boldsymbol{\alpha}_1,\boldsymbol{\alpha}_2)=\begin{pmatrix}1&2&a&2\\2&3&3&b\\1&1&1&3\end{pmatrix}\to\begin{pmatrix}1&1&1&3\\0&1&a-1&-1\\0&0&2-a&b-5\end{pmatrix}$,

而 $R(\boldsymbol{\alpha}_1,\boldsymbol{\alpha}_2,\boldsymbol{\alpha}_3,\boldsymbol{\alpha}_4)=R(\boldsymbol{\alpha}_3,\boldsymbol{\alpha}_4,\boldsymbol{\alpha}_1,\boldsymbol{\alpha}_2)$,所以 $a=2,b=5$.

18.【解析】由于 $(\boldsymbol{\alpha}_1,\boldsymbol{\alpha}_2,\boldsymbol{\alpha}_3,\boldsymbol{\alpha}_4)=\begin{pmatrix}1&1&-2&4\\1&3&-6&1\\1&-5&10&6\\3&-1&a&a+10\end{pmatrix}\to\begin{pmatrix}1&1&-2&0\\0&1&-2&0\\0&0&a-2&0\\0&0&0&1\end{pmatrix}$,

由 $\boldsymbol{\alpha}_1,\boldsymbol{\alpha}_2,\boldsymbol{\alpha}_3,\boldsymbol{\alpha}_4$ 线性相关,可知 $R(\boldsymbol{\alpha}_1,\boldsymbol{\alpha}_2,\boldsymbol{\alpha}_3,\boldsymbol{\alpha}_4)<4$,进而 $a=2$,

此时,$(\boldsymbol{\alpha}_1,\boldsymbol{\alpha}_2,\boldsymbol{\alpha}_3,\boldsymbol{\alpha}_4)\to\begin{pmatrix}1&0&0&0\\0&1&-2&0\\0&0&0&1\\0&0&0&0\end{pmatrix}$,

故 $\boldsymbol{\alpha}_1,\boldsymbol{\alpha}_2,\boldsymbol{\alpha}_3,\boldsymbol{\alpha}_4$ 的极大线性无关组是 $\boldsymbol{\alpha}_1,\boldsymbol{\alpha}_2,\boldsymbol{\alpha}_4$ 或 $\boldsymbol{\alpha}_1,\boldsymbol{\alpha}_3,\boldsymbol{\alpha}_4$.

19.【解析】由于 $\boldsymbol{A}=(\boldsymbol{\alpha}_1^{\mathrm{T}},\boldsymbol{\alpha}_2^{\mathrm{T}},\boldsymbol{\alpha}_3^{\mathrm{T}})=\begin{pmatrix}0&1&1\\1&2&0\\1&1&-1\end{pmatrix}\to\begin{pmatrix}1&0&-2\\0&1&1\\0&0&0\end{pmatrix}$,

故 $R(\boldsymbol{\alpha}_1,\boldsymbol{\alpha}_2,\boldsymbol{\alpha}_3)=2$,$\boldsymbol{\alpha}_1,\boldsymbol{\alpha}_2$ 是一个极大无关组,且 $\boldsymbol{\alpha}_3=-2\boldsymbol{\alpha}_1+\boldsymbol{\alpha}_2$.

由题设知 $R(\boldsymbol{\beta}_1,\boldsymbol{\beta}_2,\boldsymbol{\beta}_3)=2$,又 $\boldsymbol{\beta}_3$ 可由 $\boldsymbol{\alpha}_1,\boldsymbol{\alpha}_2,\boldsymbol{\alpha}_3$ 线性表示,则 $\boldsymbol{\beta}_3$ 可由 $\boldsymbol{\alpha}_1,\boldsymbol{\alpha}_2$ 线性表示.这表明 $\boldsymbol{\beta}_1,\boldsymbol{\beta}_2,\boldsymbol{\beta}_3$ 和 $\boldsymbol{\alpha}_1,\boldsymbol{\alpha}_2,\boldsymbol{\beta}_3$ 线性相关. 于是

$$0=|\boldsymbol{\beta}_1^{\mathrm{T}},\boldsymbol{\beta}_2^{\mathrm{T}},\boldsymbol{\beta}_3^{\mathrm{T}}|=\begin{vmatrix}1&1&2\\1&1&y\\0&1&z\end{vmatrix}=2-y,\text{且 }0=|\boldsymbol{\alpha}_1^{\mathrm{T}},\boldsymbol{\alpha}_2^{\mathrm{T}},\boldsymbol{\beta}_3^{\mathrm{T}}|=\begin{vmatrix}0&1&2\\1&2&y\\1&1&z\end{vmatrix}=y-z-2,$$

解得 $y=2,z=0$,故 $\boldsymbol{\beta}_3=(2,2,0)$.

20.【解析】**方法一** 由题设知 $(\boldsymbol{\beta}_1,\boldsymbol{\beta}_2,\cdots,\boldsymbol{\beta}_m)=(\boldsymbol{\alpha}_1,\boldsymbol{\alpha}_2,\cdots,\boldsymbol{\alpha}_m)\boldsymbol{C}$,

其中 $\boldsymbol{C}=\begin{pmatrix}0&1&\cdots&1&1\\1&0&\cdots&1&1\\\vdots&\vdots&&\vdots&\vdots\\1&1&\cdots&0&1\\1&1&\cdots&1&0\end{pmatrix}$,而

$$|\boldsymbol{C}|=\begin{vmatrix}0&1&\cdots&1&1\\1&0&\cdots&1&1\\\vdots&\vdots&&\vdots&\vdots\\1&1&\cdots&0&1\\1&1&\cdots&1&0\end{vmatrix}=(m-1)\begin{vmatrix}1&1&\cdots&1&1\\1&0&\cdots&1&1\\\vdots&\vdots&&\vdots&\vdots\\1&1&\cdots&0&1\\1&1&\cdots&1&0\end{vmatrix}$$

$$=(m-1)\begin{vmatrix}1&1&\cdots&1&1\\0&-1&\cdots&0&0\\\vdots&\vdots&&\vdots&\vdots\\0&0&\cdots&-1&0\\0&0&\cdots&0&-1\end{vmatrix}=(-1)^{m-1}(m-1)\neq0,$$

故 $\boldsymbol{C}$ 可逆，因此向量组 $\boldsymbol{\alpha}_1,\boldsymbol{\alpha}_2,\cdots,\boldsymbol{\alpha}_m$ 与 $\boldsymbol{\beta}_1,\boldsymbol{\beta}_2,\cdots,\boldsymbol{\beta}_m$ 等价，故向量组 $\boldsymbol{\beta}_1,\boldsymbol{\beta}_2,\cdots,\boldsymbol{\beta}_m$ 的秩为 r.

方法二 显然 $\boldsymbol{\beta}_1,\boldsymbol{\beta}_2,\cdots,\boldsymbol{\beta}_m$ 可由 $\boldsymbol{\alpha}_1,\boldsymbol{\alpha}_2,\cdots,\boldsymbol{\alpha}_m$ 线性表示.

由于 $\boldsymbol{\beta}_1+\boldsymbol{\beta}_2+\cdots+\boldsymbol{\beta}_m=(m-1)(\boldsymbol{\alpha}_1+\boldsymbol{\alpha}_2+\cdots+\boldsymbol{\alpha}_m)$，

或 $\boldsymbol{\alpha}_1+\boldsymbol{\alpha}_2+\cdots+\boldsymbol{\alpha}_m=\dfrac{1}{m-1}(\boldsymbol{\beta}_1+\boldsymbol{\beta}_2+\cdots+\boldsymbol{\beta}_m)$.

又 $\boldsymbol{\alpha}_i+\boldsymbol{\beta}_i=\boldsymbol{\alpha}_1+\boldsymbol{\alpha}_2+\cdots+\boldsymbol{\alpha}_m=\dfrac{1}{m-1}(\boldsymbol{\beta}_1+\boldsymbol{\beta}_2+\cdots+\boldsymbol{\beta}_m)$，

或 $\boldsymbol{\alpha}_i=\dfrac{1}{m-1}(\boldsymbol{\beta}_1+\boldsymbol{\beta}_2+\cdots+\boldsymbol{\beta}_m)-\boldsymbol{\beta}_i,i=1,2,\cdots,m$.

这表明 $\boldsymbol{\alpha}_1,\boldsymbol{\alpha}_2,\cdots,\boldsymbol{\alpha}_m$ 可由 $\boldsymbol{\beta}_1,\boldsymbol{\beta}_2,\cdots,\boldsymbol{\beta}_m$ 线性表示，

故这两个向量组等价，从而它们有相同的秩，即向量组 $\boldsymbol{\beta}_1,\boldsymbol{\beta}_2,\cdots,\boldsymbol{\beta}_m$ 的秩为 r.

21.**【证明】**由向量组（Ⅱ）的秩为 4 知 $\boldsymbol{\alpha}_1,\boldsymbol{\alpha}_2,\boldsymbol{\alpha}_3,\boldsymbol{\alpha}_5$ 线性无关，从而 $\boldsymbol{\alpha}_1,\boldsymbol{\alpha}_2,\boldsymbol{\alpha}_3$ 线性无关. 又由向量组（Ⅰ）的秩为 3 知 $\boldsymbol{\alpha}_1,\boldsymbol{\alpha}_2,\boldsymbol{\alpha}_3,\boldsymbol{\alpha}_4$ 线性相关. 从而 $\boldsymbol{\alpha}_4$ 可由 $\boldsymbol{\alpha}_1,\boldsymbol{\alpha}_2,\boldsymbol{\alpha}_3$ 线性表示，记 $\boldsymbol{\alpha}_4=l_1\boldsymbol{\alpha}_1+l_2\boldsymbol{\alpha}_2+l_3\boldsymbol{\alpha}_3$.

方法一 由 $(\boldsymbol{\alpha}_1,\boldsymbol{\alpha}_2,\boldsymbol{\alpha}_3,\boldsymbol{\alpha}_5-\boldsymbol{\alpha}_4)\xrightarrow{c_4+l_ic_i,i=1,2,3}(\boldsymbol{\alpha}_1,\boldsymbol{\alpha}_2,\boldsymbol{\alpha}_3,\boldsymbol{\alpha}_5)$ 可知，

$$R(\boldsymbol{\alpha}_1,\boldsymbol{\alpha}_2,\boldsymbol{\alpha}_3,\boldsymbol{\alpha}_5-\boldsymbol{\alpha}_4)=R(\boldsymbol{\alpha}_1,\boldsymbol{\alpha}_2,\boldsymbol{\alpha}_3,\boldsymbol{\alpha}_5)=4.$$

方法二 设 $x_1\boldsymbol{\alpha}_1+x_2\boldsymbol{\alpha}_2+x_3\boldsymbol{\alpha}_3+x_4(\boldsymbol{\alpha}_5-\boldsymbol{\alpha}_4)=\boldsymbol{0}$，代入 $\boldsymbol{\alpha}_4=l_1\boldsymbol{\alpha}_1+l_2\boldsymbol{\alpha}_2+l_3\boldsymbol{\alpha}_3$，整理得 $(x_1-l_1x_4)\boldsymbol{\alpha}_1+(x_2-l_2x_4)\boldsymbol{\alpha}_2+(x_3-l_3x_4)\boldsymbol{\alpha}_3+x_4\boldsymbol{\alpha}_5=\boldsymbol{0}$.

由 $\boldsymbol{\alpha}_1,\boldsymbol{\alpha}_2,\boldsymbol{\alpha}_3,\boldsymbol{\alpha}_5$ 线性无关知 $\begin{cases}x_1-l_1x_4=0\\x_2-l_2x_4=0\\x_3-l_3x_4=0\\x_4=0\end{cases}$，解之可得 $x_1=x_2=x_3=x_4=0$，

故 $\boldsymbol{\alpha}_1,\boldsymbol{\alpha}_2,\boldsymbol{\alpha}_3,\boldsymbol{\alpha}_5-\boldsymbol{\alpha}_4$ 线性无关，即它的秩为 4.

22.【证明】记矩阵 $\boldsymbol{A}=(\boldsymbol{\alpha}_1,\boldsymbol{\alpha}_2,\boldsymbol{\alpha}_3)$，$\boldsymbol{B}=(\boldsymbol{\beta}_1,\boldsymbol{\beta}_2,\boldsymbol{\beta}_3)$，

由 $(\boldsymbol{A},\boldsymbol{B})=\left(\begin{array}{ccc:ccc}0&3&2&2&0&4\\1&0&3&1&-2&4\\2&1&0&1&1&1\\3&2&1&2&1&3\end{array}\right)\to\left(\begin{array}{ccc:ccc}1&0&3&1&-2&4\\0&1&-6&-1&5&-7\\0&0&4&1&-3&5\\0&0&0&0&0&0\end{array}\right)$，

可知 $R(\boldsymbol{A})=R(\boldsymbol{A},\boldsymbol{B})=3$，所以向量组 B 能由向量组 A 线性表示.

由 $\boldsymbol{B}\to\begin{pmatrix}1&-2&4\\-1&5&-7\\1&-3&5\\0&0&0\end{pmatrix}\to\begin{pmatrix}1&0&2\\0&1&-1\\0&0&0\\0&0&0\end{pmatrix}$，可知 $R(\boldsymbol{B})=2$.

因为 $R(\boldsymbol{B})<R(\boldsymbol{A},\boldsymbol{B})$，所以向量组 A 不能由向量组 B 组线性表示.

23.【证明】记矩阵 $\boldsymbol{A}=(\boldsymbol{\alpha}_1,\boldsymbol{\alpha}_2)$，$\boldsymbol{B}=(\boldsymbol{\beta}_1,\boldsymbol{\beta}_2,\boldsymbol{\beta}_3)$，

由 $(\boldsymbol{B},\boldsymbol{A})=\left(\begin{array}{ccc:cc}-1&1&3&0&1\\0&2&2&1&1\\1&1&-1&1&0\end{array}\right)\to\left(\begin{array}{ccc:cc}-1&1&3&0&1\\0&2&2&1&1\\0&2&2&1&1\end{array}\right)\to\left(\begin{array}{ccc:cc}-1&1&3&0&1\\0&2&2&1&1\\0&0&0&0&0\end{array}\right)$，

可知 $R(\boldsymbol{B})=R(\boldsymbol{B},\boldsymbol{A})=2$.显然在 $\boldsymbol{A}$ 中有二阶非零子式，故 $R(\boldsymbol{A})\geqslant 2$，

又 $R(\boldsymbol{A})\leqslant R(\boldsymbol{B},\boldsymbol{A})=2$，所以 $R(\boldsymbol{A})=2$，

从而 $R(\boldsymbol{B})=R(\boldsymbol{B},\boldsymbol{A})=R(\boldsymbol{A})=2$.因此向量组 A 与向量组 B 等价.

24.【解析】由于

$$(\boldsymbol{\alpha}_1,\boldsymbol{\alpha}_2,\boldsymbol{\alpha}_3,\boldsymbol{\beta}_1,\boldsymbol{\beta}_2,\boldsymbol{\beta}_3)=\left(\begin{array}{ccc:ccc}1&1&1&1&2&2\\0&1&-1&2&1&1\\2&3&a+2&a+3&a+6&a+4\end{array}\right)$$

$$\to\left(\begin{array}{ccc:ccc}1&1&1&1&2&2\\0&1&-1&2&1&1\\0&0&a+1&a-1&a+1&a-1\end{array}\right),$$

当 $a=-1$ 时，$(\boldsymbol{\alpha}_1,\boldsymbol{\alpha}_2,\boldsymbol{\alpha}_3,\boldsymbol{\beta}_1,\boldsymbol{\beta}_2,\boldsymbol{\beta}_3)\to\left(\begin{array}{ccc:ccc}1&1&1&1&2&2\\0&1&-1&2&1&1\\0&0&0&-2&0&-2\end{array}\right)$，

此时 $R(\boldsymbol{A})=2$，$R(\boldsymbol{B})=R(\boldsymbol{A},\boldsymbol{B})=3$，从而向量组 A 与向量组 B 不等价.

当 $a\neq-1$ 时，$R(\boldsymbol{A})=R(\boldsymbol{B})=R(\boldsymbol{A},\boldsymbol{B})=3$，故向量组 A 与向量组 B 等价.

25.【证明】记矩阵 $\boldsymbol{A}=(\boldsymbol{\alpha}_1,\boldsymbol{\alpha}_2,\boldsymbol{\alpha}_3)$，$\boldsymbol{B}=(\boldsymbol{\beta}_1,\boldsymbol{\beta}_2,\boldsymbol{\beta}_3)$.

必要性　若 $\boldsymbol{\beta}_1,\boldsymbol{\beta}_2,\boldsymbol{\beta}_3$ 线性无关，则秩 $R(\boldsymbol{B})=R(\boldsymbol{\beta}_1,\boldsymbol{\beta}_2,\boldsymbol{\beta}_3)=3$. 又 $R(\boldsymbol{B})=R(\boldsymbol{AC})\leqslant R(\boldsymbol{C})\leqslant 3$，因此，$R(\boldsymbol{C})=3$，即矩阵 $\boldsymbol{C}$ 可逆，$|\boldsymbol{C}|\neq 0$.

充分性　若 $|\boldsymbol{C}|\neq 0$，即矩阵 $\boldsymbol{C}$ 可逆，则 $R(\boldsymbol{B})=R(\boldsymbol{AC})=R(\boldsymbol{A})=R(\boldsymbol{\alpha}_1,\boldsymbol{\alpha}_2,\boldsymbol{\alpha}_3)=3$，故 $\boldsymbol{\beta}_1,\boldsymbol{\beta}_2,\boldsymbol{\beta}_3$ 线性无关.

26.【证明】$k_1\boldsymbol{\gamma}_1+k_2\boldsymbol{\gamma}_2+\cdots+k_s\boldsymbol{\gamma}_s=\mathbf{0}$，即 $k_1\begin{pmatrix}\boldsymbol{\alpha}_1\\\boldsymbol{\beta}_1\end{pmatrix}+k_2\begin{pmatrix}\boldsymbol{\alpha}_2\\\boldsymbol{\beta}_2\end{pmatrix}+\cdots+k_s\begin{pmatrix}\boldsymbol{\alpha}_s\\\boldsymbol{\beta}_s\end{pmatrix}=\begin{pmatrix}0\\0\end{pmatrix}$，

于是 $k_1\boldsymbol{\alpha}_1+k_2\boldsymbol{\alpha}_2+\cdots+k_s\boldsymbol{\alpha}_s=\mathbf{0}$，又因为 $\boldsymbol{\alpha}_1,\boldsymbol{\alpha}_2,\cdots,\boldsymbol{\alpha}_s$线性无关，所以 $k_1=k_2=\cdots=k_s=0$，故$\boldsymbol{\gamma}_1,\boldsymbol{\gamma}_2,\cdots,\boldsymbol{\gamma}_s$线性无关.

27.【证明】因为 $\boldsymbol{\alpha}_{i1},\boldsymbol{\alpha}_{i2},\cdots,\boldsymbol{\alpha}_{ir}$是$\boldsymbol{\alpha}_1,\boldsymbol{\alpha}_2,\cdots,\boldsymbol{\alpha}_s$的极大线性无关组，

所以 $\boldsymbol{\alpha}_{i1},\boldsymbol{\alpha}_{i2},\cdots,\boldsymbol{\alpha}_{ir},\boldsymbol{\alpha}_{jk}(k=1,2,\cdots,t)$线性相关，故 $\boldsymbol{\alpha}_{jk}(k=1,2,\cdots,t)$可由 $\boldsymbol{\alpha}_{i1},\boldsymbol{\alpha}_{i2},\cdots,\boldsymbol{\alpha}_{ir}$ 线性表示，从而向量组 B 可由向量组 A 线性表示. 又因为向量组 B 是向量组 $\boldsymbol{\alpha}_1,\boldsymbol{\alpha}_2,\cdots,\boldsymbol{\alpha}_s$的极大线性无关组，所以 $t\leqslant r$.

同理可证 $r\leqslant t$，故 $r=t$.

28.【证明】因为 $\boldsymbol{\alpha}_1,\boldsymbol{\alpha}_2,\cdots,\boldsymbol{\alpha}_m$线性相关，所以存在不全为零的数 $\lambda_1,\lambda_2,\lambda_3,\cdots,\lambda_m$，使得

$$\lambda_1\boldsymbol{\alpha}_1+\lambda_2\boldsymbol{\alpha}_2+\cdots+\lambda_m\boldsymbol{\alpha}_m=\mathbf{0}.$$

由 $\boldsymbol{\alpha}_1\neq\mathbf{0}$ 可知，$\lambda_2,\lambda_3\cdots,\lambda_m$不全为零. 反之，则 $\lambda_1\boldsymbol{\alpha}_1=\mathbf{0}$. 由 $\boldsymbol{\alpha}_1\neq\mathbf{0}$ 知 $\lambda_1=0$，存在矛盾.

设等式 $\lambda_1\boldsymbol{\alpha}_1+\lambda_2\boldsymbol{\alpha}_2+\cdots+\lambda_m\boldsymbol{\alpha}_m=\mathbf{0}$ 自右向左第一个不为零的数为 $k(2\leqslant k\leqslant m)$，即

$$\lambda_k\neq0,\lambda_{k+1}=\lambda_{k+2}=\cdots=\lambda_m=0,$$

于是 $\lambda_1\boldsymbol{\alpha}_1+\lambda_2\boldsymbol{\alpha}_2+\cdots+\lambda_k\boldsymbol{\alpha}_k=\mathbf{0}$，故 $\boldsymbol{\alpha}_k=-\dfrac{\lambda_1}{\lambda_k}\boldsymbol{\alpha}_1-\dfrac{\lambda_2}{\lambda_k}\boldsymbol{\alpha}_2-\cdots-\dfrac{\lambda_{k-1}}{\lambda_k}\boldsymbol{\alpha}_{k-1}$，

即 $\boldsymbol{\alpha}_k$ 能由 $\boldsymbol{\alpha}_1,\boldsymbol{\alpha}_2,\cdots,\boldsymbol{\alpha}_{k-1}$线性表示.

29.【解析】由于 $(\boldsymbol{\alpha}_1,\boldsymbol{\alpha}_2,\boldsymbol{\alpha}_3)=\begin{pmatrix}1&3&9\\2&0&6\\-3&1&-7\end{pmatrix}\to\begin{pmatrix}1&3&9\\0&1&2\\0&0&0\end{pmatrix}$，故向量组 $\boldsymbol{\alpha}_1,\boldsymbol{\alpha}_2,\boldsymbol{\alpha}_3$ 的秩为 2，于是 $\boldsymbol{\alpha}_1,\boldsymbol{\alpha}_2,\boldsymbol{\alpha}_3$ 线性相关. 可取 $\boldsymbol{\alpha}_1,\boldsymbol{\alpha}_2$ 为它的一个最大无关组，由于向量组 $\boldsymbol{\beta}_1,\boldsymbol{\beta}_2,\boldsymbol{\beta}_3$ 与 $\boldsymbol{\alpha}_1,\boldsymbol{\alpha}_2$，$\boldsymbol{\alpha}_3$ 具有相同的秩，故 $\boldsymbol{\beta}_1,\boldsymbol{\beta}_2,\boldsymbol{\beta}_3$ 线性相关，从而 $\begin{vmatrix}0&a&b\\1&2&1\\-1&1&0\end{vmatrix}=0$，由此解得 $a=3b$.

又 $\boldsymbol{\beta}_3$ 可由 $\boldsymbol{\alpha}_1,\boldsymbol{\alpha}_2,\boldsymbol{\alpha}_3$ 线性表示，从而可由 $\boldsymbol{\alpha}_1,\boldsymbol{\alpha}_2$ 线性表示，所以 $\boldsymbol{\alpha}_1,\boldsymbol{\alpha}_2,\boldsymbol{\beta}_3$ 线性相关，

于是 $|\boldsymbol{\alpha}_1,\boldsymbol{\alpha}_2,\boldsymbol{\beta}_3|=\begin{vmatrix}1&3&b\\2&0&1\\-3&1&0\end{vmatrix}=0$，解之得 $2b-10=0$，所以 $a=15,b=5$.

二、提高篇

1. 答案 C 【解析】**方法一** 由于 $\boldsymbol{\alpha}_3+\boldsymbol{\alpha}_4=(0,0,c_3+c_4)$，则 $\boldsymbol{\alpha}_1,\boldsymbol{\alpha}_3,\boldsymbol{\alpha}_4$ 的秩小于 3，故而 $\boldsymbol{\alpha}_1,\boldsymbol{\alpha}_3$，$\boldsymbol{\alpha}_4$ 线性相关. 故应选 C.

方法二 由 $|\boldsymbol{\alpha}_1^{\mathrm{T}},\boldsymbol{\alpha}_3^{\mathrm{T}},\boldsymbol{\alpha}_4^{\mathrm{T}}|=\begin{vmatrix}0&1&-1\\0&-1&1\\c_1&c_3&c_4\end{vmatrix}=0$，得 $\boldsymbol{\alpha}_1,\boldsymbol{\alpha}_3,\boldsymbol{\alpha}_4$ 线性相关，故应选 C.

方法三 由于$(\boldsymbol{\alpha}_1^{\mathrm{T}},\boldsymbol{\alpha}_2^{\mathrm{T}},\boldsymbol{\alpha}_3^{\mathrm{T}},\boldsymbol{\alpha}_4^{\mathrm{T}})=\begin{pmatrix}0&0&1&-1\\0&1&-1&1\\c_1&c_2&c_3&c_4\end{pmatrix}\to\begin{pmatrix}0&0&1&-1\\0&1&0&0\\c_1&0&0&c_3+c_4\end{pmatrix}$,

故而$\boldsymbol{\alpha}_1,\boldsymbol{\alpha}_3,\boldsymbol{\alpha}_4$线性相关,应选 C.

2. 答案 A 【解析】**方法一** 记$\boldsymbol{A}=(\boldsymbol{\alpha}_1,\boldsymbol{\alpha}_2,\boldsymbol{\alpha}_3,k\boldsymbol{\beta}_1+\boldsymbol{\beta}_2)$,$\boldsymbol{B}=(\boldsymbol{\alpha}_1,\boldsymbol{\alpha}_2,\boldsymbol{\alpha}_3,\boldsymbol{\beta}_1+k\boldsymbol{\beta}_2)$,由于向量$\boldsymbol{\beta}_1$可由$\boldsymbol{\alpha}_1,\boldsymbol{\alpha}_2,\boldsymbol{\alpha}_3$线性表示,故必存在常数$\lambda_1,\lambda_2,\lambda_3$使$\boldsymbol{\beta}_1=\lambda_1\boldsymbol{\alpha}_1+\lambda_2\boldsymbol{\alpha}_2+\lambda_3\boldsymbol{\alpha}_3$.

分别对$\boldsymbol{A},\boldsymbol{B}$实施相应的初等列变换,得

$$\boldsymbol{A}=(\boldsymbol{\alpha}_1,\boldsymbol{\alpha}_2,\boldsymbol{\alpha}_3,k\boldsymbol{\beta}_1+\boldsymbol{\beta}_2)\xrightarrow{c_4-k\lambda_1c_1,c_4-k\lambda_2c_2,c_4-k\lambda_3c_3}(\boldsymbol{\alpha}_1,\boldsymbol{\alpha}_2,\boldsymbol{\alpha}_3,\boldsymbol{\beta}_2),$$

$$\boldsymbol{B}=(\boldsymbol{\alpha}_1,\boldsymbol{\alpha}_2,\boldsymbol{\alpha}_3,\boldsymbol{\beta}_1+k\boldsymbol{\beta}_2)\xrightarrow{c_4-\lambda_1c_1,c_4-\lambda_2c_2,c_4-\lambda_3c_3}(\boldsymbol{\alpha}_1,\boldsymbol{\alpha}_2,\boldsymbol{\alpha}_3,k\boldsymbol{\beta}_2),$$

可见向量组$\boldsymbol{\alpha}_1,\boldsymbol{\alpha}_2,\boldsymbol{\alpha}_3,k\boldsymbol{\beta}_1+\boldsymbol{\beta}_2$与$\boldsymbol{\alpha}_1,\boldsymbol{\alpha}_2,\boldsymbol{\alpha}_3,\boldsymbol{\beta}_2$的线性相关性相同,向量组$\boldsymbol{\alpha}_1,\boldsymbol{\alpha}_2,\boldsymbol{\alpha}_3,\boldsymbol{\beta}_1+k\boldsymbol{\beta}_2$与$\boldsymbol{\alpha}_1,\boldsymbol{\alpha}_2,\boldsymbol{\alpha}_3,k\boldsymbol{\beta}_2$的线性相关性相同. 由题设条件可知$\boldsymbol{\alpha}_1,\boldsymbol{\alpha}_2,\boldsymbol{\alpha}_3,\boldsymbol{\beta}_2$线性无关,从而无论$k$取何值,向量组$\boldsymbol{\alpha}_1,\boldsymbol{\alpha}_2,\boldsymbol{\alpha}_3,k\boldsymbol{\beta}_1+\boldsymbol{\beta}_2$均线性无关;而向量组$\boldsymbol{\alpha}_1,\boldsymbol{\alpha}_2,\boldsymbol{\alpha}_3,k\boldsymbol{\beta}_2$线性相关与否依赖于$k$的取值($k=0$时,线性相关;$k\neq0$时,线性无关),即可排除 B、C、D,应选 A.

方法二 由题意可设$\boldsymbol{\beta}_1=l_1\boldsymbol{\alpha}_1+l_2\boldsymbol{\alpha}_2+l_3\boldsymbol{\alpha}_3$.

因为$\boldsymbol{\beta}_2$不能由$\boldsymbol{\alpha}_1,\boldsymbol{\alpha}_2,\boldsymbol{\alpha}_3$线性表示,所以$\boldsymbol{\alpha}_1,\boldsymbol{\alpha}_2,\boldsymbol{\alpha}_3,\boldsymbol{\beta}_2$线性无关,设

$$k_1\boldsymbol{\alpha}_1+k_2\boldsymbol{\alpha}_2+k_3\boldsymbol{\alpha}_3+k_4(k\boldsymbol{\beta}_1+\boldsymbol{\beta}_2)=\boldsymbol{0},$$

将$\boldsymbol{\beta}_1=l_1\boldsymbol{\alpha}_1+l_2\boldsymbol{\alpha}_2+l_3\boldsymbol{\alpha}_3$代入上式,并整理得

$$(k_1+k_4l_1k)\boldsymbol{\alpha}_1+(k_2+k_4l_2k)\boldsymbol{\alpha}_2+(k_3+k_4l_3k)\boldsymbol{\alpha}_3+k_4\boldsymbol{\beta}_2=\boldsymbol{0},$$

由$\boldsymbol{\alpha}_1,\boldsymbol{\alpha}_2,\boldsymbol{\alpha}_3,\boldsymbol{\beta}_2$线性无关得$k_1+k_4l_1k=0,k_2+k_4l_2k=0,k_3+k_4l_3k=0,k_4=0$.

可见对于任意常数k都有$k_1=k_2=k_3=k_4=0$,故$\boldsymbol{\alpha}_1,\boldsymbol{\alpha}_2,\boldsymbol{\alpha}_3,k\boldsymbol{\beta}_1+\boldsymbol{\beta}_2$线性无关.

对于向量组$\boldsymbol{\alpha}_1,\boldsymbol{\alpha}_2,\boldsymbol{\alpha}_3,\boldsymbol{\beta}_1+k\boldsymbol{\beta}_2$,当$k=0$时,是线性相关的;而当$k\neq0$时,可证它是线性无关的. 故应选 A.

方法三 采用赋值法排除. 取$k=0$,显然 B,C 不入选.

取$k=1$并联系方法一,又可排除 D,故 A 项正确.

3. 答案 D 【解析】**方法一** 因为同型矩阵$\boldsymbol{A},\boldsymbol{B}$等价的充要条件是$R(\boldsymbol{A})=R(\boldsymbol{B})$,而

$$\begin{cases}\boldsymbol{\alpha}_1,\boldsymbol{\alpha}_2,\cdots,\boldsymbol{\alpha}_m\text{线性无关}\Leftrightarrow\text{秩}(\boldsymbol{\alpha}_1,\boldsymbol{\alpha}_2,\cdots,\boldsymbol{\alpha}_m)=m\Leftrightarrow R(\boldsymbol{A})=m\\ \boldsymbol{\beta}_1,\boldsymbol{\beta}_2\cdots,\boldsymbol{\beta}_m\text{线性无关}\Leftrightarrow\text{秩}(\boldsymbol{\beta}_1,\boldsymbol{\beta}_2\cdots,\boldsymbol{\beta}_m)=m\Leftrightarrow R(\boldsymbol{B})=m\end{cases},$$

所以$\boldsymbol{\beta}_1,\boldsymbol{\beta}_2,\cdots,\boldsymbol{\beta}_m$线性无关的充分必要条件是$R(\boldsymbol{A})=R(\boldsymbol{B})$,即矩阵$\boldsymbol{A}$与$\boldsymbol{B}$等价,故应选 D.

方法二 选项 A,C 仅是向量组$\boldsymbol{\beta}_1,\boldsymbol{\beta}_2,\cdots,\boldsymbol{\beta}_m$线性无关的充分而非必要条件.

对于选项 A,因为$\boldsymbol{\alpha}_1,\boldsymbol{\alpha}_2,\cdots,\boldsymbol{\alpha}_m$可由$\boldsymbol{\beta}_1,\boldsymbol{\beta}_2,\cdots,\boldsymbol{\beta}_m$线性表示,所以$R(\boldsymbol{\alpha}_1,\boldsymbol{\alpha}_2,\cdots,\boldsymbol{\alpha}_m)\leqslant R(\boldsymbol{\beta}_1,\boldsymbol{\beta}_2,\cdots,\boldsymbol{\beta}_m)$. 又由$\boldsymbol{\alpha}_1,\boldsymbol{\alpha}_2,\cdots,\boldsymbol{\alpha}_m$线性无关知,$R(\boldsymbol{\alpha}_1,\boldsymbol{\alpha}_2,\cdots,\boldsymbol{\alpha}_m)=m$. 而向量组$\boldsymbol{\beta}_1,\boldsymbol{\beta}_2,\cdots,\boldsymbol{\beta}_m$只有$m$个向量,所以$R(\boldsymbol{\beta}_1,\boldsymbol{\beta}_2,\cdots,\boldsymbol{\beta}_m)=m$,即$\boldsymbol{\beta}_1,\boldsymbol{\beta}_2,\cdots,\boldsymbol{\beta}_m$线性无关,可见选项 A 是$\boldsymbol{\beta}_1,\boldsymbol{\beta}_2,\cdots,\boldsymbol{\beta}_m$线性无关的充分条件,由$\boldsymbol{\alpha}_1,\boldsymbol{\alpha}_2,\cdots,\boldsymbol{\alpha}_m$与$\boldsymbol{\beta}_1,\boldsymbol{\beta}_2,\cdots,\boldsymbol{\beta}_m$均线性无关,只能推得其秩相等,不能推得这两个向量组之间的线性表示关系.

令 $\boldsymbol{\alpha}_1=\begin{pmatrix}1\\0\\0\end{pmatrix},\boldsymbol{\alpha}_2=\begin{pmatrix}0\\1\\0\end{pmatrix},\boldsymbol{\beta}_1=\begin{pmatrix}1\\0\\0\end{pmatrix},\boldsymbol{\beta}_1=\begin{pmatrix}0\\0\\1\end{pmatrix}$，显然，向量组 $\boldsymbol{\alpha}_1,\boldsymbol{\alpha}_2$ 与 $\boldsymbol{\beta}_1,\boldsymbol{\beta}_2$ 均线性无关，但 $\boldsymbol{\alpha}_1,\boldsymbol{\alpha}_2$ 与 $\boldsymbol{\beta}_1,\boldsymbol{\beta}_2$ 均不能互相线性表示，由此例可知选项 C 在已知条件下，也仅是 $\boldsymbol{\beta}_1,\boldsymbol{\beta}_2,\cdots,\boldsymbol{\beta}_m$ 线性无关的充分而非必要条件.

对于选项 B，因为向量组 $\boldsymbol{\beta}_1,\boldsymbol{\beta}_2,\cdots,\boldsymbol{\beta}_m$ 可由向量组 $\boldsymbol{\alpha}_1,\boldsymbol{\alpha}_2,\cdots,\boldsymbol{\alpha}_m$ 线性表示，则有

$$R(\boldsymbol{\beta}_1,\boldsymbol{\beta}_2\cdots,\boldsymbol{\beta}_m)\leqslant R(\boldsymbol{\alpha}_1,\boldsymbol{\alpha}_2,\cdots,\boldsymbol{\alpha}_m)=m.$$

由此不能推得 $\boldsymbol{\beta}_1,\boldsymbol{\beta}_2,\cdots,\boldsymbol{\beta}_m$ 的线性相关性. 由此可知选项 B 也不是 $\boldsymbol{\beta}_1,\boldsymbol{\beta}_2,\cdots,\boldsymbol{\beta}_m$ 线性无关的必要条件.

4. 答案 C 【解析】用 $\boldsymbol{\beta}_1,\boldsymbol{\beta}_2,\boldsymbol{\beta}_3,\boldsymbol{\beta}_4$ 表示 A、B、C、D 四个选项中的各向量，则有 $(\boldsymbol{\beta}_1,\boldsymbol{\beta}_2,\boldsymbol{\beta}_3,\boldsymbol{\beta}_4)=(\boldsymbol{\alpha}_1,\boldsymbol{\alpha}_2,\boldsymbol{\alpha}_3,\boldsymbol{\alpha}_4)\boldsymbol{C}$，

对应 A、B、C、D 四个选项的各向量时，矩阵 $\boldsymbol{C}$ 分别为：

$$\begin{pmatrix}1&0&0&1\\1&1&0&0\\0&1&1&0\\0&0&1&1\end{pmatrix},\begin{pmatrix}1&0&0&-1\\-1&1&0&0\\0&-1&1&0\\0&0&-1&1\end{pmatrix},\begin{pmatrix}1&0&0&-1\\1&1&0&0\\0&1&1&0\\0&0&1&1\end{pmatrix},\begin{pmatrix}1&0&0&-1\\1&1&0&0\\0&1&1&0\\0&0&-1&1\end{pmatrix},$$

可求得第 3 个矩阵的行列式为 2，其余矩阵的行列式为 0，从而选项 C 中的向量组 $\boldsymbol{\beta}_1,\boldsymbol{\beta}_2,\boldsymbol{\beta}_3,\boldsymbol{\beta}_4$ 与向量组 $\boldsymbol{\alpha}_1,\boldsymbol{\alpha}_2,\boldsymbol{\alpha}_3,\boldsymbol{\alpha}_4$ 等价，从而 $\boldsymbol{\beta}_1,\boldsymbol{\beta}_2,\boldsymbol{\beta}_3,\boldsymbol{\beta}_4$ 线性无关. 故应选 C 项.

5. 答案 A 【解析】**方法一** 因为 $(\boldsymbol{A\alpha}_1,\boldsymbol{A\alpha}_2,\cdots,\boldsymbol{A\alpha}_s)=\boldsymbol{A}(\boldsymbol{\alpha}_1,\boldsymbol{\alpha}_2,\cdots,\boldsymbol{\alpha}_s)$，记为 $\boldsymbol{C}=\boldsymbol{AB}$，其中 $\boldsymbol{B}=(\boldsymbol{\alpha}_1,\boldsymbol{\alpha}_2,\cdots,\boldsymbol{\alpha}_5)$，

由矩阵秩的性质，有 $R(\boldsymbol{C})=R(\boldsymbol{AB})\leqslant\min\{R(\boldsymbol{A}),R(\boldsymbol{B})\}$. 因此，若 $R(\boldsymbol{B})<s$，则必有 $R(\boldsymbol{C})<s$，即若 $\boldsymbol{\alpha}_1,\boldsymbol{\alpha}_2,\cdots,\boldsymbol{\alpha}_s$ 线性相关，则 $\boldsymbol{A\alpha}_1,\boldsymbol{A\alpha}_2,\cdots,\boldsymbol{A\alpha}_s$ 线性相关. 故应选 A.

方法二 若取 $\boldsymbol{A}=\boldsymbol{O}$，则选项 B,D 不成立；若取 $\boldsymbol{A}=\boldsymbol{E}$，则选项 C 不成立. 因此应选 A.

方法三 因为 $\boldsymbol{\alpha}_1,\boldsymbol{\alpha}_2,\cdots,\boldsymbol{\alpha}_s$ 线性相关，所以存在一组不全为零的数 $k_1,k_2,\cdots,k_s$，使得

$$k_1\boldsymbol{\alpha}_1+k_2\boldsymbol{\alpha}_2+\cdots+k_s\boldsymbol{\alpha}_s=\boldsymbol{0}.$$

从而 $\boldsymbol{A}(k_1\boldsymbol{\alpha}_1+k_2\boldsymbol{\alpha}_2+\cdots+k_s\boldsymbol{\alpha}_s)=\boldsymbol{0}$，即 $k_1(\boldsymbol{A\alpha}_1)+k_2(\boldsymbol{A\alpha}_2)+\cdots+k_s(\boldsymbol{A\alpha}_s)=\boldsymbol{0}$，由此存在一组不全为零的数 $k_1,k_2,\cdots,k_s$ 使得上式成立，所以 $\boldsymbol{A\alpha}_1,\boldsymbol{A\alpha}_2,\cdots,\boldsymbol{A\alpha}_s$ 线性相关.

故应选 A.

6. 答案 A 【解析】若向量 $\boldsymbol{\alpha}_1,\boldsymbol{\alpha}_2,\boldsymbol{\alpha}_3$ 线性无关，则 $(\boldsymbol{\alpha}_1+k\boldsymbol{\alpha}_3,\boldsymbol{\alpha}_2+l\boldsymbol{\alpha}_3)=(\boldsymbol{\alpha}_1,\boldsymbol{\alpha}_2,\boldsymbol{\alpha}_3)\begin{pmatrix}1&0\\0&1\\k&l\end{pmatrix}=(\boldsymbol{\alpha}_1,\boldsymbol{\alpha}_2,\boldsymbol{\alpha}_3)\boldsymbol{A}$，

对任意常数 k,l，矩阵 $\boldsymbol{A}$ 的秩都等于 2，所以向量 $\boldsymbol{\alpha}_1+k\boldsymbol{\alpha}_3,\boldsymbol{\alpha}_2+l\boldsymbol{\alpha}_3$ 一定线性无关.

而当 $\boldsymbol{\alpha}_1=\begin{pmatrix}1\\0\\0\end{pmatrix},\boldsymbol{\alpha}_2=\begin{pmatrix}0\\1\\0\end{pmatrix},\boldsymbol{\alpha}_3=\begin{pmatrix}0\\0\\1\end{pmatrix}$ 时，对于任意常数 k,l，向量 $\boldsymbol{\alpha}_1+k\boldsymbol{\alpha}_3,\boldsymbol{\alpha}_2+l\boldsymbol{\alpha}_3$ 线性无关，但 $\boldsymbol{\alpha}_1,\boldsymbol{\alpha}_2,\boldsymbol{\alpha}_3$ 线性相关，故应选 A.

7. 答案 D 【解析】由题设条件可得

$$\lambda_1(\boldsymbol{\alpha}_1+\boldsymbol{\beta}_1)+\cdots+\lambda_m(\boldsymbol{\alpha}_m+\boldsymbol{\beta}_m)+k_1(\boldsymbol{\alpha}_1-\boldsymbol{\beta}_1)+\cdots+k_m(\boldsymbol{\alpha}_m-\boldsymbol{\beta}_m)=\boldsymbol{0}.$$

由 $\lambda_1,\lambda_2,\cdots,\lambda_m$ 和 $k_1,k_2,\cdots,k_m$ 不全为零以及向量组线性相关的定义可知，向量组 $\boldsymbol{\alpha}_1+\boldsymbol{\beta}_1,\boldsymbol{\alpha}_2+\boldsymbol{\beta}_2,\cdots,\boldsymbol{\alpha}_m+\boldsymbol{\beta}_m,\boldsymbol{\alpha}_1-\boldsymbol{\beta}_1,\boldsymbol{\alpha}_2-\boldsymbol{\beta}_2,\cdots,\boldsymbol{\alpha}_m-\boldsymbol{\beta}_m$ 线性相关，故应选 D.

选项 B,C 显然不正确，因为由条件不能推出其中的任意一组向量线性无关.

对于选项 A，当 $\boldsymbol{\alpha}_1,\boldsymbol{\alpha}_2,\cdots,\boldsymbol{\alpha}_m$ 和 $\boldsymbol{\beta}_1,\boldsymbol{\beta}_2,\cdots,\boldsymbol{\beta}_m$ 有一个线性无关时，条件也成立.

如令向量组 $\boldsymbol{\alpha}_1,\boldsymbol{\alpha}_2,\cdots,\boldsymbol{\alpha}_m$ 线性无关，$\boldsymbol{\beta}_1=\boldsymbol{0}$（此时向量组 $\boldsymbol{\beta}_1,\boldsymbol{\beta}_2,\cdots,\boldsymbol{\beta}_m$ 线性相关），取 $\lambda_1=-k_1\neq0,\lambda_i=k_i=0(i=2,\cdots,m)$，此时题干中条件成立，但不能推出 $\boldsymbol{\alpha}_1,\boldsymbol{\alpha}_2,\cdots,\boldsymbol{\alpha}_m$ 和 $\boldsymbol{\beta}_1,\boldsymbol{\beta}_2,\cdots,\boldsymbol{\beta}_m$ 都线性相关，故 A 项不正确.

8. 答案 B 【解析】将矩阵 $\boldsymbol{A},\boldsymbol{C}$ 列分块如下：$\boldsymbol{A}=(\boldsymbol{\alpha}_1,\boldsymbol{\alpha}_2,\cdots,\boldsymbol{\alpha}_n),\boldsymbol{C}=(\boldsymbol{\gamma}_1,\boldsymbol{\gamma}_2,\cdots,\boldsymbol{\gamma}_n)$，由 $\boldsymbol{AB}=\boldsymbol{C}$，可知 $\boldsymbol{\gamma}_i=b_{i1}\boldsymbol{\alpha}_1+b_{i2}\boldsymbol{\alpha}_2+\cdots+b_{in}\boldsymbol{\alpha}_n(i=1,2,\cdots,n)$，则矩阵 $\boldsymbol{C}$ 的列向量组可用矩阵 $\boldsymbol{A}$ 的列向量组线性表示. 由 $\boldsymbol{B}$ 可逆，可得 $\boldsymbol{A}=\boldsymbol{CB}^{-1}$，同理可知矩阵 $\boldsymbol{A}$ 的列向量组可用矩阵 $\boldsymbol{C}$ 的列向量组线性表示，所以矩阵 $\boldsymbol{C}$ 的列向量组与矩阵 $\boldsymbol{A}$ 的列向量组等价. 故应选 B.

9. 答案 1 或 -2 【解析】由于 $(\boldsymbol{\alpha}_1+a\boldsymbol{\alpha}_2,\boldsymbol{\alpha}_1+2\boldsymbol{\alpha}_2+\boldsymbol{\alpha}_3,a\boldsymbol{\alpha}_1-\boldsymbol{\alpha}_3)=(\boldsymbol{\alpha}_1,\boldsymbol{\alpha}_2,\boldsymbol{\alpha}_3)\begin{pmatrix}1&1&a\\a&2&0\\0&1&-1\end{pmatrix}$，

而 $\begin{vmatrix}1&1&a\\a&2&0\\0&1&-1\end{vmatrix}=\begin{vmatrix}1&a+1&a\\a&2&0\\0&0&-1\end{vmatrix}=(a+2)(a-1)$，

由 $\boldsymbol{\alpha}_1,\boldsymbol{\alpha}_2,\boldsymbol{\alpha}_3$ 线性无关可知，若 $a=1$ 或 $a=-2$，则 $\boldsymbol{\alpha}_1+a\boldsymbol{\alpha}_2,\boldsymbol{\alpha}_1+2\boldsymbol{\alpha}_2+\boldsymbol{\alpha}_3,a\boldsymbol{\alpha}_1-\boldsymbol{\alpha}_3$ 线性相关.

10.【证明】方法一 设 $k_1\boldsymbol{\alpha}+k_2\boldsymbol{A\alpha}+k_3\boldsymbol{A}^2\boldsymbol{\alpha}+\cdots+k_m\boldsymbol{A}^{m-1}\boldsymbol{\alpha}=\boldsymbol{0}$，注意到 $\boldsymbol{A}^m\boldsymbol{\alpha}=\boldsymbol{0}$，于是 $\boldsymbol{A}^n\boldsymbol{\alpha}=\boldsymbol{0}(n>m)$，由 $\boldsymbol{A}^{m-1}(k_1\boldsymbol{\alpha}+k_2\boldsymbol{A\alpha}+k_3\boldsymbol{A}^2\boldsymbol{\alpha}+\cdots+k_m\boldsymbol{A}^{m-1}\boldsymbol{\alpha})=\boldsymbol{0}$ 可知

$$k_1\boldsymbol{A}^{m-1}\boldsymbol{\alpha}+k_2\boldsymbol{A}^m\boldsymbol{\alpha}+k_3\boldsymbol{A}^{m+1}\boldsymbol{\alpha}+\cdots+k_m\boldsymbol{A}^{2m-2}\boldsymbol{\alpha}=\boldsymbol{0},$$

故 $k_1\boldsymbol{A}^{m-1}\boldsymbol{\alpha}=\boldsymbol{0}$，又 $\boldsymbol{A}^{m-1}\boldsymbol{\alpha}\neq\boldsymbol{0}$，故 $k_1=0$.

将 $k_1=0$ 代入 $k_1\boldsymbol{\alpha}+k_2\boldsymbol{A\alpha}+k_3\boldsymbol{A}^2\boldsymbol{\alpha}+\cdots+k_m\boldsymbol{A}^{m-1}\boldsymbol{\alpha}=\boldsymbol{0}$，有

$$k_2\boldsymbol{A\alpha}+k_3\boldsymbol{A}^2\boldsymbol{\alpha}+\cdots+k_m\boldsymbol{A}^{m-1}\boldsymbol{\alpha}=\boldsymbol{0},$$

同理，用 $\boldsymbol{A}^{m-2}$ 左乘上式，可得 $k_2\boldsymbol{A}^{m-1}\boldsymbol{\alpha}=\boldsymbol{0}$，从而 $k_2=0$.

以此类推可得 $k_3=0,\cdots,k_m=0$，所以 $\boldsymbol{\alpha},\boldsymbol{A\alpha},\cdots,\boldsymbol{A}^{m-1}\boldsymbol{\alpha}$ 线性无关.

方法二 若 $\boldsymbol{\alpha},\boldsymbol{A\alpha},\cdots,\boldsymbol{A}^{m-1}\boldsymbol{\alpha}$ 线性相关，则存在不全为零的数 $k_1,k_2,\cdots,k_m$ 使得 $k_1\boldsymbol{\alpha}+k_2\boldsymbol{A\alpha}+k_3\boldsymbol{A}^2\boldsymbol{\alpha}+\cdots+k_m\boldsymbol{A}^{m-1}\boldsymbol{\alpha}=\boldsymbol{0}$.

不妨设 $k_1,k_2,\cdots,k_m$ 中第一个不为 0 的是 k_p（即 $k_1=k_2=\cdots=k_{p-1}=0,k_p\neq0,p\geqslant1$），

于是 $k_p\boldsymbol{A}^{p-1}\boldsymbol{\alpha}+\cdots+k_m\boldsymbol{A}^{m-1}\boldsymbol{\alpha}=\boldsymbol{0}$.

用 $\boldsymbol{A}^{m-p}$左乘上式并将 $\boldsymbol{A}^n\boldsymbol{\alpha}=\boldsymbol{0}(n>m)$代入，有 $k_p\boldsymbol{A}^{m-1}\boldsymbol{\alpha}=\boldsymbol{0}$. 又因为 $\boldsymbol{A}^{m-1}\boldsymbol{\alpha}\neq\boldsymbol{0}$，则 $k_p=0$ 与假设矛盾，故 $\boldsymbol{\alpha},\boldsymbol{A\alpha},\cdots,\boldsymbol{A}^{m-1}\boldsymbol{\alpha}$ 线性无关.

11.【证明】设 $k_1\boldsymbol{\alpha}_1+k_2\boldsymbol{\alpha}_2+k_3\boldsymbol{\alpha}_3=\boldsymbol{0}$，则 $(\boldsymbol{A}-\boldsymbol{E})(k_1\boldsymbol{\alpha}_1+k_2\boldsymbol{\alpha}_2+k_3\boldsymbol{\alpha}_3)=\boldsymbol{0}$.

由题设知 $(\boldsymbol{A}-\boldsymbol{E})\boldsymbol{\alpha}_1=\boldsymbol{0}$，$(\boldsymbol{A}-\boldsymbol{E})\boldsymbol{\alpha}_2=\boldsymbol{\alpha}_1$，$(\boldsymbol{A}-\boldsymbol{E})\boldsymbol{\alpha}_3=\boldsymbol{\alpha}_2$，于是 $k_2\boldsymbol{\alpha}_1+k_3\boldsymbol{\alpha}_2=\boldsymbol{0}$，进而 $(\boldsymbol{A}-\boldsymbol{E})(k_2\boldsymbol{\alpha}_1+k_3\boldsymbol{\alpha}_2)=\boldsymbol{0}$，也就是 $k_3\boldsymbol{\alpha}_1=\boldsymbol{0}$. 注意到 $\boldsymbol{\alpha}_1\neq\boldsymbol{0}$，故 $k_3=0$，
进一步可得 $k_1=k_2=0$，故向量组 $\boldsymbol{\alpha}_1,\boldsymbol{\alpha}_2,\boldsymbol{\alpha}_3$ 线性无关.

12.【解析】记 $\boldsymbol{A}=(\boldsymbol{\alpha}_1,\boldsymbol{\alpha}_2,\boldsymbol{\alpha}_3,\boldsymbol{\alpha}_4)$，则 $|\boldsymbol{A}|=\begin{vmatrix}1+a&2&3&4\\1&2+a&3&4\\1&2&3+a&4\\1&2&3&4+a\end{vmatrix}=(10+a)a^3$，

所以，当 $a=0$ 或 $a=-10$ 时，$\boldsymbol{\alpha}_1,\boldsymbol{\alpha}_2,\boldsymbol{\alpha}_3,\boldsymbol{\alpha}_4$ 线性相关.

$$\text{当 } a=0 \text{ 时，}\boldsymbol{A}=\begin{pmatrix}1&2&3&4\\1&2&3&4\\1&2&3&4\\1&2&3&4\end{pmatrix}\to\begin{pmatrix}1&2&3&4\\0&0&0&0\\0&0&0&0\\0&0&0&0\end{pmatrix},$$

显然 $\boldsymbol{\alpha}_1$ 是一个最大无关组，且 $\boldsymbol{\alpha}_2=2\boldsymbol{\alpha}_1$，$\boldsymbol{\alpha}_3=3\boldsymbol{\alpha}_1$，$\boldsymbol{\alpha}_4=4\boldsymbol{\alpha}_1$.

$$\text{当 } a=-10 \text{ 时，}\boldsymbol{A}=\begin{pmatrix}-9&2&3&4\\1&-8&3&4\\1&2&-7&4\\1&2&3&-6\end{pmatrix}\to\begin{pmatrix}1&0&0&-1\\0&1&0&-1\\0&0&1&-1\\0&0&0&0\end{pmatrix},$$

于是 $\boldsymbol{\alpha}_1,\boldsymbol{\alpha}_2,\boldsymbol{\alpha}_3$ 为一个最大无关组，且 $\boldsymbol{\alpha}_4=-\boldsymbol{\alpha}_1-\boldsymbol{\alpha}_2-\boldsymbol{\alpha}_3$.

13.【证明】方法一　设 $k_1\boldsymbol{\beta}_1+k_2\boldsymbol{\beta}_2+\cdots+k_m\boldsymbol{\beta}_m=\boldsymbol{0}$，即 $k_1(\boldsymbol{\alpha}_1+\boldsymbol{\alpha}_2)+k_2(\boldsymbol{\alpha}_2+\boldsymbol{\alpha}_3)+\cdots+k_m(\boldsymbol{\alpha}_m+\boldsymbol{\alpha}_1)=\boldsymbol{0}$，或 $(k_1+k_m)\boldsymbol{\alpha}_1+(k_1+k_2)\boldsymbol{\alpha}_2+\cdots+(k_{m-1}+k_m)\boldsymbol{\alpha}_m=\boldsymbol{0}$.

(1) 令 $\begin{cases}k_1+k_m=0\\k_1+k_2=0\\\cdots\\k_{m-1}+k_m=0\end{cases}$，系数行列式 $D=1+(-1)^{m+1}=0$ (m 为偶数)，

故方程组有非零解，从而 $\boldsymbol{\beta}_1,\boldsymbol{\beta}_2,\cdots,\boldsymbol{\beta}_m$线性相关.

(2)由 $\boldsymbol{\alpha}_1,\boldsymbol{\alpha}_2,\cdots,\boldsymbol{\alpha}_m$线性无关知，方程组 $\begin{cases}k_1+k_m=0\\k_1+k_2=0\\\cdots\\k_{m-1}+k_m=0\end{cases}$，系数行列式 $D=1+(-1)^{m+1}\neq0$ (m 为奇数).

方程组仅有零解 $k_1=k_2=\cdots=k_m=0$，故 $\boldsymbol{\beta}_1,\boldsymbol{\beta}_2,\cdots,\boldsymbol{\beta}_m$线性无关.

方法二 (1) 当 m 为偶数时,由于 $\boldsymbol{\beta}_1-\boldsymbol{\beta}_2+\boldsymbol{\beta}_3-\boldsymbol{\beta}_4+\cdots-\boldsymbol{\beta}_{m-1}+\boldsymbol{\beta}_m=\boldsymbol{0}$,故 $\boldsymbol{\beta}_1,\boldsymbol{\beta}_2,\cdots,\boldsymbol{\beta}_m$ 线性相关.

(2) 当 m 为奇数时,$(\boldsymbol{\beta}_1,\boldsymbol{\beta}_2,\cdots,\boldsymbol{\beta}_m)=(\boldsymbol{\alpha}_1,\boldsymbol{\alpha}_2,\cdots,\boldsymbol{\alpha}_m)\boldsymbol{C}$,其中 $\boldsymbol{C}=\begin{pmatrix}1&1&&\\&1&\ddots&\\&&\ddots&1\\1&&&1\end{pmatrix}$,

由于 $|\boldsymbol{C}|\neq0$,即 $\boldsymbol{C}$ 可逆,故 $\boldsymbol{\alpha}_1,\boldsymbol{\alpha}_2,\cdots,\boldsymbol{\alpha}_m$ 与 $\boldsymbol{\beta}_1,\boldsymbol{\beta}_2,\cdots,\boldsymbol{\beta}_m$ 等价.

由 $\boldsymbol{\alpha}_1,\boldsymbol{\alpha}_2,\cdots,\boldsymbol{\alpha}_m$ 线性无关知,$\boldsymbol{\beta}_1,\boldsymbol{\beta}_2,\cdots,\boldsymbol{\beta}_m$ 也线性无关.

14.【解析】记 $\boldsymbol{A}=(\boldsymbol{\alpha}_1,\boldsymbol{\alpha}_2,\boldsymbol{\alpha}_3,\boldsymbol{\alpha}_4,\boldsymbol{\alpha})$,对矩阵 $\boldsymbol{A}$ 进行初等行变换:

$$\boldsymbol{A}=\left(\begin{array}{cccc:c}1&-1&3&-2&4\\1&-3&2&-6&1\\1&5&-1&10&6\\3&1&p+2&p&10\end{array}\right)\to\left(\begin{array}{cccc:c}1&-1&3&-2&4\\0&-2&-1&-4&-3\\0&0&1&0&1\\0&0&0&p-2&1-p\end{array}\right),$$

从而可知:

(1) 当 $p\neq2$ 时,向量组 $\boldsymbol{\alpha}_1,\boldsymbol{\alpha}_2,\boldsymbol{\alpha}_3,\boldsymbol{\alpha}_4$ 线性无关,此时

$$\boldsymbol{A}\to\begin{pmatrix}1&-1&3&-2&4\\0&-2&-1&-4&-3\\0&0&1&0&1\\0&0&0&p-2&1-p\end{pmatrix}\to\begin{pmatrix}1&0&0&0&2\\0&1&0&0&\frac{3p-4}{p-2}\\0&0&1&0&1\\0&0&0&1&\frac{1-p}{p-2}\end{pmatrix},$$

于是 $\boldsymbol{\alpha}=2\boldsymbol{\alpha}_1+\frac{3p-4}{p-2}\boldsymbol{\alpha}_2+\boldsymbol{\alpha}_3+\frac{1-p}{p-2}\boldsymbol{\alpha}_4$.

(2) 当 $p=2$ 时,向量组 $\boldsymbol{\alpha}_1,\boldsymbol{\alpha}_2,\boldsymbol{\alpha}_3,\boldsymbol{\alpha}_4$ 线性相关,从(1)的计算过程可知,此时向量组的秩等于 3,故 $\boldsymbol{\alpha}_1,\boldsymbol{\alpha}_2,\boldsymbol{\alpha}_3$ 为一个最大无关组.

15.【解析】方法一 (1) $\boldsymbol{\alpha}_m$ 可以由 $\boldsymbol{\alpha}_1,\boldsymbol{\alpha}_2,\cdots,\boldsymbol{\alpha}_{m-1},\boldsymbol{\beta}$ 线性表示.

事实上,由于 $\boldsymbol{\beta}$ 可以由 $\boldsymbol{\alpha}_1,\boldsymbol{\alpha}_2,\cdots,\boldsymbol{\alpha}_{m-1},\boldsymbol{\alpha}_m$ 线性表示,不妨设 $\boldsymbol{\beta}=l_1\boldsymbol{\alpha}_1+\cdots+l_{m-1}\boldsymbol{\alpha}_{m-1}+l_m\boldsymbol{\alpha}_m$,

此时必有 $l_m\neq0$,否则 $\boldsymbol{\beta}$ 可以由 $\boldsymbol{\alpha}_1,\boldsymbol{\alpha}_2,\cdots,\boldsymbol{\alpha}_{m-1}$ 线性表示,与已知矛盾.

于是 $\boldsymbol{\alpha}_m=\frac{1}{l_m}(\boldsymbol{\beta}-l_1\boldsymbol{\alpha}_1-\cdots-l_{m-1}\boldsymbol{\alpha}_{m-1})$,即 $\boldsymbol{\alpha}_m$ 可以由 $\boldsymbol{\alpha}_1,\boldsymbol{\alpha}_2,\cdots,\boldsymbol{\alpha}_{m-1},\boldsymbol{\beta}$ 线性表示.

(2) $\boldsymbol{\alpha}_m$ 不能由 $\boldsymbol{\alpha}_1,\boldsymbol{\alpha}_2,\cdots,\boldsymbol{\alpha}_{m-1}$ 线性表示.

事实上,如果 $\boldsymbol{\alpha}_m$ 能由 $\boldsymbol{\alpha}_1,\boldsymbol{\alpha}_2,\cdots,\boldsymbol{\alpha}_{m-1}$ 线性表示,不妨设

$$\boldsymbol{\alpha}_m=k_1\boldsymbol{\alpha}_1+k_2\boldsymbol{\alpha}_2+\cdots+k_{m-1}\boldsymbol{\alpha}_{m-1},$$

将上式代入 $\boldsymbol{\beta}=l_1\boldsymbol{\alpha}_1+\cdots+l_{m-1}\boldsymbol{\alpha}_{m-1}+l_m\boldsymbol{\alpha}_m$,整理得

$$\boldsymbol{\beta}=(l_1+l_mk_1)\boldsymbol{\alpha}_1+\cdots+(l_{m-1}+l_mk_{m-1})\boldsymbol{\alpha}_{m-1},$$

这说明 $\boldsymbol{\beta}$ 可由 $\boldsymbol{\alpha}_1,\boldsymbol{\alpha}_2,\cdots,\boldsymbol{\alpha}_{m-1}$ 线性表示，与已知矛盾．故 $\boldsymbol{\alpha}_m$ 不能由 $\boldsymbol{\alpha}_1,\boldsymbol{\alpha}_2,\cdots,\boldsymbol{\alpha}_{m-1}$ 线性表示．

方法二 (1)因为向量 $\boldsymbol{\beta}$ 可以由向量组 $\boldsymbol{\alpha}_1,\boldsymbol{\alpha}_2,\cdots,\boldsymbol{\alpha}_m$ 线性表示，

故
$$R(\boldsymbol{\alpha}_1,\boldsymbol{\alpha}_2,\cdots,\boldsymbol{\alpha}_m)=R(\boldsymbol{\alpha}_1,\boldsymbol{\alpha}_2\cdots,\boldsymbol{\alpha}_m,\boldsymbol{\beta}),$$

又 $\boldsymbol{\beta}$ 不能由向量组 $\boldsymbol{\alpha}_1,\boldsymbol{\alpha}_2,\cdots,\boldsymbol{\alpha}_{m-1}$ 线性表示，从而 $R(\boldsymbol{\alpha}_1,\boldsymbol{\alpha}_2\cdots,\boldsymbol{\alpha}_{m-1})+1=R(\boldsymbol{\alpha}_1,\boldsymbol{\alpha}_2\cdots,\boldsymbol{\alpha}_{m-1},\boldsymbol{\beta})$，

于是
$$\begin{aligned}R(\boldsymbol{\alpha}_1,\boldsymbol{\alpha}_2,\cdots,\boldsymbol{\alpha}_m)&=R(\boldsymbol{\alpha}_1,\boldsymbol{\alpha}_2,\cdots,\boldsymbol{\alpha}_m,\boldsymbol{\beta})\geqslant R(\boldsymbol{\alpha}_1,\boldsymbol{\alpha}_2,\cdots,\boldsymbol{\alpha}_{m-1},\boldsymbol{\beta})\\&=R(\boldsymbol{\alpha}_1,\boldsymbol{\alpha}_2,\cdots,\boldsymbol{\alpha}_{m-1})+1\geqslant R(\boldsymbol{\alpha}_1,\boldsymbol{\alpha}_2,\cdots,\boldsymbol{\alpha}_m).\end{aligned}$$

从而 $R(\boldsymbol{\alpha}_1,\boldsymbol{\alpha}_2,\cdots,\boldsymbol{\alpha}_{m-1},\boldsymbol{\beta})=R(\boldsymbol{\alpha}_1,\boldsymbol{\alpha}_2\cdots,\boldsymbol{\alpha}_m,\boldsymbol{\beta})=R(\boldsymbol{\alpha}_1,\boldsymbol{\alpha}_2\cdots,\boldsymbol{\alpha}_{m-1},\boldsymbol{\beta},\boldsymbol{\alpha}_m)$，

即 $\boldsymbol{\alpha}_m$ 可以由 $\boldsymbol{\alpha}_1,\boldsymbol{\alpha}_2,\cdots,\boldsymbol{\alpha}_{m-1},\boldsymbol{\beta}$ 线性表示．

(2)又 $R(\boldsymbol{\alpha}_1,\boldsymbol{\alpha}_2,\cdots,\boldsymbol{\alpha}_{m-1})<R(\boldsymbol{\alpha}_1,\boldsymbol{\alpha}_2,\cdots,\boldsymbol{\alpha}_{m-1})+1=R(\boldsymbol{\alpha}_1,\boldsymbol{\alpha}_2,\cdots,\boldsymbol{\alpha}_{m-1},\boldsymbol{\alpha}_m)$，

故而 $\boldsymbol{\alpha}_m$ 不能由 $\boldsymbol{\alpha}_1,\boldsymbol{\alpha}_2,\cdots,\boldsymbol{\alpha}_{m-1}$ 线性表示．

16.**【证明】**令矩阵 $\boldsymbol{B}=(\boldsymbol{\beta}_1,\boldsymbol{\beta}_2,\cdots,\boldsymbol{\beta}_r)$，$\boldsymbol{A}=(\boldsymbol{\alpha}_1,\boldsymbol{\alpha}_2,\cdots,\boldsymbol{\alpha}_s)$，则有 $\boldsymbol{B}=\boldsymbol{AK}$.

必要性 设向量组 B 线性无关，由向量组 B 线性无关及矩阵秩的性质，有 $r=R(\boldsymbol{B})=R(\boldsymbol{AK})\leqslant\min\{R(\boldsymbol{A}),R(\boldsymbol{K})\}\leqslant R(\boldsymbol{K})\leqslant\min\{r,s\}\leqslant r$，因此 $R(\boldsymbol{K})=r$．

充分性

方法一 因为矩阵 $R(\boldsymbol{K})=r$，所以存在可逆矩阵 $\boldsymbol{C}$，使 $\boldsymbol{KC}=\begin{pmatrix}\boldsymbol{E}_r\\\boldsymbol{O}\end{pmatrix}$ 为 $\boldsymbol{K}$ 的标准形，

于是
$$(\boldsymbol{\beta}_1,\boldsymbol{\beta}_2,\cdots,\boldsymbol{\beta}_r)\boldsymbol{C}=(\boldsymbol{\alpha}_1,\boldsymbol{\alpha}_2,\cdots,\boldsymbol{\alpha}_s)\boldsymbol{KC}=(\boldsymbol{\alpha}_1,\boldsymbol{\alpha}_2,\cdots,\boldsymbol{\alpha}_s).$$

因为 $\boldsymbol{C}$ 可逆，所以 $R(\boldsymbol{\beta}_1,\boldsymbol{\beta}_2,\cdots,\boldsymbol{\beta}_r)=R(\boldsymbol{\alpha}_1,\boldsymbol{\alpha}_2,\cdots,\boldsymbol{\alpha}_s)=s\geqslant R(\boldsymbol{K})=r$，

从而 $R(\boldsymbol{\beta}_1,\boldsymbol{\beta}_2,\cdots,\boldsymbol{\beta}_r)=r$，因此 $\boldsymbol{\beta}_1,\boldsymbol{\beta}_2,\cdots,\boldsymbol{\beta}_r$ 线性无关．

方法二 设 $R(\boldsymbol{K})=r$. 若 $\boldsymbol{Bx}=\boldsymbol{0}$，则 $\boldsymbol{A}(\boldsymbol{Kx})=(\boldsymbol{AK})\boldsymbol{x}=\boldsymbol{Bx}=\boldsymbol{0}$，由 $\boldsymbol{\alpha}_1,\boldsymbol{\alpha}_2,\cdots,\boldsymbol{\alpha}_3$ 线性无关可知 $\boldsymbol{Kx}=\boldsymbol{0}$，进而 $\boldsymbol{x}=\boldsymbol{0}$，

所以 $\boldsymbol{\beta}_1,\boldsymbol{\beta}_2,\cdots,\boldsymbol{\beta}_r$ 线性无关．

17.**【证明】**由题设：
$$(\boldsymbol{\beta}_1,\boldsymbol{\beta}_2,\cdots,\boldsymbol{\beta}_n)=(\boldsymbol{\alpha}_1,\boldsymbol{\alpha}_2,\cdots,\boldsymbol{\alpha}_n)\begin{pmatrix}0&1&1&\cdots&1\\1&0&1&\cdots&1\\1&1&0&\cdots&1\\\vdots&\vdots&\vdots&&\vdots\\1&1&1&\cdots&0\end{pmatrix},$$
记为 $\boldsymbol{B}=\boldsymbol{AK}$．

由于
$$|\boldsymbol{K}|=\begin{vmatrix}0&1&1&\cdots&1\\1&0&1&\cdots&1\\1&1&0&\cdots&1\\\vdots&\vdots&\vdots&&\vdots\\1&1&1&\cdots&0\end{vmatrix}=(-1)^{n-1}(n-1)\neq0,$$
所以 $\boldsymbol{K}$ 可逆，

故有 $\boldsymbol{A}=\boldsymbol{BK}^{-1}$.

由 $\boldsymbol{B}=\boldsymbol{AK}$ 和 $\boldsymbol{A}=\boldsymbol{BK}^{-1}$ 可知向量组 $\boldsymbol{\alpha}_1,\boldsymbol{\alpha}_2,\cdots,\boldsymbol{\alpha}_n$ 与向量组 $\boldsymbol{\beta}_1,\boldsymbol{\beta}_2,\cdots,\boldsymbol{\beta}_n$ 相互线性表示，

因此，向量组 $\boldsymbol{\alpha}_1,\boldsymbol{\alpha}_2,\cdots,\boldsymbol{\alpha}_n$ 与向量组 $\boldsymbol{\beta}_1,\boldsymbol{\beta}_2,\cdots,\boldsymbol{\beta}_n$ 等价.

18.【证明】由于向量组 A 与向量组 B 有相同的秩，因此它们的极大线性无关组所含向量个数相同.

设 $\boldsymbol{\alpha}_{i_1},\boldsymbol{\alpha}_{i_2},\cdots,\boldsymbol{\alpha}_{i_r}$ 是向量组 A 的极大线性无关组，则 $\boldsymbol{\alpha}_{i_1},\boldsymbol{\alpha}_{i_2},\cdots,\boldsymbol{\alpha}_{i_r}$ 也是向量组 B 中的 r 个线性无关的向量. 又因为 $R(\boldsymbol{A})=R(\boldsymbol{B})=r$，从而 $\boldsymbol{\alpha}_{i_1},\boldsymbol{\alpha}_{i_2},\cdots,\boldsymbol{\alpha}_{i_r}$ 也是向量组 B 的极大线性无关组，因此，$\boldsymbol{\beta}_1,\boldsymbol{\beta}_2,\cdots,\boldsymbol{\beta}_r$ 可以由 $\boldsymbol{\alpha}_{i_1},\boldsymbol{\alpha}_{i_2},\cdots,\boldsymbol{\alpha}_{i_r}$ 线性表示，故 $\boldsymbol{\beta}_1,\boldsymbol{\beta}_2,\cdots,\boldsymbol{\beta}_r$ 可以由 $\boldsymbol{\alpha}_1,\boldsymbol{\alpha}_2,\cdots,\boldsymbol{\alpha}_s$ 线性表示.

19.【证明】设秩 $R(\boldsymbol{A})=R(\boldsymbol{B})=r$，且 $\boldsymbol{\alpha}_1,\boldsymbol{\alpha}_2,\cdots,\boldsymbol{\alpha}_r$ 与 $\boldsymbol{\beta}_1,\boldsymbol{\beta}_2,\cdots,\boldsymbol{\beta}_r$ 分别是向量组 A 与向量组 B 的极大线性无关组. 由于向量组 A 可由向量组 B 线性表示，故 $\boldsymbol{\alpha}_1,\boldsymbol{\alpha}_2,\cdots,\boldsymbol{\alpha}_r$ 可由 $\boldsymbol{\beta}_1,\boldsymbol{\beta}_2,\cdots,\boldsymbol{\beta}_r$ 线性表示，于是 $R(\boldsymbol{\alpha}_1,\boldsymbol{\alpha}_2,\cdots,\boldsymbol{\alpha}_r,\boldsymbol{\beta}_1,\boldsymbol{\beta}_2,\cdots,\boldsymbol{\beta}_r)=R(\boldsymbol{\beta}_1,\boldsymbol{\beta}_2,\cdots,\boldsymbol{\beta}_r)=r$.

又因为 $\boldsymbol{\alpha}_1,\boldsymbol{\alpha}_2,\cdots,\boldsymbol{\alpha}_r$ 线性无关，于是 $\boldsymbol{\alpha}_1,\boldsymbol{\alpha}_2,\cdots,\boldsymbol{\alpha}_r$ 是向量组 $\boldsymbol{\alpha}_1,\boldsymbol{\alpha}_2,\cdots,\boldsymbol{\alpha}_r,\boldsymbol{\beta}_1,\boldsymbol{\beta}_2,\cdots,\boldsymbol{\beta}_r$ 的极大线性无关组，从而 $\boldsymbol{\beta}_1,\boldsymbol{\beta}_2,\cdots,\boldsymbol{\beta}_r$ 可由 $\boldsymbol{\alpha}_1,\boldsymbol{\alpha}_2,\cdots,\boldsymbol{\alpha}_r$ 线性表示. 进而向量组 B 可由 $\boldsymbol{\alpha}_1,\boldsymbol{\alpha}_2,\cdots,\boldsymbol{\alpha}_r$ 线性表示. 也就是向量组 B 可由向量组 A 线性表示. 又已知向量组 A 可由向量组 B 线性表示，所以向量组 A 与向量组 B 等价.

20.【解析】(1) 因为 $\boldsymbol{\alpha},\boldsymbol{\beta}$ 均为 3 维列向量，所以 $\boldsymbol{\alpha}\boldsymbol{\alpha}^{\mathrm{T}},\boldsymbol{\beta}\boldsymbol{\beta}^{\mathrm{T}}$ 是 3 阶矩阵，且有

$$R(\boldsymbol{\alpha}\boldsymbol{\alpha}^{\mathrm{T}})\leqslant R(\boldsymbol{\alpha})\leqslant 1,R(\boldsymbol{\beta}\boldsymbol{\beta}^{\mathrm{T}})\leqslant R(\boldsymbol{\beta})\leqslant 1,$$

故 $R(\boldsymbol{A})=R(\boldsymbol{\alpha}\boldsymbol{\alpha}^{\mathrm{T}}+\boldsymbol{\beta}\boldsymbol{\beta}^{\mathrm{T}})\leqslant R(\boldsymbol{\alpha}\boldsymbol{\alpha}^{\mathrm{T}})+R(\boldsymbol{\beta}\boldsymbol{\beta}^{\mathrm{T}})\leqslant 2$.

(2) 若 $\boldsymbol{\alpha},\boldsymbol{\beta}$ 线性相关，不妨设 $\boldsymbol{\beta}=k\boldsymbol{\alpha}$，则

$R(\boldsymbol{A})=R(\boldsymbol{\alpha}\boldsymbol{\alpha}^{\mathrm{T}}+\boldsymbol{\beta}\boldsymbol{\beta}^{\mathrm{T}})=R(\boldsymbol{\alpha}\boldsymbol{\alpha}^{\mathrm{T}}+(k\boldsymbol{\alpha})(k\boldsymbol{\alpha})^{\mathrm{T}})\leqslant R((1+k^2)\boldsymbol{\alpha}\boldsymbol{\alpha}^{\mathrm{T}})=R(\boldsymbol{\alpha}\boldsymbol{\alpha}^{\mathrm{T}})\leqslant 1<2$.

21.【解析】(1) 由题设可知 $\boldsymbol{P}$ 可逆. 又由于

$$\begin{aligned}\boldsymbol{AP}&=\boldsymbol{A}(\boldsymbol{x},\boldsymbol{Ax},\boldsymbol{A}^2\boldsymbol{x})=(\boldsymbol{Ax},\boldsymbol{A}^2\boldsymbol{x},\boldsymbol{A}^3\boldsymbol{x})=(\boldsymbol{Ax},\boldsymbol{A}^2\boldsymbol{x},3\boldsymbol{Ax}-\boldsymbol{A}^2\boldsymbol{x})\\&=(\boldsymbol{x},\boldsymbol{Ax},\boldsymbol{A}^2\boldsymbol{x})\begin{pmatrix}0&0&0\\1&0&3\\0&1&-1\end{pmatrix}=\boldsymbol{P}\begin{pmatrix}0&0&0\\1&0&3\\0&1&-1\end{pmatrix},\end{aligned}$$

故 $\boldsymbol{B}=\begin{pmatrix}0&0&0\\1&0&3\\0&1&-1\end{pmatrix}$.

(2) **方法一** 由 $\boldsymbol{A}^3\boldsymbol{x}=3\boldsymbol{Ax}-\boldsymbol{A}^2\boldsymbol{x}$ 可知，$\boldsymbol{A}(-3\boldsymbol{x}+\boldsymbol{Ax}+\boldsymbol{A}^2\boldsymbol{x})=\boldsymbol{0}$. 因为向量组 $\boldsymbol{x},\boldsymbol{Ax},\boldsymbol{A}^2\boldsymbol{x}$ 线性无关，故 $-3\boldsymbol{x}+\boldsymbol{Ax}+\boldsymbol{A}^2\boldsymbol{x}\neq\boldsymbol{0}$，即方程 $\boldsymbol{Ax}=\boldsymbol{0}$ 有非零解，所以 $|\boldsymbol{A}|=0$.

方法二 由(1)可知 $\boldsymbol{AP}=\boldsymbol{PB}$，则 $|\boldsymbol{A}||\boldsymbol{P}|=|\boldsymbol{P}||\boldsymbol{B}|$. 又 $\boldsymbol{P}$ 可逆，故 $|\boldsymbol{A}|=|\boldsymbol{B}|=0$.

第四章 线性方程组

一、基础篇

1. 答案 A 【解析】齐次线性方程组 $\boldsymbol{A}\boldsymbol{x}=\boldsymbol{0}$ 的向量形式为

$$x_1\boldsymbol{\alpha}_1+x_2\boldsymbol{\alpha}_2+\cdots+x_n\boldsymbol{\alpha}_n=\boldsymbol{0},\text{其中 }\boldsymbol{\alpha}_1,\boldsymbol{\alpha}_2,\cdots,\boldsymbol{\alpha}_n\text{ 为 }\boldsymbol{A}\text{ 的 }n\text{ 个 }m\text{ 维列向量.}$$

由 $\boldsymbol{A}\boldsymbol{x}=\boldsymbol{0}$ 只有零解，当且仅当 $\boldsymbol{\alpha}_1,\boldsymbol{\alpha}_2,\cdots,\boldsymbol{\alpha}_n$ 线性无关，可知 A 项正确，事实上 A 项也是 $\boldsymbol{A}\boldsymbol{x}=\boldsymbol{0}$ 只有零解的必要条件.

对于 C,D 选项，只要 $m<n$，不论 A 项的行向量线性相关性如何，该齐次线性方程组都必有非零解，故 C,D 均不正确.

2. 答案 A 【解析】非齐次方程组 $\boldsymbol{A}\boldsymbol{x}=\boldsymbol{b}$ 有解的充分必要条件是 $R(\boldsymbol{A})=R(\boldsymbol{A},\boldsymbol{b})$. 由于增广矩阵 $(\boldsymbol{A},\boldsymbol{b})$ 是 $m\times(n+1)$ 矩阵，按矩阵秩的概念与性质，有 $R(\boldsymbol{A})\leqslant R(\boldsymbol{A},\boldsymbol{b})\leqslant m$. 如果 $R(\boldsymbol{A})=m$，则必有 $R(\boldsymbol{A})=R(\boldsymbol{A},\boldsymbol{b})=m$，所以方程组 $\boldsymbol{A}\boldsymbol{x}=\boldsymbol{b}$ 有解，故 A 项是方程组有解的充分条件. 而 B、C、D 三项均不能保证 $R(\boldsymbol{A})=R(\boldsymbol{A},\boldsymbol{b})$，请考生自行举出反例.

3. 答案 D 【解析】因为不论齐次线性方程组 $\boldsymbol{A}\boldsymbol{x}=\boldsymbol{0}$ 的解的情况如何，即 $R(\boldsymbol{A})<n$ 或 $R(\boldsymbol{A})=n$，由此均不能推得系数矩阵的秩等于增广矩阵的秩，即不能推得 $R(\boldsymbol{A})=R(\boldsymbol{A},\boldsymbol{b})$，所以 A,B 两项均不正确.

又由 $\boldsymbol{A}\boldsymbol{x}=\boldsymbol{b}$ 有无穷多个解可知，$R(\boldsymbol{A})=R(\boldsymbol{A},\boldsymbol{b})<n$. 根据齐次线性方程组有非零解的充分必要条件可知，此时 $\boldsymbol{A}\boldsymbol{x}=\boldsymbol{0}$ 必有非零解. 故应选 D.

4. 答案 A 【解析】对于选项 A，$R(\boldsymbol{A})=r=m$，由于 $R(\boldsymbol{A},\boldsymbol{b})\geqslant m=r$，且

$$R(\boldsymbol{A},\boldsymbol{b})\leqslant\min\{m,n+1\}=\min\{r,n+1\}=r,$$

因此必有 $R(\boldsymbol{A},\boldsymbol{b})=r$，从而 $R(\boldsymbol{A})=R(\boldsymbol{A},\boldsymbol{b})$，所以，此时方程组有解，故应选 A 项. 由 B,C,D 三项的条件均不能推得“两秩”相等，请考生自行举出反例.

5. 答案 D 【解析】选项 A，B 显然不正确，将其中的“任意”都改为“存在”，结论才正确. 对于矩阵 $\boldsymbol{A}$，只通过初等行变换不能保证将其化为等价标准形 $(\boldsymbol{E}_m,\boldsymbol{O})$，故 C 项也不正确，因此 D 项入选.

事实上，由于 $\boldsymbol{A}$ 有 m 行且 $R(\boldsymbol{A})=m<n$，因此 $R(\boldsymbol{A},\boldsymbol{b})\geqslant R(\boldsymbol{A})=m$.

又 $R(\boldsymbol{A},\boldsymbol{b})\leqslant\min\{m,n+1\}=m$，故 $R(\boldsymbol{A},\boldsymbol{b})=R(\boldsymbol{A})=m<n$，从而该非齐次线性方程组一定有无穷多解.

6. 答案 C 【解析】将矩阵 $\boldsymbol{B}$ 按列分块，则由题设条件有

$$\boldsymbol{A}\boldsymbol{B}=\boldsymbol{A}(\boldsymbol{\beta}_1,\boldsymbol{\beta}_2,\boldsymbol{\beta}_3)=(\boldsymbol{A}\boldsymbol{\beta}_1,\boldsymbol{A}\boldsymbol{\beta}_2,\boldsymbol{A}\boldsymbol{\beta}_3)=\boldsymbol{O},$$

即 $A\beta_j=0(j=1,2,3)$，这说明矩阵 B 的列向量都是齐次线性方程组 $Ax=0$ 得解. 又由 $B\neq O$，知齐次线性方程组 $Ax=0$ 存在非零解，从而 $R(A)<3$. 考虑到 A 为 3 阶方阵，故有

$$|A|=\begin{vmatrix}\lambda & 1 & \lambda^2\\ 1 & \lambda & 1\\ 1 & 1 & \lambda\end{vmatrix}=\begin{vmatrix}0 & 1-\lambda & 0\\ 0 & \lambda-1 & 1-\lambda\\ 1 & 1 & \lambda\end{vmatrix}=(1-\lambda)^2=0$$，即 $\lambda=1$，故排除 A，B 两项.

若 $|B|\neq0$，则矩阵 B 可逆. 以 B^{-1} 右乘 $AB=O$，得 $ABB^{-1}=OB^{-1}$，即 $A=O$. 这与 A 为非零矩阵矛盾，故 D 项不正确，应选 C 选.

事实上，由 $AB=O$ 及 A 为非零矩阵可直接推得 $|B|=0$. 将 $AB=O$ 两边取转置，得 $B^TA^T=O$.

由 A 为非零矩阵可知，齐次线性方程组 $B^Tx=0$ 有非零解，从而方阵 B^T 为降秩矩阵，即 $|B^T|=|B|=0$.

7. 答案 D 【解析】当 $a=-1$ 时，$R(A)=R(A,b)=4$，方程组必有唯一解，故 A 项不正确.

当 $a=1$ 时，仍有 $R(A)=R(A,b)=4$，故 B 项不正确.

当 $a=2$ 时，$(A,b)\rightarrow\left(\begin{array}{cccc:c}1 & 0 & 3 & 2 & -1\\ 0 & -1 & 2 & 6 & 1\\ 0 & 0 & 0 & 1 & -1\\ 0 & 0 & 0 & 0 & 0\end{array}\right)$，

由于 $R(A)=R(A,b)=3<4$，方程组有无穷多解，故 C 项不正确.

当 $a=3$ 时，$(A,b)=\left(\begin{array}{cccc:c}1 & 0 & 3 & 2 & -1\\ 0 & 0 & 2 & 6 & 2\\ 0 & 0 & 1 & 3 & -2\\ 0 & 0 & 0 & -3 & 4\end{array}\right)\rightarrow\left(\begin{array}{cccc:c}1 & 0 & 3 & 2 & -1\\ 0 & 0 & 1 & 3 & -2\\ 0 & 0 & 0 & -3 & 4\\ 0 & 0 & 0 & 0 & 6\end{array}\right)$，

由于 $R(A)=3\neq R(A,b)=4$，方程组无解，故应选 D.

8. 答案 C 【解析】根据线性方程组解的结构定理可知 $2\alpha_1-(\alpha_2+\alpha_3)=(2,3,4,5)^T$ 是 $Ax=0$ 的一个非零解，由 $R(A)=3$ 可知齐次线性方程组 $Ax=0$ 的基础解系仅有 1 个解向量，从而可得 $Ax=b$ 的通解 $x=(1,2,3,4)^T+c(2,3,4,5)^T$. 故应选 C.

9. 答案 B 【解析】因为 $\frac{\beta_1-\beta_2}{2}$ 不是 $Ax=b$ 的解，从解的结构来看应排除 A 项和 C 项.

在 D 项中，虽然 $\alpha_1,\beta_1-\beta_2$ 都是 $Ax=0$ 的解，但它们是否线性无关不能保证，故应排除 D.

由 α_1,α_2 是基础解系可以证明 $\alpha_1,\alpha_1-\alpha_2$ 是基础解系，而 $\frac{\beta_1+\beta_2}{2}$ 是 $Ax=b$ 的解. 故 B 项正确.

10. 答案 2 【解析】注意到齐次线性方程组有非零解的充分必要条件是系数矩阵的秩小于 n. 又

$$A=\begin{pmatrix}1&2&1\\1&a&2\\a&4&3\\2&a+2&-5\end{pmatrix}\to\begin{pmatrix}1&2&0\\0&a-2&0\\0&0&1\\0&0&0\end{pmatrix},$$

要使得 $R(A)<3$，则 $a=2$.

11. 答案 -2 【解析】对增广矩阵施行初等行变换，有

$$(A,b)=\left(\begin{array}{ccc:c}a&1&1&1\\1&a&1&1\\1&1&a&-2\end{array}\right)\to\left(\begin{array}{ccc:c}1&1&a&-2\\0&a-1&1-a&3\\0&0&(2+a)(1-a)&2(a+2)\end{array}\right),$$

要使得方程组 $\begin{pmatrix}a&1&1\\1&a&1\\1&1&a\end{pmatrix}\begin{pmatrix}x_1\\x_2\\x_2\end{pmatrix}=\begin{pmatrix}1\\1\\-2\end{pmatrix}$ 有非零解，则增广矩阵的秩等于系数矩阵的秩，且小于 3，从而 $a=-2$.

12. 答案 -1 【解析】对方程组的增广矩阵 (A,b) 施行初等行变换，有

$$(A,b)=\left(\begin{array}{ccc:c}1&2&1&1\\2&3&a+2&3\\1&a&-2&0\end{array}\right)\to\left(\begin{array}{ccc:c}1&2&1&1\\0&-1&a&1\\0&0&(a-3)(a+1)&a-3\end{array}\right),$$

显然当 $a=-1$ 时，系数矩阵 A 的秩 $R(A)=2$，而增广矩阵 (A,b) 的秩 $R(A,b)=3$. 此时方程组无解.

13. 答案 $k(13,-5,-1)^{T}+(6,-1,1)^{T}$

【解析】由于方程组有两个不同的解，所以方程组的系数矩阵 A 与增广矩阵 (A,b) 的秩相等，且小于 3. 又系数矩阵中存在二阶非零子式 $\begin{vmatrix}1&3\\2&5\end{vmatrix}$，从而 $R(A)=R(A,b)=2$. 因此对应齐次线性方程组的基础解系中仅含一个解向量，根据非齐次线性方程组解的结构可得其通解为 $k(\alpha_1-\alpha_2)+\alpha_1=k(13,-5,-1)^{T}+(6,-1,1)^{T}$.

14.【解析】(1) 对系数矩阵 A 施行初等行变换，有

$$A=\begin{pmatrix}1&1&2&-1\\2&1&3&1\\3&1&4&3\end{pmatrix}\to\begin{pmatrix}1&0&1&2\\0&1&1&-3\\0&0&0&0\end{pmatrix},$$

故方程组的通解为 $\begin{pmatrix}x_1\\x_2\\x_3\\x_4\end{pmatrix}=c_1\begin{pmatrix}-1\\-1\\1\\0\end{pmatrix}+c_2\begin{pmatrix}-2\\3\\0\\1\end{pmatrix}$，$c_1,c_2\in\mathbf{R}$.

(2) 对系数矩阵 **A** 施行初等行变换，有 $\boldsymbol{A}=\begin{pmatrix}2&-1&1&-2\\-1&1&2&1\\1&-1&-2&2\end{pmatrix}\to\begin{pmatrix}1&0&3&0\\0&1&5&0\\0&0&0&1\end{pmatrix}$，

故方程组的通解为 $\begin{pmatrix}x_1\\x_2\\x_3\\x_4\end{pmatrix}=k\begin{pmatrix}-3\\-5\\1\\0\end{pmatrix}$，$k\in\mathbf{R}$.

(3) 对系数矩阵 **A** 施行初等行变换，有 $\boldsymbol{A}=\begin{pmatrix}1&2&1&-1\\3&6&-1&-3\\5&10&1&-5\end{pmatrix}\to\begin{pmatrix}1&2&0&-1\\0&0&1&0\\0&0&0&0\end{pmatrix}$，

故方程组的通解为 $\begin{pmatrix}x_1\\x_2\\x_3\\x_4\end{pmatrix}=k_1\begin{pmatrix}-2\\1\\0\\0\end{pmatrix}+k_2\begin{pmatrix}1\\0\\0\\1\end{pmatrix}$，$k_1,k_2\in\mathbf{R}$.

(4) 对系数矩阵 **A** 施行初等行变换，有 $\boldsymbol{A}=\begin{pmatrix}1&1&1&1&1\\3&2&1&1&-3\\0&1&1&1&1\\5&4&3&3&-1\end{pmatrix}\to\begin{pmatrix}1&0&0&0&0\\0&1&0&0&-4\\0&0&1&1&5\\0&0&0&0&0\end{pmatrix}$，

故方程组的通解为 $\begin{pmatrix}x_1\\x_2\\x_3\\x_4\\x_5\end{pmatrix}=k_1\begin{pmatrix}0\\0\\-1\\1\\0\end{pmatrix}+k_2\begin{pmatrix}0\\4\\-5\\0\\1\end{pmatrix}$，$k_1,k_2\in\mathbf{R}$.

15.【解析】矩阵形式为 $\boldsymbol{Ax}=\boldsymbol{b}$，其中 $\boldsymbol{A}=\begin{pmatrix}2&2&1\\3&1&5\\3&2&3\end{pmatrix}$，$\boldsymbol{b}=\begin{pmatrix}1\\0\\1\end{pmatrix}$，

由于 $\boldsymbol{A}^{-1}=\begin{pmatrix}-7&-4&9\\6&3&-7\\3&2&-4\end{pmatrix}$，故 $\boldsymbol{x}=\boldsymbol{A}^{-1}\boldsymbol{b}=\begin{pmatrix}-7&-4&9\\6&3&-7\\3&2&-4\end{pmatrix}\begin{pmatrix}1\\0\\1\end{pmatrix}=\begin{pmatrix}2\\-1\\-1\end{pmatrix}$.

16.【解析】(1) $\bar{\boldsymbol{A}}=\left(\begin{array}{cccc:c}1&-2&3&-4&4\\0&1&-1&1&-3\\1&3&0&-3&1\\0&-7&3&1&-3\end{array}\right)\to\left(\begin{array}{cccc:c}1&0&0&0&-8\\0&1&0&-1&3\\0&0&1&-2&6\\0&0&0&0&0\end{array}\right)$，

此时 $R(\bar{\mathbf{A}})=R(\mathbf{A})=3<4$,方程组有无穷多解,其通解为 $\begin{pmatrix}x_1\\x_2\\x_3\\x_4\end{pmatrix}=k\begin{pmatrix}0\\1\\2\\1\end{pmatrix}+\begin{pmatrix}-8\\3\\6\\0\end{pmatrix}$,$k\in\mathbf{R}$.

(2)$\bar{\mathbf{A}}=\left(\begin{array}{cccc:c}1&-1&1&-1&1\\2&-1&-1&4&2\\3&-2&2&3&3\\1&0&-4&5&-1\end{array}\right)\rightarrow\left(\begin{array}{cccc:c}1&-1&1&-1&1\\0&1&-3&6&0\\0&0&2&0&0\\0&0&0&0&-2\end{array}\right)$,

此时 $R(\bar{\mathbf{A}})=4>3=R(\mathbf{A})$,故方程组无解.

(3)$\bar{\mathbf{A}}=\left(\begin{array}{ccc:c}1&-1&2&1\\1&-2&-1&2\\3&-1&5&3\\2&-2&-3&4\end{array}\right)\rightarrow\left(\begin{array}{ccc:c}1&0&0&\frac{10}{7}\\0&1&0&-\frac{1}{7}\\0&0&1&-\frac{2}{7}\\0&0&0&0\end{array}\right)$,此时 $R(\bar{\mathbf{A}})=R(\mathbf{A})=3$,

故方程组有唯一解 $\begin{pmatrix}x_1\\x_2\\x_3\end{pmatrix}=\frac{1}{7}\begin{pmatrix}10\\-1\\-2\end{pmatrix}$.

(4)$\bar{\mathbf{A}}=\left(\begin{array}{ccccc:c}2&-2&1&-1&1&1\\1&2&-1&1&-2&1\\4&-10&5&-5&7&1\\2&-14&7&-7&11&-1\end{array}\right)\rightarrow\left(\begin{array}{ccccc:c}1&0&0&0&-\frac{1}{3}&\frac{2}{3}\\0&1&-\frac{1}{2}&\frac{1}{2}&-\frac{5}{6}&\frac{1}{6}\\0&0&0&0&0&0\\0&0&0&0&0&0\end{array}\right)$,

此时 $R(\bar{\mathbf{A}})=R(\mathbf{A})=2<4$,

故方程组的通解为 $\begin{pmatrix}x_1\\x_2\\x_3\\x_4\\x_5\end{pmatrix}=c_1\begin{pmatrix}0\\1\\2\\0\\0\end{pmatrix}+c_2\begin{pmatrix}0\\-1\\0\\2\\0\end{pmatrix}+c_3\begin{pmatrix}2\\5\\0\\0\\6\end{pmatrix}+\frac{1}{6}\begin{pmatrix}4\\1\\0\\0\\0\end{pmatrix}$,$c_1,c_2,c_3\in\mathbf{R}$.

17.**【解析】**由 $|\mathbf{A}|=\begin{vmatrix}\lambda&1&1&1\\1&\lambda&1&1\\1&1&\lambda&1\\1&1&1&\lambda\end{vmatrix}=(\lambda+3)(\lambda-1)^3$,可知

①当 $\lambda\neq-3$ 且 $\lambda\neq1$ 时,方程组有唯一解.

②当 $\lambda=-3$ 时,增广矩阵

$$\bar{\mathbf{A}}=\left(\begin{array}{cccc:c}-3&1&1&1&1\\1&-3&1&1&1\\1&1&-3&1&1\\1&1&1&-3&1\end{array}\right)\rightarrow\left(\begin{array}{cccc:c}1&1&1&-3&1\\0&-4&0&4&0\\0&0&-4&4&0\\0&0&0&0&4\end{array}\right),$$

由于 $R(\bar{\mathbf{A}})=4>3=R(\mathbf{A})$,故方程组无解.

③当 $\lambda=1$ 时,增广矩阵 $\bar{\mathbf{A}}=\left(\begin{array}{cccc:c}1&1&1&1&1\\1&1&1&1&1\\1&1&1&1&1\\1&1&1&1&1\end{array}\right)\rightarrow\left(\begin{array}{cccc:c}1&1&1&1&1\\0&0&0&0&0\\0&0&0&0&0\\0&0&0&0&0\end{array}\right)$,

由于 $R(\bar{\mathbf{A}})=R(\mathbf{A})=1<4$,故方程组的通解为

$$\begin{pmatrix}x_1\\x_2\\x_3\\x_4\end{pmatrix}=k_1\begin{pmatrix}-1\\1\\0\\0\end{pmatrix}+k_2\begin{pmatrix}-1\\0\\1\\0\end{pmatrix}+k_3\begin{pmatrix}-1\\0\\0\\1\end{pmatrix}+\begin{pmatrix}1\\0\\0\\0\end{pmatrix},k_1,k_2,k_3\in\mathbf{R}.$$

18.【解析】 $|\mathbf{A}|=\begin{vmatrix}1&\lambda&1\\1&2\lambda&1\\\mu&1&1\end{vmatrix}=\begin{vmatrix}1&\lambda&1\\0&\lambda&0\\\mu-1&1-\lambda&0\end{vmatrix}=-\lambda(\mu-1).$

①当 $\lambda\neq0$,且 $\mu\neq1$ 时,方程组有唯一解.

②当 $\lambda=0$ 时,增广矩阵 $\bar{\mathbf{A}}=\left(\begin{array}{ccc:c}1&0&1&3\\1&0&1&4\\\mu&1&1&4\end{array}\right)\rightarrow\left(\begin{array}{ccc:c}1&0&1&3\\0&1&1-\mu&4-3\mu\\0&0&0&1\end{array}\right)$,

此时 $R(\bar{\mathbf{A}})=3>2=R(\mathbf{A})$,方程组无解.

③当 $\mu=1$ 时,增广矩阵 $\bar{\mathbf{A}}=\left(\begin{array}{ccc:c}1&\lambda&1&3\\1&2\lambda&1&4\\1&1&1&4\end{array}\right)\rightarrow\left(\begin{array}{ccc:c}1&0&1&2\\0&1&0&2\\0&0&0&1-2\lambda\end{array}\right)$,

此时 $R(\mathbf{A})=2,R(\bar{\mathbf{A}})=\begin{cases}3, & \lambda\neq\frac{1}{2}\\2, & \lambda=\frac{1}{2}\end{cases}$,故当 $\lambda\neq\frac{1}{2}$ 时,方程组无解;当 $\lambda=\frac{1}{2}$ 时,方程组有无穷多解.

综上可知,当 $\lambda\neq0$ 且 $\mu\neq1$ 时,方程组有唯一解;当 $\lambda=\frac{1}{2}$ 且 $\mu=1$ 时,方程组有无穷多解;其余条件下,方程组无解.

19.【解析】方法一　对增广矩阵作初等行变换，有

$$(\boldsymbol{A},\boldsymbol{b})=\left(\begin{array}{ccc:c}a&1&1&0\\1&a&1&3\\1&1&a&a-1\end{array}\right)\to\left(\begin{array}{ccc:c}1&1&a&a-1\\0&a-1&1-a&4-a\\0&0&(1-a)(a+2)&(2-a)(2+a)\end{array}\right).$$

(1)当 $a\neq1$ 且 $a\neq-2$ 时，$R(\boldsymbol{A})=R(\boldsymbol{A},\boldsymbol{b})=3$，方程组有唯一解.

(2)当 $a=1$ 时，$R(\boldsymbol{A})=1$，$R(\boldsymbol{A},\boldsymbol{b})=2$，方程组无解.

(3)当 $a=-2$ 时，$R(\boldsymbol{A},\boldsymbol{b})=R(\boldsymbol{A})=2<3$，方程组有无穷多解，此时

$$(\boldsymbol{A},\boldsymbol{b})\to\left(\begin{array}{ccc:c}1&1&-2&-3\\0&-3&3&6\\0&0&0&0\end{array}\right)\to\left(\begin{array}{ccc:c}1&0&-1&-1\\0&1&-1&-2\\0&0&0&0\end{array}\right),$$

故其通解为
$$\begin{pmatrix}x_1\\x_2\\x_3\end{pmatrix}=c\begin{pmatrix}1\\1\\1\end{pmatrix}+\begin{pmatrix}-1\\-2\\0\end{pmatrix},c\in\mathbf{R}.$$

方法二　注意到系数矩阵是方阵，则方程组有唯一解的充分必要条件是系数矩阵的行列式 $|\boldsymbol{A}|\neq0$，而 $|\boldsymbol{A}|=\begin{vmatrix}a&1&1\\1&a&1\\1&1&a\end{vmatrix}=(a+2)(a-1)^2$.

(1)当 $a\neq-2$ 且 $a\neq1$ 时，方程组有唯一解.

(2)当 $a=1$ 时，由于 $(\boldsymbol{A},\boldsymbol{b})=\left(\begin{array}{ccc:c}1&1&1&0\\1&1&1&3\\1&1&1&0\end{array}\right)\to\left(\begin{array}{ccc:c}1&1&1&0\\0&0&0&3\\0&0&0&0\end{array}\right)$，

故 $R(\boldsymbol{A})=1$，$R(\boldsymbol{A},\boldsymbol{b})=2$，故方程组无解.

(3)当 $a=-2$ 时，由 $(\boldsymbol{A},\boldsymbol{b})=\left(\begin{array}{ccc:c}-2&1&1&0\\1&-2&1&3\\1&1&-2&-3\end{array}\right)\to\left(\begin{array}{ccc:c}-2&1&1&0\\1&-2&1&3\\0&0&0&0\end{array}\right)$，

知 $R(\boldsymbol{A})=R(\boldsymbol{A},\boldsymbol{b})=2$，故方程组有无穷多解，且通解为

$$\begin{pmatrix}x_1\\x_2\\x_3\end{pmatrix}=c\begin{pmatrix}1\\1\\1\end{pmatrix}+\begin{pmatrix}-1\\-2\\0\end{pmatrix},c\in\mathbf{R}.$$

20.【解析】(1) 由于线性方程组 $\boldsymbol{Ax}=\boldsymbol{b}$ 有两个不同的解，所以 $R(\boldsymbol{A})=R(\boldsymbol{A},\boldsymbol{b})<3$，

而 $|\boldsymbol{A}|=\begin{vmatrix}\lambda&1&1\\0&\lambda-1&0\\1&1&\lambda\end{vmatrix}=(\lambda-1)\begin{vmatrix}\lambda&1\\1&\lambda\end{vmatrix}=(\lambda+1)(\lambda-1)^2$.

当 $\lambda\neq1$ 且 $\lambda\neq-1$ 时，$R(\boldsymbol{A})=3$，线性方程组 $\boldsymbol{Ax}=\boldsymbol{b}$ 仅有唯一解，不满足要求.

当 $\lambda=1$ 时，易知 $R(\boldsymbol{A})=1$，$R(\boldsymbol{A},\boldsymbol{b})=2$，此时方程组 $\boldsymbol{Ax}=\boldsymbol{b}$ 无解，不满足要求.

当 $\lambda=-1$ 时,有

$$(\boldsymbol{A},\boldsymbol{b})=\begin{pmatrix}-1&1&1&\vdots&a\\0&-2&0&\vdots&1\\1&1&-1&\vdots&1\end{pmatrix}\rightarrow\begin{pmatrix}1&1&-1&\vdots&1\\0&-2&0&\vdots&1\\0&0&0&\vdots&a+2\end{pmatrix},$$

若 $a=-2$,则 $R(\boldsymbol{A})=R(\boldsymbol{A},\boldsymbol{b})=2<3$,方程组 $\boldsymbol{Ax}=\boldsymbol{b}$ 有无穷多解.

(2)当 $\lambda=-1,a=-2$ 时,

$$(\boldsymbol{A},\boldsymbol{b})\rightarrow\begin{pmatrix}1&1&-1&\vdots&1\\0&-2&0&\vdots&1\\0&0&0&\vdots&0\end{pmatrix}\rightarrow\begin{pmatrix}1&0&-1&\vdots&\frac{3}{2}\\0&1&0&\vdots&-\frac{1}{2}\\0&0&0&\vdots&0\end{pmatrix},$$

故方程组 $\boldsymbol{Ax}=\boldsymbol{b}$ 的通解为 $\boldsymbol{x}=k\begin{pmatrix}1\\0\\1\end{pmatrix}+\frac{1}{2}\begin{pmatrix}3\\-1\\0\end{pmatrix}$,其中 k 为任意常数.

21.【证明】方法一　反证法 若 $\boldsymbol{\eta}^*,\boldsymbol{\xi}_1,\boldsymbol{\xi}_2,\cdots,\boldsymbol{\xi}_r$ 线性相关,则 $\boldsymbol{\eta}^*=l_1\boldsymbol{\xi}_1+l_2\boldsymbol{\xi}_2+\cdots+l_r\boldsymbol{\xi}_r$,从而 $\boldsymbol{A\eta}^*=l_1\boldsymbol{A\xi}_1+l_2\boldsymbol{A\xi}_2+\cdots+l_r\boldsymbol{A\xi}_r=\boldsymbol{0}$, 即 $\boldsymbol{\eta}^*$ 是 $\boldsymbol{Ax}=\boldsymbol{0}$的解向量,存在矛盾,故 $\boldsymbol{\eta}^*,\boldsymbol{\xi}_1,\boldsymbol{\xi}_2,\cdots,\boldsymbol{\xi}_r$ 线性无关.

方法二　设 $k_0\boldsymbol{\eta}^*+k_1\boldsymbol{\xi}_1+k_2\boldsymbol{\xi}_2+\cdots+k_r\boldsymbol{\xi}_r=\boldsymbol{0}$. 左乘 $\boldsymbol{A}$,得

$$k_0\boldsymbol{A\eta}^*+k_1\boldsymbol{A\xi}_1+k_2\boldsymbol{A\xi}_2+\cdots+k_r\boldsymbol{A\xi}_r=\boldsymbol{0},$$

故 $k_0\boldsymbol{b}=\boldsymbol{0}$. 由 $\boldsymbol{b}\neq\boldsymbol{0}$知 $k_0=0$,从而 $k_1\boldsymbol{\xi}_1+k_2\boldsymbol{\xi}_2+\cdots+k_r\boldsymbol{\xi}_r=\boldsymbol{0}$.

因为 $\boldsymbol{\xi}_1,\boldsymbol{\xi}_2,\cdots,\boldsymbol{\xi}_r$ 线性无关,所以 $k_1=k_2=\cdots=k_r=0$,

故 $\boldsymbol{\eta}^*,\boldsymbol{\xi}_1,\boldsymbol{\xi}_2,\cdots,\boldsymbol{\xi}_r$ 线性无关.

22.【证明】因为 $\boldsymbol{A\eta}_i=\boldsymbol{b}(i=1,2,\cdots,s)$,所以

$$\boldsymbol{Ax}=k_1\boldsymbol{A\eta}_1+k_2\boldsymbol{A\eta}_2+\cdots+k_s\boldsymbol{A\eta}_s=k_1\boldsymbol{b}+k_2\boldsymbol{b}+\cdots+k_s\boldsymbol{b}=\boldsymbol{b},$$

即 $\boldsymbol{x}=k_1\boldsymbol{\eta}_1+k_2\boldsymbol{\eta}_2+\cdots+k_s\boldsymbol{\eta}_s$ 也是 $\boldsymbol{Ax}=\boldsymbol{b}$ 的解.

23.【解析】记非齐次线性方程组为 $\boldsymbol{Ax}=\boldsymbol{b}$,它对应的齐次线性方程组为 $\boldsymbol{Ax}=\boldsymbol{0}$.

由题设知,方程组 $\boldsymbol{Ax}=\boldsymbol{0}$ 的基础解系所含向量个数为 $4-3=1$,即它的任一非零解都是它的一个基础解系. 记向量 $\boldsymbol{\xi}=2\boldsymbol{\eta}_1-(\boldsymbol{\eta}_2+\boldsymbol{\eta}_3)=\begin{pmatrix}3\\4\\5\\6\end{pmatrix}\neq\boldsymbol{0}$,

由于 $\boldsymbol{A\xi}=\boldsymbol{A}(2\boldsymbol{\eta}_1-\boldsymbol{\eta}_2-\boldsymbol{\eta}_3)=2\boldsymbol{A\eta}_1-\boldsymbol{A\eta}_2-\boldsymbol{A\eta}_3=\boldsymbol{0}$,故 $\boldsymbol{\xi}$ 是方程 $\boldsymbol{Ax}=\boldsymbol{0}$的一个基础解系,于是原方程组 $\boldsymbol{Ax}=\boldsymbol{b}$ 的通解为 $\boldsymbol{x}=k\boldsymbol{\xi}+\boldsymbol{\eta}_1=k\begin{pmatrix}3\\4\\5\\6\end{pmatrix}+\begin{pmatrix}2\\3\\4\\5\end{pmatrix}$,$k\in\mathbf{R}$.

24.【解析】方法一　因为$\boldsymbol{\eta}_1-\boldsymbol{\eta}_3=(\boldsymbol{\eta}_1+\boldsymbol{\eta}_2)-(\boldsymbol{\eta}_2+\boldsymbol{\eta}_3)=\begin{pmatrix}1\\3\\2\end{pmatrix}$，

$$\boldsymbol{\eta}_2-\boldsymbol{\eta}_3=(\boldsymbol{\eta}_1+\boldsymbol{\eta}_2)-(\boldsymbol{\eta}_3+\boldsymbol{\eta}_1)=\begin{pmatrix}0\\2\\4\end{pmatrix},$$

是$\boldsymbol{A}\boldsymbol{x}=\boldsymbol{0}$的解向量，且$\boldsymbol{\eta}_1-\boldsymbol{\eta}_3,\boldsymbol{\eta}_2-\boldsymbol{\eta}_3$线性无关(对应分量不成比例)，而$\boldsymbol{A}\boldsymbol{x}=\boldsymbol{0}$的基础解系含$3-1=2$个解向量，故$\boldsymbol{\eta}_1-\boldsymbol{\eta}_3,\boldsymbol{\eta}_2-\boldsymbol{\eta}_3$是$\boldsymbol{A}\boldsymbol{x}=\boldsymbol{0}$的一个基础解系.

又因为$\dfrac{\boldsymbol{\eta}_1+\boldsymbol{\eta}_2}{2}=\dfrac{1}{2}\begin{pmatrix}1\\2\\3\end{pmatrix}$是$\boldsymbol{A}\boldsymbol{x}=\boldsymbol{b}$的一个特解，

所以$\boldsymbol{A}\boldsymbol{x}=\boldsymbol{b}$通解为$x=\dfrac{1}{2}\begin{pmatrix}1\\2\\3\end{pmatrix}+k_1\begin{pmatrix}1\\3\\2\end{pmatrix}+k_2\begin{pmatrix}0\\2\\4\end{pmatrix},k_1,k_2\in\mathbf{R}$.

方法二　联立$\boldsymbol{\eta}_1,\boldsymbol{\eta}_2,\boldsymbol{\eta}_3$相关的三个等式得，$\boldsymbol{\eta}_1=\dfrac{1}{2}\begin{pmatrix}2\\3\\1\end{pmatrix},\boldsymbol{\eta}_2=\dfrac{1}{2}\begin{pmatrix}0\\1\\5\end{pmatrix},\boldsymbol{\eta}_3=\dfrac{1}{2}\begin{pmatrix}0\\-3\\-3\end{pmatrix}$，

又$\boldsymbol{\eta}_1-\boldsymbol{\eta}_2=\begin{pmatrix}1\\1\\-2\end{pmatrix},\boldsymbol{\eta}_1-\boldsymbol{\eta}_3=\begin{pmatrix}1\\3\\2\end{pmatrix}$是$\boldsymbol{A}\boldsymbol{x}=\boldsymbol{0}$的线性无关解向量，且$\boldsymbol{A}\boldsymbol{x}=\boldsymbol{0}$的基础解系含$3-1=2$个解向量，因此$\boldsymbol{\eta}_1-\boldsymbol{\eta}_2,\boldsymbol{\eta}_1-\boldsymbol{\eta}_3$即为$\boldsymbol{A}\boldsymbol{x}=\boldsymbol{0}$的基础解系，

故$\boldsymbol{A}\boldsymbol{x}=\boldsymbol{b}$的通解为$\boldsymbol{x}=\dfrac{1}{2}\begin{pmatrix}2\\3\\1\end{pmatrix}+k_1\begin{pmatrix}1\\1\\-2\end{pmatrix}+k_2\begin{pmatrix}1\\3\\2\end{pmatrix},k_1,k_2\in\mathbf{R}$.

25.【解析】设$\boldsymbol{B}=(\boldsymbol{\beta}_1,\boldsymbol{\beta}_2,\boldsymbol{\beta}_3)$，由$\boldsymbol{A}\boldsymbol{B}=\boldsymbol{O}$得$\boldsymbol{A}\boldsymbol{\beta}_i=\boldsymbol{0}(i=1,2,3)$，即$\boldsymbol{\beta}_1,\boldsymbol{\beta}_2,\boldsymbol{\beta}_3$是$\boldsymbol{A}\boldsymbol{x}=\boldsymbol{0}$的解向量.

由于$\boldsymbol{A}=\begin{pmatrix}1&1&2\\2&2&4\\3&3&6\end{pmatrix}\to\begin{pmatrix}1&1&2\\0&0&0\\0&0&0\end{pmatrix}$，从而$\boldsymbol{A}\boldsymbol{x}=\boldsymbol{0}$的基础解系为$\boldsymbol{\xi}_1=\begin{pmatrix}-1\\1\\0\end{pmatrix},\boldsymbol{\xi}_2=\begin{pmatrix}-2\\0\\1\end{pmatrix}$.

令$\boldsymbol{B}=(\boldsymbol{\xi}_1,\boldsymbol{\xi}_2,\boldsymbol{0})=\begin{pmatrix}-1&-2&0\\1&0&0\\0&1&0\end{pmatrix}$，则$R(\boldsymbol{B})=2$，且满足$\boldsymbol{A}\boldsymbol{B}=\boldsymbol{O}$.

二、提高篇

1. 答案 D　【解析】对于选项A：矩阵$\boldsymbol{A}$不一定是n阶方阵，其行列式可以不存在.

对于选项 B：由于 $\boldsymbol{Ax}=\mathbf{0}$ 只有零解，当且仅当 $R(\boldsymbol{A})=n$ 时，$\boldsymbol{Ax}=\boldsymbol{b}$ 有唯一解，要求满足 $R(\boldsymbol{A})=R(\boldsymbol{A},\boldsymbol{b})=n$，但由 $R(\boldsymbol{A})=n$ 不一定能够得到 $R(\boldsymbol{A},\boldsymbol{b})=n$，故 B 项不正确.

对于选项 C：$\boldsymbol{Ax}=\mathbf{0}$ 有非零解，当且仅当 $R(\boldsymbol{A})<n$ 时，$\boldsymbol{Ax}=\boldsymbol{b}$ 有无穷多解，要求满足 $R(\boldsymbol{A})=R(\boldsymbol{A},\boldsymbol{b})<n$，但由 $R(\boldsymbol{A})<n$ 不一定能够得到 $R(\boldsymbol{A})=R(\boldsymbol{A},\boldsymbol{b})<n$，故 C 项不正确.

对于选项 D：若 $\boldsymbol{\alpha}_1,\boldsymbol{\alpha}_2$ 是线性方程组 $\boldsymbol{Ax}=\boldsymbol{b}$ 的两个不同的解，则 $\boldsymbol{\alpha}_1-\boldsymbol{\alpha}_2$ 是 $\boldsymbol{Ax}=\mathbf{0}$ 的非零解，从而 $\boldsymbol{Ax}=\mathbf{0}$有无穷多解，即 D 项正确.

2. 答案 D 【解析】因为 $\boldsymbol{AB}$ 是 m 阶方阵，且 $R(\boldsymbol{AB})\leqslant\min\{R(\boldsymbol{A}),R(\boldsymbol{B})\}\leqslant n$，所以当 $m>n$ 时，必有 $R(\boldsymbol{AB})<m$. 根据齐次线性方程组存在非零解的充分必要条件可知，D 项正确.

3. 答案 D 【解析】方法一 三条直线交于一点的充分必要条件是线性方程组（Ⅰ）：
$\begin{cases}a_1x+b_1y+c_1=0\\a_2x+b_2y+c_2=0\\a_3x+b_3y+c_3=0\end{cases}$ 或 $x\boldsymbol{\alpha}_1+y\boldsymbol{\alpha}_2+\boldsymbol{\alpha}_3=\mathbf{0}$，即 $-x\boldsymbol{\alpha}_1-y\boldsymbol{\alpha}_2=\boldsymbol{\alpha}_3$ 有唯一解，从而得到当且仅当 $\boldsymbol{\alpha}_3$ 可由 $\boldsymbol{\alpha}_1,\boldsymbol{\alpha}_2$ 线性表示，且表示式唯一（或当且仅当 $\boldsymbol{\alpha}_1,\boldsymbol{\alpha}_2,\boldsymbol{\alpha}_3$ 线性相关，$\boldsymbol{\alpha}_1,\boldsymbol{\alpha}_2$ 线性无关）时，方程组 $x\boldsymbol{\alpha}_1+y\boldsymbol{\alpha}_2+\boldsymbol{\alpha}_3=\mathbf{0}$ 有唯一解. 故应选 D.

方法二 本题也可直接从方程组（Ⅰ）进行推演，方程组（Ⅰ）可写为$\begin{cases}a_1x+b_1y=-c_1\\a_2x+b_2y=-c_2\\a_3x+b_3y=-c_3\end{cases}$.

先由方程组（Ⅰ）有唯一解可知，$\boldsymbol{\alpha}_3$ 可由 $\boldsymbol{\alpha}_1,\boldsymbol{\alpha}_2$ 线性表示，即 $\boldsymbol{\alpha}_1,\boldsymbol{\alpha}_2,\boldsymbol{\alpha}_3$ 线性相关. 又由方程组（Ⅰ）有唯一解，即方程组$\begin{cases}a_1x+b_1y=-c_1\\a_2x+b_2y=-c_2\\a_3x+b_3y=-c_3\end{cases}$有唯一解可知，其系数矩阵 $\boldsymbol{A}=\begin{pmatrix}a_1&b_1\\a_2&b_2\\a_3&b_3\end{pmatrix}$ 的秩 $R(\boldsymbol{A})=2$.

再由矩阵“三秩相等”的性质可知秩 $R(\boldsymbol{\alpha}_1,\boldsymbol{\alpha}_2)=2$，即 $\boldsymbol{\alpha}_1,\boldsymbol{\alpha}_2$ 线性无关，因而 D 正确.

选项 A 仅是三条直线交于一点的必要条件，而非充分条件. 选项 C 的错误在于存在 $R(\boldsymbol{\alpha}_1,\boldsymbol{\alpha}_2)=1$的可能性，即 $\boldsymbol{\alpha}_1$ 和 $\boldsymbol{\alpha}_2$ 线性相关. 若 $\boldsymbol{\alpha}_1,\boldsymbol{\alpha}_2$ 线性相关，则 $\boldsymbol{\alpha}_1/\!/\boldsymbol{\alpha}_2$，三条直线不可能交于一点.

4. 答案 B 【解析】由于线性方程组 $\boldsymbol{Ax}=\mathbf{0}$ 和 $\boldsymbol{Bx}=\mathbf{0}$之间可以无任何关系，此时其系数矩阵的秩之间的任何关系都不会影响它们各自解的情况，所以②和④显然不正确，利用排除法，应选 B.

下面证明①和③正确.

对于①，由 $\boldsymbol{Ax}=\mathbf{0}$ 的解均是 $\boldsymbol{Bx}=\mathbf{0}$的解可知，$\boldsymbol{Ax}=\mathbf{0}$的有效方程的个数（即为 $R(\boldsymbol{A})$的值）必不少于 $\boldsymbol{Bx}=\mathbf{0}$的有效方程的个数（即为 $R(\boldsymbol{B})$的值），故 $R(\boldsymbol{A})\geqslant R(\boldsymbol{B})$.

对于③，由于 $\boldsymbol{A},\boldsymbol{B}$ 为同型矩阵，若 $\boldsymbol{Ax}=\boldsymbol{0}$ 与 $\boldsymbol{Bx}=\boldsymbol{0}$同解，则其解空间的维数（即基础解系包含解向量的个数）相同，即 $n-R(\boldsymbol{A})=n-R(\boldsymbol{B})$，从而 $R(\boldsymbol{A})=R(\boldsymbol{B})$.

5. 答案 B 【解析】因为齐次线性方程组的基础解系所含线性无关的解向量的个数为 $n-R(\boldsymbol{A})$，又由 $\boldsymbol{A}^*\neq\boldsymbol{O}$ 可知，$\boldsymbol{A}^*$ 中至少有一个非零元素. 由伴随矩阵的定义可得矩阵 $\boldsymbol{A}$ 中至少有一个 $n-1$ 阶子式不为零，再由矩阵秩的定义有 $R(\boldsymbol{A})\geqslant n-1$. 又由 $\boldsymbol{Ax}=\boldsymbol{b}$ 有互不相等的解知，其解存在且不唯一，故有 $R(\boldsymbol{A})<n$，从而 $R(\boldsymbol{A})=n-1$. 因此对应的齐次线性方程组的基础解系仅含一个非零向量，故应选 B.

6. 答案 D 【解析】对方程组的增广矩阵施行初等行变换，有：

$$(\boldsymbol{A},\boldsymbol{b})=\left(\begin{array}{ccc:c}1&1&1&1\\1&2&a&d\\1&4&a^2&d^2\end{array}\right)\xrightarrow[r_3-r_1]{r_2-r_1}\left(\begin{array}{ccc:c}1&1&1&1\\0&1&a-1&d-1\\0&3&a^2-1&d^2-1\end{array}\right)$$

$$\xrightarrow{r_3-3r_1}\left(\begin{array}{ccc:c}1&1&1&1\\0&1&a-1&d-1\\0&0&(a-1)(a-2)&(d-1)(d-2)\end{array}\right),$$

当且仅当 $R(\boldsymbol{A})=R(\boldsymbol{A},\boldsymbol{b})<3$ 时，线性方程组 $\boldsymbol{Ax}=\boldsymbol{b}$ 有无穷多解，即 $a=1$ 或 $a=2$，同时 $d=1$ 或 $d=2$. 故应选 D.

7. 答案 A 【解析】设向量 $\boldsymbol{x}_0$ 是方程组 $\boldsymbol{Ax}=\boldsymbol{0}$ 的任意一个解，用 $\boldsymbol{A}^{\mathrm{T}}$ 左乘该方程组的两边，得

$$\boldsymbol{A}^{\mathrm{T}}\boldsymbol{Ax}_0=\boldsymbol{0},$$

可见 $\boldsymbol{x}_0$ 也是方程组 $\boldsymbol{A}^{\mathrm{T}}\boldsymbol{Ax}=\boldsymbol{0}$ 的解，即 $\boldsymbol{Ax}=\boldsymbol{0}$的解都是 $\boldsymbol{A}^{\mathrm{T}}\boldsymbol{Ax}=\boldsymbol{0}$的解.

反之，设 $\boldsymbol{x}_0$ 是 $\boldsymbol{A}^{\mathrm{T}}\boldsymbol{Ax}=\boldsymbol{0}$ 的任意一个解，即 $\boldsymbol{A}^{\mathrm{T}}\boldsymbol{Ax}_0=\boldsymbol{0}$，上式两边左乘 $\boldsymbol{x}_0^{\mathrm{T}}$，得

$$\boldsymbol{x}_0^{\mathrm{T}}\boldsymbol{A}^{\mathrm{T}}\boldsymbol{Ax}_0=\boldsymbol{0},\text{即}(\boldsymbol{Ax}_0)^{\mathrm{T}}\boldsymbol{Ax}_0=\boldsymbol{0}\text{或}\ \|\boldsymbol{Ax}_0\|^2=0,$$

由向量内积的性质可知 $\boldsymbol{Ax}_0=\boldsymbol{0}$，这说明方程组 $\boldsymbol{A}^{\mathrm{T}}\boldsymbol{Ax}=\boldsymbol{0}$的解也都是 $\boldsymbol{Ax}=\boldsymbol{0}$的解，故应选 A.

8. 答案 D 【解析】根据“三秩定理”及 $\boldsymbol{A}$ 的行向量组线性无关，得 $R(\boldsymbol{A})=4$.

因为 $\boldsymbol{A}^{\mathrm{T}}$ 是 5×4 矩阵，而 $R(\boldsymbol{A}^{\mathrm{T}})=R(\boldsymbol{A})=4$，所以齐次线性方程组 $\boldsymbol{A}^{\mathrm{T}}\boldsymbol{x}=\boldsymbol{0}$ 只有零解，故 A 正确.

因为 $\boldsymbol{A}^{\mathrm{T}}\boldsymbol{A}$ 是 5 阶矩阵，由于 $R(\boldsymbol{A}^{\mathrm{T}}\boldsymbol{A})\leqslant R(\boldsymbol{A})=4<5$，所以齐次方程组 $\boldsymbol{A}^{\mathrm{T}}\boldsymbol{Ax}=\boldsymbol{0}$ 必有非零解，故 B 正确.

因为 $\boldsymbol{A}$ 是 4×5 矩阵，$\boldsymbol{A}$ 的行向量组线性无关，则添加分量后的向量组也线性无关，所以 $R(\boldsymbol{A})=R(\boldsymbol{A},\boldsymbol{b})=4<5$，故 $\boldsymbol{Ax}=\boldsymbol{b}$ 必有无穷多解，因此 C 正确.

由于 $\boldsymbol{A}^{\mathrm{T}}$ 列向量只是 4 个线性无关的 5 维向量，它们不能表示任意一个 5 维向量，故方程组 $\boldsymbol{A}^{\mathrm{T}}\boldsymbol{x}=\boldsymbol{b}$ 有可能无解，因此 D 不正确.

9. 答案 B 【解析】因为齐次线性方程组 $\boldsymbol{Ax}=\boldsymbol{0}$ 有两个线性无关的解，所以 $n-R(\boldsymbol{A})\geqslant2$，又 $R(\boldsymbol{A})\leqslant n-2$. 又根据矩阵与伴随矩阵值的关系可知 $R(\boldsymbol{A}^*)=0$，即 $\boldsymbol{A}^*=\boldsymbol{O}$，进而可知任意 n 维列向量均为方程组 $\boldsymbol{A}^*\boldsymbol{x}=\boldsymbol{0}$ 的解. 因此，应选 B.

10. 答案 D 【解析】由于 $R(\boldsymbol{A})\leqslant R(\boldsymbol{A},\boldsymbol{\alpha})\leqslant R\begin{pmatrix}\boldsymbol{A} & \boldsymbol{\alpha}\\ \boldsymbol{\alpha}^{\mathrm{T}} & 0\end{pmatrix}=R(\boldsymbol{A})$，故 $R(\boldsymbol{A},\boldsymbol{\alpha})=R(\boldsymbol{A})$，因此 $\boldsymbol{Ax}=\boldsymbol{\alpha}$ 必有解. 但由于不能确定 $R(\boldsymbol{A})<n$ 或 $R(\boldsymbol{A})=n$，因此不能判定 $\boldsymbol{Ax}=\boldsymbol{\alpha}$ 是否有无穷多解，或有唯一解，所以排除 A,B 两项.

又因为方程组 $\begin{pmatrix}\boldsymbol{A} & \boldsymbol{\alpha}\\ \boldsymbol{\alpha}^{\mathrm{T}} & 0\end{pmatrix}\begin{pmatrix}x\\ y\end{pmatrix}=\boldsymbol{0}$ 有 $n+1$ 个未知量，且 $R\begin{pmatrix}\boldsymbol{A} & \boldsymbol{\alpha}\\ \boldsymbol{\alpha}^{\mathrm{T}} & 0\end{pmatrix}=R(\boldsymbol{A})\leqslant n<n+1$，从而 $\begin{pmatrix}\boldsymbol{A} & \boldsymbol{\alpha}\\ \boldsymbol{\alpha}^{\mathrm{T}} & 0\end{pmatrix}\begin{pmatrix}x\\ y\end{pmatrix}=\boldsymbol{0}$ 一定有非零解，故应选 D.

11. 答案 $k(1,1,\cdots,1)^{\mathrm{T}}$，其中 k 为任意实数

【解析】设 $\boldsymbol{A}=(a_{ij})_{n\times n}$，则由 $a_{i1}+a_{i2}+\cdots+a_{in}=0(i=1,2,\cdots,n)$ 知 $\boldsymbol{A}\begin{pmatrix}1\\ \vdots\\ 1\end{pmatrix}=\boldsymbol{0}$，即 $(1,1,\cdots,1)^{\mathrm{T}}$ 是 $\boldsymbol{Ax}=\boldsymbol{0}$ 的解向量. 又 $\boldsymbol{Ax}=\boldsymbol{0}$ 的基础解系含 $n-(n-1)=1$ 个解向量，故 $(1,1,\cdots,1)^{\mathrm{T}}$ 是 $\boldsymbol{Ax}=\boldsymbol{0}$ 的基础解系，方程组的通解为 $k(1,1,\cdots,1)^{\mathrm{T}}$（其中 k 为任意实数）.

12. 答案 1 【解析】记 $\boldsymbol{A}=\begin{pmatrix}1 & 2 & -2\\ 2 & -1 & \lambda\\ 3 & 1 & -1\end{pmatrix}$，由于 $\boldsymbol{B}$ 的列向量是所给齐次方程组 $\boldsymbol{Ax}=\boldsymbol{0}$ 的解，且 $\boldsymbol{B}\neq\boldsymbol{O}$，故 $\boldsymbol{Ax}=\boldsymbol{0}$ 有非零解. 于是 $0=|\boldsymbol{A}|=\begin{vmatrix}1 & 2 & -2\\ 2 & -1 & \lambda\\ 3 & 1 & -1\end{vmatrix}=\begin{vmatrix}1 & 2 & -2\\ 0 & -5 & \lambda+4\\ 0 & -5 & 5\end{vmatrix}=5(\lambda-1)$，即 $\lambda=1$.

13. 答案 $c(A_{k1},A_{k2},\cdots,A_{kn})^{\mathrm{T}}$ 【解析】由于 $|\boldsymbol{A}|=0$，$A_{ij}\neq 0$ 可知 $R(\boldsymbol{A})=n-1$，于是 $\boldsymbol{Ax}=\boldsymbol{0}$ 的基础解系含解向量的个数为 $n-R(\boldsymbol{A})=1$. 又由 $a_{i1}A_{k1}+a_{i2}A_{k2}+\cdots+a_{in}A_{kn}=0$ 可知，$(A_{k1},A_{k2},\cdots,A_{kn})^{\mathrm{T}}$ 是 $\boldsymbol{Ax}=\boldsymbol{0}$ 的非零解，故 $\boldsymbol{Ax}=\boldsymbol{0}$ 的通解为 $c(A_{k1},A_{k2},\cdots,A_{kn})^{\mathrm{T}}$，$c$ 为任意常数.

14. 答案 $(-3,1,1)^{\mathrm{T}}$ 【解析】注意到方程组（Ⅱ）比方程组（Ⅰ）仅少一个未知量，那么若 $\boldsymbol{\xi}=(a,b,c)^{\mathrm{T}}$ 是方程组（Ⅱ）的解，则 $\boldsymbol{\eta}=(0,a,b,c)^{\mathrm{T}}$ 一定是方程组（Ⅰ）的解，于是在方程组（Ⅰ）的通解中选取第一个分量为零的，其他分量所构成向量一定就是线性方程（Ⅱ）的特解，故而取 $c=-1$ 即可得方程组（Ⅱ）的一个特解为 $(-3,1,1)^{\mathrm{T}}$.

15. 答案 $c(3,1,-1,-2)^{\mathrm{T}}+(-2,1,4,2)^{\mathrm{T}}$ 【解析】根据非齐次线性方程组解的判定定理可知，方程组（Ⅰ）的系数矩阵的秩与增广矩阵的秩均等于 3，于是方程组（Ⅱ）的系数矩阵的秩与增广矩阵的秩也等于 3，其对应的齐次线性方程组的基础解系仅包含一个解向量. 根据已知条件知 $\boldsymbol{\eta}_1=(1,2,3,0)^{\mathrm{T}}$ 也是方程组（Ⅱ）的一个特解，因此由非齐次线性方程组解的

结构定理可得其通解为

$$c(\boldsymbol{\eta}_1-\boldsymbol{\eta})+\boldsymbol{\eta}=c(3,1,-1,-2)^{\mathrm{T}}+(-2,1,4,2)^{\mathrm{T}}.$$

16. 答案 $c_1(17,9,5,1)$ 【解析】由已知条件可知方程组（Ⅱ）的解一定是方程组（Ⅰ）的解，而方程组（Ⅰ）的通解为 $c_1(2,-1,0,1)+c_2(3,2,1,0)$，将其代入方程组（Ⅱ）的第三个方程，得

$$(2c_1+3c_2)-2(-c_1+2c_2)+c_1=0,$$

即 $5c_1=c_2$. 故而得方程组（Ⅱ）的通解为 $c_1(2,-1,0,1)+c_2(3,2,1,0)=c_1(17,9,5,1)$.

17.【证明】由于 $\boldsymbol{A}(\boldsymbol{\eta}_i-\boldsymbol{\eta}_0)=\boldsymbol{A}\boldsymbol{\eta}_i-\boldsymbol{A}\boldsymbol{\eta}_0=\boldsymbol{b}-\boldsymbol{b}=\boldsymbol{0}(i=1,2,\cdots,n-r)$，

故 $\boldsymbol{\eta}_1-\boldsymbol{\eta}_0,\boldsymbol{\eta}_2-\boldsymbol{\eta}_0,\cdots,\boldsymbol{\eta}_{n-r}-\boldsymbol{\eta}_0$ 是 $\boldsymbol{Ax}=\boldsymbol{0}$ 的解向量.

设 $k_1(\boldsymbol{\eta}_1-\boldsymbol{\eta}_0)+k_2(\boldsymbol{\eta}_2-\boldsymbol{\eta}_0)+\cdots+k_{n-r}(\boldsymbol{\eta}_{n-r}-\boldsymbol{\eta}_0)=\boldsymbol{0}$ 或

$$(-k_1-k_2-\cdots-k_{n-r})\boldsymbol{\eta}_0+k_1\boldsymbol{\eta}_1+k_2\boldsymbol{\eta}_2+\cdots+k_{n-r}\boldsymbol{\eta}_{n-r}=\boldsymbol{0},$$

由 $\boldsymbol{\eta}_0,\boldsymbol{\eta}_1,\cdots,\boldsymbol{\eta}_{n-r}$ 线性无关得 $k_1=k_2=\cdots=k_{n-r}=0$，

故 $\boldsymbol{\eta}_1-\boldsymbol{\eta}_0,\boldsymbol{\eta}_2-\boldsymbol{\eta}_0,\cdots,\boldsymbol{\eta}_{n-r}-\boldsymbol{\eta}_0$ 是 $\boldsymbol{Ax}=\boldsymbol{0}$ 的 $n-r$ 个线性无关的解向量.

由于 $\boldsymbol{Ax}=\boldsymbol{0}$ 的基础解系含 $n-r$ 个解向量，

故 $\boldsymbol{\eta}_1-\boldsymbol{\eta}_0,\boldsymbol{\eta}_2-\boldsymbol{\eta}_0,\cdots,\boldsymbol{\eta}_{n-r}-\boldsymbol{\eta}_0$ 是 $\boldsymbol{Ax}=\boldsymbol{0}$ 的一个基础解系.

18.【解析】方法一　对方程组的增广矩阵进行初等行变换，得

$$(\boldsymbol{A},\boldsymbol{b})=\left(\begin{array}{cccc|c}1&1&1&1&1\\0&1&-1&2&1\\2&3&a+2&4&b+3\\3&5&1&a+8&5\end{array}\right)\rightarrow\left(\begin{array}{cccc|c}1&1&1&1&1\\0&1&-1&2&1\\0&0&a+1&0&b\\0&0&0&a+1&0\end{array}\right).$$

①当 $a\neq-1$，b 为任何值时，$R(\boldsymbol{A})=R(\boldsymbol{A},\boldsymbol{b})=4$，方程组有唯一解.

②当 $a=-1,b\neq0$ 时，$R(\boldsymbol{A})=2,R(\boldsymbol{A},\boldsymbol{b})=3$，方程组无解.

③当 $a=-1,b=0$ 时，$R(\boldsymbol{A})=R(\boldsymbol{A},\boldsymbol{b})=2<4$，方程组有无穷多解. 此时，增广矩阵变为

$$(\boldsymbol{A},\boldsymbol{b})\rightarrow\begin{pmatrix}1&1&1&1&1\\0&1&-1&2&1\\0&0&0&0&0\\0&0&0&0&0\end{pmatrix}\rightarrow\begin{pmatrix}1&0&2&-1&0\\0&1&-1&2&1\\0&0&0&0&0\\0&0&0&0&0\end{pmatrix}.$$

由此得方程组的通解为 $\begin{pmatrix}x_1\\x_2\\x_3\\x_4\end{pmatrix}=\begin{pmatrix}0\\1\\0\\0\end{pmatrix}+c_1\begin{pmatrix}-2\\1\\1\\0\end{pmatrix}+c_2\begin{pmatrix}1\\-2\\0\\1\end{pmatrix}$，其中 c_1,c_2 为任意常数.

方法二　方程组系数矩阵行列式的值为 $|\boldsymbol{A}|=\begin{vmatrix}1&1&1&1\\0&1&-1&2\\2&3&a+2&4\\3&5&1&a+8\end{vmatrix}=(a+1)^2$.

①当 $a\neq -1$,b 为任意值时,有唯一解.

②当 $a=-1,b\neq 0$ 时,

$$(\boldsymbol{A},\boldsymbol{b})=\left(\begin{array}{cccc|c}1&1&1&1&1\\0&1&-1&2&1\\2&3&1&4&b+3\\3&5&1&7&5\end{array}\right)\rightarrow\left(\begin{array}{cccc|c}1&1&1&1&1\\0&1&-1&2&1\\0&0&0&0&b\\0&0&0&0&0\end{array}\right),$$

知 $R(\boldsymbol{A})=2,R(\boldsymbol{A},\boldsymbol{b})=3$,故方程组无解.

③当 $a=-1,b=0$ 时,

$$(\boldsymbol{A},\boldsymbol{b})=\left(\begin{array}{cccc|c}1&1&1&1&1\\0&1&-1&2&1\\2&3&1&4&3\\3&5&1&7&5\end{array}\right)\rightarrow\left(\begin{array}{cccc|c}1&0&2&-1&0\\0&1&-1&2&1\\0&0&0&0&0\\0&0&0&0&0\end{array}\right)$$

知 $R(\boldsymbol{A},\boldsymbol{b})=R(\boldsymbol{A})=2<4$,因此方程组有无穷多解,且通解为

$$\begin{pmatrix}x_1\\x_2\\x_3\\x_4\end{pmatrix}=\begin{pmatrix}0\\1\\0\\0\end{pmatrix}+c_1\begin{pmatrix}-2\\1\\1\\0\end{pmatrix}+c_2\begin{pmatrix}1\\-2\\0\\1\end{pmatrix},\text{其中 } c_1,c_2 \text{ 为任意常数.}$$

19.【解析】对增广矩阵作初等行变换

$$(\boldsymbol{A},\boldsymbol{b})=\left(\begin{array}{cccc|c}1&1&-2&3&0\\2&1&-6&4&-1\\3&2&p&7&-1\\1&-1&-6&-1&t\end{array}\right)\rightarrow\left(\begin{array}{cccc|c}1&1&-2&3&0\\0&-1&-2&-2&-1\\0&0&p+8&0&0\\0&0&0&0&t+2\end{array}\right),$$

所以当 $t=-2$,p 为任意常数时,方程组有无穷多解.

①当 $t=-2,p=-8$ 时,

$$(\boldsymbol{A},\boldsymbol{b})\rightarrow\left(\begin{array}{cccc|c}1&1&-2&3&0\\0&-1&-2&-2&-1\\0&0&0&0&0\\0&0&0&0&0\end{array}\right)\rightarrow\left(\begin{array}{cccc|c}1&0&-4&1&-1\\0&1&2&2&1\\0&0&0&0&0\\0&0&0&0&0\end{array}\right),$$

通解为 $\begin{pmatrix}x_1\\x_2\\x_3\\x_4\end{pmatrix}=c_1\begin{pmatrix}4\\-2\\1\\0\end{pmatrix}+c_2\begin{pmatrix}-1\\-2\\0\\1\end{pmatrix}+\begin{pmatrix}-1\\1\\0\\0\end{pmatrix}$,其中 c_1,c_2 为任意常数.

②当 $t=-2,p\neq -8$ 时,

$$(\boldsymbol{A},\boldsymbol{b})\to\left(\begin{array}{cccc:c}1&1&-2&3&0\\0&-1&-2&-2&-1\\0&0&p+8&0&0\\0&0&0&0&0\end{array}\right)\to\left(\begin{array}{cccc:c}1&0&0&1&-1\\0&1&0&2&1\\0&0&1&0&0\\0&0&0&0&0\end{array}\right),$$

通解为 $\begin{pmatrix}x_1\\x_2\\x_3\\x_4\end{pmatrix}=c\begin{pmatrix}-1\\-2\\0\\1\end{pmatrix}+\begin{pmatrix}-1\\1\\0\\0\end{pmatrix}$，其中 c 为任意常数.

20.【解析】方法一 对系数矩阵作初等行变换，有

$$\boldsymbol{A}=\begin{pmatrix}1+a&1&1&\cdots&1\\2&2+a&2&\cdots&2\\3&3&3+a&\cdots&3\\\vdots&\vdots&\vdots&&\vdots\\n&n&n&\cdots&n+a\end{pmatrix}\to\begin{pmatrix}1+a&1&1&\cdots&1\\-2a&a&0&\cdots&0\\-3a&0&a&\cdots&0\\\vdots&\vdots&\vdots&&\vdots\\-na&0&0&\cdots&a\end{pmatrix}.$$

①若 $a=0$，则 $R(\boldsymbol{A})=1$，此时方程组有非零解，且其通解为

$$\begin{pmatrix}x_1\\x_2\\x_3\\\vdots\\x_n\end{pmatrix}=c_1\begin{pmatrix}-1\\1\\0\\\vdots\\0\end{pmatrix}+c_2\begin{pmatrix}-1\\0\\1\\\vdots\\0\end{pmatrix}+c_{n-1}\begin{pmatrix}-1\\0\\0\\\vdots\\1\end{pmatrix},$$ 其中 $c_1,c_2,\cdots,c_n$ 为任意常数.

②若 $a\neq0$，则 $\boldsymbol{A}\to\begin{pmatrix}1+a&1&1&\cdots&1\\-2a&a&0&\cdots&0\\-3a&0&a&\cdots&0\\\vdots&\vdots&\vdots&&\vdots\\-na&0&0&\cdots&a\end{pmatrix}\to\begin{pmatrix}a+\frac{1}{2}n(n+1)&0&0&\cdots&0\\-2&1&0&\cdots&0\\-3&0&1&\cdots&0\\\vdots&\vdots&\vdots&&\vdots\\-n&0&0&\cdots&1\end{pmatrix}$,

故当 $a=-\frac{1}{2}n(n+1)$ 时，$R(\boldsymbol{A})=n-1<n$，方程组也有非零解，其通解为 $c(1,2,\cdots,n)^{\mathrm{T}}$，$c$ 为任意常数.

方法二 由于系数行列式 $|\boldsymbol{A}|=\begin{vmatrix}1+a&1&\cdots&1\\2&2+a&\cdots&2\\\vdots&\vdots&&\vdots\\n&n&\cdots&n+a\end{vmatrix}=\left[a+\frac{1}{2}(n+1)n\right]a^{n-1}$,

若 $a=0$ 或 $a=-\frac{1}{2}(n+1)n$，则 $\boldsymbol{Ax}=\boldsymbol{0}$ 有非零解.

①若 $a=0$，则 $\boldsymbol{A}=\begin{pmatrix}1&1&1&\cdots&1\\2&2&2&\cdots&2\\\vdots&\vdots&\vdots&&\vdots\\n&n&n&\cdots&n\end{pmatrix}\to\begin{pmatrix}1&1&1&\cdots&1\\0&0&0&\cdots&0\\\vdots&\vdots&\vdots&&\vdots\\0&0&0&\cdots&0\end{pmatrix}$，

因此，方程组的通解为 $\begin{pmatrix}x_1\\x_2\\x_3\\\vdots\\x_n\end{pmatrix}=c_1\begin{pmatrix}-1\\1\\0\\\vdots\\0\end{pmatrix}+c_2\begin{pmatrix}-1\\0\\1\\\vdots\\0\end{pmatrix}+c_{n-1}\begin{pmatrix}-1\\0\\0\\\vdots\\1\end{pmatrix}$，其中 $c_1,c_2,\cdots,c_n$ 为任意常数.

②若 $a=-\frac{1}{2}(n+1)n$，则 $\boldsymbol{A}\xrightarrow{r}\begin{pmatrix}0&0&0&\cdots&0\\-2&1&0&\cdots&0\\-3&0&1&\cdots&0\\\vdots&\vdots&\vdots&&\vdots\\-n&0&0&\cdots&1\end{pmatrix}$，

方程组的通解为 $c(1,2,\cdots,n)^{\mathrm{T}}$，$c$ 为任意常数.

21.【解析】 由于 $|\boldsymbol{A}|=\begin{vmatrix}a&b&\cdots&b\\b&a&\cdots&b\\\vdots&\vdots&&\vdots\\b&b&\cdots&a\end{vmatrix}=[a+(n-1)b](a-b)^{n-1}$，

(1) 当 $a\neq b$ 且 $a\neq-(n-1)b$ 时，方程组仅有零解.

(2) 当 $a=b$ 时，$\boldsymbol{A}=\begin{pmatrix}a&a&\cdots&a\\a&a&\cdots&a\\\vdots&\vdots&&\vdots\\a&a&\cdots&a\end{pmatrix}\to\begin{pmatrix}1&1&\cdots&1\\0&0&\cdots&0\\\vdots&\vdots&&\vdots\\0&0&\cdots&0\end{pmatrix}$，

由此得通解 $\begin{pmatrix}x_1\\x_2\\x_3\\\vdots\\x_n\end{pmatrix}=c_1\begin{pmatrix}-1\\1\\0\\\vdots\\0\end{pmatrix}+c_2\begin{pmatrix}-1\\0\\1\\\vdots\\0\end{pmatrix}+\cdots+c_{n-1}\begin{pmatrix}-1\\0\\0\\\vdots\\1\end{pmatrix}$，其中 $c_1,c_2\cdots,c_{n-1}$ 为任意常数.

当 $a=-(n-1)b$ 时，$\boldsymbol{A}=\begin{pmatrix}-(n-1)b&b&\cdots&b\\b&-(n-1)b&\cdots&b\\\vdots&\vdots&&\vdots\\b&b&\cdots&-(n-1)b\end{pmatrix}\to\begin{pmatrix}-1&0&\cdots&1\\0&-1&\cdots&1\\\vdots&\vdots&&\vdots\\0&0&\cdots&0\end{pmatrix}$，

故其通解为 $\begin{pmatrix} x_1 \\ x_2 \\ \vdots \\ x_n \end{pmatrix} = c \begin{pmatrix} 1 \\ 1 \\ \vdots \\ 1 \end{pmatrix}$，其中 c 为任意常数.

22.【解析】对增广矩阵作初等行变换，有

$$(\boldsymbol{A},\boldsymbol{b}) = \left(\begin{array}{ccccc:c} 1 & -1 & 0 & 0 & 0 & a_1 \\ 0 & 1 & -1 & 0 & 0 & a_2 \\ 0 & 0 & 1 & -1 & 0 & a_3 \\ 0 & 0 & 0 & 1 & -1 & a_4 \\ -1 & 0 & 0 & 0 & 1 & a_5 \end{array}\right) \to \left(\begin{array}{ccccc:c} 1 & -1 & 0 & 0 & 0 & a_1 \\ 0 & 1 & -1 & 0 & 0 & a_2 \\ 0 & 0 & 1 & -1 & 0 & a_3 \\ 0 & 0 & 0 & 1 & -1 & a_4 \\ 0 & 0 & 0 & 0 & 0 & \sum_{i=1}^{5} a_i \end{array}\right),$$

当且仅当 $\sum_{i=1}^{5} a_i = 0$ 时，$R(\boldsymbol{A}) = R(\boldsymbol{A},\boldsymbol{b})$，故方程组有解的充要条件是

$$a_1+a_2+a_3+a_4+a_5=0,$$

$$\text{此时}(\boldsymbol{A},\boldsymbol{b}) \to \left(\begin{array}{ccccc:c} 1 & -1 & 0 & 0 & 0 & a_1 \\ 0 & 1 & -1 & 0 & 0 & a_2 \\ 0 & 0 & 1 & -1 & 0 & a_3 \\ 0 & 0 & 0 & 1 & -1 & a_4 \\ 0 & 0 & 0 & 0 & 0 & 0 \end{array}\right) \to \left(\begin{array}{ccccc:c} 1 & 0 & 0 & 0 & -1 & a_1+a_2+a_3+a_4 \\ 0 & 1 & 0 & 0 & -1 & a_2+a_3+a_4 \\ 0 & 0 & 1 & 0 & -1 & a_3+a_4 \\ 0 & 0 & 0 & 1 & -1 & a_4 \\ 0 & 0 & 0 & 0 & 0 & 0 \end{array}\right),$$

故所求通解为 $\begin{pmatrix} x_1 \\ x_2 \\ x_3 \\ x_4 \\ x_5 \end{pmatrix} = \begin{pmatrix} a_1+a_2+a_3+a_4 \\ a_2+a_3+a_4 \\ a_3+a_4 \\ a_4 \\ 0 \end{pmatrix} + c \begin{pmatrix} 1 \\ 1 \\ 1 \\ 1 \\ 1 \end{pmatrix}$，其中 c 为任意常数.

23.【证明】若 $\boldsymbol{E}+\boldsymbol{BA}$ 不可逆，则方程组 $(\boldsymbol{E}+\boldsymbol{BA})\boldsymbol{x}=\boldsymbol{0}$ 有非零解 $\boldsymbol{y}$，

即 $(\boldsymbol{E}+\boldsymbol{BA})\boldsymbol{y}=\boldsymbol{0}$，且 $\boldsymbol{y}\neq\boldsymbol{0}$，有 $\boldsymbol{BAy}=-\boldsymbol{y}$，

于是 $(\boldsymbol{E}+\boldsymbol{AB})(\boldsymbol{Ay})=\boldsymbol{Ay}+\boldsymbol{A}(\boldsymbol{BAy})=\boldsymbol{Ay}-\boldsymbol{Ay}=\boldsymbol{0}$.

注意到 $\boldsymbol{Ay}\neq\boldsymbol{0}$，否则 $-\boldsymbol{y}=\boldsymbol{B}(\boldsymbol{Ay})=\boldsymbol{B}\,\boldsymbol{0}=\boldsymbol{0}$，这与 $\boldsymbol{y}\neq\boldsymbol{0}$ 矛盾，

因此 $\boldsymbol{Ay}$ 是方程组 $(\boldsymbol{E}+\boldsymbol{AB})\boldsymbol{x}=\boldsymbol{0}$ 的非零解，这与 $\boldsymbol{E}+\boldsymbol{AB}$ 可逆矛盾，

故 $\boldsymbol{E}+\boldsymbol{BA}$ 可逆.

24.【解析】记 $\boldsymbol{A}=(\boldsymbol{\alpha}_1,\boldsymbol{\alpha}_2,\boldsymbol{\alpha}_3)$，由于 $|\boldsymbol{A}| = \begin{vmatrix} -1 & -2 & a \\ 1 & 1 & 2 \\ 4 & 5 & 10 \end{vmatrix} = a+4$，

当 $a=-4$ 时，$(\boldsymbol{A},\boldsymbol{\beta})=\left(\begin{array}{ccc:c}-1&-2&-4&1\\1&1&2&b\\4&5&10&-1\end{array}\right)\to\left(\begin{array}{ccc:c}1&1&2&b\\0&-1&-2&b+1\\0&0&0&-3b\end{array}\right)$.

(1) 当 $a=-4$ 且 $b\neq0$ 时，$R(\boldsymbol{A})=2$，$R(\boldsymbol{A},\boldsymbol{b})=3$，方程组 $\boldsymbol{Ax}=\boldsymbol{\beta}$ 无解，

此时，$\boldsymbol{\beta}$ 不能由向量组 $\boldsymbol{\alpha}_1,\boldsymbol{\alpha}_2,\boldsymbol{\alpha}_3$ 线性表示.

(2) 当 $a\neq-4$ 时，$\boldsymbol{\beta}$ 能由向量组 $\boldsymbol{\alpha}_1,\boldsymbol{\alpha}_2,\boldsymbol{\alpha}_3$ 线性表示，且表示式唯一.

(3) 当 $a=-4$ 且 $b=0$ 时，$R(\boldsymbol{A})=2$，$R(\boldsymbol{A},\boldsymbol{b})=2$，方程组 $\boldsymbol{Ax}=\boldsymbol{\beta}$ 有无穷多解，$\boldsymbol{\beta}$ 能由向量组 $\boldsymbol{\alpha}_1,\boldsymbol{\alpha}_2,\boldsymbol{\alpha}_3$ 线性表示，且表示式不唯一. 此时

$$(\boldsymbol{A},\boldsymbol{b})=(\boldsymbol{\alpha}_1,\boldsymbol{\alpha}_2,\boldsymbol{\alpha}_3,\boldsymbol{\beta})\to\begin{pmatrix}1&0&0&1\\0&1&2&-1\\0&0&0&0\end{pmatrix},$$

故 $\boldsymbol{Ax}=\boldsymbol{\beta}$ 的通解为 $\begin{pmatrix}x_1\\x_2\\x_3\end{pmatrix}=\begin{pmatrix}1\\-1\\0\end{pmatrix}+t\begin{pmatrix}0\\-2\\1\end{pmatrix}$，于是 $\boldsymbol{\beta}=\boldsymbol{\alpha}_1-(1+2t)\boldsymbol{\alpha}_2+t\boldsymbol{\alpha}_3$.

25.【解析】由 $\boldsymbol{AC}-\boldsymbol{CA}=\boldsymbol{B}$ 可知，若 $\boldsymbol{C}$ 存在，则必须是 2 阶的方阵. 设 $\boldsymbol{C}=\begin{pmatrix}x_1&x_2\\x_3&x_4\end{pmatrix}$，

则由 $\boldsymbol{AC}-\boldsymbol{CA}=\boldsymbol{B}$，得 $\begin{pmatrix}-x_2+ax_3&-ax_1+x_2+ax_4\\x_1-x_3-x_4&x_2-ax_3\end{pmatrix}=\begin{pmatrix}0&1\\1&b\end{pmatrix}$，

故得到线性方程组 $\begin{cases}-x_2+ax_3=0\\-ax_1+x_2+ax_4=1\\x_1-x_3-x_4=1\\x_2-ax_3=b\end{cases}$，对其增广矩阵进行初等行变换，有

$$(\boldsymbol{A},\boldsymbol{b})=\left(\begin{array}{cccc:c}0&-1&a&0&0\\-a&1&0&a&1\\1&0&-1&-1&1\\0&1&-a&0&b\end{array}\right)\to\left(\begin{array}{cccc:c}1&0&-1&-1&1\\0&1&-a&0&0\\0&0&0&0&a+1\\0&0&0&0&b\end{array}\right).$$

当 $a=-1$，$b=0$ 时，线性方程组有解，即存在矩阵 $\boldsymbol{C}$，使得 $\boldsymbol{AC}-\boldsymbol{CA}=\boldsymbol{B}$，

此时，$(\boldsymbol{A},\boldsymbol{b})\to\left(\begin{array}{cccc:c}1&0&-1&-1&1\\0&1&1&0&0\\0&0&0&0&0\\0&0&0&0&0\end{array}\right)$，

方程组的通解为 $\begin{pmatrix}x_1\\x_2\\x_3\\x_4\end{pmatrix}=\begin{pmatrix}1\\0\\0\\0\end{pmatrix}+c_1\begin{pmatrix}1\\-1\\1\\0\end{pmatrix}+c_2\begin{pmatrix}1\\0\\0\\1\end{pmatrix}$，

矩阵 $\boldsymbol{C}=\begin{pmatrix}1+c_1+c_2 & -c_1\\ c_1 & c_2\end{pmatrix}$ 满足 $\boldsymbol{AC}-\boldsymbol{CA}=\boldsymbol{B}$，其中 c_1,c_2 为任意常数.

26.【解析】(1) 设 $\boldsymbol{\alpha}_1,\boldsymbol{\alpha}_2,\boldsymbol{\alpha}_3$ 是非齐次方程组 $\boldsymbol{Ax}=\boldsymbol{b}$ 的 3 个线性无关的解，则 $\boldsymbol{\alpha}_1-\boldsymbol{\alpha}_2,\boldsymbol{\alpha}_2-\boldsymbol{\alpha}_3$ 是 $\boldsymbol{Ax}=\boldsymbol{0}$ 线性无关的解，所以 $n-R(\boldsymbol{A})\geqslant 2$，即 $R(\boldsymbol{A})\leqslant 2$. 显然矩阵 $\boldsymbol{A}$ 中有 2 阶子式 $\begin{vmatrix}1 & 1\\ 4 & 3\end{vmatrix}\neq 0$，又 $R(\boldsymbol{A})\geqslant 2$，从而 $R(\boldsymbol{A})=2$.

(2)对增广矩阵作初等行变换：

$$(\boldsymbol{A},\boldsymbol{b})=\left(\begin{array}{cccc:c}1 & 1 & 1 & 1 & -1\\ 4 & 3 & 5 & -1 & -1\\ a & 1 & 3 & b & 1\end{array}\right)\to\left(\begin{array}{cccc:c}1 & 1 & 1 & 1 & -1\\ 0 & 1 & -1 & 5 & -3\\ 0 & 0 & 4-2a & b+4a-5 & 4-2a\end{array}\right).$$

由 $R(\boldsymbol{A})=R(\boldsymbol{A},\boldsymbol{b})=2$ 知，$a=2,b=-3$. 此时，其通解为

$$\begin{pmatrix}x_1\\x_2\\x_3\\x_4\end{pmatrix}=\begin{pmatrix}2\\-3\\0\\0\end{pmatrix}+k_1\begin{pmatrix}-2\\1\\1\\0\end{pmatrix}+k_2\begin{pmatrix}4\\-5\\0\\1\end{pmatrix}，\text{其中 } k_1,k_2 \text{ 为任意实数.}$$

27.【解析】由于 $\boldsymbol{A}=\boldsymbol{\alpha\beta}^{\mathrm{T}}=\begin{pmatrix}1\\2\\1\end{pmatrix}\left(1,\frac{1}{2},0\right)=\begin{pmatrix}1 & \frac{1}{2} & 0\\ 2 & 1 & 0\\ 1 & \frac{1}{2} & 0\end{pmatrix}$，$\boldsymbol{B}=\boldsymbol{\beta}^{\mathrm{T}}\boldsymbol{\alpha}=\left(1,\frac{1}{2},0\right)\begin{pmatrix}1\\2\\1\end{pmatrix}=2$，

又 $\boldsymbol{A}^2=(\boldsymbol{\alpha\beta}^{\mathrm{T}})(\boldsymbol{\alpha\beta}^{\mathrm{T}})=\boldsymbol{\alpha}(\boldsymbol{\beta}^{\mathrm{T}}\boldsymbol{\alpha})\boldsymbol{\beta}^{\mathrm{T}}=2\boldsymbol{A}$，于是 $\boldsymbol{A}^4=8\boldsymbol{A}$ 代入原方程，整理有

$$8(\boldsymbol{A}-2\boldsymbol{E})\boldsymbol{x}=\boldsymbol{\gamma}\text{ 或 }\begin{pmatrix}-1 & \frac{1}{2} & 0\\ 2 & -1 & 0\\ 1 & \frac{1}{2} & -2\end{pmatrix}\begin{pmatrix}x_1\\x_2\\x_3\end{pmatrix}=\begin{pmatrix}0\\0\\1\end{pmatrix}.$$

$$\text{对增广矩阵作初等行变换，有}\begin{pmatrix}-1 & \frac{1}{2} & 0 & 0\\ 2 & -1 & 0 & 0\\ 1 & \frac{1}{2} & -2 & 1\end{pmatrix}\to\begin{pmatrix}1 & 0 & -1 & \frac{1}{2}\\ 0 & 1 & -2 & 1\\ 0 & 0 & 0 & 0\end{pmatrix},$$

方程组的通解为 $\begin{pmatrix}x_1\\x_2\\x_3\end{pmatrix}=\begin{pmatrix}\frac{1}{2}\\1\\0\end{pmatrix}+c\begin{pmatrix}1\\2\\1\end{pmatrix}$，$c$ 为任意常数.

28.【解析】(1)对方程组 $\boldsymbol{Ax}=\boldsymbol{\xi}_1$ 的系数增广矩阵作初等行变换，有

$$(\boldsymbol{A},\boldsymbol{\xi}_1)=\left(\begin{array}{ccc:c}1&-1&-1&-1\\-1&1&1&1\\0&-4&-2&-2\end{array}\right)\to\left(\begin{array}{ccc:c}1&-1&-1&-1\\0&2&1&1\\0&0&0&0\end{array}\right)\to\left(\begin{array}{ccc:c}1&0&-\frac{1}{2}&-\frac{1}{2}\\0&1&\frac{1}{2}&\frac{1}{2}\\0&0&0&0\end{array}\right),$$

因此,所求 $\boldsymbol{\xi}_2=(-t,t,1-2t)^{\mathrm{T}}$,$t$ 为任意常数.

对于方程组 $\boldsymbol{A}^2\boldsymbol{x}=\boldsymbol{\xi}_1$ 的增广矩阵作初等行变换,有

$$(\boldsymbol{A}^2,\boldsymbol{\xi}_1)=\left(\begin{array}{ccc:c}2&2&0&-1\\-2&-2&0&1\\4&4&0&-2\end{array}\right)\to\left(\begin{array}{ccc:c}2&2&0&-1\\0&0&0&0\\0&0&0&0\end{array}\right),$$

故 $\boldsymbol{\xi}_3=\left(-u-\frac{1}{2},u,v\right)^{\mathrm{T}}$,$u,v$ 为任意常数.

(2)因为 $|\boldsymbol{\xi}_1,\boldsymbol{\xi}_2,\boldsymbol{\xi}_3|=\begin{vmatrix}-1&-t&-u-\frac{1}{2}\\1&t&u\\-2&1-2t&v\end{vmatrix}=\begin{vmatrix}0&0&-\frac{1}{2}\\1&t&u\\-2&1-2t&v\end{vmatrix}=-\frac{1}{2}\neq0,$

所以对任意的 t,u,v 恒有 $|\boldsymbol{\xi}_1,\boldsymbol{\xi}_2,\boldsymbol{\xi}_3|\neq0$,即 $\boldsymbol{\xi}_1,\boldsymbol{\xi}_2,\boldsymbol{\xi}_3$ 线性无关.

29.【解析】(1) 因为方程组(Ⅰ)的系数矩阵的秩 $R(\boldsymbol{A})=2,n-R(\boldsymbol{A})=4-2=2$,

故基础解系 $\boldsymbol{\xi}_1=(0,0,1,0)^{\mathrm{T}},\boldsymbol{\xi}_2=(-1,1,0,1)^{\mathrm{T}}$.

(2)**方法一** 联立(Ⅰ)和(Ⅱ),则 $\boldsymbol{A}=\begin{pmatrix}1&1&0&0\\0&1&0&-1\\1&-1&1&0\\0&1&-1&1\end{pmatrix}\to\begin{pmatrix}1&0&0&1\\0&1&0&-1\\0&0&1&-2\\0&0&0&0\end{pmatrix}$,

故(Ⅰ)和(Ⅱ)的公共解为 $c(-1,1,2,1)^{\mathrm{T}}$,c 是任意实数.

方法二 通过(Ⅰ)和(Ⅱ)各自的通解确定公共解,

为此,先求(Ⅱ)的基础解系:$\boldsymbol{\eta}_1=(0,1,1,0)^{\mathrm{T}},\boldsymbol{\eta}_2=(-1,-1,0,1)^{\mathrm{T}}$,

则 $c_1\boldsymbol{\xi}_1+c_2\boldsymbol{\xi}_2,l_1\boldsymbol{\eta}_1+l_2\boldsymbol{\eta}_2$ 分别是(Ⅰ)、(Ⅱ)的通解,其中 c_1,c_2,l_1,l_2 均为常数.

令其相等,则 $c_1(0,0,1,0)^{\mathrm{T}}+c_2(-1,1,0,1)^{\mathrm{T}}=l_1(0,1,1,0)^{\mathrm{T}}+l_2(-1,-1,0,1)^{\mathrm{T}}$,

由此得 $(-c_2,c_2,c_1,c_2)^{\mathrm{T}}=(-l_2,l_1-l_2,l_1,l_2)^{\mathrm{T}}$.

比较两个向量的对应分量得 $c_1=l_1=2c_2=2l_2$,

所以公共解是 $2c_2(0,0,1,0)^{\mathrm{T}}+c_2(-1,1,0,1)^{\mathrm{T}}=c_2(-1,1,2,1)^{\mathrm{T}}$.

方法三 将(Ⅰ)的通解代入(Ⅱ)中,若仍是解,则寻找 c_1,c_2 应满足的关系式而求出公共解.

如果 $c_1\boldsymbol{\xi}_1+c_2\boldsymbol{\xi}_2=(-c_2,c_2,c_1,c_2)^{\mathrm{T}}$ 是(Ⅱ)的解,那么应满足(Ⅱ)的方程,故

$$\begin{cases}-c_2-c_2+c_1=0\\c_2-c_1+c_2=0\end{cases},$$

解出 $c_1=2c_2$，故而所求的公共解为 $c_2(-1,1,2,1)^{\mathrm{T}}$.

30.【证明】令 $\boldsymbol{A}_1=\begin{pmatrix} a_{11} & a_{12} & \cdots & a_{1n} \\ a_{21} & a_{22} & \cdots & a_{2n} \\ \vdots & \vdots & & \vdots \\ a_{m1} & a_{m2} & \cdots & a_{mn} \end{pmatrix}$，$(\boldsymbol{A}_1,\boldsymbol{b}_1)=\begin{pmatrix} a_{11} & a_{12} & \cdots & a_{1n} & b_1 \\ a_{21} & a_{22} & \cdots & a_{2n} & b_2 \\ \vdots & \vdots & & \vdots & \vdots \\ a_{m1} & a_{m2} & \cdots & a_{mn} & b_m \end{pmatrix}$，

$$\boldsymbol{A}_2=\begin{pmatrix} a_{11} & a_{21} & \cdots & a_{m1} \\ a_{12} & a_{22} & \cdots & a_{m2} \\ \vdots & \vdots & & \vdots \\ a_{1n} & a_{2n} & \cdots & a_{mn} \\ b_1 & b_2 & \cdots & b_m \end{pmatrix},(\boldsymbol{A}_2,\boldsymbol{b}_2)=\begin{pmatrix} a_{11} & a_{21} & \cdots & a_{m1} & 0 \\ a_{12} & a_{22} & \cdots & a_{m2} & 0 \\ \vdots & \vdots & & \vdots & \vdots \\ a_{1n} & a_{2n} & \cdots & a_{mn} & 0 \\ b_1 & b_2 & \cdots & b_m & 1 \end{pmatrix}.$$

必要性 若方程组（Ⅰ）有解，则 $R(\boldsymbol{A}_1)=R(\boldsymbol{A}_1,\boldsymbol{b}_1)$，又 $\boldsymbol{A}_2=(\boldsymbol{A}_1,\boldsymbol{b}_1)^{\mathrm{T}}$，故而 $R(\boldsymbol{A}_2)=R(\boldsymbol{A}_1,\boldsymbol{b}_1)=R(\boldsymbol{A}_1)$. 注意到

$$R(\boldsymbol{A}_2,\boldsymbol{b}_2)=R\begin{pmatrix} a_{11} & a_{21} & \cdots & a_{m1} & 0 \\ a_{12} & a_{22} & \cdots & a_{m2} & 0 \\ \vdots & \vdots & & \vdots & \vdots \\ a_{1n} & a_{2n} & \cdots & a_{mn} & 0 \\ b_1 & b_2 & \cdots & b_m & 1 \end{pmatrix}=R\begin{pmatrix} a_{11} & a_{21} & \cdots & a_{m1} & 0 \\ a_{12} & a_{22} & \cdots & a_{m2} & 0 \\ \vdots & \vdots & & \vdots & \vdots \\ a_{1n} & a_{2n} & \cdots & a_{mn} & 0 \end{pmatrix}+1$$

$$=R\begin{pmatrix} a_{11} & a_{21} & \cdots & a_{m1} \\ a_{12} & a_{22} & \cdots & a_{m2} \\ \vdots & \vdots & & \vdots \\ a_{1n} & a_{2n} & \cdots & a_{mn} \end{pmatrix}+1=R(\boldsymbol{A}_1^{\mathrm{T}})+1=R(\boldsymbol{A}_1)+1,$$

于是 $R(\boldsymbol{A}_2)\neq R(\boldsymbol{A}_2,\boldsymbol{b}_2)$，故方程组（Ⅱ）无解.

充分性 若方程组（Ⅱ）无解，则 $R(\boldsymbol{A}_2,\boldsymbol{b}_2)=R(\boldsymbol{A}_2)+1$. 又 $R(\boldsymbol{A}_2)=R(\boldsymbol{A}_1,\boldsymbol{b}_1)$，于是 $R(\boldsymbol{A}_1,\boldsymbol{b}_1)+1=R(\boldsymbol{A}_1)+1$，所以 $R(\boldsymbol{A}_1)=R(\boldsymbol{A}_1,\boldsymbol{b}_1)$，即方程组（Ⅰ）有解.

31.【解析】因为方程组（Ⅰ）与（Ⅱ）有公共解，即为联立方程组 $\begin{cases} x_1+x_2+x_3=0 \\ x_1+2x_2+ax_3=0 \\ x_1+4x_2+a^2x_3=0 \\ x_1+2x_2+x_3=a-1 \end{cases}$.

对增广矩阵施行初等行变换，有

$$(\boldsymbol{A},\boldsymbol{b})=\left(\begin{array}{ccc:c} 1 & 1 & 1 & 0 \\ 1 & 2 & a & 0 \\ 1 & 4 & a^2 & 0 \\ 1 & 2 & 1 & a-1 \end{array}\right)\to\left(\begin{array}{ccc:c} 1 & 0 & 2-a & 0 \\ 0 & 1 & 0 & a-1 \\ 0 & 0 & 1-a & a-1 \\ 0 & 0 & 0 & (a-1)(a-2) \end{array}\right),$$

当 $a\neq1$ 且 $a\neq2$ 时方程组无解，从而（Ⅰ）与（Ⅱ）没有公共解.

当 $a=1$ 时，有$(\boldsymbol{A},\boldsymbol{b})\to\left(\begin{array}{ccc|c}1&0&1&0\\0&1&0&0\\0&0&0&0\\0&0&0&0\end{array}\right)$，方程组的通解是 $c(1,0,-1)^{\mathrm{T}}$，

即(Ⅰ)与(Ⅱ)的公共解是 $c(1,0,-1)^{\mathrm{T}}$，其中 c 为任意常数.

当 $a=2$ 时，有$(\boldsymbol{A},\boldsymbol{b})\to\left(\begin{array}{ccc|c}1&0&0&0\\0&1&0&1\\0&0&-1&1\\0&0&0&0\end{array}\right)$，方程组有唯一解$(0,1,-1)^{\mathrm{T}}$，

即(Ⅰ)与(Ⅱ)的公共解是$(0,1,-1)^{\mathrm{T}}$.

32.【解析】因为方程组(Ⅱ)中方程的个数小于未知量的个数，故方程组(Ⅱ)必有无穷多解. 由(Ⅰ)与(Ⅱ)同解知方程组(Ⅰ)必有无穷解，记方程组(Ⅰ)的系数矩阵为 $\boldsymbol{A}$，于是 $|\boldsymbol{A}|=\begin{vmatrix}1&2&3\\2&3&5\\1&1&a\end{vmatrix}=2-a=0$，从而$a=2$，

此时方程组(Ⅰ)的系数矩阵可化为 $\boldsymbol{A}=\begin{pmatrix}1&2&3\\2&3&5\\1&1&2\end{pmatrix}\to\begin{pmatrix}1&0&1\\0&1&1\\0&0&0\end{pmatrix}$，

故(Ⅰ)的通解为 $k(-1,-1,1)^{\mathrm{T}}$.

将 $x_1=-k,x_2=-k,x_3=k$ 代入方程组(Ⅱ)，有$\begin{cases}(-1-b+c)k=0\\(-2-b^2+c+1)k=0\end{cases}$，

则 $b^2-b=0$，可得 $b=1,c=2$ 或 $b=0,c=1$.

记方程组(Ⅱ)的系数矩阵为 $\boldsymbol{B}$，对 $\boldsymbol{B}$ 作初等行变换.

当 $b=1,c=2$ 时，

$$\boldsymbol{B}=\begin{pmatrix}1&1&2\\2&1&3\end{pmatrix}\to\begin{pmatrix}1&0&1\\0&1&1\end{pmatrix},$$

故方程组(Ⅰ)与(Ⅱ)同解.

当 $b=0,c=1$ 时，$\boldsymbol{B}=\begin{pmatrix}1&0&1\\2&0&2\end{pmatrix}\to\begin{pmatrix}1&0&1\\0&0&0\end{pmatrix}$，故方程组(Ⅰ)与(Ⅱ)不同解.

综上所述，当 $a=2,b=1,c=2$ 时，方程组(Ⅰ)与(Ⅱ)同解.

33.【解析】构造齐次线性方程组$\begin{cases}\boldsymbol{Ax}=\boldsymbol{0}\\\boldsymbol{Bx}=\boldsymbol{0}\end{cases}$，或$\begin{pmatrix}\boldsymbol{A}\\\boldsymbol{B}\end{pmatrix}x=\begin{pmatrix}0\\0\end{pmatrix}$，

由题设 $R(\boldsymbol{A})+R(\boldsymbol{B})<n$ 及 $R\begin{pmatrix}\boldsymbol{A}\\\boldsymbol{B}\end{pmatrix}\leqslant R(\boldsymbol{A})+R(\boldsymbol{B})$ 可知，$R\begin{pmatrix}\boldsymbol{A}\\\boldsymbol{B}\end{pmatrix}<n$，

故方程组$\begin{cases}\boldsymbol{Ax}=\boldsymbol{0}\\\boldsymbol{Bx}=\boldsymbol{0}\end{cases}$有非零解，即 $\boldsymbol{Ax}=\boldsymbol{0}$ 与 $\boldsymbol{Bx}=\boldsymbol{0}$有非零公共解.

34.【证明】记矩阵 $\boldsymbol{A}=(\boldsymbol{\alpha},\boldsymbol{\beta})$，则三条直线 l_1,l_2,l_3 相交于一点的充分必要条件是非齐次方程 $\boldsymbol{A}\begin{pmatrix}x\\y\end{pmatrix}=-\boldsymbol{\gamma}$ 有唯一解，而非齐次方程 $\boldsymbol{A}\begin{pmatrix}x\\y\end{pmatrix}=-\boldsymbol{\gamma}$ 有唯一解的充分必要条件是 $R(\boldsymbol{A})=R(\boldsymbol{A},-\boldsymbol{\gamma})=2$，而 $R(\boldsymbol{A},-\boldsymbol{\gamma})=R(\boldsymbol{A},\boldsymbol{\gamma})$，所以 $\boldsymbol{A}\begin{pmatrix}x\\y\end{pmatrix}=-\boldsymbol{\gamma}$ 有唯一解的充分必要条件是 $R(\boldsymbol{A})=R(\boldsymbol{A},\boldsymbol{\gamma})=2$，$R(\boldsymbol{A})=R(\boldsymbol{A},\boldsymbol{\gamma})=2$ 的充分必要条件是向量组 $\boldsymbol{\alpha},\boldsymbol{\beta}$ 线性无关，且向量组 $\boldsymbol{\alpha},\boldsymbol{\beta},\boldsymbol{\gamma}$ 线性相关.

35.【证明】(1) 设 $k_0\boldsymbol{\eta}^*+k_1\boldsymbol{\xi}_1+\cdots+k_{n-r}\boldsymbol{\xi}_{n-r}=\boldsymbol{0}$，用矩阵 $\boldsymbol{A}$ 左乘上式两边可得

$$\boldsymbol{0}=\boldsymbol{A}(k_0\boldsymbol{\eta}^*+k_1\boldsymbol{\xi}_1+\cdots+k_{n-r}\boldsymbol{\xi}_{n-r})=k_0\boldsymbol{A}\boldsymbol{\eta}^*+k_1\boldsymbol{A}\boldsymbol{\xi}_1+\cdots+k_{n-r}\boldsymbol{A}\boldsymbol{\xi}_{n-r}=k_0\boldsymbol{b}.$$

由 $\boldsymbol{b}\neq\boldsymbol{0}$，可知 $k_0=0$，于是有 $k_1\boldsymbol{\xi}_1+k_2\boldsymbol{\xi}_2+\cdots+k_{n-r}\boldsymbol{\xi}_{n-r}=\boldsymbol{0}$.

由于向量组 $\boldsymbol{\xi}_1,\boldsymbol{\xi}_2,\cdots,\boldsymbol{\xi}_{n-r}$ 是对应齐次线性方程组的基础解系，从而它们线性无关，于是 $k_1=k_2=\cdots=k_{n-r}=0$，由定义知 $\boldsymbol{\eta}^*,\boldsymbol{\xi}_1,\boldsymbol{\xi}_2,\cdots,\boldsymbol{\xi}_{n-r}$ 线性无关.

(2) $k_0\boldsymbol{\eta}^*+k_1(\boldsymbol{\eta}^*+\boldsymbol{\xi}_1)+\cdots+k_{n-r}(\boldsymbol{\eta}^*+\boldsymbol{\xi}_{n-r})=\boldsymbol{0}$，整理可得

$$(k_0+k_1+\cdots+k_{n-r})\boldsymbol{\eta}^*+k_1\boldsymbol{\xi}_1+\cdots+k_{n-r}\boldsymbol{\xi}_{n-r}=\boldsymbol{0}.$$

由(1)知，向量组 $\boldsymbol{\eta}^*,\boldsymbol{\xi}_1,\boldsymbol{\xi}_2,\cdots,\boldsymbol{\xi}_{n-r}$ 线性无关，

故 $k_1=k_2=\cdots=k_{n-r}=0$，且 $k_0+k_1+\cdots+k_{n-r}=0$，于是 $k_0=0$，

故向量组 $\boldsymbol{\eta}^*,\boldsymbol{\eta}^*+\boldsymbol{\xi}_1,\cdots,\boldsymbol{\eta}^*+\boldsymbol{\xi}_{n-r}$ 线性无关.

36.【证明】首先，由于
$$\begin{aligned}\boldsymbol{A}\boldsymbol{x}&=\boldsymbol{A}(k_1\boldsymbol{\eta}_1+\cdots+k_{n-r+1}\boldsymbol{\eta}_{n-r+1})=k_1\boldsymbol{A}\boldsymbol{\eta}_1+\cdots+k_{n-r+1}\boldsymbol{A}\boldsymbol{\eta}_{n-r+1}\\&=(k_1+\cdots+k_{n-r+1})\boldsymbol{b}=\boldsymbol{b},\end{aligned}$$

则 $\boldsymbol{x}$ 是原方程组的一个解.

其次，设向量 $\boldsymbol{\beta}$ 是原方程组的一个解，记向量 $\boldsymbol{\xi}_i=\boldsymbol{\eta}_i-\boldsymbol{\eta}_{n-r+1}(i=1,2,\cdots,n-r)$，则 $\boldsymbol{\xi}_i$ 是原方程组对应的齐次线性方程组 $\boldsymbol{A}\boldsymbol{x}=\boldsymbol{0}$ 的解，且向量 $\boldsymbol{\xi}_1,\boldsymbol{\xi}_2,\cdots,\boldsymbol{\xi}_{n-r}$ 线性无关，于是 $\boldsymbol{\xi}_i$ 是 $\boldsymbol{A}\boldsymbol{x}=\boldsymbol{0}$ 的一个基础解系. 因此，向量 $\boldsymbol{\beta}$ 可由此基础解系和原方程组的特解 $\boldsymbol{\eta}_{n-r+1}$ 表示，即存在 $k_1,k_2,\cdots,k_{n-r}$，使

$$\begin{aligned}\boldsymbol{\beta}&=k_1\boldsymbol{\xi}_1+\cdots+k_{n-r}\boldsymbol{\xi}_{n-r}+\boldsymbol{\eta}_{n-r+1}\\&=k_1(\boldsymbol{\eta}_1-\boldsymbol{\eta}_{n-r+1})+\cdots+k_{n-r}(\boldsymbol{\eta}_{n-r}-\boldsymbol{\eta}_{n-r+1})+\boldsymbol{\eta}_{n-r+1}\\&=k_1\boldsymbol{\eta}_1+\cdots+k_{n-r}\boldsymbol{\eta}_{n-r}+(1-k_1-k_2\cdots-k_{n-r})\boldsymbol{\eta}_{n-r+1}\\&=k_1\boldsymbol{\eta}_1+\cdots+k_{n-r}\boldsymbol{\eta}_{n-r}+k_{n-r+1}\boldsymbol{\eta}_{n-r+1},\end{aligned}$$

上式中，记 $k_{n-r+1}=1-k_1-k_2\cdots-k_{n-r}$，即 $k_1+k_2+\cdots+k_{n-r+1}=1$，

从而结论成立.

第五章　特征值与特征向量

一、基础篇

1. 答案 A 【解析】由于 $\varphi_A(\lambda)=|\boldsymbol{A}-\lambda\boldsymbol{E}|=|(\boldsymbol{A}-\lambda\boldsymbol{E})^{\mathrm{T}}|=|\boldsymbol{A}^{\mathrm{T}}-\lambda\boldsymbol{E}|=\varphi_{A^{\mathrm{T}}}(\lambda)$，

故 $\boldsymbol{A}$ 与 $\boldsymbol{A}^{\mathrm{T}}$ 具有相同的特征多项式，因此具有相同的特征值. 故应选 A.

【评注】若 $\boldsymbol{\alpha}$ 是 $\boldsymbol{A}$ 对应于特征值 λ 的特征向量，则 $\boldsymbol{A\alpha}=\lambda\boldsymbol{\alpha}$，进而 $\boldsymbol{A}^2\boldsymbol{\alpha}=\lambda^2\boldsymbol{\alpha}$，即 $\boldsymbol{\alpha}$ 也是矩阵 $\boldsymbol{A}^2$ 属于特征值 λ^2 的特征向量. 有相关值如下：

矩阵	$\boldsymbol{A}$	$k\boldsymbol{A}+\boldsymbol{E}$	$\boldsymbol{A}+k\boldsymbol{E}$	$\boldsymbol{A}^{-1}$	$\boldsymbol{A}^*$	$\boldsymbol{A}^m$	$\boldsymbol{P}^{-1}\boldsymbol{AP}$	$f(\boldsymbol{A})$
特征值	λ	$k\lambda+1$	$\lambda+k$	$\frac{1}{\lambda}$	$\frac{\lvert\boldsymbol{A}\rvert}{\lambda}$	λ^m	λ	$f(\lambda)$
特征向量	$\boldsymbol{\alpha}$	$\boldsymbol{\alpha}$	$\boldsymbol{\alpha}$	$\boldsymbol{\alpha}$	$\boldsymbol{\alpha}$	$\boldsymbol{\alpha}$	$\boldsymbol{P}^{-1}\boldsymbol{\alpha}$	$\boldsymbol{\alpha}$

其中，$f(\boldsymbol{A})$是关于 $\boldsymbol{A}$ 的多项式.

2. 答案 D 【解析】注意到矩阵 $\boldsymbol{A}$ 的逆矩阵 $\boldsymbol{A}^{-1}$的特征向量也是矩阵 $\boldsymbol{A}$ 的特征向量，

不妨设 λ 是 $\boldsymbol{A}$ 的属于特征向量 $\boldsymbol{p}$ 的特征值，

则 $\begin{pmatrix}3+k\\2+2k\\3+k\end{pmatrix}=\begin{pmatrix}2&1&1\\1&2&1\\1&1&2\end{pmatrix}\begin{pmatrix}1\\k\\1\end{pmatrix}=\boldsymbol{Ap}=\lambda\boldsymbol{p}=\lambda\begin{pmatrix}1\\k\\1\end{pmatrix}$，解之得 $k=-2$ 或 $k=1$. 故应选 D.

3. 答案 B 【解析】设向量 $\boldsymbol{p}(\boldsymbol{p}\neq\boldsymbol{0})$是与 λ 相应的特征向量，则由特征值与特征向量的定义有

$\boldsymbol{Ap}=\lambda\boldsymbol{p}$，

两边同时左乘 $\boldsymbol{A}^*$，考虑到 $\boldsymbol{A}^*\boldsymbol{A}=|\boldsymbol{A}|\boldsymbol{E}$，于是 $\boldsymbol{A}^*\boldsymbol{Ap}=\boldsymbol{A}^*(\lambda\boldsymbol{p})=\lambda\boldsymbol{A}^*\boldsymbol{p}$，

从而 $\boldsymbol{A}^*\boldsymbol{p}=\frac{|\boldsymbol{A}|}{\lambda}\boldsymbol{p}$，由此可见 $\boldsymbol{A}^*$ 有特征值$\frac{|\boldsymbol{A}|}{\lambda}=\lambda^{-1}|\boldsymbol{A}|$. 故应选 B.

4. 答案 A 【解析】由 $\boldsymbol{A}^*$ 的特征值是 $1,-1,2,4$ 知 $|\boldsymbol{A}^*|=-8$. 注意到 $|\boldsymbol{A}^*|=|\boldsymbol{A}|^{n-1}$，

则 $|\boldsymbol{A}|^3=-8$，故而 $|\boldsymbol{A}|=-2$，故 $\boldsymbol{A}$ 的特征值依次为 $-2,2,-1,-\frac{1}{2}$.

对于选项 A：$\boldsymbol{A}-\boldsymbol{E}$ 的特征值依次为 $-3,1,-2,-\frac{3}{2}$，则 $|\boldsymbol{A}-\boldsymbol{E}|=-9$，因此 $\boldsymbol{A}-\boldsymbol{E}$ 可逆.

对于选项 B：$\boldsymbol{A}+\boldsymbol{E}$ 的特征值依次为 $-1,3,0,\frac{1}{2}$，则 $|\boldsymbol{A}+\boldsymbol{E}|=0$，因此 $\boldsymbol{A}+\boldsymbol{E}$ 不可逆.

对于选项 C：$\boldsymbol{A}+2\boldsymbol{E}$ 的特征值依次为 $0,4,1,\frac{3}{2}$，则 $|\boldsymbol{A}+2\boldsymbol{E}|=0$，因此 $\boldsymbol{A}+2\boldsymbol{E}$ 不可逆.

对于选项 D：$\boldsymbol{A}+2\boldsymbol{E}$ 的特征值依次为 $-4,0,-3,-\frac{5}{2}$，则 $|\boldsymbol{A}-2\boldsymbol{E}|=0$，因此 $\boldsymbol{A}-2\boldsymbol{E}$ 不可逆.

因此，应选 A.

5. 答案 B 【解析】方法一 由于 $\lambda=2$ 是非奇异矩阵 $\boldsymbol{A}$ 的一个特征值，所以 $\lambda^2=4$ 为 $\boldsymbol{A}^2$ 的特征值，$\frac{1}{\lambda^2}=\frac{1}{4}$ 为 $(\boldsymbol{A}^2)^{-1}$ 的特征值，故而 $\left(\frac{1}{3}\boldsymbol{A}^2\right)^{-1}=3(\boldsymbol{A}^2)^{-1}$ 的特征值为 $3\times\frac{1}{4}=\frac{3}{4}$，因此，应选 B.

方法二 取 $\boldsymbol{A}=\begin{pmatrix}2&0\\0&1\end{pmatrix}$，显然 $\lambda=2$ 矩阵 $\boldsymbol{A}$ 的一个特征值，且 $\boldsymbol{A}^2=\begin{pmatrix}4&0\\0&1\end{pmatrix}$，$(\boldsymbol{A}^2)^{-1}=\begin{pmatrix}\frac{1}{4}&0\\0&1\end{pmatrix}$，$\left(\frac{1}{3}\boldsymbol{A}^2\right)^{-1}=\begin{pmatrix}\frac{3}{4}&0\\0&3\end{pmatrix}$，易证 $\left(\frac{1}{3}\boldsymbol{A}^2\right)^{-1}$ 有一个特征值为 $\frac{3}{4}$，故应选 B.

6. 答案 B 【解析】方阵 $\boldsymbol{A}$ 与对角阵相似的充分必要条件是 $\boldsymbol{A}$ 有 n 个线性无关的特征向量，而这 n 个线性无关的特征向量都有可能属于同一个特征值，如单位矩阵 $\boldsymbol{E}$ 只有特征值 $\lambda=1$，但它有 n 个线性无关的特征向量 $\boldsymbol{p}_1,\boldsymbol{p}_2,\cdots,\boldsymbol{p}_n$，从而相似于对角阵. 又若 n 阶方阵 $\boldsymbol{A}$ 有 n 个互不相同的特征值，则必有 n 个线性无关的特征向量，因而 $\boldsymbol{A}$ 必相似于对角阵，这说明 n 阶方阵 $\boldsymbol{A}$ 具有 n 个不同的特征值是 $\boldsymbol{A}$ 与对角阵相似的充分条件而非必要条件，故应选 B.

7. 答案 B 【解析】若 $\boldsymbol{A}\sim\boldsymbol{B}$，则存在可逆矩阵 $\boldsymbol{P}$，使得 $\boldsymbol{P}^{-1}\boldsymbol{A}\boldsymbol{P}=\boldsymbol{B}$. 于是

$$|\boldsymbol{B}-\lambda\boldsymbol{E}|=|\boldsymbol{P}^{-1}\boldsymbol{A}\boldsymbol{P}-\lambda\boldsymbol{E}|=|\boldsymbol{P}^{-1}(\boldsymbol{A}-\lambda\boldsymbol{E})\boldsymbol{P}|=|\boldsymbol{P}^{-1}|\,|\boldsymbol{A}-\lambda\boldsymbol{E}|\,|\boldsymbol{P}|=|\boldsymbol{A}-\lambda\boldsymbol{E}|,$$

故 $\boldsymbol{A}$ 与 $\boldsymbol{B}$ 有相同的特征值.

取 $\boldsymbol{A}=\begin{pmatrix}0&0\\0&0\end{pmatrix}$，$\boldsymbol{B}=\begin{pmatrix}0&1\\0&0\end{pmatrix}$，则 $\boldsymbol{A}$ 与 $\boldsymbol{B}$ 具有相同的特征值，但 $R(\boldsymbol{A})=0\neq1=R(\boldsymbol{B})$，即 $\boldsymbol{A}$ 与 $\boldsymbol{B}$ 不相似，这表明具有相同特征值的矩阵未必是相似矩阵.

综上所述，n 阶矩阵 $\boldsymbol{A}$ 和 $\boldsymbol{B}$ 具有相同特征值是 $\boldsymbol{A}$ 与 $\boldsymbol{B}$ 相似的必要而非充分条件，因此应选 B.

8. 答案 D 【解析】若 $\boldsymbol{A}\sim\boldsymbol{B}$，则存在可逆矩阵 $\boldsymbol{P}$，使得 $\boldsymbol{P}^{-1}\boldsymbol{A}\boldsymbol{P}=\boldsymbol{B}$. 若 $\boldsymbol{\alpha}$ 为 $\boldsymbol{A}$ 的属于特征值 λ 的特征向量，则有

$$\boldsymbol{B}(\boldsymbol{P}^{-1}\boldsymbol{\alpha})=\boldsymbol{P}^{-1}\boldsymbol{A}\boldsymbol{P}(\boldsymbol{P}^{-1}\boldsymbol{\alpha})=\boldsymbol{P}^{-1}\boldsymbol{A}\boldsymbol{\alpha}=\boldsymbol{P}^{-1}(\lambda\boldsymbol{\alpha})=\lambda(\boldsymbol{P}^{-1}\boldsymbol{\alpha}),$$

即 $\boldsymbol{P}^{-1}\boldsymbol{\alpha}$ 是 $\boldsymbol{B}$ 的属于特征值 λ 的特征向量. 这表明一般而言 $\boldsymbol{P}^{-1}\boldsymbol{\alpha}\neq\boldsymbol{\alpha}$，即矩阵 $\boldsymbol{A}$ 与 $\boldsymbol{B}$ 相似不能保证 $\boldsymbol{A}$ 和 $\boldsymbol{B}$ 具有相同的特征向量. 例如，取 $\boldsymbol{A}=\begin{pmatrix}1&1\\0&2\end{pmatrix}$，$\boldsymbol{B}=\begin{pmatrix}1&0\\1&2\end{pmatrix}$，$\boldsymbol{A}$ 与 $\boldsymbol{B}$ 虽然相似，但是不具有相同的特征向量.

另外，若 $\boldsymbol{A}$ 与 $\boldsymbol{B}$ 具有相同的特征向量 $\boldsymbol{\alpha}$，但它们可以属于不同的特征值，即 $\boldsymbol{A}\boldsymbol{\alpha}=\lambda\boldsymbol{\alpha}$，$\boldsymbol{B}\boldsymbol{\alpha}=\mu\boldsymbol{\alpha}$，$\lambda\neq\mu$，$\boldsymbol{A}$ 与 $\boldsymbol{B}$ 特征值不同，所以 $\boldsymbol{A}$ 与 $\boldsymbol{B}$ 不相似. 例如，取 $\boldsymbol{A}=\begin{pmatrix}1&0\\0&0\end{pmatrix}$，$\boldsymbol{B}=\begin{pmatrix}2&0\\0&0\end{pmatrix}$ 时，

$\boldsymbol{A}$ 与 $\boldsymbol{B}$ 具有相同的特征向量，却不相似.

因此，$\boldsymbol{A}$ 和 $\boldsymbol{B}$ 具有相同的特征向量是 $\boldsymbol{A}$ 与 $\boldsymbol{B}$ 相似的既非充分，也非必要条件. 故应选 D.

9. 答案 D 【解析】因为由 $\boldsymbol{A}$ 与 $\boldsymbol{B}$ 相似不能推得 $\boldsymbol{A}=\boldsymbol{B}$，所以 A 项不正确.

对于选项 B，相似矩阵有相同的特征值，但不一定有相同的特征向量.

对于选项 C，因为由题设条件不能推知 $\boldsymbol{A}$ 与 $\boldsymbol{B}$ 是否相似于对角阵，所以 C 项也不正确.

综上可知，D 项正确. 事实上，因为 $\boldsymbol{A}$ 与 $\boldsymbol{B}$ 相似，故存在可逆矩阵 $\boldsymbol{P}$，使 $\boldsymbol{P}^{-1}\boldsymbol{AP}=\boldsymbol{B}$. 于是

$$\boldsymbol{P}^{-1}(t\boldsymbol{E}-\boldsymbol{A})\boldsymbol{P}=t\boldsymbol{E}-\boldsymbol{P}^{-1}\boldsymbol{AP}=t\boldsymbol{E}-\boldsymbol{B},$$

可见对任意常数 t，$t\boldsymbol{E}-\boldsymbol{A}$ 与 $t\boldsymbol{E}-\boldsymbol{B}$ 相似.

10. 答案 D 【解析】对于选项 A，若 $\boldsymbol{A}\sim\boldsymbol{B}$，则 $\boldsymbol{P}^{-1}\boldsymbol{AP}=\boldsymbol{B}$，于是 $\boldsymbol{P}^{-1}\boldsymbol{A}^2\boldsymbol{P}=(\boldsymbol{P}^{-1}\boldsymbol{AP})(\boldsymbol{P}^{-1}\boldsymbol{AP})=\boldsymbol{B}^2$，进而知 $\boldsymbol{A}^2\sim\boldsymbol{B}^2$，但 $\boldsymbol{A}^2\sim\boldsymbol{B}^2$ 时，推不出 $\boldsymbol{A}\sim\boldsymbol{B}$. 例如，$\boldsymbol{A}=\begin{pmatrix}0&1\\0&0\end{pmatrix}$，$\boldsymbol{B}=\begin{pmatrix}0&0\\0&0\end{pmatrix}$，由 $R(\boldsymbol{A})\neq R(\boldsymbol{B})$，可知 $\boldsymbol{A}$ 与 $\boldsymbol{B}$ 不相似，但由 $\boldsymbol{A}^2=\boldsymbol{B}^2$ 有 $\boldsymbol{A}^2\sim\boldsymbol{B}^2$，所以 A 项是必要条件而不是充分条件.

选项 B 也是必要条件而非充分条件，这是因为，当 $\boldsymbol{P}^{-1}\boldsymbol{AP}=\boldsymbol{B}$ 时，有

$$|\lambda\boldsymbol{E}-\boldsymbol{B}|=|\lambda\boldsymbol{E}-\boldsymbol{P}^{-1}\boldsymbol{AP}|=|\boldsymbol{P}^{-1}(\lambda\boldsymbol{E}-\boldsymbol{A})\boldsymbol{P}|=|\lambda\boldsymbol{E}-\boldsymbol{A}|,$$

故 $\boldsymbol{A}$，$\boldsymbol{B}$ 有相同的特征值. 由选项 A 中的例子可知，虽然 $\boldsymbol{A}$，$\boldsymbol{B}$ 有相同的特征值 $\lambda_1=\lambda_2=0$，但 $\boldsymbol{A}$，$\boldsymbol{B}$ 不相似.

对于选项 C，设 $\boldsymbol{p}$ 是 $\boldsymbol{A}$ 属于特征值 λ 的特征向量，$\boldsymbol{p}$ 是矩阵 $\boldsymbol{B}$ 属于特征值 μ 的特征向量，若 $\boldsymbol{A}$ 与 $\boldsymbol{B}$ 的特征值不同，则 $\boldsymbol{A}$ 与 $\boldsymbol{B}$ 不可能相似. 故 C 项不是充分条件.

对于选项 D，若 $\boldsymbol{A}\sim\boldsymbol{\Lambda}$，$\boldsymbol{B}\sim\boldsymbol{\Lambda}$，则有 $\boldsymbol{P}_1^{-1}\boldsymbol{A}\boldsymbol{P}_1=\boldsymbol{\Lambda}=\boldsymbol{P}_2^{-1}\boldsymbol{B}\boldsymbol{P}_2$，故 $\boldsymbol{P}_2\boldsymbol{P}_1^{-1}\boldsymbol{A}\boldsymbol{P}_1\boldsymbol{P}_2^{-1}=\boldsymbol{B}$. 令 $\boldsymbol{P}=\boldsymbol{P}_1\boldsymbol{P}_2^{-1}$，于是 $\boldsymbol{P}^{-1}\boldsymbol{AP}=\boldsymbol{B}$，即 $\boldsymbol{A}\sim\boldsymbol{B}$. 所以 D 项是充分条件.

11. 答案 D 【解析】对于选项 A，矩阵是一个 3 阶实对称矩阵，故其必可对角化.

对于选项 B，由于矩阵具有 3 个不同的特征值，故其必可对角化.

对于选项 C，$R(\boldsymbol{A})=1$，$|\boldsymbol{A}-\lambda\boldsymbol{E}|=\lambda^2(4-\lambda)$，而对于特征值 $\lambda=0$，$R(\boldsymbol{A}-\lambda\boldsymbol{E})=R(\boldsymbol{A})=1$，即特征值 $\lambda=0$ 有两个线性无关的特征向量，故其必可对角化.

对于选项 D，矩阵的特征值分别是 $1,1,-1$，而对于 $\lambda=1$，$R(\boldsymbol{A}-\boldsymbol{E})=2$，故对应于 $\lambda=1$ 的线性无关特征向量只有 1 个，所以此矩阵不能进行对角化.

12. 答案 C 【解析】两个矩阵相似的必要条件有

$$R(\boldsymbol{A})=R(\boldsymbol{B}),\ |\boldsymbol{A}|=|\boldsymbol{B}|,\ \lambda_a=\lambda_b,\ \mathrm{Tr}(\boldsymbol{A})=\mathrm{Tr}(\boldsymbol{B}).$$

对于 A 选项，由于 $R(\boldsymbol{A})=1\neq2=R(\boldsymbol{B})$，所以 $\boldsymbol{A}$ 与 $\boldsymbol{B}$ 不相似.

对于 B 选项，由于 $\mathrm{Tr}(\boldsymbol{A})=9\neq6=\mathrm{Tr}(\boldsymbol{B})$，所以 $\boldsymbol{A}$ 与 $\boldsymbol{B}$ 不相似.

对于 D 选项，由于 $|\boldsymbol{A}|=-12\neq-4=|\boldsymbol{B}|$，所以 $\boldsymbol{A}$ 与 $\boldsymbol{B}$ 不相似. 因此，应选 C.

13. 答案 D 【解析】设 λ 为 $\boldsymbol{A}$ 的特征值，由于 $\boldsymbol{A}^2+\boldsymbol{A}=\boldsymbol{O}$，故 $\lambda^2+\lambda=0$，因此 $\boldsymbol{A}$ 的特征值只能为 -1 或 0.

又由于 $\boldsymbol{A}$ 为实对称矩阵，故 $\boldsymbol{A}$ 必可相似对角化，即 $\boldsymbol{A}\sim\boldsymbol{\Lambda}, R(\boldsymbol{A})=R(\boldsymbol{\Lambda})$，

因此，$\boldsymbol{\Lambda}=\begin{pmatrix}-1&&&\\&-1&&\\&&-1&\\&&&0\end{pmatrix}$，即 $\boldsymbol{A}\sim\boldsymbol{\Lambda}=\begin{pmatrix}-1&&&\\&-1&&\\&&-1&\\&&&0\end{pmatrix}$.

14. 答案 A 【解析】注意到 $\boldsymbol{A}$ 为 n 阶可逆矩阵，于是 $\boldsymbol{A}^{-1}(\boldsymbol{AB})\boldsymbol{A}=\boldsymbol{BA}$，因而①正确.

又因为 $\boldsymbol{A}\sim\boldsymbol{B}$，故存在可逆矩阵 $\boldsymbol{P}$，使得 $\boldsymbol{P}^{-1}\boldsymbol{AP}=\boldsymbol{B}$，进而

$$\boldsymbol{B}^2=(\boldsymbol{P}^{-1}\boldsymbol{AP})(\boldsymbol{P}^{-1}\boldsymbol{AP})=\boldsymbol{P}^{-1}\boldsymbol{A}^2\boldsymbol{P},$$
$$\boldsymbol{B}^{-1}=(\boldsymbol{P}^{-1}\boldsymbol{AP})^{-1}=\boldsymbol{P}^{-1}\boldsymbol{A}^{-1}\boldsymbol{P},$$
$$\boldsymbol{B}^{\mathrm{T}}=(\boldsymbol{P}^{-1}\boldsymbol{AP})^{\mathrm{T}}=\boldsymbol{P}^{\mathrm{T}}\boldsymbol{A}^{\mathrm{T}}(\boldsymbol{P}^{-1})^{\mathrm{T}}=\boldsymbol{P}^{\mathrm{T}}\boldsymbol{A}^{\mathrm{T}}(\boldsymbol{P}^{\mathrm{T}})^{-1},$$

根据定义可知②③④都是正确的. 因此，应选 A.

15. 答案 D 【解析】虽然矩阵 $\begin{pmatrix}0&0&0\\0&0&0\\0&0&0\end{pmatrix}$，$\begin{pmatrix}0&1&0\\0&0&0\\0&0&0\end{pmatrix}$，$\begin{pmatrix}0&1&0\\0&0&1\\0&0&0\end{pmatrix}$ 的特征值全为零，但它们的秩依次为 0，1，2，由此可见仅由特征值全是零不能确定矩阵的秩. 故应选 D.

16. 答案 A 【解析】**方法一** 由于

$$\begin{aligned}\boldsymbol{AP}&=\boldsymbol{A}(\boldsymbol{\alpha}_1,2\boldsymbol{\alpha}_3,-\boldsymbol{\alpha}_2)=(\boldsymbol{A\alpha}_1,2\boldsymbol{A\alpha}_3,-\boldsymbol{A\alpha}_2)\\&=(\boldsymbol{\alpha}_1,-4\boldsymbol{\alpha}_3,-3\boldsymbol{\alpha}_2)\\&=(\boldsymbol{\alpha}_1,2\boldsymbol{\alpha}_3,-\boldsymbol{\alpha}_2)\begin{pmatrix}1&&\\&-2&\\&&3\end{pmatrix}=\boldsymbol{P}\begin{pmatrix}1&&\\&-2&\\&&3\end{pmatrix},\end{aligned}$$

所以 $\boldsymbol{P}^{-1}\boldsymbol{AP}=\begin{pmatrix}1&&\\&-2&\\&&3\end{pmatrix}$.

方法二 由于 $\boldsymbol{\alpha}_3$ 是 $\boldsymbol{A}$ 的对应于特征值 -2 的特征向量，那么 $2\boldsymbol{\alpha}_3$ 也是 $\boldsymbol{A}$ 的对应于特征值 -2 的特征向量. 类似可知，$-\boldsymbol{\alpha}_2$ 是 $\boldsymbol{A}$ 的对应于特征值 3 的特征向量，

故 $\boldsymbol{P}^{-1}\boldsymbol{AP}=\begin{pmatrix}1&&\\&-2&\\&&3\end{pmatrix}$，应选 A.

17. 【解析】(1) 错. 特征向量必须是非零向量，但是矩阵可以有零特征值.

(2) 错. $\boldsymbol{A}$ 与 $\boldsymbol{B}$ 等价的另一种形式为，存在可逆矩阵 $\boldsymbol{P}$ 和 $\boldsymbol{Q}$，使得 $\boldsymbol{PAQ}=\boldsymbol{B}$，且 n 阶方阵 $\boldsymbol{A}$ 与 $\boldsymbol{B}$ 等价的充要条件是 $\boldsymbol{A}$ 与 $\boldsymbol{B}$ 的秩相同. 当 $\boldsymbol{A}$ 与 $\boldsymbol{B}$ 相似时，它们之间存在秩相同、行列式相同、特征值相同等关系. 从而 $\boldsymbol{A}$ 与 $\boldsymbol{B}$ 等价不保证它们相似，但相似的矩阵一定是等价的.

(3) 对. 由 $\det(\boldsymbol{A})\neq0$ 知 $\boldsymbol{A}$ 可逆，且 $\boldsymbol{A}^{-1}(\boldsymbol{AB})\boldsymbol{A}=\boldsymbol{BA}$，故 $\boldsymbol{AB}$ 与 $\boldsymbol{BA}$ 相似.

(4) 错. 若 $\boldsymbol{x}_1,\boldsymbol{x}_2,\cdots,\boldsymbol{x}_m$ 的线性组合是非零向量，则该线性组合是 $\boldsymbol{A}$ 的特征值 λ_0 对应的特征向量.

18. 答案 $-1,-3,0$; 0 【解析】令 $f(x)=x^3-2x^2$,则 $\boldsymbol{B}=f(\boldsymbol{A})=\boldsymbol{A}^3-2\boldsymbol{A}^2$ 的特征值为 $f(1)=-1,f(-1)=-3,f(2)=0$. 故而

$$\det(\boldsymbol{B})=f(1)f(-1)f(2)=0.$$

19 答案 (1)$\lambda_1,\lambda_2,\cdots,\lambda_n$.

(2) $k\lambda_1,k\lambda_2,\cdots,k\lambda_n;\boldsymbol{x}_1,\boldsymbol{x}_2,\cdots,\boldsymbol{x}_n$.

(3)$\frac{1}{\lambda_1},\frac{1}{\lambda_2},\cdots,\frac{1}{\lambda_n};\boldsymbol{x}_1,\boldsymbol{x}_2,\cdots,\boldsymbol{x}_n$.

(4) $\frac{|\boldsymbol{A}|}{\lambda_1},\frac{|\boldsymbol{A}|}{\lambda_2},\cdots,\frac{|\boldsymbol{A}|}{\lambda_n};\boldsymbol{x}_1,\boldsymbol{x}_2,\cdots,\boldsymbol{x}_n$.

(5)$\lambda_1,\lambda_2,\cdots,\lambda_n;\boldsymbol{P}^{-1}\boldsymbol{x}_1,\boldsymbol{P}^{-1}\boldsymbol{x}_2,\cdots,\boldsymbol{P}^{-1}\boldsymbol{x}_n$.

(6)$f(\lambda_1),f(\lambda_2),\cdots,f(\lambda_n);\boldsymbol{x}_1,\boldsymbol{x}_2,\cdots,\boldsymbol{x}_n$.

20. 答案 $-1,2,0$ 【解析】由题设知,$\boldsymbol{A}\begin{pmatrix}1\\0\\-1\end{pmatrix}=\begin{pmatrix}-1\\0\\1\end{pmatrix}=-\begin{pmatrix}1\\0\\-1\end{pmatrix},\boldsymbol{A}\begin{pmatrix}1\\0\\1\end{pmatrix}=\begin{pmatrix}2\\0\\2\end{pmatrix}=2\begin{pmatrix}1\\0\\1\end{pmatrix}$. 从而 $\boldsymbol{A}$ 有特征值 $\lambda_1=-1,\lambda_2=2$.

又由 $R(\boldsymbol{A})=2<3$ 可得 $|\boldsymbol{A}|=0$,根据特征值与行列式的性质可得矩阵 $\boldsymbol{A}$ 的另一个特征值 $\lambda_3=0$.

21. 答案 $c(1,1,1)^{\mathrm{T}}(c\neq0)$ 【解析】方法一 矩阵 $\boldsymbol{A}=(a_{ij})_{3\times3}$ 各行元素之和均为 5,即

$$\begin{cases}a_{11}+a_{12}+a_{13}=5\\a_{21}+a_{22}+a_{23}=5\\a_{31}+a_{32}+a_{33}=5\end{cases}\text{或}\begin{pmatrix}a_{11}&a_{12}&a_{13}\\a_{21}&a_{22}&a_{23}\\a_{31}&a_{32}&a_{33}\end{pmatrix}\begin{pmatrix}1\\1\\1\end{pmatrix}=\begin{pmatrix}5\\5\\5\end{pmatrix}\text{ 或 }\boldsymbol{A}\begin{pmatrix}1\\1\\1\end{pmatrix}=5\begin{pmatrix}1\\1\\1\end{pmatrix},$$

故矩阵 $\boldsymbol{A}$ 必有特征值 $\lambda=5$ 及所属的特征向量 $c(1,1,1)^{\mathrm{T}}(c\neq0)$.

方法二 取 $\boldsymbol{A}=\mathrm{diag}(5,5,5)$,显然 $\boldsymbol{A}$ 满足题设条件,且方程组 $(\boldsymbol{A}-5\boldsymbol{E})\boldsymbol{x}=\boldsymbol{0}$ 的基础解系为 $(1,1,1)^{\mathrm{T}}$,其特征向量为 $c(1,1,1)^{\mathrm{T}}(c\neq0)$.

22. 答案 15 【解析】方法一 因为矩阵 $\boldsymbol{A}$ 相似于矩阵 $\boldsymbol{B}$,故 $\boldsymbol{A}$ 与 $\boldsymbol{B}$ 有相同的特征值,故 $2\boldsymbol{B}$ 的特征值是 2,4,6,因此 $2\boldsymbol{B}-\boldsymbol{E}$ 的特征值是 1,3,5,从而 $|2\boldsymbol{B}-\boldsymbol{E}|=1\times3\times5=15$.

方法二 由 $\boldsymbol{P}^{-1}\boldsymbol{A}\boldsymbol{P}=\boldsymbol{B}$,有 $\boldsymbol{P}^{-1}(2\boldsymbol{A}-\boldsymbol{E})\boldsymbol{P}=2\boldsymbol{B}-\boldsymbol{E}$,又因为 $2\boldsymbol{A}-\boldsymbol{E}$ 的特征值是 1,3,5,故 $|2\boldsymbol{B}-\boldsymbol{E}|=|2\boldsymbol{A}-\boldsymbol{E}|=1\times3\times5=15$.

方法三 取 $\boldsymbol{A}=\boldsymbol{B}=\begin{pmatrix}1&&\\&2&\\&&3\end{pmatrix}$,显然 $\boldsymbol{A}$ 与 $\boldsymbol{B}$ 满足题设条件,且 $|2\boldsymbol{B}-\boldsymbol{E}|=\begin{vmatrix}1&0&0\\0&3&0\\0&0&5\end{vmatrix}=15$.

23. 答案 $-(2n-3)!!$ 【解析】方法一 因为 $\lambda=2,4,\cdots,2n$ 是 $\boldsymbol{A}$ 的 n 个特征值,所以 $\lambda=-1,1,\cdots,2n-3$ 是 $\boldsymbol{A}-3\boldsymbol{E}$ 的全部特征值,

故 $|\boldsymbol{A}-3\boldsymbol{E}|=(-1)\times1\times\cdots\times(2n-3)=-3\times5\times\cdots\times(2n-3)=-(2n-3)!!$.

方法二 取 $\boldsymbol{A}=\mathrm{diag}(2,4,\cdots,2n)$,则 $\boldsymbol{A}-3\boldsymbol{E}=\mathrm{diag}(-1,1,3,\cdots,(2n-3))$,

于是 $|\boldsymbol{A}-3\boldsymbol{E}|=(-1)\times1\times3\times5\times\cdots\times(2n-3)=-(2n-3)!!$.

24. 答案 1,1,0 【解析】方法一 设 λ 是 $\boldsymbol{A}$ 的任一特征值，$\boldsymbol{p}$ 是属于 λ 的特征向量，即 $\boldsymbol{A}\boldsymbol{p}=\lambda\boldsymbol{p}$，$\boldsymbol{p}\neq\boldsymbol{0}$，则 $\boldsymbol{A}^2\boldsymbol{p}=\boldsymbol{A}(\lambda\boldsymbol{p})=\lambda\boldsymbol{A}\boldsymbol{p}=\lambda^2\boldsymbol{p}$.

由 $\boldsymbol{A}^2=\boldsymbol{A}$ 得 $\lambda^2\boldsymbol{p}=\lambda\boldsymbol{p}$，即 $(\lambda^2-\lambda)\boldsymbol{p}=\boldsymbol{0}$ 且 $\boldsymbol{p}\neq\boldsymbol{0}$，
故矩阵 $\boldsymbol{A}$ 的特征值是 1 或 0.

又 $\boldsymbol{A}$ 是实对称矩阵，且 $R(\boldsymbol{\Lambda})=R(\boldsymbol{A})=2$，故 $\boldsymbol{A}\sim\boldsymbol{\Lambda}=\mathrm{diag}(1,1,0)$，因此矩阵 $\boldsymbol{A}$ 的特征值是 1,1,0.

方法二 取 $\boldsymbol{A}=\mathrm{diag}(1,1,0)$，显然 $\boldsymbol{A}$ 满足题设条件，$\boldsymbol{A}$ 的特征值为 1,1,0.

25. 答案 25 【解析】方法一 因为矩阵 $\boldsymbol{A}$ 的特征值为 $1,2,-3$，所以 $|\boldsymbol{A}|=-6$，$\boldsymbol{A}^*=|\boldsymbol{A}|\boldsymbol{A}^{-1}=-6\boldsymbol{A}^{-1}$，

记 $\varphi(\boldsymbol{A})=\boldsymbol{A}^*+3\boldsymbol{A}+2\boldsymbol{E}=-6\boldsymbol{A}^{-1}+3\boldsymbol{A}+2\boldsymbol{E}$，则 $\varphi(\lambda)=-6\lambda^{-1}+3\lambda+2=-\dfrac{6}{\lambda}+3\lambda+2$，
于是 3 阶矩阵 $\varphi(\boldsymbol{A})$ 有特征值

$$\varphi(1)=-6+3+2=-1,\varphi(2)=-3+6+2=5,\varphi(-3)=2-9+2=-5,$$

故行列式 $|\varphi(\boldsymbol{A})|=\varphi(1)\varphi(2)\varphi(-3)=25$，所以 $|\boldsymbol{A}^*+3\boldsymbol{A}+2\boldsymbol{E}|=25$.

方法二 取 $\boldsymbol{A}=\mathrm{diag}(1,2,-3)$，则 $\boldsymbol{A}^*=-6\mathrm{diag}\left(1,\dfrac{1}{2},-\dfrac{1}{3}\right)=\mathrm{diag}(-6,-3,2)$，

$$\begin{aligned}进而 \boldsymbol{A}^*+3\boldsymbol{A}+2\boldsymbol{E}&=\mathrm{diag}(-6+3\times1+2,-3+3\times2+2,2+3\times(-3)+2)\\&=\mathrm{diag}(-1,5,-5),\end{aligned}$$

因此 $|\boldsymbol{A}^*+3\boldsymbol{A}+2\boldsymbol{E}|=(-1)\times5\times(-5)=25$.

26. 答案 5 【解析】方法一 因为 $\boldsymbol{A}\boldsymbol{A}^*=|\boldsymbol{A}|\boldsymbol{E}$，所以对任意非零向量 $\boldsymbol{p}$ 有 $\boldsymbol{A}\boldsymbol{A}^*\boldsymbol{p}=|\boldsymbol{A}|\boldsymbol{E}\boldsymbol{p}=5\boldsymbol{p}$，故而方阵 $\boldsymbol{A}\boldsymbol{A}^*$ 的特征值是 5.

方法二 取 $\boldsymbol{A}=\mathrm{diag}(5,1,1,\cdots,1)$，则 $\boldsymbol{A}^*=\mathrm{diag}(1,5,5,\cdots,5)$，而 $\boldsymbol{A}\boldsymbol{A}^*=\mathrm{diag}(5,5,\cdots,5)$，于是方阵 $\boldsymbol{A}\boldsymbol{A}^*$ 的特征值是 5.

27. 答案 24 【解析】方法一 因为 $\boldsymbol{A}$ 与 $\boldsymbol{B}$ 相似，所以 $\boldsymbol{A}$ 与 $\boldsymbol{B}$ 具有相同的特征值，即 $\boldsymbol{B}$ 的特征值也为 $\dfrac{1}{2},\dfrac{1}{3},\dfrac{1}{4},\dfrac{1}{5}$，进而 $\boldsymbol{B}^{-1}$ 的特征值为 2,3,4,5，而 $\boldsymbol{B}^{-1}-\boldsymbol{E}$ 的特征值为 1,2,3,4. 故 $|\boldsymbol{B}^{-1}-\boldsymbol{E}|=1\times2\times3\times4=24$.

方法二 取 $\boldsymbol{B}=\mathrm{diag}\left(\dfrac{1}{2},\dfrac{1}{3},\dfrac{1}{4},\dfrac{1}{5}\right)$，则 $\boldsymbol{B}^{-1}=\mathrm{diag}(2,3,4,5)$，$\boldsymbol{B}^{-1}-\boldsymbol{E}=\mathrm{diag}(1,2,3,4)$，因此 $|\boldsymbol{B}^{-1}-\boldsymbol{E}|=1\times2\times3\times4=24$.

28. 答案 4 【解析】因为两个相似矩阵具有相同的迹及相同的特征值，所以

$$2+1+x=1+y+(-2),\ |\boldsymbol{A}-\boldsymbol{E}|=\begin{vmatrix}1&-2&0\\-2&0&-2\\0&-2&x-1\end{vmatrix}=-4x=0,$$

解之得 $y=4$.

29. 答案　-2　【解析】设 $\lambda_1=1,\lambda_2=-1$，矩阵 $\boldsymbol{A}$ 的第 3 个特征值为 λ_3. 由矩阵的特征值之和等于矩阵的迹可得 $1+(-1)+\lambda_3=3+(-1)+(-3)$，解得 $\lambda_3=-1$，所以 -1 是矩阵 $\boldsymbol{A}$ 的二重特征值，因此矩阵 $\boldsymbol{A}$ 可以对角化的充分必要条件为 $(\boldsymbol{A}+\boldsymbol{E})\boldsymbol{x}=\boldsymbol{0}$ 有两个线性无关的解向量，即 $R(\boldsymbol{A}+\boldsymbol{E})=1$.

又 $\boldsymbol{A}+\boldsymbol{E}=\begin{pmatrix}4&1&a\\0&0&0\\4&1&-2\end{pmatrix}\to\begin{pmatrix}4&1&a\\0&0&-2-a\\0&0&0\end{pmatrix}$，故 $a=-2$.

30.【解析】正交化，得 $\boldsymbol{\beta}_1=\boldsymbol{\alpha}_1=\begin{pmatrix}1\\0\\1\end{pmatrix}$，

$$\boldsymbol{\beta}_2=\boldsymbol{\alpha}_2-\frac{[\boldsymbol{\alpha}_2,\boldsymbol{\beta}_1]}{[\boldsymbol{\beta}_1,\boldsymbol{\beta}_1]}\boldsymbol{\beta}_1=\begin{pmatrix}-1\\1\\0\end{pmatrix}-\frac{1}{2}\begin{pmatrix}1\\0\\1\end{pmatrix}=\begin{pmatrix}-\frac{3}{2}\\1\\-\frac{1}{2}\end{pmatrix},$$

$$\boldsymbol{\beta}_3=\begin{pmatrix}0\\1\\-1\end{pmatrix}-\frac{1}{2}\begin{pmatrix}1\\0\\1\end{pmatrix}-\frac{3}{7}\begin{pmatrix}-\frac{3}{2}\\1\\-\frac{1}{2}\end{pmatrix}=\begin{pmatrix}-\frac{1}{2}\\1\\-\frac{3}{2}\end{pmatrix}-\begin{pmatrix}-\frac{9}{14}\\\frac{3}{7}\\-\frac{3}{14}\end{pmatrix}=\begin{pmatrix}\frac{1}{7}\\\frac{4}{7}\\-\frac{9}{7}\end{pmatrix}.$$

单位化，得 $\boldsymbol{\gamma}_1=\frac{1}{\|\boldsymbol{\beta}_1\|}\boldsymbol{\beta}_1=\frac{1}{\sqrt{2}}\begin{pmatrix}1\\0\\1\end{pmatrix}$，$\boldsymbol{\gamma}_2=\frac{\sqrt{14}}{7}\begin{pmatrix}-\frac{3}{2}\\1\\-\frac{1}{2}\end{pmatrix}$，$\boldsymbol{\gamma}_3=\frac{\sqrt{2}}{2}\begin{pmatrix}\frac{1}{7}\\\frac{4}{7}\\-\frac{9}{7}\end{pmatrix}$.

31.【解析】(1) 由于 $\boldsymbol{A}^{\mathrm{T}}\boldsymbol{A}=\boldsymbol{E}$，所以 $\boldsymbol{A}$ 是正交矩阵.

(2) 由于 $\boldsymbol{B}^{\mathrm{T}}\boldsymbol{B}=9\boldsymbol{E}$，所以 $\boldsymbol{B}$ 不是正交矩阵.

32.【证明】由于 $\boldsymbol{H}^{\mathrm{T}}=(\boldsymbol{E}-2\boldsymbol{x}\boldsymbol{x}^{\mathrm{T}})^{\mathrm{T}}=\boldsymbol{E}^{\mathrm{T}}-2(\boldsymbol{x}\boldsymbol{x}^{\mathrm{T}})^{\mathrm{T}}=\boldsymbol{E}-2\boldsymbol{x}\boldsymbol{x}^{\mathrm{T}}=\boldsymbol{H}$，故 $\boldsymbol{H}$ 是对称矩阵.

又 $\boldsymbol{H}^{\mathrm{T}}\boldsymbol{H}=\boldsymbol{H}\boldsymbol{H}=(\boldsymbol{E}-2\boldsymbol{x}\boldsymbol{x}^{\mathrm{T}})(\boldsymbol{E}-2\boldsymbol{x}\boldsymbol{x}^{\mathrm{T}})=\boldsymbol{E}-2\boldsymbol{x}\boldsymbol{x}^{\mathrm{T}}-2\boldsymbol{x}\boldsymbol{x}^{\mathrm{T}}-2\boldsymbol{x}\boldsymbol{x}^{\mathrm{T}}(-2\boldsymbol{x}\boldsymbol{x}^{\mathrm{T}})$

$=\boldsymbol{E}-4\boldsymbol{x}\boldsymbol{x}^{\mathrm{T}}+4(\boldsymbol{x}^{\mathrm{T}}\boldsymbol{x})\boldsymbol{x}\boldsymbol{x}^{\mathrm{T}}=\boldsymbol{E}$，

故 $\boldsymbol{H}$ 是正交矩阵，因此 $\boldsymbol{H}$ 是对称的正交矩阵.

33.【证明】因为 $\boldsymbol{A}$ 与 $\boldsymbol{B}$ 是正交矩阵，所以 $\boldsymbol{A}^{\mathrm{T}}\boldsymbol{A}=\boldsymbol{E}=\boldsymbol{B}^{\mathrm{T}}\boldsymbol{B}$. 于是

$$(\boldsymbol{A}\boldsymbol{B})^{\mathrm{T}}(\boldsymbol{A}\boldsymbol{B})=(\boldsymbol{B}^{\mathrm{T}}\boldsymbol{A}^{\mathrm{T}})\boldsymbol{A}\boldsymbol{B}=\boldsymbol{B}^{\mathrm{T}}(\boldsymbol{A}^{\mathrm{T}}\boldsymbol{A})\boldsymbol{B}=\boldsymbol{B}^{\mathrm{T}}\boldsymbol{B}=\boldsymbol{E},$$

故 $\boldsymbol{A}\boldsymbol{B}$ 也是正交矩阵.

34.【解析】(1) 矩阵 $\boldsymbol{A}=\begin{pmatrix}1&0&0\\2&3&0\\4&5&6\end{pmatrix}$ 的特征多项式

$$|A-\lambda E|=\begin{vmatrix}1-\lambda & 0 & 0\\ 2 & 3-\lambda & 0\\ 4 & 5 & 6-\lambda\end{vmatrix}=-(\lambda-1)(\lambda-3)(\lambda-6),$$

故 A 的特征值为 $\lambda_1=1,\lambda_2=3,\lambda_3=6$.

当 $\lambda=1$ 时，由 $A-E=\begin{pmatrix}0&0&0\\2&2&0\\4&5&5\end{pmatrix}\to\begin{pmatrix}1&0&-5\\0&1&5\\0&0&0\end{pmatrix}$，得属于 $\lambda=1$ 的特征向量为

$$c_1(5,-5,1)^{T}(c_1\neq 0).$$

当 $\lambda=3$ 时，由 $A-3E=\begin{pmatrix}-2&0&0\\2&0&0\\4&5&3\end{pmatrix}\to\begin{pmatrix}1&0&0\\0&5&3\\0&0&0\end{pmatrix}$，得属于 $\lambda=3$ 的特征向量是

$$c_2(0,3,-5)^{T}(c_2\neq 0).$$

当 $\lambda=6$，由 $A-6E=\begin{pmatrix}-5&0&0\\2&-3&0\\4&5&0\end{pmatrix}\to\begin{pmatrix}1&0&0\\0&1&0\\0&0&0\end{pmatrix}$，得属于 $\lambda=6$ 的特征向量是

$$c_3(0,0,1)^{T}(c_3\neq 0).$$

(2) 矩阵 $A=\begin{pmatrix}2&3&2\\1&4&2\\1&-3&1\end{pmatrix}$ 的特征多项式为 $|A-\lambda E|=\begin{vmatrix}2-\lambda&3&2\\1&4-\lambda&2\\1&-3&1-\lambda\end{vmatrix}=(1-\lambda)(3-\lambda)^2$，

故 A 的特征值为 $\lambda_1=1,\lambda_2=\lambda_3=3$.

当 $\lambda_1=1$ 时，由 $A-E=\begin{pmatrix}1&3&2\\1&3&2\\1&-3&0\end{pmatrix}\to\begin{pmatrix}1&-3&0\\0&3&1\\0&0&0\end{pmatrix}$，得 $\lambda_1=1$ 对应的特征向量为 $c_1(3,1,-3)^{T}(c_1\neq 0)$.

当 $\lambda_2=\lambda_3=3$ 时，由 $A-3E=\begin{pmatrix}-1&3&2\\1&1&2\\1&-3&-2\end{pmatrix}\to\begin{pmatrix}1&0&1\\0&1&1\\0&0&0\end{pmatrix}$，得 $\lambda_2=\lambda_3=3$ 对应的特征向量为 $c_2(-1,-1,1)^{T}(c_2\neq 0)$.

(3) 矩阵 $A=\begin{pmatrix}17&-2&-2\\-2&14&-4\\-2&-4&14\end{pmatrix}$ 的特征多项式

$$|A-\lambda E|=-\begin{vmatrix}17-\lambda&-2&-2\\-2&14-\lambda&-4\\-2&-4&14-\lambda\end{vmatrix}=-(\lambda-18)^2(\lambda-9),$$

故 A 的特征值为 $\lambda_1=\lambda_2=18,\lambda_3=9$.

当 $\lambda=18$ 时，由 $\boldsymbol{A}-18\boldsymbol{E}=\begin{pmatrix}-1&-2&-2\\-2&-4&-4\\-2&-4&-4\end{pmatrix}\to\begin{pmatrix}1&2&2\\0&0&0\\0&0&0\end{pmatrix}$，得属于 $\lambda=18$ 的特征向量是

$c_1(-2,1,0)^{\mathrm{T}}+c_2(-2,0,1)^{\mathrm{T}}$（$c_1,c_2$ 不全为零）.

当 $\lambda=9$ 时，由 $\boldsymbol{A}-9\boldsymbol{E}=\begin{pmatrix}8&-2&-2\\-2&5&-4\\-2&-4&5\end{pmatrix}\to\begin{pmatrix}2&0&-1\\0&1&-1\\0&0&0\end{pmatrix}$，得属于 $\lambda=9$ 的特征向量是

$c_3(1,2,2)^{\mathrm{T}}(c_3\neq0)$.

(4) 矩阵 $\boldsymbol{A}=\begin{pmatrix}3&-1&3&0\\1&1&4&-1\\0&0&5&-3\\0&0&3&-1\end{pmatrix}$ 的特征多项式

$$|\boldsymbol{A}-\lambda\boldsymbol{E}|=\begin{vmatrix}3-\lambda&-1&3&0\\1&1-\lambda&4&-1\\0&0&5-\lambda&-3\\0&0&3&-1-\lambda\end{vmatrix}=\begin{vmatrix}3-\lambda&-1\\1&1-\lambda\end{vmatrix}\begin{vmatrix}5-\lambda&-3\\3&-1-\lambda\end{vmatrix}=(\lambda-2)^4,$$

故 $\boldsymbol{A}$ 的特征值是 $\lambda_1=\lambda_2=\lambda_3=\lambda_4=2$.

当 $\lambda=2$ 时，由 $\begin{pmatrix}1&-1&3&0\\1&-1&4&-1\\0&0&3&-3\\0&0&3&-3\end{pmatrix}\to\begin{pmatrix}1&-1&0&3\\0&0&1&-1\\0&0&0&0\\0&0&0&0\end{pmatrix}$，得属于特征值 $\lambda=2$ 的特征向量是 $c_1(1,1,0,0)^{\mathrm{T}}+c_2(-3,0,1,1)^{\mathrm{T}}$（$c_1,c_2$ 不全为零）.

35.【解析】(1) 由 $|\boldsymbol{A}-\lambda\boldsymbol{E}|=\begin{vmatrix}2-\lambda&-3\\-1&4-\lambda\end{vmatrix}=(\lambda-1)(\lambda-5)$ 可知，$\boldsymbol{A}$ 的特征值为 $\lambda_1=1,\lambda_2=5$.

当 $\lambda_1=1$ 时，由 $\boldsymbol{A}-\boldsymbol{E}=\begin{pmatrix}1&-3\\-1&3\end{pmatrix}\to\begin{pmatrix}1&-3\\0&0\end{pmatrix}$ 可得，对应 $\lambda_1=1$ 的全部特征向量为

$k_1\begin{pmatrix}3\\1\end{pmatrix}(k_1\neq0)$.

当 $\lambda_2=5$ 时，由 $\boldsymbol{A}-5\boldsymbol{E}=\begin{pmatrix}-3&-3\\-1&-1\end{pmatrix}\to\begin{pmatrix}1&1\\0&0\end{pmatrix}$ 可得，对应 $\lambda_2=5$ 的特征向量为

$k_2\begin{pmatrix}-1\\1\end{pmatrix}(k_2\neq0)$.

显然 $k_1\begin{pmatrix}3\\1\end{pmatrix}$ 与 $k_2\begin{pmatrix}-1\\1\end{pmatrix}$ 不正交.

(2) 由 $|\boldsymbol{B}-\lambda\boldsymbol{E}|=\begin{vmatrix}1-\lambda & 0 & 1\\ 0 & 1-\lambda & 1\\ 1 & 1 & 2-\lambda\end{vmatrix}=-\lambda(\lambda-1)(\lambda-3)$ 可知，$\boldsymbol{B}$ 的特征值为 $\lambda_1=0,\lambda_2=1,\lambda_3=3$.

当 $\lambda_1=0$ 时，由 $\boldsymbol{B}=\begin{pmatrix}1 & 0 & 1\\ 0 & 1 & 1\\ 1 & 1 & 2\end{pmatrix}\to\begin{pmatrix}1 & 0 & 1\\ 0 & 1 & 1\\ 0 & 0 & 0\end{pmatrix}$ 可得，对应 $\lambda_1=0$ 的全部特征向量为 $k_1\boldsymbol{p}_1$，其中，$\boldsymbol{p}_1=\begin{pmatrix}-1\\ -1\\ 1\end{pmatrix}$，$k_1\neq0$.

当 $\lambda_2=1$ 时，由 $\boldsymbol{B}-\boldsymbol{E}=\begin{pmatrix}0 & 0 & 1\\ 0 & 0 & 1\\ 1 & 1 & 1\end{pmatrix}\to\begin{pmatrix}1 & 1 & 0\\ 0 & 0 & 1\\ 0 & 0 & 0\end{pmatrix}$ 可得，对应 $\lambda_2=1$ 的全部特征向量为 $k_2\boldsymbol{p}_2$，其中，$\boldsymbol{p}_2=\begin{pmatrix}-1\\ 1\\ 0\end{pmatrix}$，$k\neq0$.

当 $\lambda_3=3$ 时，由 $\boldsymbol{B}-3\boldsymbol{E}=\begin{pmatrix}-2 & 0 & 1\\ 0 & -2 & 1\\ 1 & 1 & -1\end{pmatrix}\to\begin{pmatrix}1 & -1 & 0\\ 0 & -2 & 1\\ 0 & 0 & 0\end{pmatrix}$ 可得，对应 $\lambda_3=3$ 的全部特征向量为 $k_3\boldsymbol{p}_3$，其中，$\boldsymbol{p}_3=\begin{pmatrix}1\\ 1\\ 2\end{pmatrix}$，$k_3\neq0$.

综上可知，$\boldsymbol{p}_1,\boldsymbol{p}_2,\boldsymbol{p}_3$ 两两正交.

36.【解析】(1) 由 $|\boldsymbol{A}-\lambda\boldsymbol{E}|=\begin{vmatrix}1-\lambda & 0 & 2\\ 0 & -1-\lambda & 0\\ 0 & 4 & 2-\lambda\end{vmatrix}=-(\lambda+1)(\lambda-1)(\lambda-2)$，得 $\boldsymbol{A}$ 的特征值为 $\lambda_1=-1,\lambda_2=1,\lambda_3=2$. 因为 $\boldsymbol{A}$ 的特征值互异，所以 $\boldsymbol{A}$ 可相似于对角矩阵，

求得 $\lambda_1=-1,\lambda_2=1,\lambda_3=2$ 对应的特征向量分别为 $\boldsymbol{p}_1=\begin{pmatrix}-4\\ -3\\ 4\end{pmatrix}$，$\boldsymbol{p}_2=\begin{pmatrix}1\\ 0\\ 0\end{pmatrix}$，$\boldsymbol{p}_3=\begin{pmatrix}2\\ 0\\ 1\end{pmatrix}$.

令 $\boldsymbol{P}=(\boldsymbol{p}_1,\boldsymbol{p}_2,\boldsymbol{p}_3)=\begin{pmatrix}-4 & 1 & 2\\ -3 & 0 & 0\\ 4 & 0 & 1\end{pmatrix}$，则 $\boldsymbol{P}$ 可逆，且使得 $\boldsymbol{P}^{-1}\boldsymbol{A}\boldsymbol{P}=\begin{pmatrix}-1 & & \\ & 1 & \\ & & 2\end{pmatrix}$.

(2) 由 $|\boldsymbol{B}-\lambda\boldsymbol{E}|=\begin{vmatrix}2-\lambda & 3 & 2\\ 1 & 4-\lambda & 2\\ 1 & -3 & 1-\lambda\end{vmatrix}=-(\lambda-3)^2(\lambda-1)$ 可知，$\boldsymbol{B}$ 的特征值为 $\lambda_1=\lambda_2=3$，

$\lambda_3=1$.

当 $\lambda_1=\lambda_2=3$ 时，$\boldsymbol{B}-3\boldsymbol{E}=\begin{pmatrix}-1&3&2\\1&1&2\\1&-3&-2\end{pmatrix}\to\begin{pmatrix}-1&3&2\\0&4&4\\0&0&0\end{pmatrix}$，则 $R(\boldsymbol{B}-3\boldsymbol{E})=2$，

因此，对应二重特征值 3 只有一个线性无关的特征向量，故 $\boldsymbol{B}$ 不能相似对角化.

(3) 由 $|\boldsymbol{C}-\lambda\boldsymbol{E}|=\begin{vmatrix}2-\lambda&0&0\\1&2-\lambda&-1\\1&0&1-\lambda\end{vmatrix}=-(\lambda-2)^2(\lambda-1)$ 可知，$\boldsymbol{C}$ 的特征值为 $\lambda_1=\lambda_2=2$，

$\lambda_3=1$.

解得 $\lambda_1=\lambda_2=2,\lambda_3=1$ 对应的线性无关的特征向量分别为 $\boldsymbol{p}_1=\begin{pmatrix}0\\1\\0\end{pmatrix}$，$\boldsymbol{p}_2=\begin{pmatrix}1\\0\\1\end{pmatrix}$，$\boldsymbol{p}_3=\begin{pmatrix}0\\1\\1\end{pmatrix}$.

令 $\boldsymbol{P}=(\boldsymbol{p}_1,\boldsymbol{p}_2,\boldsymbol{p}_3)=\begin{pmatrix}0&1&0\\1&0&1\\0&1&1\end{pmatrix}$，则 $\boldsymbol{P}$ 可逆，且使得 $\boldsymbol{P}^{-1}\boldsymbol{C}\boldsymbol{P}=\begin{pmatrix}2&&\\&2&\\&&1\end{pmatrix}$.

37.【解析】设 $\boldsymbol{A}$ 的对应于特征值 λ_1 的特征向量为 $\boldsymbol{p}_1=(1,1,-1)^{\mathrm{T}}$，则

$$\begin{pmatrix}2&-1&2\\5&a&3\\-1&b&-2\end{pmatrix}\begin{pmatrix}1\\1\\-1\end{pmatrix}=\boldsymbol{A}\boldsymbol{p}_1=\lambda_1\boldsymbol{p}_1=\lambda_1\begin{pmatrix}1\\1\\-1\end{pmatrix},$$

所以 $\begin{cases}-1=\lambda_1\\2+a=\lambda_1\\1+b=-\lambda_1\end{cases}$，解得 $\lambda_1=-1,a=-3,b=0$，

此时 $\boldsymbol{A}=\begin{pmatrix}2&-1&2\\5&-3&3\\-1&0&-2\end{pmatrix}$，$\boldsymbol{A}$ 的特征多项式为

$$|\boldsymbol{A}-\lambda\boldsymbol{E}|=\begin{vmatrix}2-\lambda&-1&2\\5&-3-\lambda&3\\-1&0&-2-\lambda\end{vmatrix}=-(\lambda+1)^3,$$

$\boldsymbol{A}$ 的所有特征值为 $\lambda_1=\lambda_2=\lambda_3=-1$.

当 $\lambda_1=\lambda_2=\lambda_3=-1$ 时，由 $\boldsymbol{A}+\boldsymbol{E}=\begin{pmatrix}3&-1&2\\5&-2&3\\-1&0&-1\end{pmatrix}\to\begin{pmatrix}1&0&1\\0&1&1\\0&0&0\end{pmatrix}$ 可得，矩阵 $\boldsymbol{A}$ 的属于

特征值 -1 的特征向量为 $c\boldsymbol{p}$，其中 $\boldsymbol{p}=\begin{pmatrix}-1\\-1\\1\end{pmatrix}$，$c\neq0$.

38.【解析】**方法一** 矩阵 $\boldsymbol{A}$ 的伴随矩阵 $\boldsymbol{A}^*=\begin{pmatrix}8&-2&-1\\-2&5&-2\\-3&-6&6\end{pmatrix}$，

则 $\boldsymbol{A}^*$ 的特征多项式 $|\boldsymbol{A}^*-\lambda\boldsymbol{E}|=\begin{vmatrix}8-\lambda&-2&-1\\-2&5-\lambda&-2\\-3&-6&6-\lambda\end{vmatrix}=-(\lambda-9)^2(\lambda-1)$，故 $\boldsymbol{A}^*$ 的特征值为 $\lambda_1=\lambda_2=9,\lambda_3=1$.

当 $\lambda=9$ 时，由 $\boldsymbol{A}^*-9\boldsymbol{E}=\begin{pmatrix}-1&-2&-1\\-2&-4&-2\\-3&-6&-3\end{pmatrix}\rightarrow\begin{pmatrix}1&2&1\\0&0&0\\0&0&0\end{pmatrix}$ 可知，$\boldsymbol{A}^*$ 属于特征值 $\lambda=9$ 的特征向量是 $c_1\boldsymbol{p}_1+c_2\boldsymbol{p}_2$，其中 $\boldsymbol{p}_1=\begin{pmatrix}-2\\1\\0\end{pmatrix}$，$\boldsymbol{p}_2=\begin{pmatrix}-1\\0\\1\end{pmatrix}$，$c_1,c_2$ 不全为 0.

当 $\lambda=1$ 时，由 $\boldsymbol{A}^*-\boldsymbol{E}=\begin{pmatrix}7&-2&-1\\-2&4&-2\\-3&-6&5\end{pmatrix}\rightarrow\begin{pmatrix}1&0&-\frac{1}{3}\\0&1&-\frac{2}{3}\\0&0&0\end{pmatrix}$ 可知，$\boldsymbol{A}^*$ 属于特征值 $\lambda=1$ 的特征向量是 $c_3\boldsymbol{p}_3$，其中 $\boldsymbol{p}_3=\begin{pmatrix}1\\2\\3\end{pmatrix}$，$c_3\neq0$.

方法二 由 $|\boldsymbol{A}-\lambda\boldsymbol{E}|=\begin{vmatrix}2-\lambda&2&1\\2&5-\lambda&2\\3&6&4-\lambda\end{vmatrix}=-(\lambda-1)^2(\lambda-9)$ 可知 $\boldsymbol{A}$ 的特征值为 $\lambda_1=\lambda_2=1,\lambda_3=9$. 又由 $|\boldsymbol{A}|=\lambda_1\lambda_2\lambda_3=9$，可知伴随矩阵 $\boldsymbol{A}^*$ 的特征值为 $\lambda_1^*=\lambda_2^*=9,\lambda_3^*=1$.

当 $\lambda_2=\lambda_3=1$ 时，由 $\boldsymbol{A}-\boldsymbol{E}=\begin{pmatrix}1&2&1\\2&4&2\\3&6&3\end{pmatrix}\rightarrow\begin{pmatrix}1&2&1\\0&0&0\\0&0&0\end{pmatrix}$，可得 $\boldsymbol{A}^*$ 属于特征值 $\lambda_1^*=\lambda_2^*=9$ 的特征向量是 $c_1\boldsymbol{p}_1+c_2\boldsymbol{p}_2$，其中 $\boldsymbol{p}_1=\begin{pmatrix}-2\\1\\0\end{pmatrix}$，$\boldsymbol{p}_2=\begin{pmatrix}-1\\0\\1\end{pmatrix}$，$c_1,c_2$ 不全为 0.

当 $\lambda_3=9$ 时，由 $\boldsymbol{A}-9\boldsymbol{E}=\begin{pmatrix}-7&2&1\\2&-4&2\\3&-6&-5\end{pmatrix}\rightarrow\begin{pmatrix}1&0&-\frac{1}{3}\\0&1&\frac{2}{3}\\0&0&0\end{pmatrix}$，可得 $\boldsymbol{A}^*$ 属于特征值 $\lambda_3^*=$

1 的特征向量是 $c_1\boldsymbol{p}_1(c_1\neq0)$，其中 $\boldsymbol{p}_3=\begin{pmatrix}1\\2\\3\end{pmatrix}$，$c_3\neq0$.

39.【解析】 设 $\boldsymbol{x}=(x_1,x_2,x_3)^{\mathrm{T}}$ 是 $\boldsymbol{A}$ 对应特征值 $\lambda_3=-1$ 的特征向量，则由实对称矩阵 $\boldsymbol{A}$ 的不同特征值对应的特征向量正交得 $\begin{cases}0=[\boldsymbol{p}_1,\boldsymbol{x}]=x_1+2x_2+2x_3\\0=[\boldsymbol{p}_2,\boldsymbol{x}]=2x_1-2x_2+x_3\end{cases}$，解之可得对应 $\lambda_3=-1$ 的特征向量为 $\boldsymbol{p}_3=\begin{pmatrix}-2\\-1\\2\end{pmatrix}$.

令 $\boldsymbol{P}=(\boldsymbol{p}_1,\boldsymbol{p}_2,\boldsymbol{p}_3)$，则 $\boldsymbol{P}$ 可逆，且 $\boldsymbol{P}^{-1}\boldsymbol{AP}=\boldsymbol{\Lambda}=\begin{pmatrix}1&&\\&0&\\&&-1\end{pmatrix}$，

故 $\boldsymbol{A}=\boldsymbol{P\Lambda P}^{-1}=\dfrac{1}{3}\begin{pmatrix}-1&0&2\\0&1&2\\2&2&0\end{pmatrix}$.

40.【解析】(1) 由 $|\boldsymbol{A}-\lambda\boldsymbol{E}|=\begin{vmatrix}1-\lambda&2&0\\2&2-\lambda&2\\0&2&3-\lambda\end{vmatrix}=-(\lambda+1)(\lambda-2)(\lambda-5)$，可得 $\boldsymbol{A}$ 的特征值为 $\lambda_1=-1,\lambda_2=2,\lambda_3=5$，进而对应的特征向量分别为 $\boldsymbol{p}_1=\begin{pmatrix}2\\-2\\1\end{pmatrix}$，$\boldsymbol{p}_2=\begin{pmatrix}-2\\-1\\2\end{pmatrix}$，$\boldsymbol{p}_3=\begin{pmatrix}1\\2\\2\end{pmatrix}$.

由于 3 个特征值互不相同，故 $\boldsymbol{p}_1,\boldsymbol{p}_2,\boldsymbol{p}_3$ 两两正交，因此只需单位化：

$$\boldsymbol{q}_1=\frac{1}{3}\begin{pmatrix}2\\-2\\1\end{pmatrix},\boldsymbol{q}_2=\frac{1}{3}\begin{pmatrix}-2\\-1\\2\end{pmatrix},\boldsymbol{q}_3=\frac{1}{3}\begin{pmatrix}1\\2\\2\end{pmatrix}.$$

令 $\boldsymbol{Q}=(\boldsymbol{q}_1,\boldsymbol{q}_2,\boldsymbol{q}_3)=\dfrac{1}{3}\begin{pmatrix}2&-2&1\\-2&-1&2\\1&2&2\end{pmatrix}$，则 $\boldsymbol{Q}$ 为正交矩阵，且

$$\boldsymbol{Q}^{-1}\boldsymbol{AQ}=\boldsymbol{Q}^{\mathrm{T}}\boldsymbol{AQ}=\begin{pmatrix}-1&&\\&2&\\&&5\end{pmatrix}.$$

(2) 由 $|\boldsymbol{B}-\lambda\boldsymbol{E}|=\begin{vmatrix}2-\lambda&0&4\\0&6-\lambda&0\\4&0&2-\lambda\end{vmatrix}=-(\lambda-6)^2(\lambda+2)$，可知 $\boldsymbol{B}$ 的特征值为 $\lambda_1=$

$\lambda_2=6,\lambda_3=-2$，进而对应的特征向量分别为$\boldsymbol{p}_1=\begin{pmatrix}0\\1\\0\end{pmatrix},\boldsymbol{p}_2=\begin{pmatrix}1\\0\\1\end{pmatrix},\boldsymbol{p}_3=\begin{pmatrix}-1\\0\\1\end{pmatrix}$.

令 $\boldsymbol{q}_i=\dfrac{1}{\|\boldsymbol{p}_i\|}\boldsymbol{p}_i(i=1,2,3),\boldsymbol{Q}=(\boldsymbol{q}_1,\boldsymbol{q}_2,\boldsymbol{q}_3)=\begin{pmatrix}0&\frac{1}{\sqrt{2}}&-\frac{1}{\sqrt{2}}\\1&0&0\\0&\frac{1}{\sqrt{2}}&\frac{1}{\sqrt{2}}\end{pmatrix}$，

则 $\boldsymbol{Q}$ 为正交矩阵，且$\boldsymbol{Q}^{-1}\boldsymbol{BQ}=\boldsymbol{Q}^{\mathrm{T}}\boldsymbol{BQ}=\boldsymbol{\Lambda}=\begin{pmatrix}6&&\\&6&\\&&-2\end{pmatrix}$.

(3) 由$|\boldsymbol{C}-\lambda\boldsymbol{E}|=\begin{vmatrix}3-\lambda&-2&-4\\-2&6-\lambda&-2\\-4&-2&3-\lambda\end{vmatrix}=-(\lambda-7)^2(\lambda+2)$，可知 $\boldsymbol{C}$ 的特征值为$\lambda_1=\lambda_2=7$，$\lambda_3=-2$，其对应的特征向量分别为$\boldsymbol{p}_1=\begin{pmatrix}-1\\2\\0\end{pmatrix},\boldsymbol{p}_2=\begin{pmatrix}-4\\-2\\5\end{pmatrix},\boldsymbol{p}_3=\begin{pmatrix}2\\1\\2\end{pmatrix}$.

令 $\boldsymbol{q}_i=\dfrac{1}{\|\boldsymbol{p}_i\|}\boldsymbol{p}_i(i=1,2,3),\boldsymbol{Q}=(\boldsymbol{q}_1,\boldsymbol{q}_2,\boldsymbol{q}_3)=\begin{pmatrix}-\frac{1}{\sqrt{5}}&-\frac{4}{3\sqrt{5}}&\frac{2}{3}\\\frac{2}{\sqrt{5}}&-\frac{2}{3\sqrt{5}}&\frac{1}{3}\\0&\frac{5}{3\sqrt{5}}&\frac{2}{3}\end{pmatrix}$，

则 $\boldsymbol{Q}$ 为正交矩阵，且$\boldsymbol{Q}^{-1}\boldsymbol{CQ}=\boldsymbol{Q}^{\mathrm{T}}\boldsymbol{CQ}=\boldsymbol{\Lambda}=\begin{pmatrix}7&&\\&7&\\&&-2\end{pmatrix}$.

41.【解析】方法一　矩阵 $\boldsymbol{A}$ 的特征多项式$|\boldsymbol{A}-\lambda\boldsymbol{E}|=\begin{vmatrix}2-\lambda&1&2\\1&2-\lambda&2\\2&2&1-\lambda\end{vmatrix}=-(\lambda-1)(1+\lambda)(\lambda-5)$，故矩阵 $\boldsymbol{A}$ 的特征值为$\lambda_1=-1,\lambda_2=1,\lambda_3=5$，相应的特征向量分别为$\boldsymbol{p}_1=\begin{pmatrix}-1\\-1\\2\end{pmatrix},\boldsymbol{p}_2=\begin{pmatrix}-1\\1\\0\end{pmatrix},\boldsymbol{p}_3=\begin{pmatrix}1\\1\\1\end{pmatrix}$.

令 $\boldsymbol{P}=(\boldsymbol{p}_1,\boldsymbol{p}_2,\boldsymbol{p}_3)$，则$\boldsymbol{P}^{-1}\boldsymbol{AP}=\boldsymbol{\Lambda}=\mathrm{diag}(-1,1,5)$，进而 $\boldsymbol{A}=\boldsymbol{P\Lambda P}^{-1}$，于是

$$f(\boldsymbol{A})=\boldsymbol{P}f(\boldsymbol{\Lambda})\boldsymbol{P}^{-1}=\boldsymbol{P}\mathrm{diag}(f(-1),f(1),f(5))\boldsymbol{P}^{-1}$$

$$=\begin{pmatrix}-1&-1&1\\-1&1&1\\2&0&1\end{pmatrix}\begin{pmatrix}12&&\\&0&\\&&0\end{pmatrix}\begin{pmatrix}-1&-1&1\\-1&1&1\\2&0&1\end{pmatrix}^{-1}=\begin{pmatrix}2&2&-4\\2&2&-4\\-4&-4&8\end{pmatrix}.$$

方法二 矩阵 $\boldsymbol{A}$ 的特征多项式 $|\boldsymbol{A}-\lambda\boldsymbol{E}|=\begin{vmatrix}2-\lambda&1&2\\1&2-\lambda&2\\2&2&1-\lambda\end{vmatrix}=(1-\lambda)(1+\lambda)(\lambda-5)$，

于是 $\boldsymbol{A}$ 的特征值为 $\lambda_1=-1,\lambda_2=1,\lambda_3=5$，

故存在正交矩阵 $\boldsymbol{Q}=(\boldsymbol{q}_1,\boldsymbol{q}_2,\boldsymbol{q}_3)$，使得 $\boldsymbol{Q}^{\mathrm{T}}\boldsymbol{A}\boldsymbol{Q}=\boldsymbol{\Lambda}=\mathrm{diag}(-1,1,5)$，从而 $\boldsymbol{A}=\boldsymbol{Q}\boldsymbol{\Lambda}\boldsymbol{Q}^{\mathrm{T}}$，

进而 $f(\boldsymbol{A})=\boldsymbol{Q}f(\boldsymbol{\Lambda})\boldsymbol{Q}^{\mathrm{T}}=(\boldsymbol{q}_1,\boldsymbol{q}_2,\boldsymbol{q}_3)\begin{pmatrix}12&0&0\\0&0&0\\0&0&0\end{pmatrix}\begin{pmatrix}\boldsymbol{q}_1^{\mathrm{T}}\\\boldsymbol{q}_2^{\mathrm{T}}\\\boldsymbol{q}_3^{\mathrm{T}}\end{pmatrix}=12\,\boldsymbol{q}_1\,\boldsymbol{q}_1^{\mathrm{T}}$，

因此，计算矩阵 $\boldsymbol{A}$ 属于特征值 $\lambda_1=-1$ 的单位特征向量 $\boldsymbol{q}_1$ 即可. 易知 $\boldsymbol{p}_1=\begin{pmatrix}-1\\-1\\2\end{pmatrix}$，

则 $\boldsymbol{q}_1=\dfrac{\boldsymbol{p}_1}{\|\boldsymbol{p}_1\|}$，故

$$f(\boldsymbol{A})=12\times\frac{1}{\|\boldsymbol{p}_1\|^2}\boldsymbol{p}_1\,\boldsymbol{p}_1^{\mathrm{T}}=12\times\frac{1}{6}\begin{pmatrix}-1\\-1\\2\end{pmatrix}(-1,-1,2)=\begin{pmatrix}2&2&-4\\2&2&-4\\-4&-4&8\end{pmatrix}.$$

方法三 哈密尔顿-凯莱定理

矩阵 $\boldsymbol{A}$ 的特征多项式 $\varphi(\lambda)=|\boldsymbol{A}-\lambda\boldsymbol{E}|=-\lambda^3+5\lambda+\lambda-5$，而 $f(\boldsymbol{A})=-\varphi(\boldsymbol{A})(\boldsymbol{A}^7-\boldsymbol{A}^6+\boldsymbol{A}^5-\boldsymbol{A}^4+\boldsymbol{A}^3-\boldsymbol{A}^2+\boldsymbol{A}-\boldsymbol{E})+\boldsymbol{A}^2-6\boldsymbol{A}+5\boldsymbol{E}$.

根据特征多项式的性质 $\varphi(\boldsymbol{A})=\boldsymbol{O}$，于是

$$\varphi(\boldsymbol{A})=\boldsymbol{A}^2-6\boldsymbol{A}+5\boldsymbol{E}=(\boldsymbol{A}-5\boldsymbol{E})(\boldsymbol{A}-\boldsymbol{E})$$

$$=\begin{pmatrix}-3&1&2\\1&-3&2\\2&2&-4\end{pmatrix}\begin{pmatrix}1&1&2\\1&1&2\\2&2&0\end{pmatrix}=\begin{pmatrix}2&2&-4\\2&2&-4\\-4&-4&8\end{pmatrix}.$$

42.【解析】因为矩阵 $\boldsymbol{B}$ 的特征多项式

$$|\boldsymbol{B}-\lambda\boldsymbol{E}|=\begin{vmatrix}2-\lambda&0&1\\-1&3-\lambda&1\\2&0&1-\lambda\end{vmatrix}=(3-\lambda)\begin{vmatrix}2-\lambda&1\\2&1-\lambda\end{vmatrix}=-\lambda(\lambda-3)^2,$$

所以 $\boldsymbol{B}$ 的特征值是 3,3,0. 由于不同特征值所对应的特征向量线性无关，又当 $\lambda=3$ 时，

$\boldsymbol{B}-3\boldsymbol{E}=\begin{pmatrix}-1&0&1\\-1&0&1\\2&0&-2\end{pmatrix}=\begin{pmatrix}1&0&-1\\0&0&0\\0&0&0\end{pmatrix}$，所以 $R(\boldsymbol{B}-3\boldsymbol{E})=1=3-2$，故矩阵 $\boldsymbol{B}$ 有 2 个属于

特征值 $\lambda=3$ 的线性无关的特征向量，所以矩阵 $\boldsymbol{B}$ 有 3 个线性无关的特征向量，于是 $\boldsymbol{B}$ 可对角化，且 $\boldsymbol{B}\sim\begin{pmatrix}3&&\\&3&\\&&0\end{pmatrix}$.

又因为 $\boldsymbol{A}$ 是实对称矩阵，且 $|\boldsymbol{A}-\lambda\boldsymbol{E}|=\begin{vmatrix}2-\lambda&1&-1\\1&2-\lambda&1\\-1&1&2-\lambda\end{vmatrix}=-\lambda(\lambda-3)^2$，所以矩阵 $\boldsymbol{A}$ 的特征值也是 3,3,0，故 $\boldsymbol{A}\sim\begin{pmatrix}3&&\\&3&\\&&0\end{pmatrix}$，因此 $\boldsymbol{A}\sim\boldsymbol{B}$.

43.【解析】**方法一** 将向量 $\boldsymbol{\beta}$ 用向量组 $\boldsymbol{p}_1,\boldsymbol{p}_2,\boldsymbol{p}_3$ 线性表示，再根据特征向量的定义求解.

因为 $\boldsymbol{p}_1,\boldsymbol{p}_2,\boldsymbol{p}_3$ 是 $\boldsymbol{A}$ 的对应于不同特征值的特征向量，所以向量组 $\boldsymbol{p}_1,\boldsymbol{p}_2,\boldsymbol{p}_3$ 线性无关，向量 $\boldsymbol{\beta}$ 必可由向量组 $\boldsymbol{p}_1,\boldsymbol{p}_2,\boldsymbol{p}_3$ 唯一线性表示. 又

$$(\boldsymbol{p}_1,\boldsymbol{p}_2,\boldsymbol{p}_3,\boldsymbol{\beta})=\left(\begin{array}{ccc:c}1&1&1&1\\1&2&3&1\\1&4&9&3\end{array}\right)\to\left(\begin{array}{ccc:c}1&0&0&2\\0&1&0&-2\\0&0&1&1\end{array}\right),$$

于是 $\boldsymbol{\beta}=2\boldsymbol{p}_1-2\boldsymbol{p}_2+\boldsymbol{p}_3$.

上式两边左乘 $\boldsymbol{A}^n$，又 $\boldsymbol{A}^n\boldsymbol{p}_i=\lambda_i^n\boldsymbol{p}_i(i=1,2,3)$，于是

$$\boldsymbol{A}^n\boldsymbol{\beta}=2\lambda_1^n\boldsymbol{p}_1-2\lambda_2^n\boldsymbol{p}_2+\lambda_3^n\boldsymbol{p}_3=2\boldsymbol{p}_1-2^{n+1}\boldsymbol{p}_2+3^n\boldsymbol{p}_3=\begin{pmatrix}2-2^{n+1}+3^n\\2-2^{n+2}+3^{n+1}\\2-2^{n+3}+3^{n+2}\end{pmatrix}.$$

方法二 利用矩阵 $\boldsymbol{A}$ 的相似对角阵，求矩阵 $\boldsymbol{A}$ 的高次幂.

因为矩阵 $\boldsymbol{A}$ 有 3 个相异的特征值，所以 $\boldsymbol{A}$ 必可对角化，记矩阵 $\boldsymbol{P}=(\boldsymbol{p}_1,\boldsymbol{p}_2,\boldsymbol{p}_3)$，则 $\boldsymbol{P}$ 可逆，且 $\boldsymbol{P}^{-1}\boldsymbol{A}\boldsymbol{P}=\mathrm{diag}(1,2,3)=\boldsymbol{\Lambda}$，即 $\boldsymbol{A}=\boldsymbol{P}\boldsymbol{\Lambda}\boldsymbol{P}^{-1}$，于是 $\boldsymbol{A}^n=\boldsymbol{P}\boldsymbol{\Lambda}^n\boldsymbol{P}^{-1}$，从而 $\boldsymbol{A}^n\boldsymbol{\beta}=\boldsymbol{P}\boldsymbol{\Lambda}^n\boldsymbol{P}^{-1}\boldsymbol{\beta}$.

先利用初等行变换求出 $\boldsymbol{P}^{-1}\boldsymbol{\beta}$，由 $(\boldsymbol{P},\boldsymbol{\beta})=\begin{pmatrix}1&1&1&1\\1&2&3&1\\1&4&9&3\end{pmatrix}\to\begin{pmatrix}1&0&0&2\\0&1&0&-2\\0&0&1&1\end{pmatrix}$，

得 $\boldsymbol{P}^{-1}\boldsymbol{\beta}=(2,-2,1)^{\mathrm{T}}$，于是 $\boldsymbol{A}^n\boldsymbol{\beta}=\begin{pmatrix}1&1&1\\1&2&3\\1&4&9\end{pmatrix}\begin{pmatrix}1&0&0\\0&2^n&0\\0&0&3^n\end{pmatrix}\begin{pmatrix}2\\-2\\1\end{pmatrix}=\begin{pmatrix}2-2^{n+1}+3^n\\2-2^{n+2}+3^{n+1}\\2-2^{n+3}+3^{n+2}\end{pmatrix}$.

44.【解析】**方法一** 由 $\boldsymbol{A}\boldsymbol{p}_1=\boldsymbol{p}_1,\boldsymbol{A}\boldsymbol{p}_2=2\boldsymbol{p}_2,\boldsymbol{A}\boldsymbol{p}_3=3\boldsymbol{p}_3$，知 $\boldsymbol{p}_1,\boldsymbol{p}_2,\boldsymbol{p}_3$ 是矩阵 $\boldsymbol{A}$ 的属于不同特征值所对应的特征向量，故而它们线性无关. 利用分块矩阵，有 $\boldsymbol{A}(\boldsymbol{p}_1,\boldsymbol{p}_2,\boldsymbol{p}_3)=(\boldsymbol{p}_1,2\boldsymbol{p}_2,3\boldsymbol{p}_3)$.

因为矩阵 $(\boldsymbol{p}_1,\boldsymbol{p}_2,\boldsymbol{p}_3)$ 可逆，故

$$\boldsymbol{A}=(\boldsymbol{p}_1,2\boldsymbol{p}_2,3\boldsymbol{p}_3)(\boldsymbol{p}_1,\boldsymbol{p}_2,\boldsymbol{p}_3)^{-1}=\begin{pmatrix}1&4&-6\\2&-4&-3\\2&2&6\end{pmatrix}\begin{pmatrix}1&2&-2\\2&-2&-1\\2&1&2\end{pmatrix}^{-1}$$

$$=\begin{pmatrix}1&4&-6\\2&-4&-3\\2&2&6\end{pmatrix}\times\frac{1}{9}\begin{pmatrix}1&2&2\\2&-2&1\\-2&-1&2\end{pmatrix}=\frac{1}{3}\begin{pmatrix}7&0&-2\\0&5&-2\\-2&-2&6\end{pmatrix}.$$

方法二 由于矩阵 $\boldsymbol{A}$ 有 3 个不同的特征值,故 $\boldsymbol{A}$ 可相似对角化,即

$$\boldsymbol{P}^{-1}\boldsymbol{AP}=\boldsymbol{\Lambda}=\begin{pmatrix}1&&\\&2&\\&&3\end{pmatrix},\text{其中 }\boldsymbol{P}=(\boldsymbol{p}_1,\boldsymbol{p}_2,\boldsymbol{p}_3),$$

$$\text{故 }\boldsymbol{A}=\begin{pmatrix}1&2&-2\\2&-2&-1\\2&1&2\end{pmatrix}\begin{pmatrix}1&&\\&2&\\&&3\end{pmatrix}\begin{pmatrix}1&2&-2\\2&-2&-1\\2&1&2\end{pmatrix}^{-1}=\frac{1}{3}\begin{pmatrix}7&0&-2\\0&5&-2\\-2&-2&6\end{pmatrix}.$$

45.【解析】(1) 因为 $R(\boldsymbol{A})=2$,所以 $|\boldsymbol{A}|=0$,根据特征值的性质及 6 是矩阵 $\boldsymbol{A}$ 的 2 重特征值,可知 $\boldsymbol{A}$ 有一个特征值为 0. 又向量 $(1,1,0)^{\mathrm{T}}$、$(2,1,1)^{\mathrm{T}}$ 和 $(-1,2,-3)^{\mathrm{T}}$ 的极大无关组为 $\boldsymbol{p}_1=(1,1,0)^{\mathrm{T}}$,$\boldsymbol{p}_2=(2,1,1)^{\mathrm{T}}$,因而矩阵 $\boldsymbol{A}$ 的属于特征值 6 的特征向量为 $c_1\boldsymbol{p}_1+c_2\boldsymbol{p}_2$($c_1,c_2$ 不全为零).

设矩阵 $\boldsymbol{A}$ 的属于特征值 0 的特征向量为 $\boldsymbol{p}_1=(x_1,x_2,x_3)^{\mathrm{T}}$,由于对称矩阵不同特征值所对应的特征向量正交,则 $\begin{cases}\boldsymbol{p}_1^{\mathrm{T}}\boldsymbol{p}_3=\boldsymbol{0}\\\boldsymbol{p}_1^{\mathrm{T}}\boldsymbol{p}_3=\boldsymbol{0}\end{cases}$,或 $\begin{cases}x_1+x_2=0\\2x_1+x_2+x_3=0\end{cases}$,解得基础解系为 $\boldsymbol{p}_3=(-1,1,1)^{\mathrm{T}}$,故矩阵 $\boldsymbol{A}$ 的属于特征值 0 的特征向量为 $c(-1,1,1)^{\mathrm{T}}(c\neq0)$.

(2)由矩阵特征值与特征向量的定义可得 $\boldsymbol{A}(\boldsymbol{p}_1,\boldsymbol{p}_2,\boldsymbol{p}_3)=(6\boldsymbol{p}_1,6\boldsymbol{p}_2,\boldsymbol{0})$,因此

$$\boldsymbol{A}=(6\boldsymbol{p}_1,6\boldsymbol{p}_2,\boldsymbol{0})(\boldsymbol{p}_1,\boldsymbol{p}_2,\boldsymbol{p}_3)^{-1}=\begin{pmatrix}6&12&0\\6&6&0\\0&6&0\end{pmatrix}\begin{pmatrix}1&2&-1\\1&1&1\\0&1&1\end{pmatrix}^{-1}$$

$$=\begin{pmatrix}6&12&0\\6&6&0\\0&6&0\end{pmatrix}\times\frac{1}{3}\begin{pmatrix}0&3&-3\\1&-1&2\\-1&1&1\end{pmatrix}=\begin{pmatrix}4&2&2\\2&4&-2\\2&-2&4\end{pmatrix}.$$

46.【解析】对方程组的增广矩阵作初等行变换

$$(\boldsymbol{A},\boldsymbol{\beta})=\left(\begin{array}{ccc:c}1&1&a&1\\1&a&1&1\\a&1&1&-2\end{array}\right)\to\left(\begin{array}{ccc:c}1&1&a&1\\0&a-1&1-a&0\\0&0&(a-1)(a+2)&a+2\end{array}\right).$$

由于线性方程组 $\boldsymbol{Ax}=\boldsymbol{\beta}$ 有解但不唯一,故 $R(\boldsymbol{A})=R(\boldsymbol{A},\boldsymbol{\beta})<3$,进而可得 $a=-2$,

此时,矩阵 $\boldsymbol{A}$ 的特征多项式为 $|\boldsymbol{A}-\lambda\boldsymbol{E}|=\begin{vmatrix}1-\lambda&1&-2\\1&-2-\lambda&1\\-2&1&1-\lambda\end{vmatrix}=-(\lambda-3)\lambda(\lambda+3)$,

所以,矩阵 $\boldsymbol{A}$ 的特征值为 $3,-3,0$.

当 $\lambda=3$ 时,由 $\boldsymbol{A}-3\boldsymbol{E}=\begin{pmatrix}-2&1&-2\\1&-5&1\\-2&1&-2\end{pmatrix}\to\begin{pmatrix}1&0&1\\0&1&0\\0&0&0\end{pmatrix}$,得基础解系 $\boldsymbol{p}_1=(-1,0,1)^{\mathrm{T}}$.

当 $\lambda=-3$ 时,由 $\boldsymbol{A}+3\boldsymbol{E}=\begin{pmatrix}4&1&-2\\1&1&1\\-2&1&4\end{pmatrix}\to\begin{pmatrix}1&0&-1\\0&1&2\\0&0&0\end{pmatrix}$,得基础解系 $\boldsymbol{p}_2=(1,-2,1)^{\mathrm{T}}$.

当 $\lambda=0$ 时,由 $\boldsymbol{A}-0\boldsymbol{E}=\begin{pmatrix}1&1&-2\\1&-2&1\\-2&1&1\end{pmatrix}\to\begin{pmatrix}1&0&-1\\0&1&-1\\0&0&0\end{pmatrix}$,得基础解系 $\boldsymbol{p}_3=(1,1,1)^{\mathrm{T}}$.

注意到矩阵 $\boldsymbol{A}$ 是实对称矩阵,故 $\boldsymbol{p}_1,\boldsymbol{p}_2,\boldsymbol{p}_3$ 正交,只需要进行单位化即可,因此取

$$\boldsymbol{q}_1=\frac{\boldsymbol{p}_1}{\|\boldsymbol{p}_1\|}=\begin{pmatrix}-\frac{1}{\sqrt{2}}\\0\\\frac{1}{\sqrt{2}}\end{pmatrix},\boldsymbol{q}_2=\frac{\boldsymbol{p}_2}{\|\boldsymbol{p}_2\|}=\sqrt{\frac{1}{6}}\begin{pmatrix}1\\-2\\1\end{pmatrix},\boldsymbol{q}_3=\frac{\boldsymbol{p}_3}{\|\boldsymbol{p}_3\|}=\begin{pmatrix}\frac{1}{\sqrt{3}}\\\frac{1}{\sqrt{3}}\\\frac{1}{\sqrt{3}}\end{pmatrix},$$

令 $\boldsymbol{Q}=(\boldsymbol{q}_1,\boldsymbol{q}_2,\boldsymbol{q}_3)$,则 $\boldsymbol{Q}$ 为正交矩阵,且 $\boldsymbol{Q}^{\mathrm{T}}\boldsymbol{A}\boldsymbol{Q}=\boldsymbol{Q}^{-1}\boldsymbol{A}\boldsymbol{Q}=\boldsymbol{\Lambda}=\begin{pmatrix}3&&\\&-3&\\&&0\end{pmatrix}$.

47.【解析】由于 $\boldsymbol{A}$ 是实对称矩阵,且有 3 个不同的特征值,故其所对应的特征向量相互正交,于是 $\boldsymbol{p}_1^{\mathrm{T}}\boldsymbol{p}_2=a+a(a+1)+1=0$,解得 $a=-1$.

设矩阵 $\boldsymbol{A}$ 的属于特征值 $\lambda=0$ 的特征向量为 $\boldsymbol{p}_3=(x_1,x_2,x_3)^{\mathrm{T}}$,则

$$\begin{cases}\boldsymbol{p}_3^{\mathrm{T}}\boldsymbol{\alpha}_1=x_1-x_2+x_3=0\\\boldsymbol{p}_3^{\mathrm{T}}\boldsymbol{p}_2=-x_1+x_3=0\end{cases},$$

解之得 $\boldsymbol{p}_3=(1,2,1)^{\mathrm{T}}$.

根据特征值与特征向量的定义可得 $\boldsymbol{A}(\boldsymbol{p}_1,\boldsymbol{p}_2,\boldsymbol{p}_3)=(3\boldsymbol{p}_1,-6\boldsymbol{p}_2,\boldsymbol{0})$,进而有

$$\begin{aligned}\boldsymbol{A}&=(3\boldsymbol{p}_1,-6\boldsymbol{p}_2,\boldsymbol{0})(\boldsymbol{p}_1,\boldsymbol{p}_2,\boldsymbol{p}_3)^{-1}\\&=\begin{pmatrix}3&6&0\\-3&0&0\\3&-6&0\end{pmatrix}\begin{pmatrix}1&-1&1\\-1&0&2\\1&1&1\end{pmatrix}^{-1}\\&=\begin{pmatrix}-2&-1&4\\-1&1&-1\\4&-1&-2\end{pmatrix}.\end{aligned}$$

48.【解析】方法一　由于对称矩阵的不同特征值对应的特征向量相互正交,故设矩阵 $\boldsymbol{A}$ 的对应于特征值 $\lambda_2=\lambda_3=3$ 的两个线性无关的特征向量为 $\boldsymbol{p}_2,\boldsymbol{p}_3$,于是 $\boldsymbol{p}_1$ 与 $\boldsymbol{p}_2$、$\boldsymbol{p}_3$ 均正交,故有

$\begin{cases} p_1^T p_2 = 0 \\ p_1^T p_3 = 0 \end{cases}$,即$p_2,p_3$是齐次方程组$p_1^T x=0$的两个线性无关的解.

齐次方程组$p_1^T x=0$等价于$x_1+x_2+x_3=0$,p_2,p_3可为上述方程组的一个基础解系,取$p_2=(-1,1,0)^T$,$p_3=(-1,0,1)^T$.

将向量组p_2,p_3正交化,得

$$\alpha_1=p_2=(-1,1,0)^T,\alpha_2=p_3-\frac{[p_3,\alpha_1]}{[\alpha_1,\alpha_1]}\alpha_1=\frac{1}{2}(-1,-1,2)^T,$$

分别将向量p_1,α_2,α_3单位化得

$$q_1=\frac{p_1}{\|p_1\|}=\frac{1}{\sqrt{3}}\begin{pmatrix}1\\1\\1\end{pmatrix},q_2=\frac{\alpha_1}{\|\alpha_1\|}=\frac{1}{\sqrt{2}}\begin{pmatrix}-1\\1\\0\end{pmatrix},q_3=\frac{\alpha_2}{\|\alpha_2\|}=\frac{1}{\sqrt{6}}\begin{pmatrix}-1\\-1\\2\end{pmatrix}.$$

令$Q=(q_1,q_2,q_3)$,则Q为正交矩阵,有$Q^TAQ=Q^{-1}AQ=\mathrm{diag}(6,3,3)$,

于是$A=Q\begin{pmatrix}6&&\\&3&\\&&3\end{pmatrix}Q^{-1}=Q\begin{pmatrix}6&&\\&3&\\&&3\end{pmatrix}Q^T=\begin{pmatrix}4&1&1\\1&4&1\\1&1&4\end{pmatrix}$.

方法二 因为A是对称矩阵,所以必存在正交矩阵Q,使得$Q^TAQ=Q^{-1}AQ=\mathrm{diag}(6,3,3)$,即$A=Q\mathrm{diag}(6,3,3)Q^{-1}=Q\mathrm{diag}(6,3,3)Q^T$,且若$Q$按列分块为$Q=(q_1,q_2,q_3)$,则向量$q_1$必定是对应于特征值$\lambda_1=6$的单位特征向量,由题设知$q_1=\frac{1}{\sqrt{3}}(1,1,1)^T$.

由于$A=Q\mathrm{diag}(6,3,3)Q^{-1}=Q\mathrm{diag}(6,3,3)Q^T$,故

$$A-3E=Q(A-3E)Q^T=(q_1,q_2,q_3)\begin{pmatrix}3&0&0\\0&0&0\\0&0&0\end{pmatrix}\begin{pmatrix}q_1^T\\q_2^T\\q_3^T\end{pmatrix}$$

$$=3(q_1,0,0)\begin{pmatrix}q_1^T\\q_2^T\\q_3^T\end{pmatrix}=3q_1q_1^T=\begin{pmatrix}1&1&1\\1&1&1\\1&1&1\end{pmatrix},$$

于是$A=\begin{pmatrix}1&1&1\\1&1&1\\1&1&1\end{pmatrix}+3E=\begin{pmatrix}4&1&1\\1&4&1\\1&1&4\end{pmatrix}$.

49.【解析】(1) 因为p_1,p_2是线性方程组$Ax=0$的两个解,所以p_1,p_2是A的对应于特征值$\lambda_1=\lambda_2=0$的特征向量. 又因为3阶实对称矩阵A的各行元素之和均为3,所以A有一个特征值$\lambda_3=3$,其对应的特征向量$p_3=(1,1,1)^T$,故矩阵A的特征值为$\lambda_1=\lambda_2=0,\lambda_3=3$.

$\lambda_1=\lambda_2=0$对应的特征向量为$c_1p_1+c_2p_2$(c_1,c_2不全为零),矩阵A的属于$\lambda_3=3$的特征向量为$c_3p_3=c_3(1,1,1)^T(c_3\neq0)$.

(2) 将p_1,p_2正交化,得$\beta_1=p_1,\beta_2=p_2-\frac{[\beta_1,p_2]}{[\beta_1,\beta_1]}\beta_1=\frac{1}{2}(-1,0,1)^T$,

将 $\boldsymbol{\beta}_1,\boldsymbol{\beta}_2,\boldsymbol{p}_3$ 单位化，得

$$\boldsymbol{q}_1=\frac{\boldsymbol{\beta}_1}{\|\boldsymbol{\beta}_1\|}=\frac{1}{\sqrt{6}}(-1,2,-1)^{\mathrm{T}},\boldsymbol{q}_2=\frac{\boldsymbol{\beta}_2}{\|\boldsymbol{\beta}_2\|}=\frac{1}{\sqrt{2}}(-1,0,1)^{\mathrm{T}},\boldsymbol{q}_3=\frac{\boldsymbol{p}_3}{\|\boldsymbol{p}_3\|}=\frac{1}{\sqrt{3}}(1,1,1)^{\mathrm{T}},$$

令 $\boldsymbol{Q}=(\boldsymbol{q}_1,\boldsymbol{q}_2,\boldsymbol{q}_3)=\begin{pmatrix}-\frac{1}{\sqrt{6}}&-\frac{1}{\sqrt{2}}&\frac{1}{\sqrt{3}}\\\frac{2}{\sqrt{6}}&0&\frac{1}{\sqrt{3}}\\-\frac{1}{\sqrt{6}}&\frac{1}{\sqrt{2}}&\frac{1}{\sqrt{3}}\end{pmatrix}$，则 $\boldsymbol{Q}$ 为正交矩阵，且$\boldsymbol{Q}^{\mathrm{T}}\boldsymbol{AQ}=\boldsymbol{\Lambda}=\begin{pmatrix}0&&\\&0&\\&&3\end{pmatrix}$.

二、提高篇

1. 答案 B 【解析】由于$(\boldsymbol{P}^{-1}\boldsymbol{AP})^{\mathrm{T}}\boldsymbol{\beta}=\lambda\boldsymbol{\beta}$，即$\boldsymbol{P}^{\mathrm{T}}\boldsymbol{A}(\boldsymbol{P}^{-1})^{\mathrm{T}}\boldsymbol{\beta}=\lambda\boldsymbol{\beta}$，将四个选项中的向量逐一代入上式替换 $\boldsymbol{\beta}$，同时考虑到 $\boldsymbol{A\alpha}=\lambda\boldsymbol{\alpha}$，可得选项 B 正确，即 $\boldsymbol{P}^{\mathrm{T}}\boldsymbol{A}(\boldsymbol{P}^{-1})^{\mathrm{T}}(\boldsymbol{P}^{\mathrm{T}}\boldsymbol{\alpha})=\boldsymbol{P}^{\mathrm{T}}\boldsymbol{A\alpha}=\boldsymbol{P}^{\mathrm{T}}\lambda\boldsymbol{\alpha}=\lambda\boldsymbol{P}^{\mathrm{T}}\boldsymbol{\alpha}$，故应选 B.

2. 答案 C 【解析】由已知条件有 $\boldsymbol{A}^3\boldsymbol{\alpha}+2\boldsymbol{A}^2\boldsymbol{\alpha}-3\boldsymbol{A\alpha}=\boldsymbol{0}$，整理得

$$\boldsymbol{A}(\boldsymbol{A}+3\boldsymbol{E})(\boldsymbol{A}-\boldsymbol{E})\boldsymbol{\alpha}=\boldsymbol{0}\text{ 或}(\boldsymbol{A}+3\boldsymbol{E})(\boldsymbol{A}^2\boldsymbol{\alpha}-\boldsymbol{A\alpha})=\boldsymbol{0}.$$

由于 $\boldsymbol{\alpha},\boldsymbol{A\alpha},\boldsymbol{A}^2\boldsymbol{\alpha}$ 线性无关，故 $\boldsymbol{A}^2\boldsymbol{\alpha}-\boldsymbol{A\alpha}\neq\boldsymbol{0}$，因此 $\boldsymbol{A}^2\boldsymbol{\alpha}-\boldsymbol{A\alpha}$ 是矩阵 $\boldsymbol{A}+3\boldsymbol{E}$ 属于特征值 $\lambda=0$的特征向量，或为 $\boldsymbol{A}$ 的属于特征值$\lambda=-3$ 的特征向量.

因此，应选 C.

3. 答案 B 【解析】矩阵 $\boldsymbol{A}$ 的对应特征值λ 的线性无关的特征向量的个数不超过特征值的重数.

由于 $R(\boldsymbol{A})=1$，故 $(\boldsymbol{A}-0\boldsymbol{E})\boldsymbol{x}=\boldsymbol{0}$ 必有两个线性无关的特征向量，故 $\lambda=0$ 的重数不小于 2，即 $\lambda=0$ 至少是 $\boldsymbol{A}$ 的二重特征值.

当然，$\lambda=0$ 也可能是 $\boldsymbol{A}$ 的三重特征值，例如，$\boldsymbol{A}=\begin{pmatrix}0&0&0\\0&0&0\\1&0&0\end{pmatrix}$，$R(\boldsymbol{A})=1$，但 $\lambda=0$ 是三重特征值. 因此，应选 B.

4. 答案 B 【解析】方法一　由于 $\boldsymbol{Q}=\boldsymbol{P}\begin{pmatrix}1&0&0\\1&1&0\\0&0&1\end{pmatrix}$，则$\boldsymbol{Q}^{-1}=\begin{pmatrix}1&0&0\\-1&1&0\\0&0&1\end{pmatrix}\boldsymbol{P}^{-1}$. 因此

$$\boldsymbol{Q}^{-1}\boldsymbol{AQ}=\begin{pmatrix}1&0&0\\-1&1&0\\0&0&1\end{pmatrix}\boldsymbol{P}^{-1}\boldsymbol{AP}\begin{pmatrix}1&0&0\\1&1&0\\0&0&1\end{pmatrix}$$

$$=\begin{pmatrix}1&0&0\\-1&1&0\\0&0&1\end{pmatrix}\begin{pmatrix}1&0&0\\0&1&0\\0&0&2\end{pmatrix}\begin{pmatrix}1&0&0\\1&1&0\\0&0&1\end{pmatrix}=\begin{pmatrix}1&0&0\\0&1&0\\0&0&2\end{pmatrix}.$$

方法二　根据已知条件 $\boldsymbol{\alpha}_1,\boldsymbol{\alpha}_2$ 是矩阵 $\boldsymbol{A}$ 的属于特征值 $\lambda=1$ 的两个线性无关的特征向量，易证 $\boldsymbol{\alpha}_1+\boldsymbol{\alpha}_2$ 也是矩阵 $\boldsymbol{A}$ 的属于特征值 $\lambda=1$ 的特征向量，且与 $\boldsymbol{\alpha}_2$ 无关，故 $\boldsymbol{Q}$ 的列向量组是矩阵 $\boldsymbol{A}$ 的属于特征值 1 和 2 的 3 个线性无关的特征向量组. 因此

$$\boldsymbol{Q}^{-1}\boldsymbol{A}\boldsymbol{Q}=\begin{pmatrix}1&0&0\\0&1&0\\0&0&2\end{pmatrix}.$$

5. 答案 D 【解析】注意到矩阵 $\boldsymbol{A}$ 的特征值所对应的特征向量的线性组合(非零向量)依然是该特征值所对应的特征向量，而不同特征值所对应的特征向量之和一定不是矩阵的特征向量，从而 $\boldsymbol{\alpha}_1+\boldsymbol{\alpha}_2$ 不是矩阵 $\boldsymbol{A}$ 的特征值. 因此，应选 D.

6. 答案 C 【解析】根据矩阵初等变换的性质可知

$$\boldsymbol{AB}=\begin{pmatrix}b_{12}&2b_{11}&-b_{13}\\b_{22}&2b_{21}&-b_{23}\\b_{32}&2b_{31}&-b_{33}\end{pmatrix}=\boldsymbol{B}\begin{pmatrix}0&1&0\\1&0&0\\0&0&1\end{pmatrix}\begin{pmatrix}1&0&0\\0&2&0\\0&0&1\end{pmatrix}\begin{pmatrix}1&0&0\\0&1&0\\0&0&-1\end{pmatrix}=\boldsymbol{B}\begin{pmatrix}0&2&0\\1&0&0\\0&0&-1\end{pmatrix},$$

又因为 $\boldsymbol{B}$ 可逆，从而 $\boldsymbol{B}^{-1}\boldsymbol{AB}=\begin{pmatrix}0&2&0\\1&0&0\\0&0&-1\end{pmatrix}$，故应选 C.

7. 答案 C 【解析】由于 $\boldsymbol{A}\sim\boldsymbol{C},\boldsymbol{B}\sim\boldsymbol{D}$，则存在 n 阶可逆矩阵 $\boldsymbol{P},\boldsymbol{Q}$，使得$\boldsymbol{P}^{-1}\boldsymbol{AP}=\boldsymbol{C},\boldsymbol{Q}^{-1}\boldsymbol{BQ}=\boldsymbol{D}$，

故存在可逆矩阵 $\begin{pmatrix}\boldsymbol{P}&\boldsymbol{O}\\\boldsymbol{O}&\boldsymbol{Q}\end{pmatrix}$，使得

$$\begin{pmatrix}\boldsymbol{P}&\boldsymbol{O}\\\boldsymbol{O}&\boldsymbol{Q}\end{pmatrix}^{-1}\begin{pmatrix}\boldsymbol{A}&\boldsymbol{O}\\\boldsymbol{O}&\boldsymbol{B}\end{pmatrix}\begin{pmatrix}\boldsymbol{P}&\boldsymbol{O}\\\boldsymbol{O}&\boldsymbol{Q}\end{pmatrix}=\begin{pmatrix}\boldsymbol{P}^{-1}&\boldsymbol{O}\\\boldsymbol{O}&\boldsymbol{Q}^{-1}\end{pmatrix}\begin{pmatrix}\boldsymbol{A}&\boldsymbol{O}\\\boldsymbol{O}&\boldsymbol{B}\end{pmatrix}\begin{pmatrix}\boldsymbol{P}&\boldsymbol{O}\\\boldsymbol{O}&\boldsymbol{Q}\end{pmatrix}$$
$$=\begin{pmatrix}\boldsymbol{P}^{-1}\boldsymbol{AP}&\boldsymbol{O}\\\boldsymbol{O}&\boldsymbol{Q}^{-1}\boldsymbol{BQ}\end{pmatrix}=\begin{pmatrix}\boldsymbol{C}&\boldsymbol{O}\\\boldsymbol{O}&\boldsymbol{D}\end{pmatrix},$$

故而 $\begin{pmatrix}\boldsymbol{A}&\boldsymbol{O}\\\boldsymbol{O}&\boldsymbol{B}\end{pmatrix}\sim\begin{pmatrix}\boldsymbol{C}&\boldsymbol{O}\\\boldsymbol{O}&\boldsymbol{D}\end{pmatrix}$，因此，应选 C.

8. 答案 B 【解析】因为矩阵 $\boldsymbol{B}=\begin{pmatrix}2&0&0\\0&b&0\\0&0&0\end{pmatrix}$ 是对角矩阵，所以矩阵 $\boldsymbol{A}=\begin{pmatrix}1&a&1\\a&b&a\\1&a&1\end{pmatrix}$ 与矩阵 $\boldsymbol{B}=\begin{pmatrix}2&0&0\\0&b&0\\0&0&0\end{pmatrix}$ 相似的充分必要条件是两个矩阵的特征值对应相等.

$$|\lambda\boldsymbol{E}-\boldsymbol{A}|=\begin{vmatrix}\lambda-1&-a&-1\\-a&\lambda-b&-a\\-1&-a&\lambda-1\end{vmatrix}=-\lambda[\lambda^2-(b+2)\lambda+2b-2a^2],$$

从而可知 $2b-2a^2=2b$，即 $a=0$，b 为任意常数，故应选 B.

9. 答案 C 【解析】因为矩阵 $\boldsymbol{A}$ 相似于矩阵 $\boldsymbol{B}$，所以矩阵 $(\boldsymbol{A}-2\boldsymbol{E})$ 与矩阵 $(\boldsymbol{B}-2\boldsymbol{E})$ 相似，矩阵 $(\boldsymbol{A}-\boldsymbol{E})$ 与矩阵 $(\boldsymbol{B}-\boldsymbol{E})$ 相似，又

$$R(\boldsymbol{B}-2\boldsymbol{E})=R\begin{pmatrix}-2&0&1\\0&-1&0\\1&0&-2\end{pmatrix}=3,\ R(\boldsymbol{B}-\boldsymbol{E})=R\begin{pmatrix}-1&0&1\\0&0&0\\1&0&-1\end{pmatrix}=1.$$

根据相似矩阵的秩相等，得 $R(\boldsymbol{A}-2\boldsymbol{E})+R(\boldsymbol{A}-\boldsymbol{E})=R(\boldsymbol{B}-2\boldsymbol{E})+R(\boldsymbol{B}-\boldsymbol{E})=4$，故应选 C.

10. 答案 1 【解析】方法一 由已知条件 $\boldsymbol{A}\boldsymbol{p}_1=\boldsymbol{0}$ 可得 $\boldsymbol{A}(2\boldsymbol{p}_1+\boldsymbol{p}_2)=2\boldsymbol{A}\boldsymbol{p}_1+\boldsymbol{A}\boldsymbol{p}_2=\boldsymbol{A}\boldsymbol{p}_2$，又 $\boldsymbol{A}\boldsymbol{p}_2=2\boldsymbol{p}_1+\boldsymbol{p}_2$，所以 $\boldsymbol{A}(2\boldsymbol{p}_1+\boldsymbol{p}_2)=2\boldsymbol{p}_1+\boldsymbol{p}_2$. 又 $\boldsymbol{p}_1,\boldsymbol{p}_2$ 线性无关，则 $2\boldsymbol{p}_1+\boldsymbol{p}_2\neq\boldsymbol{0}$，由特征值的定义得矩阵 $\boldsymbol{A}$ 有非零的特征值 1.

方法二 由于 $\boldsymbol{A}(\boldsymbol{p}_1,\boldsymbol{p}_2)=(\boldsymbol{A}\boldsymbol{p}_1,\boldsymbol{A}\boldsymbol{p}_2)=(\boldsymbol{0},2\boldsymbol{p}_1+\boldsymbol{p}_2)=(\boldsymbol{p}_1,\boldsymbol{p}_2)\begin{pmatrix}0&2\\0&1\end{pmatrix}$，

又 $\boldsymbol{p}_1,\boldsymbol{p}_2$ 线性无关，于是 $(\boldsymbol{p}_1,\boldsymbol{p}_2)^{-1}\boldsymbol{A}(\boldsymbol{p}_1,\boldsymbol{p}_2)=\begin{pmatrix}0&2\\0&1\end{pmatrix}$，即 $\boldsymbol{A}\sim\begin{pmatrix}0&2\\0&1\end{pmatrix}$，

故而 $\boldsymbol{A}$ 有非零特征值 1.

11. 答案 -2 【解析】矩阵 $\boldsymbol{A}+\boldsymbol{E}$ 不可逆，即 $|\boldsymbol{A}+\boldsymbol{E}|=0$，故 $\lambda=-1$ 必是矩阵 $\boldsymbol{A}$ 的特征值. 又因为 $|\boldsymbol{A}|=2$，所以由矩阵与伴随矩阵特征值的关系可得 $\boldsymbol{A}^*$ 必有特征值 -2.

12. 答案 $\frac{1}{2}\boldsymbol{E}$ 【解析】矩阵 $\boldsymbol{A}$ 的特征多项式 $\varphi(\lambda)=|\boldsymbol{A}-\lambda\boldsymbol{E}|=\begin{vmatrix}1-\lambda&2\\3&4-\lambda\end{vmatrix}=\lambda^2-5\lambda-2$，

故 $\varphi(\boldsymbol{A})=\boldsymbol{A}^2-5\boldsymbol{A}-2\boldsymbol{E}=\boldsymbol{O}$，

而 $\boldsymbol{A}^4-2\boldsymbol{A}^3-13\boldsymbol{A}^2-26\boldsymbol{A}-6\boldsymbol{E}=(\boldsymbol{A}^2-5\boldsymbol{A}-2\boldsymbol{E})(\boldsymbol{A}^2+3\boldsymbol{A}+4\boldsymbol{E})+2\boldsymbol{E}=2\boldsymbol{E}$，

因此 $(\boldsymbol{A}^4-2\boldsymbol{A}^3-13\boldsymbol{A}^2-26\boldsymbol{A}-6\boldsymbol{E})^{-1}=(2\boldsymbol{E})^{-1}=\frac{1}{2}\boldsymbol{E}$.

13. 答案 1 【解析】方法一 因为 $\boldsymbol{A}\sim\boldsymbol{B}$，所以存在可逆阵 $\boldsymbol{P}$，使得 $\boldsymbol{P}^{-1}\boldsymbol{A}\boldsymbol{P}=\boldsymbol{B}$，于是 $\boldsymbol{A}\boldsymbol{B}-\boldsymbol{A}=\boldsymbol{A}(\boldsymbol{B}-\boldsymbol{E})=\boldsymbol{A}(\boldsymbol{P}^{-1}\boldsymbol{A}\boldsymbol{P}-\boldsymbol{E})=\boldsymbol{A}\boldsymbol{P}^{-1}(\boldsymbol{A}-\boldsymbol{E})\boldsymbol{P}$.

由于 $|\boldsymbol{A}|=-1\neq0$，即 $\boldsymbol{A}$ 可逆，故 $R(\boldsymbol{A}\boldsymbol{B}-\boldsymbol{A})=R(\boldsymbol{A}-\boldsymbol{E})=R\begin{pmatrix}-1&0&1\\0&0&0\\1&0&-1\end{pmatrix}=1$.

方法二 令 $\boldsymbol{B}=\boldsymbol{A}$，则 $\boldsymbol{A}\boldsymbol{B}-\boldsymbol{A}=\boldsymbol{A}(\boldsymbol{B}-\boldsymbol{E})=\boldsymbol{A}(\boldsymbol{A}-\boldsymbol{E})$，又 $\boldsymbol{A}$ 可逆，

故 $R(\boldsymbol{A}-\boldsymbol{E})=R\begin{pmatrix}-1&0&1\\0&0&0\\1&0&-1\end{pmatrix}=1$.

14. 【解析】由题设知 $\boldsymbol{A}^*\boldsymbol{p}=\lambda_0\boldsymbol{p}$，即 $\boldsymbol{A}\boldsymbol{A}^*\boldsymbol{p}=\lambda_0\boldsymbol{A}\boldsymbol{p}$. 又因为 $\boldsymbol{A}\boldsymbol{A}^*=|\boldsymbol{A}|\boldsymbol{E}=-\boldsymbol{E}$，所以 $\lambda_0\boldsymbol{A}\boldsymbol{p}=-\boldsymbol{p}$.

由 $\lambda_0\begin{pmatrix}a&-1&c\\5&b&3\\1-c&0&-a\end{pmatrix}\begin{pmatrix}-1\\-1\\1\end{pmatrix}=-\begin{pmatrix}-1\\-1\\1\end{pmatrix}$，可得 $\begin{cases}\lambda_0(-a+1+c)=1\\\lambda_0(-5-b+3)=1\\\lambda_0(-1+c-a)=-1\end{cases}$，

解之可得 $\lambda_0=1,b=-3,\ a=c$.

由 $|\boldsymbol{A}|=\begin{vmatrix}a&-1&a\\5&-3&3\\1-a&0&-a\end{vmatrix}=\begin{vmatrix}0&-1&a\\2&-3&3\\1&0&-a\end{vmatrix}=a-3=-1$ 可得 $a=c=2,\lambda_0=1$.

15.【解析】因为 $|\boldsymbol{A}-\lambda\boldsymbol{E}|=\begin{vmatrix}3-\lambda&2&2\\2&3-\lambda&2\\2&2&3-\lambda\end{vmatrix}=(7-\lambda)(1-\lambda)^2$，所以 $\boldsymbol{A}$ 的特征值是 $\lambda_1=7$，

$\lambda_2=\lambda_3=1$，$|\boldsymbol{A}|=\lambda_1\lambda_2\lambda_3=7$，且对应的特征向量分别为 $\boldsymbol{p}_1=\begin{pmatrix}1\\1\\1\end{pmatrix}$，$\boldsymbol{p}_2=\begin{pmatrix}-1\\1\\0\end{pmatrix}$，$\boldsymbol{p}_3=\begin{pmatrix}-1\\0\\1\end{pmatrix}$.

进而有 $\boldsymbol{A}^*$ 的特征值为 $\lambda_i^*=\dfrac{|\boldsymbol{A}|}{\lambda_i}$，即 $\lambda_1^*=1,\lambda_2^*=\lambda_3^*=7$，且对应的特征向量分别为 $\boldsymbol{p}_1$，

$\boldsymbol{p}_2$，$\boldsymbol{p}_3$，

于是 $\boldsymbol{B}=\boldsymbol{P}^{-1}\boldsymbol{A}^*\boldsymbol{P}$ 的特征值依次为 1,7,7. 又 $\boldsymbol{P}^{-1}=\begin{pmatrix}0&1&-1\\1&0&0\\0&0&1\end{pmatrix}$，

$\boldsymbol{B}+2\boldsymbol{E}$ 对应于 3,9,9 的特征向量分别为

$$\boldsymbol{q}_1=\boldsymbol{P}^{-1}\boldsymbol{p}_1=\begin{pmatrix}0\\1\\1\end{pmatrix},\boldsymbol{q}_2=\boldsymbol{P}^{-1}\boldsymbol{p}_2=\begin{pmatrix}1\\-1\\0\end{pmatrix},\boldsymbol{q}_3=\boldsymbol{P}^{-1}\boldsymbol{p}_3=\begin{pmatrix}-1\\-1\\1\end{pmatrix},$$

因此 $\boldsymbol{B}+2\boldsymbol{E}$ 的特征值依次为 3,9,9，且对应的特征向量分别为 $\boldsymbol{q}_1,\boldsymbol{q}_2,\boldsymbol{q}_3$，即 $\boldsymbol{B}+2\boldsymbol{E}$ 的属于特征值 3 的特征向量为 $c_1\boldsymbol{q}_1$，其中 $c_1\neq0$；属于特征值 9 的特征向量为 $c_2\boldsymbol{q}_2+c_3\boldsymbol{q}_3$，其中 c_2,c_3 不全为零.

16.【解析】对方程组系数的增广矩阵作初等行变换，有

$$\left(\begin{array}{ccc:c}1&2&1&3\\2&a+4&-5&6\\-1&-2&a&-3\end{array}\right)\to\left(\begin{array}{ccc:c}1&2&1&3\\0&a&-7&0\\0&0&a+1&0\end{array}\right),$$

当 $a=-1$ 或 $a=0$ 时，$R(\boldsymbol{A},\boldsymbol{b})=R(\boldsymbol{A})=2<3$，即方程组均有无穷多解.

当 $a=-1$ 时，$\boldsymbol{p}_1=\begin{pmatrix}1\\-2\\-1\end{pmatrix}$，$\boldsymbol{p}_3=\begin{pmatrix}-1\\2\\1\end{pmatrix}$，$\boldsymbol{p}_1$ 与 $\boldsymbol{p}_2$ 对应分量成比例，即 $\boldsymbol{p}_1,\boldsymbol{p}_2,\boldsymbol{p}_3$ 线性相关，不符合题意.

当 $a=0$ 时，$\boldsymbol{p}_1=\begin{pmatrix}1\\0\\-1\end{pmatrix}$，$\boldsymbol{p}_2=\begin{pmatrix}-2\\-1\\1\end{pmatrix}$，$\boldsymbol{p}_3=\begin{pmatrix}0\\3\\2\end{pmatrix}$，此时，$\boldsymbol{p}_1,\boldsymbol{p}_2,\boldsymbol{p}_3$ 线性无关.

由特征值与特征向量的定义，有 $\boldsymbol{A}(\boldsymbol{p}_1,\boldsymbol{p}_2,\boldsymbol{p}_3)=(\boldsymbol{p}_1,-\boldsymbol{p}_2,\boldsymbol{0})$. 于是

$$\boldsymbol{A}=(\boldsymbol{p}_1,-\boldsymbol{p}_2,\boldsymbol{0})(\boldsymbol{p}_1,\boldsymbol{p}_2,\boldsymbol{p}_3)^{-1}=\begin{pmatrix}1&2&0\\0&1&0\\-1&-1&0\end{pmatrix}\begin{pmatrix}1&-2&0\\0&-1&3\\-1&1&2\end{pmatrix}^{-1}$$

$$=\begin{pmatrix}-11&8&-12\\-3&2&-3\\8&-6&9\end{pmatrix}.$$

因为 $\boldsymbol{A}$ 有 3 个不同的特征值，故其与对角矩阵相似，即 $\boldsymbol{P}^{-1}\boldsymbol{AP}=\boldsymbol{\Lambda}=\mathrm{diag}(1,-1,0)$，其中 $\boldsymbol{P}=(\boldsymbol{p}_1,\boldsymbol{p}_2,\boldsymbol{p}_3)$，于是

$$\boldsymbol{A}^{100}=\boldsymbol{P}\boldsymbol{\Lambda}^{100}\boldsymbol{P}^{-1}=\begin{pmatrix}1&-2&0\\0&-1&3\\-1&1&2\end{pmatrix}\begin{pmatrix}1&&\\&-1&\\&&0\end{pmatrix}^{100}\begin{pmatrix}-5&4&-6\\-3&2&-3\\-1&1&-1\end{pmatrix}=\begin{pmatrix}1&0&0\\3&-2&3\\2&-2&3\end{pmatrix}.$$

17.【证明】因为 $|\boldsymbol{A}+\boldsymbol{E}|=|\boldsymbol{A}+\boldsymbol{AA}^{\mathrm{T}}|=|\boldsymbol{A}(\boldsymbol{E}+\boldsymbol{A}^{\mathrm{T}})|=|\boldsymbol{A}||(\boldsymbol{E}+\boldsymbol{A})^{\mathrm{T}}|=-|\boldsymbol{A}+\boldsymbol{E}|$，

故 $|\boldsymbol{A}+\boldsymbol{E}|=0$.

18.【证明】若 $\boldsymbol{A}\boldsymbol{p}_1=\lambda_1\boldsymbol{p}_1$，$\boldsymbol{A}\boldsymbol{p}_2=\lambda_2\boldsymbol{p}_2$，其中 $\lambda_1\neq\lambda_2$，$\boldsymbol{p}_1\neq 0$，$\boldsymbol{p}_2\neq 0$.

若 $\boldsymbol{p}_1+\boldsymbol{p}_2$ 是矩阵 $\boldsymbol{A}$ 属于特征值 μ 的特征向量，则 $\boldsymbol{A}(\boldsymbol{p}_1+\boldsymbol{p}_2)=\mu(\boldsymbol{p}_1+\boldsymbol{p}_2)$，

另一方面，$\boldsymbol{A}(\boldsymbol{p}_1+\boldsymbol{p}_2)=\boldsymbol{A}\boldsymbol{p}_1+\boldsymbol{A}\boldsymbol{p}_2=\lambda_1\boldsymbol{p}_1+\lambda_2\boldsymbol{p}_2$，

于是 $(\mu_1-\lambda_1)\boldsymbol{p}_1+(\mu_2-\lambda_2)\boldsymbol{p}_2=\boldsymbol{0}$. 由于不同特征值所对应的特征向量线性无关，

因此 $\mu_1-\lambda_1=0$，$\mu_2-\lambda_2=0$，即 $\lambda_1=\lambda_2$，这与 $\lambda_1\neq\lambda_2$ 矛盾，

所以 $\boldsymbol{p}_1+\boldsymbol{p}_2$ 不是 $\boldsymbol{A}$ 的特征向量.

19.【证明】根据已知条件，有 $\boldsymbol{A}\boldsymbol{p}_1=\lambda_1\boldsymbol{p}_1$，$\boldsymbol{A}\boldsymbol{p}_2=\lambda_2\boldsymbol{p}_2$，且 $\lambda_1\neq\lambda_2$.

又因为 $\boldsymbol{A}$ 是实对称矩阵，即 $\boldsymbol{A}^{\mathrm{T}}=\boldsymbol{A}$，故 $\lambda_1\boldsymbol{p}_1^{\mathrm{T}}=(\lambda_1\boldsymbol{p}_1)^{\mathrm{T}}=(\boldsymbol{A}\boldsymbol{p}_1)^{\mathrm{T}}=\boldsymbol{p}_1^{\mathrm{T}}\boldsymbol{A}^{\mathrm{T}}=\boldsymbol{p}_1^{\mathrm{T}}\boldsymbol{A}$，

于是 $\lambda_1\boldsymbol{p}_1^{\mathrm{T}}\boldsymbol{p}_2=\boldsymbol{p}_1^{\mathrm{T}}\boldsymbol{A}\boldsymbol{p}_2=\boldsymbol{p}_1^{\mathrm{T}}(\lambda_2\boldsymbol{p}_2)=\lambda_2\boldsymbol{p}_1^{\mathrm{T}}\boldsymbol{p}_2$，故 $(\lambda_1-\lambda_2)\boldsymbol{p}_1^{\mathrm{T}}\boldsymbol{p}_2=\boldsymbol{0}$.

又 $\lambda_1\neq\lambda_2$，故 $\boldsymbol{p}_1^{\mathrm{T}}\boldsymbol{p}_2=\boldsymbol{0}$，即 $\boldsymbol{p}_1$ 与 $\boldsymbol{p}_2$ 正交.

20.【证明】因为 $R(\boldsymbol{A})+R(\boldsymbol{B})<n$，所以 $R(\boldsymbol{A})<n$，$R(\boldsymbol{B})<n$，故 $|\boldsymbol{A}|=0$，$|\boldsymbol{B}|=0$，

由此可得 0 是 $\boldsymbol{A}$ 的特征值，0 也是 $\boldsymbol{B}$ 的特征值，于是 $\boldsymbol{A}$ 与 $\boldsymbol{B}$ 有公共的特征值 0.

$\boldsymbol{A}$ 与 $\boldsymbol{B}$ 的对应于特征值 $\lambda=0$ 的特征向量分别是方程组 $\boldsymbol{Ax}=\boldsymbol{0}$ 和 $\boldsymbol{Bx}=\boldsymbol{0}$ 的非零解，

于是 $\boldsymbol{A}$ 与 $\boldsymbol{B}$ 有对应于 $\lambda=0$ 的公共特征向量的充分必要条件是方程组 $\begin{cases}\boldsymbol{Ax}=\boldsymbol{0}\\\boldsymbol{Bx}=\boldsymbol{0}\end{cases}$ 有非零解，即

方程组 $\begin{pmatrix}\boldsymbol{A}\\\boldsymbol{B}\end{pmatrix}\boldsymbol{x}=\boldsymbol{0}$ 有非零解，而方程组 $\begin{pmatrix}\boldsymbol{A}\\\boldsymbol{B}\end{pmatrix}\boldsymbol{x}=\boldsymbol{0}$ 有非零解的充分必要条件是 $R\begin{pmatrix}\boldsymbol{A}\\\boldsymbol{B}\end{pmatrix}<n$，

因此只需证明 $R\begin{pmatrix}\boldsymbol{A}\\\boldsymbol{B}\end{pmatrix}<n$，就可得 $\boldsymbol{A}$ 与 $\boldsymbol{B}$ 有对应于 $\lambda=0$ 的公共特征向量.

由矩阵秩的性质，可知 $R\begin{pmatrix}\boldsymbol{A}\\\boldsymbol{B}\end{pmatrix}=R(\boldsymbol{A}^{\mathrm{T}},\boldsymbol{B}^{\mathrm{T}})\leqslant R(\boldsymbol{A}^{\mathrm{T}})+R(\boldsymbol{B}^{\mathrm{T}})=R(\boldsymbol{A})+R(\boldsymbol{B})<n$，

因此，$\boldsymbol{A}$ 与 $\boldsymbol{B}$ 有公共的特征向量

21.**【证明】方法一**　设 $\boldsymbol{x}$ 是对应于 $\lambda\neq0$ 的特征向量，因为 λ 是矩阵 $\boldsymbol{AB}$ 的任一非零特征值，则有 $(\boldsymbol{AB})\boldsymbol{x}=\lambda\boldsymbol{x}(\boldsymbol{x}\neq\boldsymbol{0})$，

用矩阵 $\boldsymbol{B}$ 左乘上式两边，得 $(\boldsymbol{BA})\boldsymbol{Bx}=\boldsymbol{B}(\boldsymbol{ABx})=\boldsymbol{B}(\lambda\boldsymbol{x})=\lambda(\boldsymbol{Bx})$.

下面证明 $\boldsymbol{Bx}\neq\boldsymbol{0}$.

若 $\boldsymbol{Bx}=\boldsymbol{0}$，则由 $(\boldsymbol{AB})\boldsymbol{x}=\lambda\boldsymbol{x}$ 可得 $\lambda\boldsymbol{x}=\boldsymbol{0}$，因为 $\boldsymbol{x}$ 是对应于特征值 λ 的特征向量，故 $\boldsymbol{x}\neq\boldsymbol{0}$，于是 $\lambda=0$，与 $\lambda\neq0$ 产生矛盾，故 $\boldsymbol{Bx}\neq\boldsymbol{0}$.

进而可知 λ 也是 n 阶矩阵 $\boldsymbol{BA}$ 的特征值，$\boldsymbol{Bx}$ 为对应于 λ 的特征向量.

方法二　记 $\boldsymbol{P}=\begin{pmatrix}\boldsymbol{E}_m&-\boldsymbol{A}\\\boldsymbol{O}&\boldsymbol{E}_n\end{pmatrix}$，则 $\boldsymbol{P}^{-1}=\begin{pmatrix}\boldsymbol{E}_m&\boldsymbol{A}\\\boldsymbol{O}&\boldsymbol{E}_n\end{pmatrix}$，且

$$\boldsymbol{P}\begin{pmatrix}\boldsymbol{AB}&\boldsymbol{O}\\\boldsymbol{B}&\boldsymbol{O}\end{pmatrix}\boldsymbol{P}^{-1}=\begin{pmatrix}\boldsymbol{E}_m&-\boldsymbol{A}\\\boldsymbol{O}&\boldsymbol{E}_n\end{pmatrix}\begin{pmatrix}\boldsymbol{AB}&\boldsymbol{O}\\\boldsymbol{B}&\boldsymbol{O}\end{pmatrix}\begin{pmatrix}\boldsymbol{E}_m&\boldsymbol{A}\\\boldsymbol{O}&\boldsymbol{E}_n\end{pmatrix}=\begin{pmatrix}\boldsymbol{O}&\boldsymbol{O}\\\boldsymbol{B}&\boldsymbol{O}\end{pmatrix}\begin{pmatrix}\boldsymbol{E}_m&\boldsymbol{A}\\\boldsymbol{O}&\boldsymbol{E}_n\end{pmatrix}=\begin{pmatrix}\boldsymbol{O}&\boldsymbol{O}\\\boldsymbol{B}&\boldsymbol{BA}\end{pmatrix},$$

因此矩阵 $\begin{pmatrix}\boldsymbol{AB}&\boldsymbol{O}\\\boldsymbol{B}&\boldsymbol{O}\end{pmatrix}$ 与矩阵 $\begin{pmatrix}\boldsymbol{O}&\boldsymbol{O}\\\boldsymbol{B}&\boldsymbol{BA}\end{pmatrix}$ 相似，有相同的特征多项式，即

$$\left|\begin{pmatrix}\boldsymbol{AB}&\boldsymbol{O}\\\boldsymbol{B}&\boldsymbol{O}\end{pmatrix}-\lambda\begin{pmatrix}\boldsymbol{E}_m&\boldsymbol{O}\\\boldsymbol{O}&\boldsymbol{E}_n\end{pmatrix}\right|=\left|\begin{pmatrix}\boldsymbol{O}&\boldsymbol{O}\\\boldsymbol{B}&\boldsymbol{BA}\end{pmatrix}-\lambda\begin{pmatrix}\boldsymbol{E}_m&\boldsymbol{O}\\\boldsymbol{O}&\boldsymbol{E}_n\end{pmatrix}\right|,$$

即 $\begin{vmatrix}\boldsymbol{AB}-\lambda\boldsymbol{E}_m&\boldsymbol{O}\\\boldsymbol{B}&-\lambda\boldsymbol{E}_n\end{vmatrix}=\begin{vmatrix}-\lambda\boldsymbol{E}_m&\boldsymbol{O}\\\boldsymbol{B}&\boldsymbol{BA}-\lambda\boldsymbol{E}_n\end{vmatrix}$ 或 $(-\lambda)^n|\boldsymbol{AB}-\lambda\boldsymbol{E}_m|=(-\lambda)^m|\boldsymbol{BA}-\lambda\boldsymbol{E}_n|$.

于是，若 $\lambda\neq0$ 是 m 阶矩阵 $\boldsymbol{AB}$ 的特征值，则有 $\lambda\neq0$ 也是 n 阶矩阵 $\boldsymbol{BA}$ 的特征值.

22.**【解析】** 因为 $\boldsymbol{\alpha}$ 是可逆矩阵 $\boldsymbol{A}$ 的伴随矩阵 $\boldsymbol{A}^*$ 的属于 λ 的特征向量，所以 $\boldsymbol{A}^*\boldsymbol{\alpha}=\lambda\boldsymbol{\alpha}$.

由于 $\boldsymbol{A}$ 为可逆矩阵，故 $\boldsymbol{A\alpha}=\dfrac{|\boldsymbol{A}|}{\lambda}\boldsymbol{\alpha}$，即 $\mu=\dfrac{|\boldsymbol{A}|}{\lambda}$ 为 $\boldsymbol{A}$ 的特征值，$\boldsymbol{\alpha}$ 为对应的特征向量，

于是 $\begin{pmatrix}2&1&1\\1&2&1\\1&1&a\end{pmatrix}\begin{pmatrix}1\\b\\1\end{pmatrix}=\mu\begin{pmatrix}1\\b\\1\end{pmatrix}$，即 $\begin{cases}3+b=\mu\\2+2b=\mu b\\1+a+b=\mu\end{cases}$，解得 $a=2,b=1,\mu=4$ 或 $a=2,b=-2,\mu=1$，

又 $|\boldsymbol{A}|=\begin{vmatrix}2&1&1\\1&2&1\\1&1&a\end{vmatrix}=3a-2=4$，所以 $a=2,b=1,\lambda=1$ 或 $a=2,b=-2,\lambda=4$.

23.**【解析】** 矩阵 $\boldsymbol{A}$ 的特征多项式 $|\boldsymbol{A}-\lambda\boldsymbol{E}|=\begin{vmatrix}1-\lambda&a&-3\\-1&4-\lambda&-3\\1&-2&5-\lambda\end{vmatrix}=-(\lambda-2)(\lambda^2-8\lambda+10+a)$，

若 $\lambda=2$ 是重根，则 $\lambda^2-8\lambda+10+a$ 中含有 $\lambda-2$ 的因子，即 $2^2-16+10+a=0$，解得 $a=2$，此时 $\lambda^2-8\lambda+12=(\lambda-2)(\lambda-6)$，因此，矩阵 $\boldsymbol{A}$ 的 3 个特征值是 2,2,6.

当 $\lambda=2$ 时，$R(\boldsymbol{A}-2\boldsymbol{E})=R\begin{pmatrix}-1&2&-3\\-1&2&-3\\1&-2&3\end{pmatrix}=1$，则矩阵 $\boldsymbol{A}$ 属于 $\lambda=2$ 的线性无关的特征向量有 2 个. 由于不同特征值所对应的特征向量无关，故可知 $\boldsymbol{A}$ 有 3 个线性无关的特征向量，从而 $\boldsymbol{A}$ 可以相似对角化.

若 $\lambda=2$ 不是重根，则 $\lambda^2-8\lambda+10+a=0$ 有重根，于是 $8^2-4(10+a)=0$，解得 $a=6$，此时矩阵 $\boldsymbol{A}$ 的特征值是 2,4,4.

当 $\lambda=4$ 时，$R(\boldsymbol{A}-4\boldsymbol{E})=R\begin{pmatrix}-3&6&-3\\-1&0&-3\\1&-2&1\end{pmatrix}=2$，从而矩阵 $\boldsymbol{A}$ 属于特征值 $\lambda=4$ 的线性无关的特征向量只有 1 个，故 $\boldsymbol{A}$ 不能相似对角化.

24.【解析】(1) **方法一** 当 $b\neq0$ 时，矩阵 $\boldsymbol{A}$ 的特征多项式

$$|\boldsymbol{A}-\lambda\boldsymbol{E}|=\begin{vmatrix}1-\lambda&b&\cdots&b\\b&1-\lambda&\cdots&b\\\vdots&\vdots&&\vdots\\b&b&\cdots&1-\lambda\end{vmatrix}=(-1)^n[\lambda-1-(n-1)b][\lambda-(1-b)]^{n-1},$$

故 $\boldsymbol{A}$ 的特征值为 $\lambda_1=1+(n-1)b$，$\lambda_2=\cdots=\lambda_n=1-b$.

对于 $\lambda_1=1+(n-1)b$，解齐次线性方程组 $(\boldsymbol{A}-\lambda_1\boldsymbol{E})\boldsymbol{x}=\boldsymbol{0}$. 由于

$$\boldsymbol{A}-\lambda_1\boldsymbol{E}=\begin{pmatrix}-(n-1)b&b&\cdots&b\\b&-(n-1)b&\cdots&b\\\vdots&\vdots&&\vdots\\b&b&\cdots&-(n-1)b\end{pmatrix}\to\begin{pmatrix}1&0&\cdots&0&-1\\0&1&\cdots&0&-1\\\vdots&\vdots&&\vdots&\vdots\\0&0&\cdots&1&-1\\0&0&0&\cdots&0\end{pmatrix},$$

矩阵 $\boldsymbol{A}$ 的属于 $\lambda_1=1+(n-1)b$ 的全部特征向量为 $c_1\boldsymbol{p}_1(c_1\neq0)$，其中 $\boldsymbol{p}_1=\begin{pmatrix}1\\1\\1\\\vdots\\1\end{pmatrix}$.

对于 $\lambda_i=1-b(i=2,3,\cdots,n)$，解齐次线性方程组 $(\boldsymbol{A}-\lambda_i\boldsymbol{E})\boldsymbol{x}=\boldsymbol{0}$. 由于

$$\boldsymbol{A}-\lambda_i\boldsymbol{E}=\begin{pmatrix}b&b&\cdots&b\\b&b&\cdots&b\\\vdots&\vdots&&\vdots\\b&b&\cdots&b\end{pmatrix}\to\begin{pmatrix}1&1&\cdots&1\\0&0&\cdots&0\\\vdots&\vdots&&\vdots\\0&0&\cdots&0\end{pmatrix},$$

矩阵 $\boldsymbol{A}$ 的属于 $\lambda_2=\cdots=\lambda_n=1-b$ 的全部特征向量为 $c_2\boldsymbol{p}_2+c_3\boldsymbol{p}_3+\cdots+c_n\boldsymbol{p}_n$，其中 c_2，

$c_3,\cdots,c_n$不全为零，$\boldsymbol{p}_2=\begin{pmatrix}1\\-1\\0\\\vdots\\0\end{pmatrix},\boldsymbol{p}_3=\begin{pmatrix}1\\0\\-1\\\vdots\\0\end{pmatrix},\cdots,\boldsymbol{p}_n=\begin{pmatrix}1\\0\\0\\\vdots\\-1\end{pmatrix}$.

当 $b=0$ 时，$\boldsymbol{A}=\boldsymbol{E}$，矩阵 $\boldsymbol{A}$ 的特征值为 $\lambda_1=\lambda_2=\cdots=\lambda_n=1$，任意 n 维非零向量均为 $\boldsymbol{A}$ 的对应于特征值 $\lambda_1=\lambda_2=\cdots=\lambda_n=1$ 的特征向量.

方法二　记 $\boldsymbol{A}=\begin{pmatrix}1&b&\cdots&b\\b&1&\cdots&b\\\vdots&\vdots&&\vdots\\b&b&\cdots&1\end{pmatrix}=\begin{pmatrix}b&b&\cdots&b\\b&b&\cdots&b\\\vdots&\vdots&&\vdots\\b&b&\cdots&b\end{pmatrix}+(1-b)\begin{pmatrix}1&0&\cdots&0\\0&1&\cdots&0\\\vdots&\vdots&&\vdots\\0&0&\cdots&1\end{pmatrix}$

$=\boldsymbol{B}+(1-b)\boldsymbol{E}$，

当 $b\neq0$ 时，$R(\boldsymbol{B})=1$ 且 $\mathrm{Tr}(\boldsymbol{B})=nb$，故而 $\boldsymbol{B}$ 的特征值为 $\mu_1=nb,\mu_2=\mu_3=\cdots=\mu_n=0$.

矩阵 $\boldsymbol{B}$ 的属于特征值 $\mu_1=nb$ 的特征向量为 $c_1\boldsymbol{p}_1(c_1\neq0)$，其中 $\boldsymbol{p}_1=\begin{pmatrix}1\\1\\1\\\vdots\\1\end{pmatrix}$，

属于特征值 $\mu_2=\mu_3=\cdots=\mu_n=0$ 的特征向量为 $c_2\boldsymbol{p}_2+c_3\boldsymbol{p}_3+\cdots+c_n\boldsymbol{p}_n$，其中 $c_2,c_3,\cdots,c_n$不全为零，$\boldsymbol{p}_2=\begin{pmatrix}1\\-1\\0\\\vdots\\0\end{pmatrix},\boldsymbol{p}_3=\begin{pmatrix}1\\0\\-1\\\vdots\\0\end{pmatrix},\cdots,\boldsymbol{p}_n=\begin{pmatrix}1\\0\\0\\\vdots\\-1\end{pmatrix}$.

根据矩阵 $\boldsymbol{B}$ 的特征值 μ 与 $\boldsymbol{A}$ 的特征值 λ 之间的关系，有 $\lambda=\mu+(1-b)$，矩阵 $\boldsymbol{B}$ 的属于特征值 μ 的特征向量也是矩阵 $\boldsymbol{A}$ 的属于特征值 λ 的特征向量. 于是 $\boldsymbol{A}$ 的特征值为

$$\lambda_1=nb+1-b,\lambda_2=\lambda_3=\cdots=\lambda_n=1-b,$$

且 $\boldsymbol{A}$ 的属于特征值 $\lambda_1=nb+1-b$ 的全部特征向量为 $c_1\boldsymbol{p}_1(c_1\neq0)$，

属于 $\lambda_2=\cdots=\lambda_n=1-b$ 的全部特征向量为 $c_2\boldsymbol{p}_2+c_3\boldsymbol{p}_3+\cdots+c_n\boldsymbol{p}_n(c_2,c_3,\cdots,c_n$ 不全为零).

当 $b=0$ 时，$\boldsymbol{A}=\boldsymbol{E}$，矩阵 $\boldsymbol{A}$ 的特征值为 $\lambda_1=\lambda_2\cdots=\lambda_n=1$，任意 n 维非零向量均为 $\boldsymbol{A}$ 的对应于特征值 $\lambda_1=\lambda_2\cdots=\lambda_n=1$ 的特征向量.

(2) 当 $b\neq0$ 时，$\boldsymbol{A}$ 有 n 个线性无关的特征向量，

令 $\boldsymbol{P}=(\boldsymbol{p}_1,\boldsymbol{p}_2,\cdots,\boldsymbol{p}_n)=\begin{pmatrix}1&-1&-1&\cdots&-1\\1&1&0&\cdots&0\\1&0&1&\cdots&0\\\vdots&\vdots&\vdots&&\vdots\\1&0&0&\cdots&1\end{pmatrix}$，则

$$P^{-1}AP=\begin{pmatrix} nb+1-b & & & \\ & 1-b & & \\ & & \ddots & \\ & & & 1-b \end{pmatrix}.$$

当 $b=0$ 时，$A=E$，对任意可逆矩阵 P，均有 $P^{-1}AP=E$.

25.【解析】(1) 由题设知 $A(p_1,p_2,p_3)=(Ap_1,Ap_2,Ap_3)$

$$=(p_1+p_2+p_3,2p_2+p_3,2p_2+3p_3)$$

$$=(p_1,p_2,p_3)\begin{pmatrix}1&0&0\\1&2&2\\1&1&3\end{pmatrix},$$

于是，矩阵 $B=\begin{pmatrix}1&0&0\\1&2&2\\1&1&3\end{pmatrix}$.

(2) 因为 p_1,p_2,p_3 线性无关，矩阵 $P_1=(p_1,p_2,p_3)$ 可逆，所以 $P_1^{-1}AP_1=B$，进而 $A\sim B$，故 A 与 B 具有相同的特征值.

又矩阵 B 的特征多项式 $|B-\lambda E|=\begin{vmatrix}1-\lambda&0&0\\1&2-\lambda&2\\1&1&3-\lambda\end{vmatrix}=-(\lambda-1)^2(\lambda-4)$，

因此 B 的特征值是 1,1,4，因此矩阵 A 的特征值也是 1,1,4.

(3) 对于矩阵 B，当 $\lambda_1=\lambda_2=1$ 时，由 $B-E=\begin{pmatrix}0&0&0\\1&1&2\\1&1&2\end{pmatrix}\to\begin{pmatrix}1&1&2\\0&0&0\\0&0&0\end{pmatrix}$，可得线性无关的特征向量 $q_1=(-1,1,0)^{\mathrm{T}}$，$q_2=(-2,0,1)^{\mathrm{T}}$.

当 $\lambda_3=4$ 时，由 $B-4E=\begin{pmatrix}-3&0&0\\1&-2&2\\1&1&-1\end{pmatrix}\to\begin{pmatrix}1&0&0\\0&1&-1\\0&0&0\end{pmatrix}$，可得特征向量 $q_3=(0,1,1)^{\mathrm{T}}$.

若令 $Q=(q_1,q_2,q_3)$，则有 $Q^{-1}BQ=\Lambda=\mathrm{diag}(1,1,4)$，进而有 $Q^{-1}P_1^{-1}AP_1Q=\Lambda=\mathrm{diag}(1,1,4)$，

故当 $P=P_1Q=(p_1,p_2,p_3)\begin{pmatrix}-1&-2&0\\1&0&1\\0&1&1\end{pmatrix}=(-p_1+p_2,-2p_1+p_3,p_2+p_3)$ 时，$P^{-1}AP=\Lambda$.

26.【解析】矩阵 A 的特征多项式 $|A-\lambda E|=\begin{vmatrix}-\lambda&-1&1\\2&-3-\lambda&0\\0&0&-\lambda\end{vmatrix}=-\lambda(\lambda+1)(\lambda+2)$，

故 A 的特征值为 $\lambda_1=0$，$\lambda_2=-1$，$\lambda_3=-2$.

当 $\lambda_1=0$ 时，由 $A-0E=\begin{pmatrix}0&-1&1\\2&-3&0\\0&0&0\end{pmatrix}$，可得特征向量 $p_1=(3,2,2)^T$.

当 $\lambda_2=-1$ 时，由 $A+E=\begin{pmatrix}1&-1&1\\2&-2&0\\0&0&1\end{pmatrix}\to\begin{pmatrix}1&-1&0\\0&0&1\\0&0&0\end{pmatrix}$，可得特征向量 $p_2=(1,1,0)^T$.

当 $\lambda_3=-2$ 时，由 $A+2E=\begin{pmatrix}2&-1&1\\2&-1&0\\0&0&2\end{pmatrix}\to\begin{pmatrix}2&-1&0\\0&0&1\\0&0&0\end{pmatrix}$，可得特征向量 $p_3=(1,2,0)^T$.

令 $P=(p_1,p_2,p_3)$，则 $P^{-1}AP=\Lambda=\mathrm{diag}(0,-1,-2)$，

进而有 $A=P\Lambda P^{-1}$，$A^m=P\Lambda^m P^{-1}=P\mathrm{diag}(0,(-1)^m,(-2)^m)P^{-1}$.

于是 $(\beta_1,\beta_2,\beta_3)=B^{100}=B^{98}B^2=B^{98}(BA)=B^{99}A=B^{97}B^2A=B^{97}(BA)A=B^{98}A^2=\cdots=BA^{99}$，

即 $(\beta_1,\beta_2,\beta_3)=(\alpha_1,\alpha_2,\alpha_3)A^{99}$，而

$$A^{99}=P\Lambda^{99}P^{-1}=\begin{pmatrix}3&1&1\\2&1&2\\2&0&0\end{pmatrix}\begin{pmatrix}0&&\\&-1&\\&&-2^{99}\end{pmatrix}\begin{pmatrix}3&1&1\\2&1&2\\2&0&0\end{pmatrix}^{-1}$$

$$=\begin{pmatrix}3&1&1\\2&1&2\\2&0&0\end{pmatrix}\begin{pmatrix}0&&\\&-1&\\&&-2^{99}\end{pmatrix}\times\frac{1}{2}\begin{pmatrix}0&0&1\\4&-2&-4\\-2&2&1\end{pmatrix}=\begin{pmatrix}2^{99}-2&1-2^{99}&2-2^{99}\\2^{100}-2&1-2^{100}&2-2^{100}\\0&0&0\end{pmatrix},$$

因此

$$\beta_1=(2^{99}-2)\alpha_1+(2^{100}-2)\alpha_2,$$

$$\beta_2=(1-2^{99})\alpha_1+(1-2^{100})\alpha_2,$$

$$\beta_3=(2-2^{99})\alpha_1+(2-2^{100})\alpha_2.$$

27.【解析】因为矩阵 A 有 3 个线性无关的特征向量，而 $\lambda=2$ 是其二重特征值，故矩阵 A 必有两个属于特征值 $\lambda=2$ 的线性无关的特征向量，所以方程组 $(A-2E)x=0$ 的基础解系包含两个线性无关的解向量，因此 $R(A-2E)=3-2=1$.

由 $A-2E=\begin{pmatrix}-1&-1&1\\x&2&y\\-3&-3&3\end{pmatrix}\to\begin{pmatrix}-1&-1&1\\0&2-x&y+x\\0&0&0\end{pmatrix}$，得 $x=2,y=-2$.

又矩阵 A 的主对角线上的元素之和等于矩阵 A 的所有特征值之和，所以矩阵 A 的第 3 个特征值 $\lambda_3=10-2-2=6$.

当 $\lambda_1=\lambda_2=2$ 时，由 $A-2E=\begin{pmatrix}-1&-1&1\\2&2&-2\\-3&-3&3\end{pmatrix}\to\begin{pmatrix}-1&-1&1\\0&0&0\\0&0&0\end{pmatrix}$，可得两个线性无关特征向量 $p_1=(-1,1,0)^T$，$p_2=(1,0,1)^T$.

当 $\lambda_3=6$ 时，由 $\boldsymbol{A}-6\boldsymbol{E}=\begin{pmatrix}5&1&-1\\-2&2&2\\3&3&1\end{pmatrix}\rightarrow\begin{pmatrix}1&0&-\frac{1}{3}\\0&1&\frac{2}{3}\\0&0&0\end{pmatrix}$，可得特征向量 $\boldsymbol{p}_3=(1,-2,3)^{\mathrm{T}}$.

取 $\boldsymbol{P}=(\boldsymbol{p}_1,\boldsymbol{p}_2,\boldsymbol{p}_3)=\begin{pmatrix}-1&1&1\\1&0&-2\\0&1&3\end{pmatrix}$，则 $\boldsymbol{P}^{-1}\boldsymbol{A}\boldsymbol{P}=\boldsymbol{\Lambda}=\begin{pmatrix}2&&\\&2&\\&&6\end{pmatrix}$.

28.【解析】(1) 根据矩阵特征值与特征向量的定义和性质，可知若 $\boldsymbol{A}\boldsymbol{p}=\lambda\boldsymbol{p}\ (\boldsymbol{p}\neq 0)$，则 $a^n\boldsymbol{p}=\lambda^n\boldsymbol{p}$，进而有

$$\boldsymbol{B}\boldsymbol{p}=(\boldsymbol{A}^5-4\boldsymbol{A}^3+\boldsymbol{E})\boldsymbol{p}=(\boldsymbol{A}^5\boldsymbol{p}-4\boldsymbol{A}^3\boldsymbol{p}+\boldsymbol{p})=(\lambda^5-4\lambda^3+1)\boldsymbol{p},$$

上式表明，若 $\boldsymbol{p}$ 是 $\boldsymbol{A}$ 的属于特征值 λ 的特征向量，则 $\boldsymbol{p}$ 也是矩阵 $\boldsymbol{B}$ 属于特征值 $\mu=\lambda^5-4\lambda^5+1$ 的特征向量，

于是 $c_1\boldsymbol{p}_1(c_1\neq 0)$ 是矩阵 $\boldsymbol{B}$ 的属于特征值 $\mu_1=\lambda_1^5-4\lambda_1^3+1=-2$ 的特征向量，

且 $\mu_2=\lambda_2^5-4\lambda_2^3+1=1$，$\mu_3=\lambda_3^5-4\lambda_3^3+1=1$ 也是 $\boldsymbol{B}$ 的特征值.

设矩阵 $\boldsymbol{B}$ 属于特征值 $\mu_2=\mu_3=1$ 的特征向量为 $\boldsymbol{p}=(x_1,x_2,x_3)$.

注意到 $\boldsymbol{A}$ 是实对称矩阵，则 $\boldsymbol{B}=\boldsymbol{A}^5-4\boldsymbol{A}^3+\boldsymbol{E}$ 也是实对称矩阵，

所以 $\boldsymbol{p}^{\mathrm{T}}\boldsymbol{p}_1=x_1-x_2+x_3=0$，

可得 $\boldsymbol{B}$ 的属于特征值 $\mu_2=\mu_3=1$ 的特征向量为 $c_2\boldsymbol{p}_2+c_3\boldsymbol{p}_3$（$c_2,c_3$ 不全为零）.

(2) 由 $\boldsymbol{B}\boldsymbol{p}_1=-2\boldsymbol{p}_1,\boldsymbol{B}\boldsymbol{p}_2=\boldsymbol{p}_2,\boldsymbol{B}\boldsymbol{p}_3=\boldsymbol{p}_3$，有 $\boldsymbol{B}(\boldsymbol{p}_1,\boldsymbol{p}_2,\boldsymbol{p}_3)=(-2\boldsymbol{p}_1,\boldsymbol{p}_2,\boldsymbol{p}_3)$，从而

$$\boldsymbol{B}=(-2\boldsymbol{p}_1,\boldsymbol{p}_2,\boldsymbol{p}_3)(\boldsymbol{p}_1,\boldsymbol{p}_2,\boldsymbol{p}_3)^{-1}=\begin{pmatrix}-2&1&-1\\2&0&0\\-2&0&1\end{pmatrix}\begin{pmatrix}1&1&0\\-1&1&1\\1&0&1\end{pmatrix}^{-1}$$

$$=\begin{pmatrix}-2&1&-1\\2&1&0\\-2&0&1\end{pmatrix}\times\frac{1}{3}\begin{pmatrix}1&-1&1\\1&2&1\\-1&1&2\end{pmatrix}=\begin{pmatrix}0&1&-1\\1&0&1\\-1&1&0\end{pmatrix}.$$

第六章　二次型

一、基础篇

1. 答案 A 【解析】方法一　因为

$$f(x_1,x_2,x_3)=x_1^2+5x_2^2+x_3^2-4x_1x_2+2x_2x_3=(x_1-2x_2)^2+(x_2+x_3)^2,$$

所以二次型 $f(x_1,x_2,x_3)$ 的正惯性指数 $p=2$，负惯性指数 $q=0$. 因此，选项 A 可以是 $f(x_1,x_2,x_3)$ 的标准形.

方法二　二次型 $f(x_1,x_2,x_3)$ 的矩阵 $\boldsymbol{A}$ 的特征多项式

$$|\boldsymbol{A}-\lambda\boldsymbol{E}|=\begin{vmatrix}1-\lambda & -2 & 0\\ -2 & 5-\lambda & 1\\ 0 & 1 & 1-\lambda\end{vmatrix}=\begin{vmatrix}1-\lambda & -2 & 0\\ 0 & 5-\lambda & 1\\ 2(1-\lambda) & 1 & 1-\lambda\end{vmatrix}=\begin{vmatrix}1-\lambda & -2 & 0\\ 0 & 5-\lambda & 1\\ 0 & 5 & 1-\lambda\end{vmatrix}$$

$$=-\lambda(\lambda-1)(\lambda-6),$$

所以 $\boldsymbol{A}$ 的特征值为 0,1,6，因此二次型 $f(x_1,x_2,x_3)$ 的正惯性指数 $p=2$，负惯性指数 $q=0$. 因此，选项 A 可以是 $f(x_1,x_2,x_3)$ 的标准形.

2. 答案 B 【解析】由已知条件可知

$$f(x_1,x_2,x_3)=5x_1^2+5x_2^2-4x_3^2+14x_1x_2+4x_1x_3-4x_2x_3,$$

则二次型 $f(x_1,x_2,x_3)$ 的矩阵 $\boldsymbol{A}$ 的特征多项式

$$|\boldsymbol{A}-\lambda\boldsymbol{E}|=\begin{vmatrix}5-\lambda & 7 & 2\\ 7 & 5-\lambda & -2\\ 2 & -2 & -4-\lambda\end{vmatrix}=\begin{vmatrix}12-\lambda & 12-\lambda & 0\\ 7 & 5-\lambda & -2\\ 2 & -2 & -4-\lambda\end{vmatrix}$$

$$=\begin{vmatrix}12-\lambda & 0 & 0\\ 7 & -2-\lambda & -2\\ 2 & -4 & -4-\lambda\end{vmatrix}$$

$$=-\lambda(\lambda+6)(\lambda-12),$$

所以 $\boldsymbol{A}$ 的特征值为 $0,-6,12$，故而二次型 $f(x_1,x_2,x_3)$ 的正惯性指数 $p=1$，负惯性指数 $q=1$，故应选 B.

3. 答案 C 【解析】对于选项 A，因为 $R\begin{pmatrix}1 & 1\\ 1 & 1\end{pmatrix}=1\neq 2=R\begin{pmatrix}0 & 1\\ 1 & 2\end{pmatrix}$，所以 $\begin{pmatrix}1 & 1\\ 1 & 1\end{pmatrix}$ 与 $\begin{pmatrix}0 & 1\\ 1 & 2\end{pmatrix}$ 不合同.

对于选项 B，因为 $\begin{vmatrix}1 & 2\\ 2 & 1\end{vmatrix}=-3$，$\begin{vmatrix}2 & 1\\ 1 & 2\end{vmatrix}=3$，二者不同号，所以 $\begin{pmatrix}1 & 2\\ 2 & 1\end{pmatrix}$ 与 $\begin{pmatrix}2 & 1\\ 1 & 2\end{pmatrix}$ 不

合同.

对于选项 C，由于$\begin{pmatrix}1&0&1\\0&1&0\\1&0&1\end{pmatrix}$的特征值为 1，2，0，$\begin{pmatrix}1&0&0\\0&3&0\\0&0&0\end{pmatrix}$的特征值为 1，3，0，即二者对应的二次型有相同的正、负惯性指数，所以两个矩阵合同. 应选 C 项.

对于选项 D，由于$\begin{pmatrix}0&2&0\\2&0&0\\0&0&1\end{pmatrix}$的特征值为 1，2，−2，$\begin{pmatrix}-1&0&0\\0&-2&0\\0&0&-2\end{pmatrix}$的特征值为−1，−2，−2，即二者对应的二次型的正、负惯性指数不同，所以两个矩阵不合同.

4. 答案 B 【解析】设 $\boldsymbol{A},\boldsymbol{B}$ 是 n 阶实对称矩阵，若 $\boldsymbol{A}$ 与 $\boldsymbol{B}$ 合同，则存在可逆矩阵 $\boldsymbol{C}$ 使得 $\boldsymbol{C}^{\mathrm{T}}\boldsymbol{AC}=\boldsymbol{B}$，因而 $R(\boldsymbol{A})=R(\boldsymbol{C}^{\mathrm{T}}\boldsymbol{AC})=R(\boldsymbol{B})$. 故应选 B.

5. 答案 B 【解析】矩阵 $\boldsymbol{A}$ 的特征多项式为

$$|\boldsymbol{A}-\lambda\boldsymbol{E}|=\begin{vmatrix}2-\lambda&-1&-1\\-1&2-\lambda&-1\\-1&-1&2-\lambda\end{vmatrix}=-\lambda(3-\lambda)^2,$$

所以 $\boldsymbol{A}$ 的特征值为 $\lambda_1=\lambda_2=3,\lambda_3=0$. 因为 $\boldsymbol{A}$ 是实对称矩阵，所以通过正交变换可将矩阵 $\boldsymbol{A}$ 转化为矩阵 $\boldsymbol{B}$，故 $\boldsymbol{A}$ 与 $\boldsymbol{B}$ 合同. 由于矩阵相似时，迹相同，而矩阵 $\boldsymbol{A}$ 与矩阵 $\boldsymbol{B}$ 的主对角线元素之和不相等，故 $\boldsymbol{A}$ 与 $\boldsymbol{B}$ 不相似. 因此，应选 B.

6. 答案 B 【解析】如果两个实对称矩阵相似，那么这两个矩阵一定是合同的，而二次型 $f(x_1,x_2,x_3)$ 所对应的矩阵 $\boldsymbol{A}$ 的特征多项式为

$$|\boldsymbol{A}-\lambda\boldsymbol{E}|=\begin{vmatrix}1-\lambda&3&0\\3&1-\lambda&0\\0&0&2-\lambda\end{vmatrix}=-(\lambda-2)(\lambda-4)(\lambda+2),$$

那么 $\boldsymbol{A}$ 的特征值分别为 2，4，−2，故应选 B.

7. 答案 D 【解析】根据已知条件，有 $\boldsymbol{E}(i,j)\boldsymbol{AE}(i,j)=\boldsymbol{C}$，且 $[\boldsymbol{E}(i,j)]^{\mathrm{T}}=\boldsymbol{E}(i,j)$，$[\boldsymbol{E}(i,j)]^{-1}=\boldsymbol{E}(i,j)$，$|\boldsymbol{E}(i,j)|=1$，所以 $\boldsymbol{A}$ 与 $\boldsymbol{C}$ 等价、合同且相似.

8. 答案 C 【解析】对称矩阵为正定矩阵的充分必要条件是矩阵的各阶顺序主子式均大于零.

对于选项 A，由于 $a_{11}=1>0$，$\begin{vmatrix}a_{11}&a_{12}\\a_{21}&a_{22}\end{vmatrix}=\begin{vmatrix}1&2\\2&4\end{vmatrix}=0$，故选项 A 中的矩阵不是正定矩阵.

对于选项 B，由于 $a_{11}=1>0$，$\begin{vmatrix}a_{11}&a_{12}\\a_{21}&a_{22}\end{vmatrix}=\begin{vmatrix}1&2\\2&5\end{vmatrix}=1>0$，$\begin{vmatrix}a_{11}&a_{12}&a_{13}\\a_{21}&a_{22}&a_{23}\\a_{31}&a_{32}&a_{33}\end{vmatrix}=$

$\begin{vmatrix}1&2&0\\2&5&3\\0&3&8\end{vmatrix}=-1<0$,故选项 B 中的矩阵不是正定矩阵.

对于选项 C,由于 $a_{11}=2>0$,$\begin{vmatrix}a_{11}&a_{12}\\a_{21}&a_{22}\end{vmatrix}=\begin{vmatrix}2&2\\2&5\end{vmatrix}=6>0$,$\begin{vmatrix}a_{11}&a_{12}&a_{13}\\a_{21}&a_{22}&a_{23}\\a_{31}&a_{32}&a_{33}\end{vmatrix}=$ $\begin{vmatrix}2&2&-2\\2&5&-4\\-2&-4&5\end{vmatrix}=10>0$,故选项 C 中的矩阵是正定矩阵.

对于选项 D,由于 $a_{11}=5>0$,$\begin{vmatrix}a_{11}&a_{12}\\a_{21}&a_{22}\end{vmatrix}=\begin{vmatrix}5&2\\2&1\end{vmatrix}=1>0$,$\begin{vmatrix}a_{11}&a_{12}&a_{13}\\a_{21}&a_{22}&a_{23}\\a_{31}&a_{32}&a_{33}\end{vmatrix}=$ $\begin{vmatrix}5&2&1\\2&1&3\\1&3&0\end{vmatrix}=-34<0$,故选项 D 中的矩阵不是正定矩阵.

9. 答案 C 【解析】当方阵 $\boldsymbol{A}$ 正定时,可以证明 $\boldsymbol{A}^{-1}$,$\boldsymbol{A}^*$ 都是正定矩阵,且 $\boldsymbol{A}$ 的特征值都大于零,所以 A,B,D 三项都成立. $k\boldsymbol{A}$ 只有在 $k>0$ 时才是正定矩阵,故应选 C.

10. 答案 A 【解析】若取 $\boldsymbol{A}=-\boldsymbol{B}=\boldsymbol{E}$,则 $\boldsymbol{A},\boldsymbol{B}$ 均可逆,但 $\boldsymbol{A}+\boldsymbol{B}=\boldsymbol{O}$ 不可逆,由此,当 $\boldsymbol{A},\boldsymbol{B}$ 都可逆时,$\boldsymbol{A}+\boldsymbol{B}$ 不一定可逆,故应选 A.

当 $\boldsymbol{A}^{\mathrm{T}}=\boldsymbol{A},\boldsymbol{B}^{\mathrm{T}}=\boldsymbol{B}$ 时,$(\boldsymbol{A}+\boldsymbol{B})^{\mathrm{T}}=\boldsymbol{A}^{\mathrm{T}}+\boldsymbol{B}^{\mathrm{T}}=\boldsymbol{A}+\boldsymbol{B}$,即 $\boldsymbol{A}+\boldsymbol{B}$ 也对称.

当 $\boldsymbol{A},\boldsymbol{B}$ 正交时,$\boldsymbol{A}^{-1}$是正交的,从而 $\boldsymbol{A}^{-1}\boldsymbol{B}$ 也是正交的.

对于任意 $\boldsymbol{x}\neq\boldsymbol{0}$,有 $\boldsymbol{x}^{\mathrm{T}}(\boldsymbol{A}+\boldsymbol{B})\boldsymbol{x}=\boldsymbol{x}^{\mathrm{T}}\boldsymbol{A}\boldsymbol{x}+\boldsymbol{x}^{\mathrm{T}}\boldsymbol{B}\boldsymbol{x}>0$,且 $\boldsymbol{A}+\boldsymbol{B}$ 对称,从而 $\boldsymbol{A}+\boldsymbol{B}$ 是正定矩阵.

11. 答案 $\begin{pmatrix}5&3\\3&2\end{pmatrix}$ 【解析】由于

$$f(x_1,x_2)=\begin{vmatrix}-2&3&x_1\\3&-5&x_2\\x_1&x_2&0\end{vmatrix}=x_1\begin{vmatrix}3&-5\\x_1&x_2\end{vmatrix}-x_2\begin{vmatrix}-2&3\\x_1&x_2\end{vmatrix}$$

$$=3x_1x_2+5x_1^2+2x_2^2+3x_1x_2=(x_1,x_2)\begin{pmatrix}5&3\\3&2\end{pmatrix}\begin{pmatrix}x_1\\x_2\end{pmatrix},$$

所以对应的矩阵 $\boldsymbol{A}=\begin{pmatrix}5&3\\3&2\end{pmatrix}$.

12. 答案 $\begin{pmatrix}1&2&3\\2&2&4\\3&4&0\end{pmatrix}$ 【解析】方法一 因为

$$f(\boldsymbol{x})=\boldsymbol{x}^{\mathrm{T}}\boldsymbol{A}\boldsymbol{x}=(x_1,x_2,x_3)\begin{pmatrix}1&1&3\\3&2&2\\3&6&0\end{pmatrix}\begin{pmatrix}x_1\\x_2\\x_3\end{pmatrix}=x_1^2+2x_2^2+4x_1x_2+6x_1x_3+8x_2x_3,$$

所以此二次型的矩阵为$\begin{pmatrix}1&2&3\\2&2&4\\3&4&0\end{pmatrix}$.

方法二　由于 $\boldsymbol{x}^{\mathrm{T}}\boldsymbol{A}\boldsymbol{x}$ 为 1×1 矩阵，故其转置不变，因而有

$$f(\boldsymbol{x})=\boldsymbol{x}^{\mathrm{T}}\boldsymbol{A}\boldsymbol{x}=(\boldsymbol{x}^{\mathrm{T}}\boldsymbol{A}\boldsymbol{x})^{\mathrm{T}}=\frac{1}{2}[\boldsymbol{x}^{\mathrm{T}}\boldsymbol{A}\boldsymbol{x}+(\boldsymbol{x}^{\mathrm{T}}\boldsymbol{A}\boldsymbol{x})^{\mathrm{T}}]=\frac{1}{2}[\boldsymbol{x}^{\mathrm{T}}(\boldsymbol{A}+\boldsymbol{A}^{\mathrm{T}})\boldsymbol{x}]=\boldsymbol{x}^{\mathrm{T}}\frac{\boldsymbol{A}+\boldsymbol{A}^{\mathrm{T}}}{2}\boldsymbol{x},$$

又$\dfrac{\boldsymbol{A}+\boldsymbol{A}^{\mathrm{T}}}{2}$为对称阵，所以二次型 $f(\boldsymbol{x})=\boldsymbol{x}^{\mathrm{T}}\boldsymbol{A}\boldsymbol{x}$ 的矩阵$\dfrac{\boldsymbol{A}+\boldsymbol{A}^{\mathrm{T}}}{2}=\begin{pmatrix}1&2&3\\2&2&4\\3&4&0\end{pmatrix}$.

13. 答案 2　【解析】由已知条件可知此二次型所对应的矩阵为 $\boldsymbol{A}=\begin{pmatrix}1&a&a\\a&1&a\\a&a&1\end{pmatrix}$，则

$$\begin{vmatrix}1&a&a\\a&1&a\\a&a&1\end{vmatrix}=\begin{vmatrix}1+2a&1+2a&1+2a\\a&1&a\\a&a&1\end{vmatrix}=(1+2a)(1-a)^2,$$

又 $R(\boldsymbol{A})=2$，所以 $a=-\dfrac{1}{2}$.

矩阵 $\boldsymbol{A}$ 的特征多项式

$$|\boldsymbol{A}-\lambda\boldsymbol{E}|=\begin{vmatrix}1-\lambda&-\frac{1}{2}&-\frac{1}{2}\\-\frac{1}{2}&1-\lambda&-\frac{1}{2}\\-\frac{1}{2}&-\frac{1}{2}&1-\lambda\end{vmatrix}=-\lambda\left(\lambda-\frac{3}{2}\right)^2,$$

所以矩阵 $\boldsymbol{A}$ 的特征值为 $\lambda_1=\lambda_2=\dfrac{3}{2}$，$\lambda_3=0$，因此二次型的正惯性指数 $p=2$.

14. 答案 $3y_1^2-6y_3^2$　【解析】设 $(2,1,2)^{\mathrm{T}}$ 是二次型矩阵 $\boldsymbol{A}$ 的属于特征值 λ_1 的特征向量，则

$$\begin{pmatrix}1&a&1\\a&-5&b\\1&b&1\end{pmatrix}\begin{pmatrix}2\\1\\2\end{pmatrix}=\lambda_1\begin{pmatrix}2\\1\\2\end{pmatrix}\text{或}\begin{cases}2+a+2=2\lambda_1\\2a-5+2b=\lambda_1,\\2+b+2=2\lambda_1\end{cases}$$

解之得 $a=b=2$，$\lambda_1=3$.

又因为 $R(\boldsymbol{A})=2$，所以 $|\boldsymbol{A}|=0$，进而 $\lambda_2=0$ 是矩阵 $\boldsymbol{A}$ 的一个特征值. 再由特征值与矩阵迹的关系得 $1+(-5)+1=3+0+\lambda_3$，即 $\lambda_3=-6$ 也是矩阵 $\boldsymbol{A}$ 的特征值. 因此，二次型 $\boldsymbol{x}^{\mathrm{T}}\boldsymbol{A}\boldsymbol{x}$ 在正交变换下的标准形为 $3y_1^2-6y_3^2$.

15. 答案 $y_1^2+y_2^2-y_3^2$ 【解析】二次型矩阵的特征多项式

$$|\boldsymbol{A}-\lambda\boldsymbol{E}|=\begin{vmatrix}-\lambda&1&0&0\\1&-\lambda&0&0\\0&0&1-\lambda&2\\0&0&2&4-\lambda\end{vmatrix}=\begin{vmatrix}-\lambda&1\\1&-\lambda\end{vmatrix}\begin{vmatrix}1-\lambda&2\\2&4-\lambda\end{vmatrix}=(\lambda-1)(\lambda+1)\lambda(\lambda-5),$$

所以二次型对应矩阵 $\boldsymbol{A}$ 的特征值为 $1,-1,5,0$,故正惯性指数为 $p=2$,负惯性指数为 $q=1$,因此二次型的规范形为 $y_1^2+y_2^2-y_3^2$.

16. 答案 ±1 【解析】二次型 $\boldsymbol{x}\boldsymbol{A}^{\mathrm{T}}\boldsymbol{x}$ 经过正交变换化为标准形时,标准形中平方项前的系数就是二次型矩阵的特征值,所以 $1,2,7$ 为矩阵 $\boldsymbol{A}$ 的特征值. 又经过正交变换,二次型的矩阵不仅合同而且相似,因此

$$\boldsymbol{A}=\begin{pmatrix}2&0&2\\0&2&t\\2&t&a\end{pmatrix}\sim\begin{pmatrix}1&0&0\\0&2&0\\0&0&7\end{pmatrix},$$

根据矩阵相似的性质,有

$$\begin{cases}2+2+a=1+2+7\\2(2a-4-t^2)=1\times2\times7\end{cases},$$

解之得 $a=6,t=\pm1$.

17. 答案 $\left(\dfrac{5}{2},+\infty\right)$ 【解析】正定二次型 $f(x_1,x_2,x_3)$ 对应的矩阵 $\boldsymbol{A}=\begin{pmatrix}a&3&0\\3&4&1\\0&1&a\end{pmatrix}$ 是正定矩阵,从而其顺序主子式全大于零,即 $\Delta_1=a>0,\Delta_2=\begin{vmatrix}a&3\\3&4\end{vmatrix}=4a-9>0,\Delta_3=\begin{vmatrix}a&3&0\\3&4&1\\0&1&a\end{vmatrix}=$ $4a^2-10a>0$,解之得 $a>\dfrac{5}{2}$.

18.【解析】(1) $f=(x_1,x_2,x_3)\begin{pmatrix}1&2&1\\2&4&2\\1&2&1\end{pmatrix}\begin{pmatrix}x_1\\x_2\\x_3\end{pmatrix}$.

(2) $f=(x_1,x_2,x_3,x_4)\begin{pmatrix}0&-1&2&-1\\-1&0&3&-2\\2&3&0&0\\-1&-2&0&0\end{pmatrix}\begin{pmatrix}x_1\\x_2\\x_3\\x_4\end{pmatrix}$.

19.【解析】(1)令 $\begin{cases}x_1=y_1\\x_2=y_1+y_2\\x_3=y_3\end{cases}$,则

$$f(x_1,x_2,x_3)=y_1^2+y_1y_2+y_1y_3=\left(y_1+\frac{1}{2}y_2+\frac{1}{2}y_3\right)^2-\frac{1}{4}(y_2+y_3)^2,$$

令$\begin{cases}w_1=y_1+\frac{1}{2}y_2+\frac{1}{2}y_3\\ w_2=y_2+y_3\\ w_3=y_3\end{cases}$,则 $\boldsymbol{Y}=\begin{pmatrix}1&-\frac{1}{2}&0\\0&1&-1\\0&0&1\end{pmatrix}\boldsymbol{W}$.

(2)$f(x_1,x_2,x_3)=x_1^2+x_2^2+x_3^2+2x_2x_3=x_1^2+(x_2+x_3)^2$,

令$\begin{cases}y_1=x_1\\ y_2=x_2+x_3\\ y_3=x_3\end{cases}$,于是二次型转化为 $f=y_1^2+y_2^2$,即 $\boldsymbol{X}=\begin{bmatrix}1&0&0\\0&1&-1\\0&0&1\end{bmatrix}\boldsymbol{Y}$.

20.【解析】(1)二次型的矩阵为 $\boldsymbol{A}=\begin{pmatrix}1&2&2\\2&1&2\\2&2&1\end{pmatrix}$,可求得

$$\det(\boldsymbol{A}-\lambda\boldsymbol{E})=\begin{vmatrix}1-\lambda&2&2\\2&1-\lambda&2\\2&2&1-\lambda\end{vmatrix}\xrightarrow[c_1+c_3]{c_1+c_2}\begin{vmatrix}5-\lambda&2&2\\5-\lambda&1-\lambda&2\\5-\lambda&2&1-\lambda\end{vmatrix}$$

$$\xrightarrow[r_3-r_1]{r_2-r_1}\begin{vmatrix}5-\lambda&2&2\\0&-1-\lambda&0\\0&0&-1-\lambda\end{vmatrix}=-(\lambda+1)^2(\lambda-5),$$

因此,$\boldsymbol{A}$ 的特征值为 $\lambda_1=\lambda_2=-1,\lambda_3=5$.

对应 $\lambda_1=\lambda_2=-1$ 的特征向量为

$$\boldsymbol{p}_1=(-1,1,0)^{\mathrm{T}},\boldsymbol{p}_2=(-1,0,1)^{\mathrm{T}},$$

正交化得 $\boldsymbol{q}_1=\boldsymbol{p}_1=(-1,1,0)^{\mathrm{T}}$,

$$\boldsymbol{q}_2=\boldsymbol{p}_2-\frac{[\boldsymbol{p}_2,\boldsymbol{q}_1]}{[\boldsymbol{q}_1,\boldsymbol{q}_1]}\boldsymbol{q}_1=(-1,0,1)^{\mathrm{T}}-\frac{1}{2}(-1,1,0)^{\mathrm{T}}=\left(-\frac{1}{2},-\frac{1}{2},1\right)^{\mathrm{T}}.$$

单位化得 $\left(-\frac{1}{\sqrt{2}},\frac{1}{\sqrt{2}},0\right)^{\mathrm{T}},\left(-\frac{1}{\sqrt{6}},-\frac{1}{\sqrt{6}},\frac{2}{\sqrt{6}}\right)^{\mathrm{T}}$.

对应 $\lambda_3=5$ 的特征向量为 $\boldsymbol{p}_3=(1,1,1)^{\mathrm{T}}$,单位化得 $\left(\frac{1}{\sqrt{3}},\frac{1}{\sqrt{3}},\frac{1}{\sqrt{3}}\right)^{\mathrm{T}}$,

故正交变换 $\begin{pmatrix}x_1\\x_2\\x_3\end{pmatrix}=\begin{pmatrix}-\frac{1}{\sqrt{2}}&-\frac{1}{\sqrt{6}}&\frac{1}{\sqrt{3}}\\ \frac{1}{\sqrt{2}}&-\frac{1}{\sqrt{6}}&\frac{1}{\sqrt{3}}\\0&\frac{2}{\sqrt{6}}&\frac{1}{\sqrt{3}}\end{pmatrix}\begin{pmatrix}y_1\\y_2\\y_3\end{pmatrix}$,

化二次型为 $f=-y_1^2-y_2^2+5y_3^2$.

(2)二次型的矩阵为 $\boldsymbol{A}=\begin{pmatrix}1&0&0\\0&1&1\\0&1&1\end{pmatrix}$,可求得

$$\det(\boldsymbol{A}-\lambda\boldsymbol{E})=\begin{vmatrix}1-\lambda&0&0\\0&1-\lambda&1\\0&1&1-\lambda\end{vmatrix}=-\lambda(\lambda-1)(\lambda-2),$$

故 $\boldsymbol{A}$ 的特征值为 $\lambda_1=0,\lambda_2=1,\lambda_3=2$,

可求得对应的特征向量分别为

$$\boldsymbol{p}_1=\begin{pmatrix}0\\-1\\1\end{pmatrix},\boldsymbol{p}_2=\begin{pmatrix}1\\0\\0\end{pmatrix},\boldsymbol{p}_3=\begin{pmatrix}0\\1\\1\end{pmatrix},$$

单位化得 $$\boldsymbol{q}_1=\begin{pmatrix}0\\-\frac{1}{\sqrt{2}}\\\frac{1}{\sqrt{2}}\end{pmatrix},\quad \boldsymbol{q}_2=\begin{pmatrix}1\\0\\0\end{pmatrix},\boldsymbol{q}_3=\begin{pmatrix}0\\\frac{1}{\sqrt{2}}\\\frac{1}{\sqrt{2}}\end{pmatrix},$$

故正交变换 $$\begin{pmatrix}x_1\\x_2\\x_3\end{pmatrix}=\begin{pmatrix}0&1&0\\-\frac{1}{\sqrt{2}}&0&\frac{1}{\sqrt{2}}\\\frac{1}{\sqrt{2}}&0&\frac{1}{\sqrt{2}}\end{pmatrix}\begin{pmatrix}y_1\\y_2\\y_3\end{pmatrix},$$

化二次型为

$$f=y_2^2+2y_3^2.$$

(3)二次型 f 的矩阵 $$\boldsymbol{A}=\begin{pmatrix}1&0&0\\0&-1&2\\0&2&2\end{pmatrix},$$

特征多项式 $|\boldsymbol{A}-\lambda\boldsymbol{E}|=\begin{vmatrix}1-\lambda&0&0\\0&-1-\lambda&2\\0&2&2-\lambda\end{vmatrix}=-(\lambda-1)(\lambda-3)(\lambda+2)$,

所以 $\boldsymbol{A}$ 的特征值为 $1,3,-2$.

当 $\lambda=1$ 时,解方程 $(\boldsymbol{A}-\boldsymbol{E})\boldsymbol{x}=\boldsymbol{0}$,由

$$\boldsymbol{A}-\boldsymbol{E}=\begin{pmatrix}0&0&0\\0&-2&2\\0&2&1\end{pmatrix}\xrightarrow[-\frac{1}{2}r_2]{r_3+r_2}\begin{pmatrix}0&0&0\\0&1&-1\\0&0&3\end{pmatrix}\xrightarrow[r_2+r_3]{\frac{1}{3}r_3}\begin{pmatrix}0&0&0\\0&1&0\\0&0&1\end{pmatrix},$$

得基础解系 $\boldsymbol{p}_1=(1,0,0)^{\mathrm{T}}$.

当 $\lambda=3$ 时,解方程 $(\boldsymbol{A}-3\boldsymbol{E})\boldsymbol{x}=\boldsymbol{0}$,由

$$A-3E=\begin{pmatrix}-2&0&0\\0&-4&2\\0&2&-1\end{pmatrix}\xrightarrow[r_3-r_2]{-\frac{1}{2}r_i(i=1,2)}\begin{pmatrix}1&0&0\\0&2&-1\\0&0&0\end{pmatrix},$$

得基础解系 $p_2=(0,1,2)^T$.

当 $\lambda=-2$ 时，解方程 $(A+2E)x=0$，由

$$A+2E=\begin{pmatrix}3&0&0\\0&1&2\\0&2&4\end{pmatrix}\xrightarrow[r_3-2r_2]{\frac{1}{3}r_1}\begin{pmatrix}1&0&0\\0&1&2\\0&0&0\end{pmatrix},$$

得基础解系 $p_3=(0,-2,1)^T$.

实对称矩阵不同特征值对应的特征向量正交，故只需单位化，令

$$q_1=\frac{p_1}{\|p_1\|}=(1,0,0)^T,q_2=\frac{p_2}{\|p_2\|}=\frac{1}{\sqrt{5}}(0,1,2)^T,q_2=\frac{p_3}{\|p_3\|}=\frac{1}{\sqrt{5}}(0,-2,1)^T,$$

于是正交变换为 $$\begin{pmatrix}x_1\\x_2\\x_3\end{pmatrix}=\begin{pmatrix}1&0&0\\0&\frac{1}{\sqrt{5}}&-\frac{2}{\sqrt{5}}\\0&\frac{2}{\sqrt{5}}&\frac{1}{\sqrt{5}}\end{pmatrix}\begin{pmatrix}y_1\\y_2\\y_3\end{pmatrix},$$

且有 $f=y_1^2+3y_2^2-2y_3^2$.

(4) 二次型 f 的矩阵为

$$A=\begin{pmatrix}0&-1&1\\-1&0&1\\1&1&0\end{pmatrix},$$

其特征多项式为

$$|A-\lambda E|=\begin{vmatrix}-\lambda&-1&1\\-1&-\lambda&1\\1&1&-\lambda\end{vmatrix}=-(\lambda-1)^2(\lambda+2),$$

所以矩阵 A 的特征值为 $\lambda_1=-2,\lambda_2=\lambda_3=1$.

当 $\lambda_1=-2$ 时，解方程组 $(A+2E)x=0$，由

$$A+2E=\begin{pmatrix}2&-1&1\\-1&2&1\\1&1&2\end{pmatrix}\xrightarrow[\substack{r_2+r_1\\r_3-2r_1}]{r_1\leftrightarrow r_3}\begin{pmatrix}1&1&2\\0&3&3\\0&-3&-3\end{pmatrix}\xrightarrow[\substack{r_3+3r_2\\r_1-r_2}]{\frac{1}{3}r_2}\begin{pmatrix}1&0&1\\0&1&1\\0&0&0\end{pmatrix},$$

得基础解系 $p_1=(-1,-1,1)^T$，将 p_1 单位化得 $q_1=\left(-\frac{1}{\sqrt{3}},-\frac{1}{\sqrt{3}},\frac{1}{\sqrt{3}}\right)^T$.

当 $\lambda_2=\lambda_3=1$ 时，解方程组 $(A-E)x=0$，由

$$A-E=\begin{pmatrix}-1&-1&1\\-1&-1&1\\1&1&-1\end{pmatrix}\xrightarrow[(-1)r_1]{\substack{r_2-r_1\\r_3+r_1}}\begin{pmatrix}1&1&-1\\0&0&0\\0&0&0\end{pmatrix},$$

得基础解系 $\boldsymbol{p}_2=(-1,1,0)^{\mathrm{T}}$, $\boldsymbol{p}_3=(1,0,1)^{\mathrm{T}}$.

将 $\boldsymbol{p}_2,\boldsymbol{p}_3$ 正交化,取

$$\boldsymbol{\alpha}_2=\boldsymbol{p}_2,\boldsymbol{\alpha}_3=\boldsymbol{p}_3-\frac{[\boldsymbol{\alpha}_2,\boldsymbol{p}_3]}{[\boldsymbol{\alpha}_2,\boldsymbol{\alpha}_2]}\boldsymbol{\alpha}_2=\begin{pmatrix}1\\0\\1\end{pmatrix}+\frac{1}{2}\begin{pmatrix}-1\\1\\0\end{pmatrix}=\frac{1}{2}\begin{pmatrix}1\\1\\2\end{pmatrix}.$$

再将 $\boldsymbol{\alpha}_2,\boldsymbol{\alpha}_3$ 单位化,得 $\boldsymbol{q}_2=\frac{1}{\sqrt{2}}(-1,1,0)^{\mathrm{T}}$, $\boldsymbol{q}_3=\frac{1}{\sqrt{6}}(1,1,2)^{\mathrm{T}}$. 于是正交变换为

$$\begin{pmatrix}x_1\\x_2\\x_3\end{pmatrix}=\begin{pmatrix}-\frac{1}{\sqrt{3}} & -\frac{1}{\sqrt{2}} & \frac{1}{\sqrt{6}}\\ -\frac{1}{\sqrt{3}} & \frac{1}{\sqrt{2}} & \frac{1}{\sqrt{6}}\\ \frac{1}{\sqrt{3}} & 0 & \frac{2}{\sqrt{6}}\end{pmatrix}\begin{pmatrix}y_1\\y_2\\y_3\end{pmatrix},$$

且有 $f=-2y_1^2+y_2^2+y_3^2$.

21.【解析】由题设知,二次型的矩阵 $\boldsymbol{A}=\begin{pmatrix}2&0&0\\0&3&t\\0&t&3\end{pmatrix}$(正交)相似于对角矩阵 $\boldsymbol{B}=\begin{pmatrix}1&0&0\\0&2&0\\0&0&5\end{pmatrix}$. 于是 $\det(\boldsymbol{A}-\lambda\boldsymbol{E})=\det(\boldsymbol{B}-\lambda\boldsymbol{E})$,展开得 $(2-\lambda)(\lambda^2-6\lambda+9-t^2)=(1-\lambda)(2-\lambda)(5-\lambda)$,比较两边 λ 的同次幂系数得 $9-t^2=5$,解得 $t=\pm2$,由 $t>0$ 知 $t=2$,

于是 $\boldsymbol{A}=\begin{pmatrix}2&0&0\\0&3&2\\0&2&3\end{pmatrix}$,可求得 $\boldsymbol{A}$ 对应特征值 $\lambda_1=1,\lambda_2=2,\lambda_3=5$ 的特征向量分别为

$$\boldsymbol{p}_1=\begin{pmatrix}0\\-1\\1\end{pmatrix},\boldsymbol{p}_2=\begin{pmatrix}1\\0\\0\end{pmatrix},\boldsymbol{p}_3=\begin{pmatrix}0\\1\\1\end{pmatrix},$$

单位化得

$$\boldsymbol{q}_1=\begin{pmatrix}0\\-\frac{1}{\sqrt{2}}\\\frac{1}{\sqrt{2}}\end{pmatrix},\boldsymbol{q}_2=\begin{pmatrix}1\\0\\0\end{pmatrix},\boldsymbol{q}_3=\begin{pmatrix}0\\\frac{1}{\sqrt{2}}\\\frac{1}{\sqrt{2}}\end{pmatrix},$$

故所有的正交变换为 $\begin{pmatrix}x_1\\x_2\\x_3\end{pmatrix}=\begin{pmatrix}0&1&0\\-\frac{1}{\sqrt{2}}&0&\frac{1}{\sqrt{2}}\\\frac{1}{\sqrt{2}}&0&\frac{1}{\sqrt{2}}\end{pmatrix}\begin{pmatrix}y_1\\y_2\\y_3\end{pmatrix}$.

22.【解析】(1)二次型 f 的矩阵为 $\boldsymbol{A}=\begin{pmatrix}a&0&b\\0&2&0\\b&0&-2\end{pmatrix}$,

设矩阵 $\boldsymbol{A}$ 的特征值为 $\lambda_1,\lambda_2,\lambda_3$，由题意有

$$\begin{cases}\lambda_1+\lambda_2+\lambda_3=\mathrm{Tr}(\boldsymbol{A})=a+2-2=1\\ \lambda_1\lambda_2\lambda_3=|\boldsymbol{A}|=2(-2a-b^2)=-12\end{cases},$$

由于 $b>0$，解得 $a=1,b=2$.

(2)矩阵 $\boldsymbol{A}$ 的特征多项式为

$$|\boldsymbol{A}-\lambda\boldsymbol{E}|=\begin{vmatrix}1-\lambda & 0 & 2\\ 0 & 2-\lambda & 0\\ 2 & 0 & -2-\lambda\end{vmatrix}=-(\lambda-2)^2(\lambda+3),$$

所以 $\boldsymbol{A}$ 的特征值为 $\lambda_1=\lambda_2=2,\lambda_3=-3$.

当 $\lambda_1=\lambda_2=2$ 时，解方程组 $(\boldsymbol{A}-2\boldsymbol{E})\boldsymbol{x}=\boldsymbol{0}$. 由

$$(\boldsymbol{A}-2\boldsymbol{E})=\begin{pmatrix}-1 & 0 & 2\\ 0 & 0 & 0\\ 2 & 0 & -4\end{pmatrix}\xrightarrow[(-1)r_1]{r_3+2r_1}\begin{pmatrix}1 & 0 & -2\\ 0 & 0 & 0\\ 0 & 0 & 0\end{pmatrix},$$

得基础解系为 $\boldsymbol{p}_1=(0,1,0)^{\mathrm{T}},\boldsymbol{p}_2=(2,0,1)^{\mathrm{T}},\boldsymbol{\xi}_1,\boldsymbol{\xi}_2$ 正交，将其单位化得

$$\boldsymbol{q}_1=(0,1,0)^{\mathrm{T}},\boldsymbol{q}_2=\left(\frac{2}{\sqrt{5}},0,\frac{1}{\sqrt{5}}\right)^{\mathrm{T}}.$$

当 $\lambda_3=-3$ 时，解方程组 $(\boldsymbol{A}+3\boldsymbol{E})\boldsymbol{x}=\boldsymbol{0}$. 由

$$(\boldsymbol{A}+3\boldsymbol{E})=\begin{pmatrix}4 & 0 & 2\\ 0 & 5 & 0\\ 2 & 0 & 1\end{pmatrix}\xrightarrow[r_3-r_1]{\substack{\frac{1}{2}r_1\\ \frac{1}{5}r_2}}\begin{pmatrix}2 & 0 & 1\\ 0 & 1 & 0\\ 0 & 0 & 0\end{pmatrix},$$

得基础解系为 $\boldsymbol{p}_3=(1,0,-2)^{\mathrm{T}}$，将其单位化得 $\boldsymbol{q}_3=\left(\frac{1}{\sqrt{5}},0,-\frac{2}{\sqrt{5}}\right)^{\mathrm{T}}$，于是正交变换为

$$\begin{pmatrix}x_1\\ x_2\\ x_3\end{pmatrix}=\begin{pmatrix}0 & \frac{2}{\sqrt{5}} & \frac{1}{\sqrt{5}}\\ 1 & 0 & 0\\ 0 & \frac{1}{\sqrt{5}} & -\frac{2}{\sqrt{5}}\end{pmatrix}\begin{pmatrix}y_1\\ y_2\\ y_3\end{pmatrix},$$

且将二次型 $f(x_1,x_2,x_3)$ 化为标准形 $2y_1^2+2y_2^2-3y_3^2$.

23.【解析】二次型 f 及其标准形的矩阵分别是

$$\boldsymbol{A}=\begin{pmatrix}1 & -2 & -2\\ -2 & 1 & a\\ -2 & a & 1\end{pmatrix},\boldsymbol{\Lambda}=\begin{pmatrix}3 & & \\ & 3 & \\ & & b\end{pmatrix},$$

在正交变换下 $\boldsymbol{A}$ 与 $\boldsymbol{\Lambda}$ 相似，故有

$$\begin{cases}\mathrm{Tr}(\boldsymbol{A})=\mathrm{Tr}(\boldsymbol{\Lambda})\\ |\boldsymbol{A}-3\boldsymbol{E}|=0\end{cases} \text{或} \begin{cases}1+1+1=3+3+b\\ 2(a+2)^2=0\end{cases},$$

解之得 $a=-2,b=-3$,可得矩阵 $\boldsymbol{A}$ 的特征值是 $3,3,-3$.

当 $\lambda=3$ 时,解方程 $(\boldsymbol{A}-3\boldsymbol{E})\boldsymbol{x}=\boldsymbol{0}$. 由

$$\boldsymbol{A}-3\boldsymbol{E}=\begin{pmatrix}-2&-2&-2\\-2&-2&-2\\-2&-2&-2\end{pmatrix}\xrightarrow[\frac{1}{2}r_1]{\substack{r_2-r_1\\ r_3-r_1}}\begin{pmatrix}1&1&1\\0&0&0\\0&0&0\end{pmatrix},$$

得基础解系 $\boldsymbol{p}_1=(-1,1,0)^{\mathrm{T}},\boldsymbol{p}_2=(-1,0,1)^{\mathrm{T}}$. 对 $\boldsymbol{p}_1,\boldsymbol{p}_2$ 正交化,

令 $\boldsymbol{\alpha}_1=\boldsymbol{p}_1=\begin{pmatrix}-1\\1\\0\end{pmatrix},\boldsymbol{\alpha}_2=\boldsymbol{p}_2-\dfrac{(\boldsymbol{p}_2,\boldsymbol{\alpha}_1)}{(\boldsymbol{\alpha}_1,\boldsymbol{\alpha}_1)}\boldsymbol{\alpha}_1=\begin{pmatrix}-1\\0\\1\end{pmatrix}-\dfrac{1}{2}\begin{pmatrix}-1\\1\\0\end{pmatrix}=\dfrac{1}{2}\begin{pmatrix}-1\\-1\\2\end{pmatrix}$.

对 $\boldsymbol{\alpha}_1,\boldsymbol{\alpha}_2$ 进行单位化,有 $\boldsymbol{q}_1=\dfrac{1}{\sqrt{2}}\begin{pmatrix}-1\\1\\0\end{pmatrix},\boldsymbol{q}_2=\dfrac{1}{\sqrt{6}}\begin{pmatrix}1\\1\\-2\end{pmatrix}$.

当 $\lambda=-3$ 时,解方程 $(\boldsymbol{A}+3\boldsymbol{E})\boldsymbol{x}=\boldsymbol{0}$. 由

$$\boldsymbol{A}+3\boldsymbol{E}=\begin{pmatrix}4&-2&-2\\-2&4&-2\\-2&-2&4\end{pmatrix}\xrightarrow[r_1\leftrightarrow r_2]{r_3+r_1+r_2}\begin{pmatrix}-2&4&-2\\4&-2&-2\\0&0&0\end{pmatrix}$$

$$\xrightarrow[-r_2+4r_1]{-\frac{1}{2}r_1}\begin{pmatrix}1&-2&1\\0&-6&6\\0&0&0\end{pmatrix}\xrightarrow[r_1+2r_2]{-\frac{1}{6}r_2}\begin{pmatrix}1&0&-1\\0&1&-1\\0&0&0\end{pmatrix},$$

得基础解系 $\boldsymbol{p}_3=(1,1,1)^{\mathrm{T}}$, 对 $\boldsymbol{p}_3$ 单位化,即 $\boldsymbol{q}_3=\dfrac{1}{\sqrt{3}}(1,1,1)^{\mathrm{T}}$. 进行正交变换,有

$$\begin{pmatrix}x_1\\x_2\\x_3\end{pmatrix}=\begin{pmatrix}-\frac{1}{\sqrt{2}}&\frac{1}{\sqrt{6}}&\frac{1}{\sqrt{3}}\\ \frac{1}{\sqrt{2}}&\frac{1}{\sqrt{6}}&\frac{1}{\sqrt{3}}\\ 0&-\frac{2}{\sqrt{6}}&\frac{1}{\sqrt{3}}\end{pmatrix}\begin{pmatrix}y_1\\y_2\\y_3\end{pmatrix},$$

且将二次型 $f(x_1,x_2,x_3)$ 化为标准形 $3y_1^2+3y_2^2-3y_3^2$.

24.【解析】(1) 二次型的矩阵为 $\boldsymbol{A}=\begin{pmatrix}-2&1&1\\1&-6&0\\1&0&-4\end{pmatrix}$. 由于

$$\Delta_1=-2<0,\Delta_2=\begin{vmatrix}-2&1\\1&-6\end{vmatrix}=11>0,\Delta_3=\begin{vmatrix}-2&1&1\\1&-6&0\\1&0&-4\end{vmatrix}=-38<0,$$

故 f 为负定二次型.

(2)二次型的矩阵为 $A=\begin{pmatrix}2&-2&0\\-2&1&-2\\0&-2&0\end{pmatrix}$. 由于

$$\Delta_1=2>0,\Delta_2=\begin{vmatrix}2&-2\\-2&1\end{vmatrix}=-2<0,\Delta_3=\begin{vmatrix}2&-2&0\\-2&1&-2\\0&-2&0\end{vmatrix}=-8<0,$$

故 f 是不定的.

25.【解析】(1)设 λ 是 A 的一个特征值，对应的特征向量为 $\boldsymbol{\alpha}$，则

$$A\boldsymbol{\alpha}=\lambda\boldsymbol{\alpha}\,(\boldsymbol{\alpha}\neq\mathbf{0}),A^2\boldsymbol{\alpha}=\lambda^2\boldsymbol{\alpha},A^3\boldsymbol{\alpha}=\lambda^3\boldsymbol{\alpha},$$

于是
$$(A^3+2A^2)\boldsymbol{\alpha}=(\lambda^3+2\lambda^2)\boldsymbol{\alpha},$$

由已知条件 $A^3+2A^2=\mathbf{0}$，得 $(\lambda^3+2\lambda^2)\boldsymbol{\alpha}=\mathbf{0}$. 又由于 $\boldsymbol{\alpha}\neq\mathbf{0}$，故有 $\lambda^3+2\lambda^2=0$，得 $\lambda=-2$ 或 $\lambda=0$，故 A 的特征值只可能是 -2 和 0.

因为 A 是对称阵，故 A 必相似于某对角阵 $\boldsymbol{\Lambda}$，又因为 $R(A)=2$，从而 $(A-0E)x=\mathbf{0}$ 的基础解系中只含一个向量，故 $\lambda=0$ 只能是 A 的单特征值，于是 A 的特征值为 $\lambda_1=\lambda_2=-2$，$\lambda_3=0$.

(2)因为 A 是对称阵，所以对于任意的 k，$A+kE$ 都是对称阵，并且由矩阵 A 的特征值为 $\lambda_1=\lambda_2=-2,\lambda_3=0$ 知 $A+kE$ 的特征值为 $-2+k,-2+k,k$，于是当 $k>2$ 时，$A+kE$ 的特征值全为正数，即当 $k>2$ 时，$A+kE$ 为正定矩阵.

26.【解析】因为 A 正定，所以 $A^{\mathrm{T}}=A$，那么 $(A^{-1})^{\mathrm{T}}=(A^{\mathrm{T}})^{-1}=A^{-1}$，于是 A^{-1} 是对称矩阵.

方法一　特征值法

设矩阵 A^{-1} 的特征值是 $\lambda_1,\lambda_2,\cdots,\lambda_n$，则矩阵 A 的特征值是 $\frac{1}{\lambda_1},\frac{1}{\lambda_2},\cdots,\frac{1}{\lambda_n}$. 由 A 正定知其特征值 $\frac{1}{\lambda_i}>0\,(i=1,2,\cdots,n)$，从而矩阵 A^{-1} 的特征值是 $\lambda_i>0\,(i=1,2,\cdots,n)$，因此矩阵 A^{-1} 正定.

方法二　因为矩阵 A 正定，所以存在可逆矩阵 C 使 $C^{\mathrm{T}}AC=E$，那么

$$(C^{\mathrm{T}}AC)^{-1}=C^{-1}A^{-1}(C^{\mathrm{T}})^{-1}=C^{-1}A^{-1}(C^{-1})^{\mathrm{T}}=E,$$

所以 A^{-1} 与 E 合同，故 A^{-1} 正定.

方法三　用定义

对于任意非零向量 x，有

$$x^{\mathrm{T}}A^{-1}x=x^{\mathrm{T}}(A^{-1}AA^{-1})x=(x^{\mathrm{T}}A^{-1})A(A^{-1}x)=(A^{-1}x)^{\mathrm{T}}A(A^{-1}x)>0\,(A^{-1}x\neq\mathbf{0}),$$

从而 A^{-1} 正定.

方法四　因为 A 正定，所以 A 对称且可逆，于是 $A^{\mathrm{T}}A^{-1}A=A$，因此，A^{-1} 与 A 合同，进而二次型 $x^{\mathrm{T}}Ax$ 与 $x^{\mathrm{T}}A^{-1}x$ 有相同的正、负惯性指数，因此，由 $x^{\mathrm{T}}Ax$ 是正定二次型，可知 $x^{\mathrm{T}}A^{-1}x$ 也为正定二次型，故 A^{-1} 正定.

二、提高篇

1. 答案 D 【解析】根据定义可知，$f=\boldsymbol{x}^{\mathrm{T}}\boldsymbol{A}\boldsymbol{x}$ 正定的充分必要条件是对于任意非零向量 $\boldsymbol{x}$，有 $f=\boldsymbol{x}^{\mathrm{T}}\boldsymbol{A}\boldsymbol{x}>0$.

对于选项 A，因为 $f(1,1,1)=0$，所以 f 非正定.

对于选项 B，因为 $f(1,-1,-1)=0$，所以 f 非正定.

对于选项 C，因为 $f(1,-1,1,1)=0$，所以 f 非正定.

对于选项 D，显然 $f\geqslant 0$ 且 $f=0$ 的充分必要条件为 $\boldsymbol{x}_i=\boldsymbol{0}(i=1,2,3,4)$，所以 f 正定.

2. 答案 2 【解析】二次型 $\boldsymbol{x}^{\mathrm{T}}\boldsymbol{A}\boldsymbol{x}$ 必存在坐标变换 $\boldsymbol{x}=\boldsymbol{C}\boldsymbol{y}$，化其为标准形 $\boldsymbol{y}^{\mathrm{T}}\boldsymbol{\Lambda}\boldsymbol{y}$，即必存在 $\boldsymbol{C}$，使实对称矩阵 $\boldsymbol{A}$ 与对角矩阵 $\boldsymbol{\Lambda}$ 合同，即 $\boldsymbol{C}^{\mathrm{T}}\boldsymbol{A}\boldsymbol{C}=\boldsymbol{\Lambda}$. 如果选择正交变换，即 $\boldsymbol{C}$ 是正交矩阵，那么 $\boldsymbol{\Lambda}=\boldsymbol{C}^{\mathrm{T}}\boldsymbol{A}\boldsymbol{C}=\boldsymbol{C}^{-1}\boldsymbol{A}\boldsymbol{C}$. 这说明在正交变换下，$\boldsymbol{A}$ 不仅与 $\boldsymbol{\Lambda}$ 合同，且 $\boldsymbol{A}$ 与 $\boldsymbol{\Lambda}=\mathrm{diag}(\lambda_1,\lambda_2,\lambda_3)$ 相似，其中 $\boldsymbol{\lambda}_i(i=1,2,3)$ 是矩阵 $\boldsymbol{A}$ 的特征值. 另一方面，在二次型 $\boldsymbol{y}^{\mathrm{T}}\boldsymbol{\Lambda}\boldsymbol{y}$ 中，$\boldsymbol{\Lambda}$ 就是标准形平方项的系数，因此，二次型 $\boldsymbol{x}^{\mathrm{T}}\boldsymbol{A}\boldsymbol{x}$ 经正交变换化为标准形时，标准形中平方项的系数就是二次型矩阵 $\boldsymbol{A}$ 的特征值，从而可得矩阵 $\boldsymbol{A}$ 的特征值是 6,0,0. 再由矩阵特征值的性质可知 $a+a+a=6+0+0$，即 $a=2$.

3. 答案 $(-\infty,0)$ 【解析】因为 $\boldsymbol{B}^{\mathrm{T}}=(-a\boldsymbol{E}+\boldsymbol{A}^{\mathrm{T}}\boldsymbol{A})^{\mathrm{T}}=-a\boldsymbol{E}+\boldsymbol{A}^{\mathrm{T}}\boldsymbol{A}=\boldsymbol{B}$，所以 $\boldsymbol{B}$ 是对称矩阵. 又对于任意非零向量 x，

$$\boldsymbol{x}^{\mathrm{T}}\boldsymbol{B}\boldsymbol{x}=\boldsymbol{x}^{\mathrm{T}}(-a\boldsymbol{E}+\boldsymbol{A}^{\mathrm{T}}\boldsymbol{A})\boldsymbol{x}=-a\boldsymbol{x}^{\mathrm{T}}\boldsymbol{x}+\boldsymbol{x}^{\mathrm{T}}\boldsymbol{A}^{\mathrm{T}}\boldsymbol{A}\boldsymbol{x}=-a\boldsymbol{x}^{\mathrm{T}}\boldsymbol{x}+(\boldsymbol{A}\boldsymbol{x})^{\mathrm{T}}(\boldsymbol{A}\boldsymbol{x})\geqslant -a\boldsymbol{x}^{\mathrm{T}}\boldsymbol{x},$$

要使得 $\boldsymbol{B}=-a\boldsymbol{E}+\boldsymbol{A}^{\mathrm{T}}\boldsymbol{A}$ 正定，那么 $-a\boldsymbol{x}^{\mathrm{T}}\boldsymbol{x}>0$，即 $a<0$.

4. 答案 $(-\infty,-2)\cup(0,+\infty)$ 【解析】由已知条件

$$\boldsymbol{A}=\boldsymbol{\alpha}\boldsymbol{\alpha}^{\mathrm{T}}=\begin{pmatrix}1\\0\\1\end{pmatrix}(1,0,1)=\begin{pmatrix}1&0&1\\0&0&0\\1&0&1\end{pmatrix},$$

矩阵 $\boldsymbol{A}$ 的特征多项式

$$|\boldsymbol{A}-\lambda\boldsymbol{E}|=\begin{vmatrix}1-\lambda&0&1\\0&-\lambda&0\\1&0&1-\lambda\end{vmatrix}=-\lambda^2(\lambda-2),$$

所以 $\boldsymbol{A}$ 的特征值为 0,0,2，从而 $k\boldsymbol{E}+\boldsymbol{A}$ 的特征值为 $k,k,k+2$，那么 $\boldsymbol{B}$ 的特征值为 $k(k+2)$，$k(k+2)$，k^2，要使得 $\boldsymbol{B}$ 为正定矩阵，只需 $k(k+2)>0$，$k^2>0$，即 $k>0$ 或 $k<-2$.

5. 答案 $(-\infty,0)$ 【解析】矩阵 $\boldsymbol{A}$ 与矩阵 $\boldsymbol{B}$ 合同的充分必要条件是二次型 $\boldsymbol{x}^{\mathrm{T}}\boldsymbol{A}\boldsymbol{x}$ 与 $\boldsymbol{x}^{\mathrm{T}}\boldsymbol{B}\boldsymbol{x}$ 具有相同的正惯性指数与负惯性指数. 又矩阵 $\boldsymbol{A}$ 的特征多项式

$$|\boldsymbol{A}-\lambda\boldsymbol{E}|=\begin{vmatrix}1-\lambda&1&-2\\1&-2-\lambda&1\\-2&1&1-\lambda\end{vmatrix}=-\lambda(\lambda-3)(\lambda+3),$$

故而矩阵 $\boldsymbol{A}$ 的正惯性指数$p_a=1$，负惯性指数$q_a=1$，此时矩阵 $\boldsymbol{B}$ 的正惯性指数$p_b=1$，负惯性指数$q_b=1$，所以 $a<0$.

6. 答案 $\begin{pmatrix}\sqrt{2} & 0 & -3\\ 0 & 1 & 0\\ 0 & 0 & 3\end{pmatrix}$ 【解析】由于

$$f(x_1,x_2,x_3)=\boldsymbol{x}^{\mathrm{T}}\boldsymbol{A}\boldsymbol{x}=x_1^2+x_2^2+2x_1x_3=(x_1+x_3)^2+x_2^2-x_3^2,$$

$$g(y_1,y_2,y_3)=\boldsymbol{y}^{\mathrm{T}}\boldsymbol{B}\boldsymbol{y}=2y_1^2+y_2^2-9y_3^2,$$

$$\text{令}\begin{cases}x_1+x_3=\sqrt{2}\,y_1\\ x_2=y_2\\ x_3=3\,y_3\end{cases}\text{或}\begin{pmatrix}y_1\\y_2\\y_3\end{pmatrix}=\begin{pmatrix}\frac{1}{\sqrt{2}} & 0 & \frac{1}{\sqrt{2}}\\ 0 & 1 & 0\\ 0 & 0 & \frac{1}{3}\end{pmatrix}\begin{pmatrix}x_1\\x_2\\x_3\end{pmatrix}\text{或}\begin{pmatrix}x_1\\x_2\\x_3\end{pmatrix}=\begin{pmatrix}\sqrt{2} & 0 & -3\\ 0 & 1 & 0\\ 0 & 0 & 3\end{pmatrix}\begin{pmatrix}y_1\\y_2\\y_3\end{pmatrix},$$

故而所求可逆矩阵 $\boldsymbol{C}=\begin{pmatrix}\sqrt{2} & 0 & -3\\ 0 & 1 & 0\\ 0 & 0 & 3\end{pmatrix}$.

7.【证明】设 $k_1\boldsymbol{x}_1+k_2\boldsymbol{x}_2+\cdots+k_m\boldsymbol{x}_m=\boldsymbol{0}$，两边左乘 $\boldsymbol{x}_i^{\mathrm{T}}\boldsymbol{A}$，得

$$k_1\boldsymbol{x}_i^{\mathrm{T}}\boldsymbol{A}\boldsymbol{x}_1+k_2\boldsymbol{x}_i^{\mathrm{T}}\boldsymbol{A}\boldsymbol{x}_2+\cdots+k_m\boldsymbol{x}_i^{\mathrm{T}}\boldsymbol{A}\boldsymbol{x}_m=\boldsymbol{0}(i=1,2,\cdots,m),$$

即 $k_i\boldsymbol{x}_i^{\mathrm{T}}\boldsymbol{A}\boldsymbol{x}_i=\boldsymbol{0}(i=1,2,\cdots,m)$，

由于 $\boldsymbol{x}_i\neq\boldsymbol{0}$，且 $\boldsymbol{A}$ 是正定矩阵，从而 $\boldsymbol{x}_i^{\mathrm{T}}\boldsymbol{A}\boldsymbol{x}_i>\boldsymbol{0}$，故由上式得 $k_i=0(i=1,2,\cdots,m)$，即 $\boldsymbol{x}_1,\boldsymbol{x}_2,\cdots,\boldsymbol{x}_m$线性无关.

8.【解析】(1) 二次型 $f(x_1,x_2,x_3)$的矩阵为

$$\boldsymbol{A}=\begin{pmatrix}1-a & 1+a & 0\\ 1+a & 1-a & 0\\ 0 & 0 & 2\end{pmatrix},$$

由于二次型 $f(x_1,x_2,x_3)$的秩为 2，故 $R(\boldsymbol{A})=2$，可得$|\boldsymbol{A}|=0$，而

$$|\boldsymbol{A}|=\begin{vmatrix}1-a & 1+a & 0\\ 1+a & 1-a & 0\\ 0 & 0 & 2\end{vmatrix}=-8a,$$

所以 $a=0$.

(2) 矩阵 $\boldsymbol{A}$ 的特征多项式为

$$|\boldsymbol{A}-\lambda\boldsymbol{E}|=\begin{vmatrix}1-\lambda & 1 & 0\\ 1 & 1-\lambda & 0\\ 0 & 0 & 2-\lambda\end{vmatrix}=-\lambda(\lambda-2)^2,$$

因此，可得 $\boldsymbol{A}$ 的特征值为$\lambda_1=\lambda_2=2,\lambda_3=0$.

当 $\lambda_1=\lambda_2=2$ 时，解方程$(\boldsymbol{A}-2\boldsymbol{E})\boldsymbol{x}=\boldsymbol{0}$. 由

$$\boldsymbol{A}-2\boldsymbol{E}=\begin{pmatrix}-1&1&0\\1&-1&0\\0&0&0\end{pmatrix}\xrightarrow{r_2+r_1}\begin{pmatrix}-1&1&0\\0&0&0\\0&0&0\end{pmatrix},$$

得基础解系为$\boldsymbol{p}_1=(1,1,0)^{\mathrm{T}}$，$\boldsymbol{p}_2=(0,0,1)^{\mathrm{T}}$. 由于$\boldsymbol{p}_1,\boldsymbol{p}_2$ 正交，只需将其单位化

$$\boldsymbol{q}_1=\left(\frac{\sqrt{2}}{2},\frac{\sqrt{2}}{2},0\right)^{\mathrm{T}},\boldsymbol{q}_2=(0,0,1)^{\mathrm{T}}.$$

当 $\lambda_3=0$ 时，解方程$(\boldsymbol{A}-0\boldsymbol{E})\boldsymbol{x}=\boldsymbol{0}$. 由

$$(\boldsymbol{A}-0\boldsymbol{E})=\begin{pmatrix}1&1&0\\1&1&0\\0&0&2\end{pmatrix}\xrightarrow[r_2\leftrightarrow r_3]{\substack{r_2-r_1\\ \frac{1}{2}r_3}}\begin{pmatrix}1&1&0\\0&0&1\\0&0&0\end{pmatrix},$$

得基础解系为$\boldsymbol{p}_3=(-1,1,0)^{\mathrm{T}}$，将其单位化得$\boldsymbol{q}_3=\left(-\frac{\sqrt{2}}{2},\frac{\sqrt{2}}{2},0\right)^{\mathrm{T}}$. 于是正交变换

$$\begin{pmatrix}x_1\\x_2\\x_3\end{pmatrix}=\begin{pmatrix}\frac{\sqrt{2}}{2}&0&-\frac{\sqrt{2}}{2}\\\frac{\sqrt{2}}{2}&0&\frac{\sqrt{2}}{2}\\0&1&0\end{pmatrix}\begin{pmatrix}y_1\\y_2\\y_3\end{pmatrix}$$

可将二次型 $f(x_1,x_2,x_3)$化为标准形 $2y_1^2+2y_2^2$.

(3)**方法一** 由 $\boldsymbol{x}=\boldsymbol{Q}\boldsymbol{y}$，得 $f(x_1,x_2,x_3)=\boldsymbol{x}^{\mathrm{T}}\boldsymbol{A}\boldsymbol{x}=\boldsymbol{y}^{\mathrm{T}}\boldsymbol{\Lambda}\boldsymbol{y}=2y_1^2+2y_2^2$，

故可由 $f(x_1,x_2,x_3)=0$ 得$y_1=0,y_2=0$，所以 $f(x_1,x_2,x_3)=0$ 的解为$y_1=0,y_2=0$，代入

$$\begin{pmatrix}x_1\\x_2\\x_3\end{pmatrix}=\begin{pmatrix}\frac{\sqrt{2}}{2}&0&-\frac{\sqrt{2}}{2}\\\frac{\sqrt{2}}{2}&0&\frac{\sqrt{2}}{2}\\0&1&0\end{pmatrix}\begin{pmatrix}y_1\\y_2\\y_3\end{pmatrix},$$

得 $x_1=-\frac{\sqrt{2}}{2}y_3,x_2=\frac{\sqrt{2}}{2}y_3,x_3=0$.

令$\frac{\sqrt{2}}{2}y_3=k$ 得方程 $f(x_1,x_2,x_3)=0$ 的解为$(-k,k,0)^{\mathrm{T}}$，k 为任意实数.

方法二 由 $f(x_1,x_2,x_3)=x_1^2+x_2^2+2x_3^2+2x_1x_2=0$ 得 $f(x_1,x_2,x_3)=(x_1+x_2)^2+2x_3^2=0$，即 $x_1+x_2=0$ 且 $x_3=0$，从而方程 $f(x_1,x_2,x_3)=0$ 的通解为 $k(1,-1,0)^{\mathrm{T}}$，其中 k 为任意常数.

9.**【证明】**(1)由已知条件

$$f(x_1,x_2,x_3)=2(a_1x_1+a_2x_2+a_3x_3)^2+(b_1x_1+b_2x_2+b_3x_3)^2$$

$$=2(x_1,x_2,x_3)\begin{pmatrix}a_1\\a_2\\a_3\end{pmatrix}(a_1,a_2,a_3)\begin{pmatrix}x_1\\x_2\\x_3\end{pmatrix}+(x_1,x_2,x_3)\begin{pmatrix}b_1\\b_2\\b_3\end{pmatrix}(b_1,b_2,b_3)\begin{pmatrix}x_1\\x_2\\x_3\end{pmatrix}$$

$$=(x_1,x_2,x_3)(2\boldsymbol{\alpha}\boldsymbol{\alpha}^{\mathrm{T}})\begin{pmatrix}x_1\\x_2\\x_3\end{pmatrix}+(x_1,x_2,x_3)(\boldsymbol{\beta}\boldsymbol{\beta}^{\mathrm{T}})\begin{pmatrix}x_1\\x_2\\x_3\end{pmatrix}$$

$$=(x_1,x_2,x_3)(2\boldsymbol{\alpha}\boldsymbol{\alpha}^{\mathrm{T}}+\boldsymbol{\beta}\boldsymbol{\beta}^{\mathrm{T}})\begin{pmatrix}x_1\\x_2\\x_3\end{pmatrix},$$

且$(2\boldsymbol{\alpha}\boldsymbol{\alpha}^{\mathrm{T}}+\boldsymbol{\beta}\boldsymbol{\beta}^{\mathrm{T}})^{\mathrm{T}}=2\boldsymbol{\alpha}\boldsymbol{\alpha}^{\mathrm{T}}+\boldsymbol{\beta}\boldsymbol{\beta}^{\mathrm{T}}$，所以二次型 f 对应的矩阵为 $2\boldsymbol{\alpha}\boldsymbol{\alpha}^{\mathrm{T}}+\boldsymbol{\beta}\boldsymbol{\beta}^{\mathrm{T}}$.

(2)设 $\boldsymbol{A}=2\boldsymbol{\alpha}\boldsymbol{\alpha}^{\mathrm{T}}+\boldsymbol{\beta}\boldsymbol{\beta}^{\mathrm{T}}$，由于$|\boldsymbol{\alpha}|=1,\boldsymbol{\beta}^{\mathrm{T}}\boldsymbol{\alpha}=\boldsymbol{0}$，那么

$$\boldsymbol{A}\boldsymbol{\alpha}=(2\boldsymbol{\alpha}\boldsymbol{\alpha}^{\mathrm{T}}+\boldsymbol{\beta}\boldsymbol{\beta}^{\mathrm{T}})\boldsymbol{\alpha}=2\boldsymbol{\alpha}|\boldsymbol{\alpha}|^2+\boldsymbol{\beta}\boldsymbol{\beta}^{\mathrm{T}}\boldsymbol{\alpha}=2\boldsymbol{\alpha},$$

所以 $\boldsymbol{\alpha}$ 为矩阵对应特征值 $\lambda_1=2$ 的特征向量. 又

$$\boldsymbol{A}\boldsymbol{\beta}=(2\boldsymbol{\alpha}\boldsymbol{\alpha}^{\mathrm{T}}+\boldsymbol{\beta}\boldsymbol{\beta}^{\mathrm{T}})\boldsymbol{\beta}=2\boldsymbol{\alpha}\boldsymbol{\alpha}^{\mathrm{T}}\boldsymbol{\beta}+\boldsymbol{\beta}|\boldsymbol{\beta}|^2=\boldsymbol{\beta},$$

所以 $\boldsymbol{\beta}$ 为矩阵对应特征值 $\lambda_2=1$ 的特征向量.

又矩阵 $\boldsymbol{A}$ 满足

$$R(\boldsymbol{A})=R(2\boldsymbol{\alpha}\boldsymbol{\alpha}^{\mathrm{T}}+\boldsymbol{\beta}\boldsymbol{\beta}^{\mathrm{T}})\leqslant R(2\boldsymbol{\alpha}\boldsymbol{\alpha}^{\mathrm{T}})+R(\boldsymbol{\beta}\boldsymbol{\beta}^{\mathrm{T}})=2,$$

所以 $\lambda_3=0$ 也是矩阵的一个特征值，故 f 在正交变换下的标准形为 $2y_1^2+y_2^2$.

10.【证明】设 $\lambda_1\geqslant\lambda_2\geqslant\cdots\geqslant\lambda_n$ 为矩阵 $\boldsymbol{A}$ 的 n 个特征值，由于对称阵一定可正交对角化，故存在正交矩阵 $\boldsymbol{P}=(\boldsymbol{p}_1,\boldsymbol{p}_2,\cdots,\boldsymbol{p}_n)$，使得$\boldsymbol{P}^{\mathrm{T}}\boldsymbol{A}\boldsymbol{P}=\mathrm{diag}(\lambda_1,\lambda_2,\cdots,\lambda_n)=\boldsymbol{\Lambda}$，并且 $\boldsymbol{P}$ 的第 i 个列向量$\boldsymbol{p}_i$ 是对应于特征值 λ_i 的单位特征向量，作正交变换 $\boldsymbol{x}=\boldsymbol{P}\boldsymbol{y}$，其中 $\boldsymbol{x}=(x_1,x_2,\cdots,x_n)^{\mathrm{T}}$，$\boldsymbol{y}=(y_1,y_2,\cdots,y_n)^{\mathrm{T}}$，则

$$\|\boldsymbol{x}\|^2=\boldsymbol{x}^{\mathrm{T}}\boldsymbol{x}=\boldsymbol{y}^{\mathrm{T}}\boldsymbol{P}^{\mathrm{T}}\boldsymbol{P}\boldsymbol{y}=\boldsymbol{y}^{\mathrm{T}}\boldsymbol{y}=\|\boldsymbol{y}\|^2,$$

从而

$$\max_{\|\boldsymbol{x}\|=1}f(\boldsymbol{x})=\max_{\|\boldsymbol{x}\|=1}\boldsymbol{x}^{\mathrm{T}}\boldsymbol{A}\boldsymbol{x}=\max_{\|\boldsymbol{y}\|=1}\boldsymbol{y}^{\mathrm{T}}\boldsymbol{P}^{\mathrm{T}}\boldsymbol{A}\boldsymbol{P}\boldsymbol{y}=\max_{\|\boldsymbol{y}\|=1}\boldsymbol{y}^{\mathrm{T}}\boldsymbol{\Lambda}\boldsymbol{y}$$

$$=\max_{\sum y_i^2=1}(\lambda_1y_1^2+\lambda_2y_2^2+\cdots+\lambda_ny_n^2)\leqslant\lambda_1\max_{\sum y_i^2=1}\sum y_i^2=\lambda_1.$$

另外，取 $\boldsymbol{y}_0=\boldsymbol{e}_1=(1,0,\cdots,0)^{\mathrm{T}}$，则$\|\boldsymbol{y}_0\|=\|\boldsymbol{e}_1\|=1$，令 $\boldsymbol{x}_0=\boldsymbol{P}\boldsymbol{y}_0$，则$\|\boldsymbol{x}_0\|=1$，且二次型 $f(x)$在 $\boldsymbol{x}_0$ 处的值为

$$f(\boldsymbol{x}_0)=\boldsymbol{x}_0^{\mathrm{T}}\boldsymbol{A}\boldsymbol{x}_0=\boldsymbol{y}_0^{\mathrm{T}}\boldsymbol{P}^{\mathrm{T}}\boldsymbol{A}\boldsymbol{P}\boldsymbol{y}_0=\boldsymbol{y}_0^{\mathrm{T}}\boldsymbol{\Lambda}\boldsymbol{y}_0=\lambda_1.$$

综上所述，$\max\limits_{\|\boldsymbol{x}\|=1}f(\boldsymbol{x})=\max\limits_{\|\boldsymbol{x}\|=1}\boldsymbol{x}^{\mathrm{T}}\boldsymbol{A}\boldsymbol{x}=\lambda_1$.

11.【证明】因为 $\boldsymbol{A}$ 与 $\boldsymbol{A}-\boldsymbol{E}$ 均是 n 阶正定矩阵，所以 $\boldsymbol{A}^{\mathrm{T}}=\boldsymbol{A}$ 且 $\boldsymbol{A}$ 可逆. 因为$(\boldsymbol{E}-\boldsymbol{A}^{-1})^{\mathrm{T}}=\boldsymbol{E}^{\mathrm{T}}-(\boldsymbol{A}^{-1})^{\mathrm{T}}=\boldsymbol{E}-(\boldsymbol{A}^{\mathrm{T}})^{-1}=\boldsymbol{E}-\boldsymbol{A}^{-1}$，所以 $\boldsymbol{E}-\boldsymbol{A}^{-1}$是对称矩阵. 设 λ 是矩阵 $\boldsymbol{A}$ 的特征值，则由 $\boldsymbol{A}$

与 $\boldsymbol{A}-\boldsymbol{E}$ 均是 n 阶正定矩阵可得 $\lambda>0,\lambda-1>0$,因此 $\boldsymbol{E}-\boldsymbol{A}^{-1}$ 的特征值 $1-\frac{1}{\lambda}=\frac{\lambda-1}{\lambda}>0$,因此矩阵 $\boldsymbol{E}-\boldsymbol{A}^{-1}$ 是正定矩阵.

12.【证明】**必要性** 由于 $\boldsymbol{A}$、$\boldsymbol{B}$、$\boldsymbol{AB}$ 是 n 阶正定矩阵,从而

$$\boldsymbol{AB}=(\boldsymbol{AB})^{\mathrm{T}}=\boldsymbol{B}^{\mathrm{T}}\boldsymbol{A}^{\mathrm{T}}=\boldsymbol{BA}.$$

充分性 因为 $(\boldsymbol{AB})^{\mathrm{T}}=\boldsymbol{B}^{\mathrm{T}}\boldsymbol{A}^{\mathrm{T}}=\boldsymbol{BA}=\boldsymbol{AB}$,所以 $\boldsymbol{AB}$ 为实对称矩阵. 又 $\boldsymbol{A}$、$\boldsymbol{B}$ 是正定矩阵,那么存在可逆矩阵 $\boldsymbol{U},\boldsymbol{V}$,使得 $\boldsymbol{A}=\boldsymbol{U}^{\mathrm{T}}\boldsymbol{U},\boldsymbol{B}=\boldsymbol{V}^{\mathrm{T}}\boldsymbol{V}$,从而 $\boldsymbol{AB}=\boldsymbol{U}^{\mathrm{T}}\boldsymbol{U}\boldsymbol{V}^{\mathrm{T}}\boldsymbol{V}$,故而

$$(\boldsymbol{U}^{\mathrm{T}})^{-1}\boldsymbol{ABU}^{\mathrm{T}}=(\boldsymbol{U}^{\mathrm{T}})^{-1}\boldsymbol{U}^{\mathrm{T}}\boldsymbol{U}\boldsymbol{V}^{\mathrm{T}}\boldsymbol{VU}^{\mathrm{T}}=\boldsymbol{U}\boldsymbol{V}^{\mathrm{T}}\boldsymbol{VU}^{\mathrm{T}}=(\boldsymbol{VU}^{\mathrm{T}})^{\mathrm{T}}(\boldsymbol{VU}^{\mathrm{T}}),$$

又因为 $\boldsymbol{V}\boldsymbol{U}^{\mathrm{T}}$ 可逆,从而 $(\boldsymbol{U}^{\mathrm{T}})^{-1}\boldsymbol{AB}\boldsymbol{U}^{\mathrm{T}}$ 正定,所以 $\boldsymbol{AB}$ 正定.

13.【证明】**必要性** 如果 $\boldsymbol{A}$ 是正定矩阵,即二次型 $\boldsymbol{x}^{\mathrm{T}}\boldsymbol{Ax}$ 是正定二次型,那么存在坐标变换 $\boldsymbol{x}=\boldsymbol{C}_1\boldsymbol{y}$ 使 $\boldsymbol{x}^{\mathrm{T}}\boldsymbol{Ax}=\boldsymbol{y}^{\mathrm{T}}\boldsymbol{\Lambda y}=d_1y_1^2+d_2y_2^2+\cdots+d_ny_n^2$,其中 $d_i>0(i=1,2,\cdots,n)$.

令 $\begin{cases}z_1=\sqrt{d_1}\,y_1\\ z_2=\sqrt{d_2}\,y_2\\ \cdots\\ z_n=\sqrt{d_n}\,y_n\end{cases}$,即 $\boldsymbol{z}=\boldsymbol{C}_2\boldsymbol{y}$,其中 $\boldsymbol{C}_2=\begin{pmatrix}\sqrt{d_1}&&&\\&\sqrt{d_2}&&\\&&\ddots&\\&&&\sqrt{d_n}\end{pmatrix}$,

则有 $\boldsymbol{x}^{\mathrm{T}}\boldsymbol{Ax}=\boldsymbol{y}^{\mathrm{T}}\boldsymbol{\Lambda y}=z_1^2+z_2^2+\cdots+z_n^2$,由于 $\boldsymbol{C}_1{}^{\mathrm{T}}\boldsymbol{AC}_1=\boldsymbol{\Lambda}$,$(\boldsymbol{C}_2{}^{-1})^{\mathrm{T}}\boldsymbol{\Lambda}\boldsymbol{C}_2{}^{-1}=\boldsymbol{E}$,于是

$$\boldsymbol{A}=(\boldsymbol{C}_1{}^{\mathrm{T}})^{-1}\boldsymbol{\Lambda}\boldsymbol{C}_1{}^{-1}=(\boldsymbol{C}_1{}^{\mathrm{T}})^{-1}\boldsymbol{C}_2{}^{\mathrm{T}}\boldsymbol{E}\boldsymbol{C}_2\boldsymbol{C}_1{}^{-1}=(\boldsymbol{C}_2\boldsymbol{C}_1{}^{-1})^{\mathrm{T}}(\boldsymbol{C}_2\boldsymbol{C}_1{}^{-1}).$$

若记 $\boldsymbol{C}=\boldsymbol{C}_2\boldsymbol{C}_1^{-1}$,则 $\boldsymbol{C}$ 可逆,且 $\boldsymbol{A}=\boldsymbol{C}^{\mathrm{T}}\boldsymbol{C}$.

充分性 如果 $\boldsymbol{A}=\boldsymbol{C}^{\mathrm{T}}\boldsymbol{C}$,其中 $\boldsymbol{C}$ 可逆,那么

$$\boldsymbol{A}^{\mathrm{T}}=(\boldsymbol{C}^{\mathrm{T}}\boldsymbol{C})^{\mathrm{T}}=\boldsymbol{C}^{\mathrm{T}}(\boldsymbol{C}^{\mathrm{T}})^{\mathrm{T}}=\boldsymbol{C}^{\mathrm{T}}\boldsymbol{C}=\boldsymbol{A},$$

又对任意非零向量 $\boldsymbol{x}$,$\boldsymbol{x}^{\mathrm{T}}\boldsymbol{Ax}=\boldsymbol{x}^{\mathrm{T}}\boldsymbol{C}^{\mathrm{T}}\boldsymbol{Cx}=(\boldsymbol{Cx})^{\mathrm{T}}(\boldsymbol{Cx})>0$,所以 $\boldsymbol{A}$ 是正定的对称矩阵.

14.【解析】(1)此二次型 f 的矩阵为

$$\boldsymbol{A}=\begin{pmatrix}5&-1&3\\-1&5&-3\\3&-3&a\end{pmatrix},$$

由于二次型 f 的秩为 2,即矩阵 $\boldsymbol{A}$ 的秩为 2,故而

$$|\boldsymbol{A}|=\begin{vmatrix}5&-1&3\\-1&5&-3\\3&-3&a\end{vmatrix}=\begin{vmatrix}4&0&0\\-1&6&-3\\3&-6&a\end{vmatrix}=24(a-3)=0,$$

从而 $a=3$.

又当 $a=3$ 时,矩阵 $\boldsymbol{A}$ 的特征多项式

$$|\boldsymbol{A}-\lambda\boldsymbol{E}|=\begin{vmatrix}5-\lambda&-1&3\\-1&5-\lambda&-3\\3&-3&3-\lambda\end{vmatrix}=-\lambda(\lambda-4)(\lambda-9),$$

所以 $\boldsymbol{A}$ 的特征值为 $\lambda_1=0,\lambda_2=4,\lambda_3=9$.

(2)因为 $\boldsymbol{A}$ 的特征值为 $\lambda_1=0,\lambda_2=4,\lambda_3=9$，所以必存在正交变换

$$\begin{pmatrix}x_1\\x_2\\x_3\end{pmatrix}=\boldsymbol{P}\begin{pmatrix}y_1\\y_2\\y_3\end{pmatrix}，其中 \boldsymbol{P} 为正交矩阵，$$

使二次型在新变量 y_1,y_2,y_3 下成为标准形 $f=4y_2^2+9y_3^2$，于是，曲面 $f(x_1,x_2,x_3)=1$ 在新变量下的方程为 $4y_2^2+9y_3^2=1$，此方程在几何上表示准线是 y_2Oy_3 平面上椭圆、母线平行于 y_1 轴的椭圆柱面，因此 $f(x_1,x_2,x_3)=1$ 也表示椭圆柱面.

15.【解析】(1)二次型 f 所对应矩阵的特征多项式为

$$|\boldsymbol{A}-\lambda\boldsymbol{E}|=\begin{vmatrix}3-\lambda&1&1\\1&2-\lambda&0\\1&0&2-\lambda\end{vmatrix}=\begin{vmatrix}3-\lambda&1&1\\1&2-\lambda&0\\0&\lambda-2&2-\lambda\end{vmatrix}=\begin{vmatrix}3-\lambda&2&1\\1&2-\lambda&0\\0&0&2-\lambda\end{vmatrix}$$

$$=-(\lambda-1)(\lambda-2)(\lambda-4),$$

所以 $\boldsymbol{A}$ 的特征值为 $\lambda_1=1,\lambda_2=2,\lambda_3=4$.

当 $\lambda_1=1$ 时，解方程组 $(\boldsymbol{A}-\boldsymbol{E})\boldsymbol{x}=\boldsymbol{0}$. 由

$$\boldsymbol{A}-\boldsymbol{E}=\begin{pmatrix}2&1&1\\1&1&0\\1&0&1\end{pmatrix}\xrightarrow[\substack{r_2-2r_1\\r_3-r_1}]{r_1\leftrightarrow r_2}\begin{pmatrix}1&1&0\\0&-1&1\\0&-1&1\end{pmatrix}\xrightarrow[(-1)r_2]{r_3-r_2}\begin{pmatrix}1&1&0\\0&1&-1\\0&0&0\end{pmatrix},$$

得基础解系为 $\boldsymbol{p}_1=(-1,1,1)^{\mathrm{T}}$，将其单位化得 $\boldsymbol{q}_1=\dfrac{1}{\sqrt{3}}(-1,1,1)^{\mathrm{T}}$.

当 $\lambda_2=2$ 时，解方程组 $(\boldsymbol{A}-2\boldsymbol{E})\boldsymbol{x}=\boldsymbol{0}$. 由

$$\boldsymbol{A}-2\boldsymbol{E}=\begin{pmatrix}1&1&1\\1&0&0\\1&0&0\end{pmatrix}\xrightarrow{\substack{r_1-r_2\\r_3-r_2}}\begin{pmatrix}0&1&1\\1&0&0\\0&0&0\end{pmatrix}$$

得基础解系为 $\boldsymbol{p}_2=(0,-1,1)^{\mathrm{T}}$，将其单位化得 $\boldsymbol{q}_2=\dfrac{1}{\sqrt{2}}(0,-1,1)^{\mathrm{T}}$.

当 $\lambda_3=4$ 时，解方程组 $(\boldsymbol{A}-4\boldsymbol{E})\boldsymbol{x}=\boldsymbol{0}$. 由

$$\boldsymbol{A}-4\boldsymbol{E}=\begin{pmatrix}-1&1&1\\1&-2&0\\1&0&-2\end{pmatrix}\xrightarrow[\frac{1}{2}r_3]{\substack{r_1+r_2\\r_3-r_2}}\begin{pmatrix}0&-1&1\\1&-2&0\\0&1&-1\end{pmatrix}\xrightarrow{r_3+r_1}\begin{pmatrix}0&-1&1\\1&-2&0\\0&0&0\end{pmatrix},$$

得基础解系为 $\boldsymbol{p}_3=(2,1,1)^{\mathrm{T}}$，将其单位化得 $\boldsymbol{q}_3=\dfrac{1}{\sqrt{6}}(2,1,1)^{\mathrm{T}}$，于是正交变换为

$$\begin{pmatrix} x \\ y \\ z \end{pmatrix} = \begin{pmatrix} -\frac{1}{\sqrt{3}} & 0 & \frac{2}{\sqrt{6}} \\ \frac{1}{\sqrt{3}} & -\frac{1}{\sqrt{2}} & \frac{1}{\sqrt{6}} \\ \frac{1}{\sqrt{3}} & \frac{1}{\sqrt{2}} & \frac{1}{\sqrt{6}} \end{pmatrix} \begin{pmatrix} x' \\ y' \\ x' \end{pmatrix} \text{ 或 } \boldsymbol{x}'=\boldsymbol{PX},$$

且将二次型 $f(x,y,z)$ 化为 $x'^2+2y'^2+4z'^2$，其中 $\boldsymbol{x}'=(x',y',z')$，$\boldsymbol{X}=(x,y,z)$.

(2) 注意到 $x^2+y^2+z^2=\boldsymbol{X}^{\mathrm{T}}\boldsymbol{X}=\boldsymbol{X}^{\mathrm{T}}\boldsymbol{P}^{\mathrm{T}}\boldsymbol{PX}=(\boldsymbol{PX})^{\mathrm{T}}(\boldsymbol{PX})=\boldsymbol{x}'^{\mathrm{T}}\boldsymbol{x}'=x'^2+y'^2+z'^2$,

$$f(x,y,z)=\boldsymbol{x}^{\mathrm{T}}\boldsymbol{Ax}=\boldsymbol{x}^{\mathrm{T}}\boldsymbol{P\Lambda P}^{\mathrm{T}}\boldsymbol{x}=(\boldsymbol{P}^{\mathrm{T}}\boldsymbol{x})^{\mathrm{T}}\boldsymbol{\Lambda}(\boldsymbol{P}^{\mathrm{T}}\boldsymbol{x})=(\boldsymbol{x}')^{\mathrm{T}}\boldsymbol{\Lambda}(\boldsymbol{x}')=x'^2+2y'^2+4z'^2,$$

这说明方程 $x^2+y^2+z^2=1$ 在正交变换下 $\boldsymbol{x}'=\boldsymbol{P}^{\mathrm{T}}\boldsymbol{x}$ 方程 $x'^2+y'^2+z'^2=1$. 函数 $f(x,y,z)$ 在单位球面 $x^2+y^2+z^2=1$ 上的最大值和最小值，也就是函数 $x'^2+2y'^2+4z'^2$ 在 $x'^2+y'^2+z'^2=1$ 上的最大值和最小值.

从而
$$\max_{x^2+y^2+z^2=1} f(x,y,z)=\max_{x'^2+y'^2+z'^2=1}\{x'^2+2y'^2+4z'^2\}=\max_{x'^2+y'^2+z'^2=1}\{4-3x'^2-2y'^2\}$$
$$=(4-3x'^2-2y'^2)\big|_{(x',y',z')=(0,0,1)}=4,$$
$$\min_{x^2+y^2+z^2=1} f(x,y,z)=\min_{x'^2+y'^2+z'^2=1}\{x'^2+2y'^2+4z'^2\}=\min_{x'^2+y'^2+z'^2=1}\{1+y'^2+3z'^2\}$$
$$=(1+y'^2+3z'^2)\big|_{(x',y',z')=(1,0,0)}=1.$$

16.**【解析】**令 $f(x_1,x_2,x_3)=x_1^2+3x_2^2+x_3^2+2ax_1x_2+2x_1x_3+2x_2x_3$，则一定存在一个正交变换 $\boldsymbol{x}=\boldsymbol{Py}$，使得 $f(x_1,x_2,x_3)=\boldsymbol{x}^{\mathrm{T}}\boldsymbol{Ax}=(\boldsymbol{Py})^{\mathrm{T}}\boldsymbol{A}(\boldsymbol{Py})=\boldsymbol{y}^{\mathrm{T}}(\boldsymbol{P}^{\mathrm{T}}\boldsymbol{AP})\boldsymbol{y}=\boldsymbol{y}^{\mathrm{T}}\boldsymbol{\Lambda y}$，其中 $\boldsymbol{x}=(x_1,x_2,x_3)^{\mathrm{T}}$，$\boldsymbol{y}=(y_1,y_2,y_3)^{\mathrm{T}}$，$\boldsymbol{P}^{\mathrm{T}}\boldsymbol{AP}=\boldsymbol{\Lambda}=\mathrm{diag}(\lambda_1,\lambda_2,\lambda_3)$，这里 λ_i 是二次型矩阵 $\boldsymbol{A}$ 的特征值. 此时方程 $x_1^2+3x_2^2+x_3^2+2ax_1x_2+2x_1x_3+2x_2x_3=4$ 在正交变换 $\boldsymbol{x}=\boldsymbol{Py}$ 下转化为方程 $\lambda_1y_1^2+\lambda_2y_2^2+\lambda_3y_3^2=4$. 由于正交变换具有保持几何图形的不变性，要使得方程 $x_1^2+3x_2^2+x_3^2+2ax_1x_2+2x_1x_3+2x_2x_3=4$ 的图形为柱面，只需方程 $\lambda_1y_1^2+\lambda_2y_2^2+\lambda_3y_3^2=4$ 的图形为柱面，为此可得到 $\lambda_i(i=1,2,3)$ 有一个等于零，那么二次型 $f(x_1,x_2,x_3)$ 的矩阵行列式只等于零，

即 $\begin{vmatrix} 1 & a & 1 \\ a & 3 & 1 \\ 1 & 1 & 1 \end{vmatrix}=0$，也就是 $a=1$. 此时矩阵 $\boldsymbol{A}$ 的特征多项式为

$$|\boldsymbol{A}-\lambda\boldsymbol{E}|=\begin{vmatrix} 1-\lambda & 1 & 1 \\ 1 & 3-\lambda & 1 \\ 1 & 1 & 1-\lambda \end{vmatrix}=-\lambda(\lambda-1)(\lambda-4),$$

可知 $\boldsymbol{A}$ 的特征值为 $\lambda_1=0$，$\lambda_2=1$，$\lambda_3=4$，于是曲面的标准方程为

$$y_2^2+4y_3^2=4,$$

这是一个椭圆柱面.

从柱面的标准方程知该柱面的母线平行 y_1 轴，故柱面母线方向向量在 $O-y_1y_2y_3$ 坐标系中的坐标为 $(1,0,0)^{\mathrm{T}}$，因而在 $O-x_1x_2x_3$ 坐标系中的坐标为

$$\boldsymbol{P}\begin{pmatrix}1\\0\\0\end{pmatrix}=(\boldsymbol{p}_1,\boldsymbol{p}_2,\boldsymbol{p}_3)\begin{pmatrix}1\\0\\0\end{pmatrix}=\boldsymbol{p}_1,$$

即知柱面母线的方向向量就是对应 $\lambda=0$ 的特征向量 $\boldsymbol{p}_1$. 由

$$\boldsymbol{A}-0\boldsymbol{E}=\begin{pmatrix}1&1&1\\1&3&1\\1&1&1\end{pmatrix}\xrightarrow[r_3-r_1]{r_2-r_1}\begin{pmatrix}1&1&1\\0&2&0\\0&0&0\end{pmatrix}\xrightarrow[r_1-r_2]{\frac{1}{2}r_2}\begin{pmatrix}1&0&1\\0&1&0\\0&0&0\end{pmatrix},$$

得 $\boldsymbol{Ax}=\boldsymbol{0}$ 基础解系 $\boldsymbol{p}_1=\frac{1}{\sqrt{2}}(1,0-1)^{\mathrm{T}}$,所以柱面母线的方向向量为$(1,0,-1)^{\mathrm{T}}$.